T0223025

Faszination der Vielfalt des Lebendigen – Didaktik des
Draußen-Lernens

Lissy Jäkel

Faszination der Vielfalt des Lebendigen – Didaktik des Draußen-Lernens

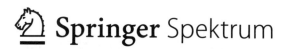

Lissy Jäkel
Fakultät III – Fach Biologie
Pädagogische Hochschule Heidelberg
Heidelberg, Baden-Württemberg,
Deutschland

ISBN 978-3-662-62382-4   ISBN 978-3-662-62383-1   (eBook)
https://doi.org/10.1007/978-3-662-62383-1

Die Deutsche Nationalbibliothek verzeichnet diese Publikation in der Deutschen Nationalbibliografie;
detaillierte bibliografische Daten sind im Internet über ▶ http://dnb.d-nb.de abrufbar.

Einbandabbildung: deblik, Berlin

Planung/Lektorat: Stefanie Wolf
Springer Spektrum ist ein Imprint der eingetragenen Gesellschaft Springer-Verlag GmbH, DE und ist ein
Teil von Springer Nature.
Die Anschrift der Gesellschaft ist: Heidelberger Platz 3, 14197 Berlin, Germany

Vorwort

■ **Welche Intentionen verfolgt das Buch?**

Um eine zukunftsfähige Gesellschaft zu gestalten, ist naturwissenschaftliches Lernen unverzichtbar. Bildung dient der Befähigung zur Teilhabe an der Gesellschaft. Authentische Begegnungen mit den Herausforderungen der Gestaltung unserer Welt sind in der Schule, aber auch in außerschulischen Räumen möglich. Mit diesem Buch ist beabsichtigt, Lernerfahrungen für Naturbegegnungen außerhalb des Schulgebäudes anzuregen und zu reflektieren. Kerngedanke dabei sind das Ergreifen von Bildungschancen und vor allem das Eröffnen von ganz konkreten Interesse fördernden Kontexten des Umgangs mit Lebewesen in Mitteleuropa.

Im vorliegenden Buch soll es weniger darum gehen, die durchaus positiven und beispielgebenden Erfahrungen anderer Länder und Erdteile, zum Beispiel aus Neuseeland, Dänemark, Schottland oder Norwegen, erneut zu analysieren. Dies haben andere Autorinnen und Autoren mit ihren Büchern schon fundiert geleistet, um den Schwung des Draußen-Lernens aus anderen Ländern auf Deutschland zu übertragen. Denn „ortsüblich" ist das schulische Draußen-Lernen in unserem Land nun wirklich noch nicht.

Mit diesem Buch soll der pädagogischen Literatur zu den außerschulischen Lernorten kein weiteres Buch hinzugefügt werden, das Chancen und Grenzen außerschulischen Lernens lernpsychologisch, schulpädagogisch oder soziologisch allgemein begründet. Auch dazu liegen zahlreiche gute Schriften vor. Uns geht es vielmehr um die Operationalisierung der pädagogischen Ansprüche und um das Ausformulieren konkreter Kompetenzen des Umgangs mit Lebewesen und Natur draußen.

Es geht um Zusammenhänge zwischen den vitalen Lebewesen draußen und den Basiskonzepten der Biologie, welche die schulischen Bildungspläne durchziehen. Die eine oder andere aufgezeigte Beziehung mag vielleicht überraschen, aber abwegig ist keine von ihnen. Durch diese Betonung der Beziehungen zwischen Phänomenen und Lebenserscheinungen sowie zwischen eigenen Handlungsmöglichkeiten und naturwissenschaftlichen Erkenntnissen soll möglichst ein Beitrag zur Entwicklung von Systemkompetenz geleistet werden. Kompetenzen im Umgang mit den komplexen dynamischen Systemen unserer belebten Welt sind für die Bildung für nachhaltige Entwicklung unverzichtbar, können aber nicht im luftleeren Raum entstehen.

■ **Welchen Begriff von Natur verwenden wir?**

Dabei ist davon auszugehen, dass es eine vom Menschen unberührte Natur auf unserem Planeten nicht mehr gibt. Die Gestaltung unserer Umwelt ist immer zugleich auch Zeugnis von menschlicher Kultur. Der Mensch ist ein Teil der sich ständig wandelnden Natur und nutzt sie für seine Lebensansprüche. Aber welche Lebens- und Wirtschaftsweise wäre noch lange und global durchhaltbar? Die Suche nach solchen Handlungsoptionen bezeichnete Felix Ekardt (2016) als nachhaltig. Menschliches Handeln ist in gesellschaftliche, politische und wirtschaftliche Zusammenhänge verflochten. Durch das Nutzen naturbezogener Lernorte draußen sollen Bildungsprozesse authentisch und nachhaltig gestaltet werden. Bildung für nachhaltige Entwicklung (BNE) soll ganz konkret realisiert und die thematische Öffnung von Schule zur Mitgestaltung der Gesellschaft gefördert werden.

Originale Naturbegegnungen sind reizvoll und bildungsrelevant. Sie sind kein Gegensatz zum digitalen Lernen, sondern komplementär. Phänomene des Lebendigen bieten gute Anlässe, um sich genauer auf Lebewesen einzulassen und deren Biologie in Kontexten von menschlichen Nutzungen sowie von ökologischen Zusammenhänge zu vertiefen.

Nutzen wir doch mehr Lernzeit draußen! Setzen wir einen Trend! Wir wollen die Motivation und die Interessiertheit von Ihnen als Lehrkräfte anfachen, damit Sie Lust bekommen, dies auch mit Ihren Schülerinnen und Schülern im Alltag des Regelunterrichts häufiger zu wagen.

■ Wie ist das Buch aufgebaut?

Das Buch besteht aus zwei Teilen: einem längeren Praxisteil (▶ Kap. 1 bis 16) und einem kürzeren Theorieteil (▶ Kap. 17 und 18). Die Darstellungen beginnen mit konkreten Phänomenen des Lebendigen und fahren mit allgemeinen Erläuterungen zur Didaktik des Draußen-Unterrichts fort. Die Beispiele im Praxisteil sind inhaltlich verknüpft mit den Kapiteln im Theorieteil zur allgemeinen Didaktik des Draußen-Lernens. Dabei wird versucht, Theorien und Ergebnisse der fachdidaktischen Forschung sowie Begriffsfassungen relevanter Begriffe anzubieten und zu verknüpfen. Kriterien gelingenden Draußen-Unterrichts und erfolgreicher Bildung für nachhaltige Entwicklung werden entwickelt.

Das Buch unterfüttert Erkenntnisse fachdidaktischer Theorie und Forschung also mit vielfältigen Erfahrungen aus Schulgarten, Schulumfeld und anderen faszinierenden Orten. Die Darstellungen im Praxisteil sollen fachliche Sicherheit geben, um sich auf die Fragen der Schülerinnen und Schüler einlassen zu können und Lernende zu motivieren. Die möglichen Kontexte des Lernens und die Zusammenhänge sind in jedem Praxiskapitel durch eine zentrale Grafik umrissen. Diese Grafik verweist auf Anwendungskontexte und orientiert sich am Stil mancher Biologielehrbücher, wie beispielsweise von Renneberg zur Biotechnologie, bzw. zur Didaktik von Meyer, in welchem sachliche Faktendarstellungen durch Zeichnungen oder Karikaturen aufgelockert werden. Mit den gespiegelten jahrelangen Anwendungen der Modulbausteine, Kontexte oder Forscherblätter kann sich nun jede Lehrkraft zutrauen, offene und interessenbezogene Lernsituationen zu gestalteten. Kinder für Tiere zu begeistern, ist keine didaktische Kunst – das belegen Studien zur Interessenforschung. Bei Pflanzen ist die didaktische Herausforderung ungemein höher.

■ Welche Motive haben zu diesem Buch geführt?

Die aktuelle nationale Naturbewusstseinsstudie, die 2020 veröffentlicht wurde, greift die durchaus bekannte Forderung nach mehr Naturbildung in den Schulen auf. Mit Naturbildung sind hier aber nicht vorrangig moderne Techniken der Molekularbiologie, Medizintechnik oder Bionik gemeint, auch keine Mechanismen von CRISPR-CAS und Genomchirurgie (Genome Editing) – so wichtig das Verstehen dieser Biotechniken für die Ausbildung von Bewertungskompetenz auch sein mag –, sondern die Lebewesen selbst sollen in ihrer konkreten Vielfalt und ökologischen Eingebundenheit den Lernschwerpunkt bilden. Hier sollte Schule nun endlich stärker als bisher die als bedrohlich erkannten Defizite beheben, obwohl auf die „Erosion des Naturwissens" bereits seit Jahrzehnten hingewiesen wird.

■   **Welche fachdidaktischen theoretischen Positionen stehen hinter unserer
    starken Empfehlung, die Schule häufiger zum Lernen zu verlassen?**

Indem dieses Draußen-Lernen auch in der didaktischen Literatur immer wieder als
begrifflich nichtformal gekennzeichnet wird, spricht man ihm zugleich das Niveau
des formalen Unterrichts ab – häufig zu Unrecht. Dieser Argumentation möchte
das Buch zahlreiche Beispiele entgegensetzen.

Das naturbezogene Draußen-Lernen ist anspruchsvolles Lernen außerhalb des
Schulgebäudes, in Balance von Strukturierung und Offenheit, deutlich intentional
und zugleich offen für Spontaneität der Wahrnehmung der Umgebung.

Die Erwartungen an Schule zur Lösung „epochaltypischer Schlüsselprobleme"
nach Wolfgang Klafki oder gar zur Bildung für nachhaltige Entwicklung im Sinne
einer Transformation der Gesellschaft im Blick auf die 17 internationalen Ziele der
Nachhaltigkeit sind hoch, bisweilen utopisch. Sie sind aber u. E. nur dann ansatz-
weise realistisch, wenn neben dem Ausbilden von Wissen und Bereitschaften auch
das Ausüben und Erproben von Handlungsmustern beim schulischen Lernen Raum
erhalten. Der Raum des Schulgebäudes dürfte dafür zu eng sein.

Nach Beschlüssen der Kulturministerkonferenz (KMK) von 2004 werden die
naturwissenschaftlichen Kompetenzen in die vier Kompetenzfelder Fachwissen, Erkenntnisgewinnung, Kommunikation und Bewertung unterteilt und in nationalen
Arbeitsgruppen erforscht.

Zu den Kompetenzen im Erkenntnisgewinn gehören zum Beispiel die Modellmethode, die experimentelle Methode oder das Mikroskopieren neben dem an Kriterien geleiteten Vergleichen oder Klassifizieren sowie Bestimmen nach Merkmalen.

Die Lehrmeinung des Buches orientiert sich am Modell der Gestaltungskompetenz.

In Anlehnung an Jürgen Rost oder Gerhard de Haan verstehen wir unter Gestaltungskompetenz im Sinne von Nachhaltigkeit die Fähigkeiten und Bereitschaften, in einem komplexen System mit vielen Handlungsmöglichkeiten solche Maßnahmen zu benennen und auszuwählen, die geeignet sein können, das System in
nachhaltiger Richtung zu entwickeln.

Modernes Artenwissen als ein wichtiger Teil biologischer Bildung bedeutet nicht nur, Namen von Pflanzen oder Tieren zu lernen, ihre Merkmale oder Lebensansprüche zu kennen, sondern auch, die Umwelt nachhaltig zu gestalten. Der
Mensch nutzt die Natur und ist Teil von ihr. Modernes Artenwissen ist also eigentlich Biotopmanagement.

Aus diesem Verständnis heraus ist die mit dem Buch und seinen Inhalten zum
Draußen-Lernen verbundene Intention, Lernende für die Natur draußen zu interessieren und sie in Gestaltungsprozesse der Umwelt einzubeziehen.

Und immer ist dabei dieses Abwägen zwischen kopierfähigem Material und originaler Begegnung, zwischen Haltepunkten im schriftlich Fixierten auf einem Arbeitsblatt und der Offenheit gegenüber dem Vorfindlichen. Die Konzepte dieses Buches sind von der aus der Biologiedidaktik stammenden Theorie der didaktischen
Rekonstruktion nach Ulrich Kattmann geprägt. Gemäß dieser Theorie der didaktischen Rekonstruktion ist es im jeweiligen Fall nötig, Ziele zu benennen, relevan-
tes Fachwissen zu berücksichtigen und mithilfe eigener Vorstellungen didaktische
Strukturen zu entwickeln. Auch das Darstellen des Gelernten ist nötig. Das kann

auch unter Nutzung von Papier geschehen. Dafür wird in den dargestellten Beispielen das Format der sogenannten Forscherblätter eingesetzt, von denen mehrere thematisch zusammengehörige zu Forscherbüchern gebündelt werden können. Alle im Buch vorgestellten Forscherblätter haben den mehrfachen Praxistest hinter sich. Wir möchten Ihnen als Lehrende den Impuls geben, passgenau für Ihre Schülerinnen und Schüler selbst Forscherblätter zu erstellen, die nach unseren Erfahrungen bei jedem Lernprozess draußen eine Rolle spielen.

Wir hoffen, dass dieses Buch Sie überzeugt, den Schritt aus dem Klassenzimmer gemeinsam mit den Lernenden öfter zu planen oder gar regelmäßig zu vollziehen.

■   Der Schulgarten und die Schulumgebung als Ausgangspunkte

Im Mittelpunkt steht die unmittelbare alltägliche Umgebung mit dem Schulgarten als Zentrum eines naturnahen Lebensumfeldes. Sie bildet den Ausgangspunkt dieses Buches. In dem Buch geht es aber auch um Tiere in der Stadt, um Pflanzen am Wegesrand, um ganz gewöhnliche Tiere und Pflanzen an Kleingewässern, um botanische Gärten und Museen. Das Alltägliche, so spannend es sein mag, entgeht der Wahrnehmung oft. Der Blick wird aber dahingehend erweitert, dass so ein Gestalten im Schulgarten Lust und Mut machen sollte, auch weitere Kreise zu ziehen und den Gestaltungswillen auszuweiten. Stadt und Wohnort als Naturerlebnisräume und Gestaltungsräume naturnaher Elemente bilden den Schwerpunkt. Der Blick kann gern noch weitergehen – es wird für den Besuch von Welterbestätten plädiert, und Studienfahrten werden als sehr lerneffektiv gekennzeichnet.

Die Einstellungen vieler Lehrkräfte zum Draußen-Lernen sind durchaus positiv; das bestätigen Fragebogenerhebungen wie Interviews. Wenn es dann aber konkret wird, braucht man auch bildungsplankonforme altersgerechte Ideen, fachliches Hintergrundwissen und erfolgversprechende Ansätze. Davon gibt es in diesem Buch etliche. Einige davon beziehen sich auf Museen, auf Steinbrüche, auf das Wattenmeer oder auf die Stadt als Lebensraum. Viele Konzepte beziehen sich auf den seit über einem Vierteljahrhundert bestehenden außerschulischen Lernort Ökogarten in Heidelberg. Diesen Lernraum besuchen in Zeiten ohne Pandemien jährlich Hunderte Schülerinnen und Schüler, Lehramtsstudierende oder interessierte Bürgerinnen und Bürger. Er ist durch Strukturierung und Wildheit, durch Offenheit und verborgene Verstecke, durch Gartenkultur und Naturbelassenheit gekennzeichnet und verlockt in jeder Jahreszeit zu einem Besuch. Dabei wird jeder Besuch von Schülerinnen und Schülern gründlich vorbereitet, und trotzdem bringt jede dieser Schulstunden spannende Überraschungen mit den Lernenden und den natürlichen Gegebenheiten.

■   Danksagung

Der Dank für viele der in diesem Buch gespiegelten Erfahrungen gilt vor allem dem Team Ökogarten der PH Heidelberg, aber auch der Schutzstation Wattenmeer im Nationalpark Schleswig-Holsteinisches Wattenmeer, sowie den zahlreichen Lehrkräften, die sich durch Widrigkeiten nicht davon abhalten lassen, ihren Schülerinnen und Schülern draußen authentische Lernmöglichkeiten zu eröffnen. Sie leisten einen wesentlichen Beitrag, um die Gesellschaft für eine Transformation zu einer noch lange und global durchhaltbaren Lebens- und Wirtschaftsweise fit zu machen und dem Rückgang der Biodiversität entgegenzuwirken.

Inhaltsverzeichnis

Verpackter Duft – Lippenblütler in aller Munde

Der Einstieg in die Begegnung mit Natur draußen gelingt besonders gut mit Lebewesen, die durch Duft, Farbe oder besondere Tricks auf sich aufmerksam machen: Heilkräuter und Gewürze aus der Familie der Lippenblütler sind besonders reizvoll

Inhaltsverzeichnis

© Springer-Verlag GmbH Deutschland, ein Teil von Springer Nature 2021
L. Jäkel, *Faszination der Vielfalt des Lebendigen – Didaktik des Draußen-Lernens*,
https://doi.org/10.1007/978-3-662-62383-1_1

Trailer

An ihrem natürlichen Standort nahe dem Mittelmeer müssen viele Lippenblütler das wertvolle Grün vor Verdunstung schützen und ihre kostbare Biomasse vor hungrigen Tieren verteidigen. So haben diese Überlebenskünstler oft schmale Laubblätter, einen weißlichen Filz von Haaren oder rötliche Lichtschutzfilter aus Anthocyan. Die Pflanzen müssen also ihren Körper mit speziellen Tricks vor der Sonne und vor Fraßfeinden schützen.

Der beste Trick zur eigenen Verteidigung ist die chemische Gegenwehr: Lippenblütler bilden antibakterielle und würzige Duftstoffe, die in zarten Öldrüsen verpackt sind, bis jemand das Blatt berührt. Diese Merkwürdigkeiten bieten besondere Anlässe, sich mit solchen Pflanzen zu beschäftigen. Wir Menschen machen uns ihre antibakterielle oder insektenabwehrende Wirkung zunutze. Aus Wildpflanzen wurden geschätzte Gewürz- und Heilpflanzen, die im Kräutergarten gut wachsen können.

Auch die reiche Vielfalt heimischer Lippenblütler aus den gemäßigten Klimazonen hält viele Überraschungen bereit. Haben Sie den Schlagbaummechanismus des Wiesensalbeis schon einmal live beobachtet? Das sollten Sie den Schülerinnen und Schülern und sich selbst nicht vorenthalten!

◘ **Abb. 1.1** Diese Butterblume, der Kriechende Hahnenfuß *(Ranunculus repens)*, ist ein Hahnenfußgewächs

◘ **Abb. 1.2** Das Fingerkraut aus der Gattung *Potentilla* ist ein Rosengewächs

1.1 Lippenblütler sind eigentlich gar nicht zu verwechseln

Lippenblütler bieten im Kreis der heimischen Blütenpflanzen beste Lerngelegenheiten und typische Kennmerkmale (Fragnière et al. 2018). Sie sollen deshalb hier am Anfang eines Buches stehen, das zu Naturbegegnungen mit Tieren, Pflanzen, Pilzen oder Bakterien und zum Draußen-Lernen einlädt.

Lippenblütler ermöglichen nicht nur die Erarbeitung von Grundbegriffen des Baus pflanzlicher Blüten, Stängel oder Blätter, sondern eröffnen zahlreiche Anwendungskontexte. Diese reichen von Stecklingsvermehrung über Sinnesphysiologie bis zur Förderung von Honigbienen oder Wildbienen.

Im Allgemeinen verwirren heimische Blütenpflanzen botanische Laien leicht, wenn sie ähnliche Blütenfarben und symmetrisch strahlige Blüten aufweisen, zumal sich mit unterschiedlichen Formen von Laubblättern so gut wie niemand auskennt.

So ist eine „Butterblume" wie der Hahnenfuß (z. B. *Ranunculus repens*; ◘ Abb. 1.1) oberflächlich betrachtet leicht mit einem Fingerkraut (z. B. *Potentilla reptans*; ◘ Abb. 1.2, ▶ Kap. 5) oder der Blüte der Gemeinen Nelkenwurz (*Geum urbanum*; ◘ Abb. 1.3, ▶ Kap. 5) zu verwechseln,

1

◘ **Abb. 1.3** Die Gemeine Nelkenwurz *(Geum urbanum)* ist ein Rosengewächs

◘ **Abb. 1.4** Diese Butterblume, der Löwenzahn *(Taraxacum officinale)*, ist ein Korbblütengewächs

denn wer schaut schon genau auf die Anordnung der Staubblätter oder gar auf die geteilten oder ungeteilten Laubblätter? Sogar bei gelben Korbblütengewächsen wie dem Löwenzahn (z. B. *Taraxacum officinale;* ◘ Abb. 1.4, ► Kap. 9) gibt es Verwechslungen mit anderen „Butterblumen".

Lippenblütler dagegen weisen deutliche und charakteristische vegetative Kennmerkmale auf, also Merkmale der Stängel und Laubblätter, die gut zu erkennen sind. Die Laubblätter von Lavendel (◘ Abb. 1.24), Günsel (◘ Abb. 1.38), Basilikum (◘ Abb. 1.29) oder Salbei (◘ Abb. 1.11, 1.12, 1.13, 1.14, 1.15, 1.16, 1.17, 1.18 und 1.19) stehen beispielsweise durchweg kreuzgegenständig – ein Kennmerkmal der Lippenblütler. Die Stängel

von Taubnessel, Goldnessel (◘ Abb. 1.37), Schwarznessel oder Wiesensalbei sind hohl und vierkantig – ein weiteres Kennmerkmal fast aller Pflanzen der Familie der Lippenblütler (◘ Abb. 1.5 und 1.23).

Ein überragendes Kennmerkmal der Lippenblütler sind die Düfte ihrer ätherischen Öle, zunächst versteckt in Drüsen auf der Epidermis (◘ Abb. 1.6, 1.7 und 1.27). Erst bei Berührung werden die Düfte freigesetzt. Es handelt sich um Drüsen vom sogenannten Lamiaceen-Typ. Dieses unschlagbare Merkmal des Duftes hilft beim Erkennen von Lippenblütlern auch ohne Blüten (Rahfeld 2011).

Da viele wirtschaftlich genutzte Lippenblütler vom Gebiet um das Mittelmeer stammen, also mediterranen Ursprungs sind, müssen sie mit Wasser gut haushalten können. Licht ist jedoch in der Regel reichlich verfügbar. Die Pflanzen vermindern die Verdunstung durch schmale, zum Teil sogar eingerollte Ränder der Laubblätter, wie zum Beispiel der Rosmarin (◘ Abb. 1.6).

Spaltöffnungen sind zudem oft durch ein haariges Pelzchen bestens verborgen, wie beispielsweise beim Lavendel.

Zwischen den Haaren ist Luft eingeschlossen, dadurch wird einfallendes Licht gestreut, und die Blätter haben einen hellgrauen Schimmer – dies reflektiert einen großen Teil der Strahlungsenergie. So wird auch durch die Haare die Verdunstung vermindert.

Anthocyane in den Zellen der Epidermis tragen ebenfalls dazu bei, Schäden durch Überbelichtung zu verhindern. Beispielsweise haben Minze (◘ Abb. 1.7) oder Thymian, Salbei oder Basilikum rote Farben in ihren Vakuolen der Epidermis, ebenso natürlich wie die bekannte Buntnessel. Der Blattquerschnitt durch ein Blatt der Pfefferminze (◘ Abb. 1.7) zeigt daher nicht nur Öldrüsen, sondern auch Anthocyan als Lichtschutz in Epidermiszellen.

Diese als Beispiele genannten Merkmale illustrieren, dass insbesondere Lippenblütler sehr „offenherzig" mit Eigenschaften

▣ Abb. 1.5 Der Stängelquerschnitt der Lippenblütler ist vierkantig und an den Ecken durch Festigungsgewebe verstärkt

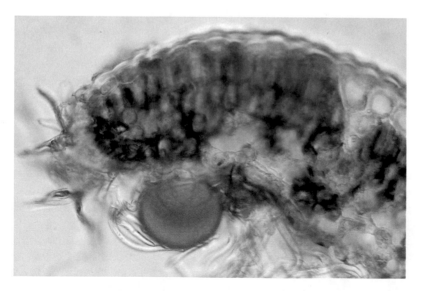

▣ Abb. 1.6 Das Blatt des Rosmarins ist schmal, die Haare helfen beim Reduzieren die Verdunstung und verbergen zudem die Öldrüsen

1

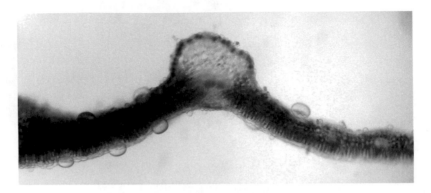

◘ **Abb. 1.7**   Blattquerschnitt durch ein Blatt der Pfefferminze *(Mentha × piperita)*

aufwarten, die eine Funktion als Türöffner für biologisches Lernen haben können, im ökologischen Zusammenhang ebenso wie mit morphologischen Auffälligkeiten.

Bevor man eine Pflanze sicher bis zur Art bestimmen kann, ist es sehr hilfreich, zunächst ihre verwandtschaftliche Zugehörigkeit einzugrenzen. Dann gelingt die Artbestimmung schneller. Bei den Lippenblütlern ist diese Familienzugehörigkeit besonders augenfällig durch vegetative Merkmale.

1.2 Vegetative Kennmerkmale

Die Lippenblütler *(Lamiaceae)* als Familie sind sehr einfach zu erkennen und tatsächlich zu „begreifen". Ihre Stängel sind fühlbar vierkantig, oft auch innen hohl. Durch das Drehen der Stängel zwischen zwei Fingern kann man diese vier Kanten gut fühlen. Sie sind natürlich auch in einem Sprossquerschnitt zu sehen.

Passend zu dieser Vierkantigkeit stehen sich die Laubblätter jeweils paarweise gegenüber, pro Blattpaar um 90° gedreht. Diese Anordnung nennt man kreuzgegenständig oder dekussiert.

Das Merkmal der Kreuzgegenständigkeit findet man zwar auch bei den Nelkengewächsen *(Caryophyllaceae)*, deren Stängel sind jedoch im Querschnitt rund.

Auch Rötegewächse *(Rubiaceae)* gelten als kreuzgegenständig, sie bilden aber Quirle mit Nebenblättern (wie beim Waldmeister, den Labkräutern oder dem Krapp). Kreuzgegenständigkeit findet man außerdem bei den Braunwurzgewächsen *(Scrophulariaceae)*, die mit den Lippenblütlern nahe verwandt sind, aber deutlich weniger heimische Arten aufweisen.

Um die Brennnessel – ebenfalls mit kreuzgegenständigen Blättern – von den Taubnesseln und den anderen Lippenblütlern zu unterscheiden, muss man nun auf die Blüten schauen. Brennnesseln (zu den Brennnesselgewächsen zählend und den Hanfgewächsen recht nah verwandt) besitzen unscheinbare winzige grünlichgelbe herabhängende Blütenstände. Lippenblüten dagegen sind auffällig, häufig groß und farbig.

1.3 Lippenblüten

Nach unseren Erfahrungen verwechseln Laien sehr oft die bizarren Lippenblüten mit den Schmetterlingsblüten, wenn sie nicht zugleich auch die Blätter und Stängel in Betracht ziehen. Lippenblüten (◘ Abb. 1.8) sind dorsiventral oder zygomorph ausgebildet, haben also ein „Oben" und ein „Unten" und daher zwei spiegelbildlich gleiche Hälften. Auch die völlig anders geformten Schmetterlingsblüten

◧ Abb. 1.8 Diese Lippenblüte zeigt fünf Kronblätter und vier Staubblätter und gehört zur Minze

sind dorsiventral; zudem haben sie völlig andere vegetative Merkmale (▶ Kap. 3).

Die Lippenblüten haben in der Regel eine Ober- und Unterlippe sowie vier Staubblätter, manchmal aber auch nur noch zwei funktionale Staubblätter, wie bei den Gattungen Rosmarin *(Rosmarinus)* und Salbei (*Salvia;* ▶ Abschn. 1.6).

Für Pflanzeninteressenten sind Neuerungen in der Systematik immer wieder spannend. So überrascht Kenner vielleicht, dass zu den Lippenblütengewächsen mit ihren etwa 240 Gattungen neuerdings auch die als Zierstrauch genutzte Schönfrucht *Callicarpa giraldii* (fast künstlich wirkende lilafarbene Früchte überwintern am Strauch), der Mönchspfeffer *Vitex agnus-castus* (mit geteilten Laubblättern; ▶ Abschn. 1.11), Teak *(Tectona grandis)* oder die Losbaumarten (*Clerodendrum;* ◧ Abb. 1.9) zugeordnet werden. Der Losbaum zeigt deutlich vier Staubblätter, fünf Kronblätter und eine Narbe pro Blüte. Er weist sich also als Lippenblütler aus.

Aus den zwei Fruchtblättern jeder Lippenblüte gehen Früchte hervor, die in mehrere Teile zerbrechen. Diese Bruchfrüchte werden Klausen (◧ Abb. 1.10) genannt. Schaut man von oben in den fünfzipfeligen Kelch einer verblühten Lippenblüte, sieht man die vier Klausen als Päckchen liegen. Manche werden von Ameisen verbreitet, andere dienen sogar als menschliche Nahrung wie beispielsweise Chiasamen. Die Früchte vom Waldziest (*Stachys sylvatica;* ◧ Abb. 1.10) sind beim Blick in den Kelch gut zu erkennen.

1.4 Tee verkosten

Der Zugang zu pflanzlicher Systematik kann durchaus sinnlich, alltagsrelevant und ganz unkompliziert sein. Produktiv für das Lernen wird solches handlungsorientierte Vorgehen dann, wenn es zugleich als Gesprächsanlass genutzt wird und Lernerfahrungen bewusst reflektiert werden.

Beim Reiben der Blätter der Lippenblütler werden die ätherischen Öle frei, die für viele Lippenblütler charakteristisch sind (Frings und Müller 2019). Darauf wurde bereits ausführlich verwiesen.

Einfacher als eine Zubereitung von Speisen mit Gewürzen ist das Verkosten von Tee und ermöglicht trotzdem intensive sinnliche Wahrnehmungen.

Man bringt Thermoskannen mit heißem abgekochtem Wasser zu dem Kräuterbeet, und schon kann eine Verkostung starten. Denn für einen frischen Tee braucht man nur einige Stängel der Duftpflanzen in die Kanne zu geben und den Aufguss einige Male hin und her zu gießen.

Vorsicht: Da der Tee sehr heiß ist, sollten nur wenige Schlucke in die Trinkbecher eingeschenkt werden. Für eine Kostprobe genügt eine geringe Menge Tee. Dann reicht die Kanne auch für viele Personen. Nachschenken geht immer.

1

◘ **Abb. 1.9**   Der Losbaum *(Clerodendrum)* ist ein Lippenblütler ohne Lippen

◘ **Abb. 1.10**   Die Früchte vom Waldziest *(Stachys sylvatica)* werden Klausen genannt

Salbei sollte vor dem Verkosten mit Kindern maximal 3 min ziehen, sonst schmeckt er bitter.

Minze kann als Bündel in das kochende Wasser versenkt werden, ebenso Zitronenmelisse.

Im Vergleich von Tees aus Pfefferminze, Salbei oder Zitronenmelisse kann jede und

jeder selbst seinen Lieblingstee herausfinden. Denn der Geschmack wird ja subjektiv unterschiedlich wertgeschätzt.

Der frisch gebrühte Tee draußen, von Minze, Melisse oder Salbei, schmeckt viel intensiver als Tee aus getrockneten Blattstückchen. Zu einem Wahrnehmen der Jahreszeiten gehört auch, den frischen Tee aus

Duftpflanzen im Frühjahr (oder aus Hagebutten im Herbst) bewusst wahrzunehmen. Und eigentlich schmecken wir den Tee ja auch weniger, als dass wir ihn riechen (◻ Abb. 1.35).

1.5 Ableger und Stecklinge machen

Pfefferminztee ist ein wesentlicher Teil der Kultur des Miteinanders in den Ländern um das Mittelmeer. Wie kann man die köstliche Nanaminze vermehren? Die Stängel der Minze, die nicht im Tee gelandet sind, lassen sich einfach bewurzeln und dann in Töpfe verpflanzen oder ins Freiland setzen. Im Winter muss man auf die frische Minze aus unserem Garten verzichten. Aber die Minze ist mehrjährig; sie sucht sich über unterirdische Sprosse den richtigen Platz im Beet selbst. Es muss zu Ostern also nicht immer Ostergras im Blumentopf sprießen. Minze wächst auch sehr gut und liefert zudem köstliche Aromen.

Die Bewurzelung der Sprosse der Minze ist ein guter Anlass, um die vegetative Vermehrung von Pflanzen zu erarbeiten oder zu wiederholen. Ableger oder Stecklinge sind genetisch identisch zur Mutterpflanze, also Klone. Man kann gute Sorten zügig vermehren. Jedoch ist ein Wechsel mit geschlechtlicher Fortpflanzung gelegentlich sinnvoll, um die nötige Variabilität zur Anpassung an sich verändernde Umweltbedingungen zu erhalten.

Die Varianten vegetativer Vermehrung sind durchaus vielfältig. Solche vegetativen Formen gibt es nicht nur bei den Lippenblütengewächsen:

- Beim Scharbockskraut *(Ranunculus ficaria)* oder bei der Zwiebeltragenden Zahnwurz *(Cardamine bulbifera)* findet man beispielsweise Brutkörper in den Achseln der Laubblätter. Bei Gartenerdbeeren *(Fragaria)* nutzen wir die Ableger. Diese Bildung von Ablegern trifft auch für ihre Konkurrenten im Beet zu, den Kriechenden Hahnenfuß (*Ranunculus repens;* ◻ Abb. 1.1) oder das Kriechende Fingerkraut (*Potentilla reptans;* ◻ Abb. 1.2).
- Steckhölzer werden bei Obstgehölzen produziert, von Johannisbeeren bis zur Feige (▶ Kap. 11).
- Krautige Stecklinge nutzt man bei der Minze *(Mentha piperita)* ebenso wie bei der Buntnessel *(Solenostemon scutellaroides)* und vielen anderen Topfpflanzen.
- Die Klonierung von Nachkommen aus einzelnen sterilen Zellen über pflanzliche Gewebekultur *in vitro* eröffnet die Möglichkeit, Nachkommen massenhaft zu produzieren, die frei von schädigenden Mikroorganismen sind. Wirtschaftlich bedeutsam ist dies beispielsweise bei Orchideen oder Wein sowie bei geschützten fleischfressenden Pflanzen wie dem Sonnentau *(Drosera rotundifolia)*.

Und eben auch die verschiedenen Minzen lassen sich durch Bewurzelung von Stecklingen hervorragend sortenrein vermehren.

1.6 Die artenreichste Gattung der Lippenblütler – Salbei

Chiasamen gelten als „Superfood". Diese Samen des Spanischen Salbeis *(Salvia hispanica)* sind reich an Eiweiß und quellfähigen Ballaststoffen sowie Omega-3-Fettsäuren. Ihre Quellfähigkeit ist beeindruckend und wird für die Herstellung von Süßspeisen, ganz ohne Kochen, oder für Müsli verwendet. Auch in Backwaren kann Chia auftauchen. Aber Vorsicht: Zu viele solche Ballaststoffe wirken abführend. Bei Backwaren dürfen nach deutschem Lebensmittelrecht daher nicht mehr als 5 % Chiasamen zugesetzt werden.

Obwohl Carl von Linné diesen Salbei als Spanischen Salbei bezeichnet hat,

1

◘ **Abb. 1.11** Der Ananassalbei *(Salvia elegans)* blüht vom Spätsommer bis in den Winter mit leuchtend roten schlanken Lippenblüten, er wird auch Honigmelonensalbei genannt

kommt er wohl ursprünglich aus Südamerika. Die vielen Arten des Salbeis auseinanderzuhalten, ist nicht einfach, da es so viele gibt. Die Gattung Salbei *(Salvia)* ist im Bereich höherer Blütenpflanzen eine der artenreichsten Gattungen.

Auch in unseren Breiten gedeihen über den Sommer im Freiland Ananassalbei *(Salvia elegans;* ◘ Abb. 1.11) mit hellroten Blüten, Pfirsichsalbei *(Salvia jamensis;* ◘ Abb. 1.12) mit rosafarbenen Blüten oder hellblauer großblütiger Muskatellersalbei *(Salvia sclarea;* ◘ Abb. 1.13). Am schönsten aber ist es, wenn man noch den Wiesensalbei *(Salvia pratensis;* ◘ Abb. 1.14) finden kann und er die Zersiedelung und Versiegelung der Landschaft an einzelnen Stellen überlebt hat. Auch in der „Umwelthauptstadt" Heidelberg oder im benachbarten Walldorf gelingt dies immer seltener, obwohl diese Gegend an Rhein und

◘ **Abb. 1.12** Der Pfirsichsalbei *(Salvia jamensis)* zeigt rosafarbene Blüten

Neckar zu den natürlichen Verbreitungsgebieten des Wiesensalbeis zählt. Zu viele Flächen werden versiegelt und bebaut (Steffen et al. 2015). Im Garten können auch der Südamerikasalbei *(Salvia guaranitica;* ◘ Abb. 1.15) mit dunkelblauen Blüten oder der mediterrane Gartensalbei *(Salvia officinalis;* ◘ Abb. 1.16) in dunkelroten oder hellgrauen Blattvarietäten gedeihen. Himmelblauer Enziansalbei *(Salvia patens;* ◘ Abb. 1.17) und meist rotblühender Feuersalbei *(Salvia splendens;* ◘ Abb. 1.18) sind bewährte Zierpflanzen seit dem Barock. Aber bereits in botanischen Zeichnungen aus der Renaissance zur Gartengestaltung von 1613 sind Arten des Salbeis für den Sommerflor als wesentliche Elemente enthalten (kolorierte Kupferstiche des Hor-

□ Abb. 1.13   Die Violette Holzbiene *(Xylocopa violacea)* löst hier beim Muskatellersalbei *(Salvia sclarea)* den Schlagbaummechanismus aus. Die Staubbeutel klappen auf den Rücken der bestäubenden Biene

□ Abb. 1.14   Der Wiesensalbei *(Salvia pratensis)* ist im Umfeld menschlicher Siedlungen immer seltener zu finden

tus Eystettensis). In Barockgärten (z. B. in Schwetzingen oder in Potsdam-Sanssouci) taucht der himmelblaue großblütige Enziansalbei *(Salvia patens)* in den Konzepten der Rabatten und Beeteinfassungen auf.

Auch den Chiasalbei *(Salvia hispanica;* □ Abb. 1.19) kann man in unseren Breiten bis zur Blüte kultivieren, die Samen reifen aber in Mitteleuropa nicht.

Warum aber ist der heimische Salbei *(Salvia pratensis;* □ Abb. 1.14) so wertvoll? Seine Blüten werden von kräftigen Hautflüglern besucht. Diese Kraftprotze tauchen auf der Suche nach Nektar ihren Rüssel tief in die Kronblattröhre ein und lösen den Schlagbaummechanismus aus. Zwei der ehemals vier Staubblätter sind am Grund der Kronblattröhre der Auslöser, um die anderen beiden Staubbeutel auf den Rücken des Insekts schnellen zu lassen. Beim Flug zur nächsten Blüte wird bestäubt. Nicht alle Arten des Salbeis in unseren Grünanlagen und Gärten haben für heimische Insekten die passende Größe. So konnten wir beispielsweise auf dem Südamerikanischen Salbei (□ Abb. 1.15) einen Sommer lang keinerlei erfolgreiche Insekten

■ **Abb. 1.15**   Obwohl der tiefblaue Südamerikasalbei *(Salvia guaranitica)* auffällig gefärbt ist, kommen heimische Bestäuber nicht zum Zuge

■ **Abb. 1.16**   Der Gartensalbei oder Echte Salbei *(Salvia officinalis)* wird vielfältig genutzt

■ **Abb. 1.17**   Himmelblauer großblütiger Enziansalbei *(Salvia patens)* im Barockgarten

◘ Abb. 1.18 Auch der Feuersalbei *(Salvia splendens)* ist ein Klassiker der Gartengestaltung, obwohl er ursprünglich aus Brasilien stammt

beobachten. Der große Muskatellersalbei (◘ Abb. 1.13) wiederum wurde von großen Violetten Holzbienen besucht und genutzt. Es ist erfreulich, dass auch der Wiesensalbei in einigen Begrünungsprojekten, so wie auf der Bundesgartenschau 2019 in Heilbronn, eine Wiederansiedlung und Wertschätzung erfährt. Durch eigene Biotopgestaltungen oder Renaturierungsmaßnahmen mit Saatgut regionaler Herkunft (◘ Abb. 1.20) kann man die Überlebenschancen von heimischen Organismen verbessern (Blessing et al. 2017; Steffen et al. 2015; Rädiker und Kuckartz 2012). Geeigneter Boden, gute Vorbereitung der Fläche, Bewässerung und sinnvolle Mahd erfordern Wissen und Handlungsbereitschaft. Dies ist letztlich modernes Artenwissen – als Kompetenz (► Kap. 18). Dieses praktizierte Wissen zeigt sichtbare Ergebnisse (◘ Abb. 1.21).

1.7 Mikroskopie und Lupe – *lavare*

1.7.1 Waschen mit Duft

Einer der reizvollsten Lippenblütler im Garten oder auch nur im Topf ist der Lavendel. Er ist eine wunderbare Beeteinfassung oder auch als Solitärpflanze nutzbar. Lavendel mag eher alkalischen Boden und keinen sauren Untergrund. Im Winter muss er bei tiefen Temperaturen unter 0 °C vor dem Erfrieren geschützt werden, obwohl er allgemein als winterhart gilt. Die am häufigsten genutzte Art in unseren Breiten ist der Schmalblättrige Lavendel (*Lavandula angustifolia;* ◘ Abb. 1.24). Gelegentlich ist der Schopf-Lavendel *(Lavandula stoechas)* im Angebot. Im Herkunftsgebiet der Gattung *Lavandula* um das Mittelmeer und in Nordafrika gibt es eine Vielzahl weiterer Arten.

Schülerinnen und Schüler haben zu dieser Pflanze in der Regel ein reiches assoziatives Umfeld und positive Emotionen. Dies ist eine gute Möglichkeit, um über Ökologie (Probst 2007) und Biologie zu lernen. Hinzu kommen Möglichkeiten der kulturellen Erweiterung, zum Beispiel im Hinblick auf Frankreich sowie römische Bäder (*lavare* = waschen). Vielleicht wird sogar der Bezug zu dem dramatischen und fantasievollen Buch *Das Parfum* von Patrick Süßkind (1985) hergestellt.

Die Stereolupe oder das Minimikroskop (◘ Abb. 1.22) sollten genutzt werden, um Kompetenzen des Erkenntnisgewinns zu schulen. Warum sehen Lavendelblätter hellgrau aus? Besitzt Lavendel auch Öldrüsen? Wie sieht der Stängel vom Lavendel im Querschnitt aus (◘ Abb. 1.23)? Mit einem Minimikroskop können faszinierende Einblicke in den Mikrokosmos des Lebendigen gegeben werden, z. B. deutlich erkennbare Drüsen mit ätherischen Ölen auf der Epidermis der Lippenblütler.

1

◘ Abb. 1.19   *Salvia hispanica* wird als Chia bezeichnet. Aus seinen Samen, den Klausen, können neue Pflanzen wachsen

◘ Abb. 1.20   Die Renaturierung einer Grünfläche im Stadtgebiet mit regionalem Saatgut ist Ausdruck von praktiziertem Artenwissen

Auch Beobachtungen der Zusammenhänge in der Natur können gefördert werden: Welche Insekten fliegen auf den blühenden Lavendel (◘ Abb. 1.24)? Auf den blühenden Lavendelpflanzen ist immer eine Vielzahl von Hautflüglern unterwegs, also Honigbienen und Wildbienen einschließlich Hummeln.

◘ Abb. 1.21   Nach der Renaturierung hat sich monotones Stadtgrün in eine vielfältige Wiese mit Wiesensalbei verwandelt

◘ Abb. 1.22   Mit einem Minimikroskop erkennt man z. B. Lamiaceen-Drüsen auf der Epidermis

1.7.2 Handlungsangebote

Die Handlungsmöglichkeiten gehen aber noch konkret weiter. Wenn der Lavendel seine Hauptblütezeit abgeschlossen hat, müssen die kleinen Sträucher wieder in Form geschnitten werden, damit sie im Fol-

gejahr gut austreiben. Die Stängel mit den Blüten werden so gleich mit geerntet. Diese selbst geernteten Lavendelblüten können einen Tag lang luftgetrocknet und von den Stängeln abgerebelt werden. Die duftende Ernte bewahrt Wäscheschränke vor Mottenfraß. Lavendelsäckchen machen Schülerinnen und Schüler jeden Alters sehr gerne. Die einfachste Variante ist in wenigen Minuten realisiert: Auf ein quadratisches Stofftuch kommen zwei Teelöffel trockener Lavendelblüten. Die Ecken des Tuches werden zu einem Strauß gehalten und mit einer hübschen Schnur fixiert. Solch ein Mitbringsel fördert das Erinnern an den Lernort. Bei der Herstellung der Lavendelsäckchen sollten natürlich ganz nebenbei die Merkmale der Lippenblütler noch einmal erwähnt werden.

1.8 Destillation

Das Heidelberger Schloss ist ein multipotenter außerschulischer Lernort, an dem man viel über Geographie und Erdge-

1

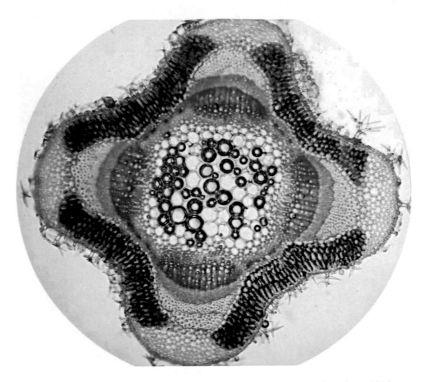

◘ **Abb. 1.23**   Der Stängelquerschnitt vom Lavendel ist vierkantig, also typisch für Lippenblütler

◘ **Abb. 1.24**   Blühender Schmalblättriger Lavendel *(Lavandula angustifolia)* mit einer Wildbiene

◘ Abb. 1.25 Am Lernort Museum kann man Einblicke in die Entwicklung der Destillation gewinnen

schichte oder Literatur lernen kann. Die Dichtungen Goethes sind weltbekannt, insbesondere das Gedicht über den Ginkgo von 1815. Beim Erkunden der historischen Bergbahn kann man Technikgeschichte lernen. Aber ist das Schloss auch ein naturwissenschaftlicher Lernort? Natürlich könnte man die Bäume im Schlossgarten erkunden, die Vögel, die Frühblüher oder die Lurche in den Wasserbecken. Aber ein besonderes Highlight im Kontext schulischen Lernens ist das Apothekenmuseum. Hier wurde u. a. der Duft „eingefangen". Das Museum ermöglicht eine Zeitreise durch sehr alte und neuere Apparaturen zur Destillation (◘ Abb. 1.25), angefangen vom

einfachen Alembik bis hin zu ausgefeilten Kühlungen. Die Thematik der Destillation ist mit den Lippenblütlern magisch verbunden. Lavendel, Rosmarin oder Thymian bieten sich für eine einfache Destillation an (◘ Abb. 1.26).

Das Prinzip ist denkbar einfach: Dampf steigt aus einem erhitzten Gemisch mit Wasser, wird mit einem Rohr aufgefangen und seitlich abgeleitet. Durch die Abkühlung kondensiert eine Flüssigkeit und wird aufgefangen.

Bei der Destillation der eigenen Ernte aus dem Kräutergarten ist es wichtig, nur kurz zu erhitzen, damit nicht zu viel Wasser aufgefangen wird. Sind die ätherischen Öle mit dem niederen Siedepunkt übergetreten, sollte man die Destillation beenden.

Die Destillation ist also ein Trennverfahren für Flüssigkeiten mit unterschiedlichen Siedepunkten, die verdampfen und dann wieder kondensieren.

Speziell die Wasserdampfdestillation macht sich einige Tricks zunutze (Wächter 2011): Die Siedetemperatur des heterogenen Gemischs liegt immer unter 100 °C. Die Ursache hierfür ist, dass sich der Gesamtdampfdruck nicht ineinander lösbarer Gemische aus der Summe der Partialdrücke der Komponenten ergibt, unabhängig von ihrem Stoffmengenanteil. Dadurch liegt der Gesamtdampfdruck immer über dem Dampfdruck des Wassers, der es bei 1013 mbar bei 100 °C sieden lässt. Somit muss die Siedetemperatur immer unter 100 °C liegen. Deshalb lassen sich auch empfindliche Naturstoffe mit sehr geringem Dampfdruck mit der Wasserdampfdestillation destillieren.

1.9 Didaktik draußen konkret – mit Forscherblättern

Zu den Lippenblütlern gibt es viele methodische Zugänge, einige klangen im Text schon an.

1

◘ **Abb. 1.26**   Destille zur Wasserdampfdestillation – so einfach wie möglich

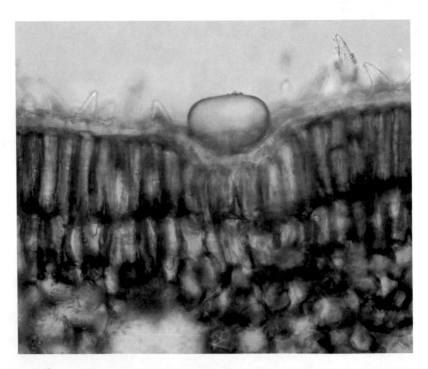

◘ **Abb. 1.27**   Die Öldrüsen liegen auf der Epidermis der Lippenblütler. Dies zeigt die 400-fache Mikroskopvergrößerung deutlich

Das Lernen kann eröffnet werden, indem man im Garten eine Mumie (aus einem Stofftier, umwickelt mit bräunlich gefärbten Binden, in einem hölzernen Sarkophag, parfümiert mit Thymol) versteckt und diese dann als Gesprächsanlass benutzt.

Eine weitere Einstiegsvariante ist das Verkosten von Tee aus Minze zum Vergleich zu Salbei oder Zitronenmelisse, um persönliche Vorlieben herauszufinden (▶ Abschn. 1.4).

1.9.1 Minimikroskope eröffnen draußen wahre Wunderwelten

Mit einfachen Mitteln kann man Strukturen des Lebendigen sichtbar machen. Die Verwendung von Minimikroskopen bzw. Stereolupen ist unverzichtbar, um herauszufinden, wo genau der Duft in den Blättern steckt. Sieht man die Öldrüsen schon auf der Oberfläche, also der Epidermis, oder stecken sie mitten im Blatt?

Falls die Öldrüsen schon auf der Epidermis zu sehen sind (◘ Abb. 1.27), kann untersucht werden, ob sie sich auf die gesamte Oberfläche verteilen, ob die Ober- oder die Unterseite besser mit Drüsen ausgestattet sind (◘ Abb. 1.7). Findet man Öldrüsen auch auf den Blattadern bzw. den Stängelkanten, ähnlich den Brennhaaren der Brennnessel?

Kinder kommen mit den Minimikroskopen recht schnell zurecht und können trotz des seitenverkehrten und kopfstehenden Bildes selbst auf Erkundung gehen (◘ Abb. 1.22).

1.9.2 Verschiedene Forscherblätter

Um die Lernangebote zu flankieren und Ergebnisse von Beobachtungen oder Verall-

gemeinerungen zu verschriftlichen, liegen gute Erfahrungen mit sogenannten Forscherblättern vor (▶ Kap. 16).

Der Einsatz von Forscherblättern ist hilfreich, um Erkenntnisse zu dokumentieren oder Wiederholungen zu ermöglichen. Mehrere Forscherblätter kann man auch zu einem kleinen Forscherbuch zusammenheften oder klammern. Die einfachste Variante ist ein kopiertes A4-Blatt, das gefaltet werden kann. Die Begriffe „Forscherheft" oder „Forscherbuch" sind synonym zu verstehen, die Wortwahl im Umgang mit den Lernenden bleibt der jeweiligen Lehrkraft überlassen.

Denn: „Nur was man schwarz auf weiß besitzt, kann man getrost nach Hause tragen." Verschriftlichungen oder Zeichnungen helfen beim Wiederholen und Anknüpfen – dies ist nachweislich eine Bedingung von Behaltensleistungen und trifft für Outdoor-Situationen in besonderem Maße zu, weil hier die Fülle der Reize nicht von der Konzentration auf den Lernzuwachs nach Bildungsplan abhalten sollte. Die Forscherblätter sollten die positiven Eindrücke und Assoziationen nicht abschneiden, sondern verstärken.

Als Dokumentation der verschiedenen Laubblätter nah verwandter Pflanzen eignen sich Blattabriebe (◘ Abb. 1.28) mit Wachsmalstiften oder Holzbuntstiften. Über das zu kopierende Laubblatt wird ein weißes Papier gelegt und mit einem Farbstift sanft bearbeitet. Nach ein paar Versuchen findet man genau den richtigen Druck, um eine Struktur zu erkennen, ohne das Papier zu zerstören. Auch für solche Blattabriebe sollten die Forscherblätter genügend Platz bieten. So können alle Lernmaterialien für den Draußen-Lerngang kompakt gebündelt und lose Zettel werden vermieden.

Forscherblätter können auch Handlungsanregungen bieten, zum Beispiel zu Keimversuchen mit Basilikum auffordern. Ganze Pflanzen des grünen Basilikums kennen viele sicher aus dem Supermarkt. Aber

1

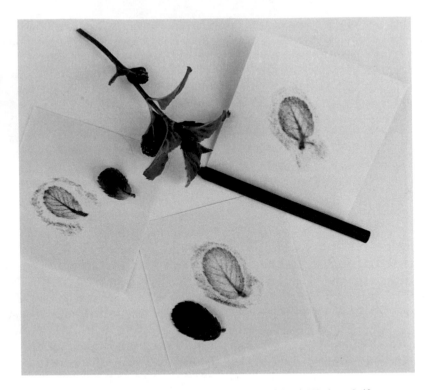

■ **Abb. 1.28** Blätter der Pfefferminze im Original sowie als Blattabrieb mit Wachsmalstift

Forscherblatt zum Basilikum

Welche Farbe haben die Samen 5 min nach der Aussaat? _____
Warte geduldig.

Wie viele Blätter haben die Pflanzen nach einer Woche? _____

Mit welchen Lebensmitteln kann man Basilikum gut kombinieren? _____

■ **Abb. 1.29** Forscherblatt „Basilikum"

Abb. 1.30 Basilikumzauber: Quellung lässt die zuvor schwarzen Samen blau erscheinen

Wichtigkeit zu betonen. Das Lesen langer Texte mit Anweisungen sollte nicht von der Originalbegegnung ablenken. Daher sind die Texte auf den Forscherblättern so kurz wie nur möglich gehalten.

■ **Forscherblatt „Basilikum"**
Die schwarzen Samen vom Basilikum werden bei der Quellung nach wenigen Minuten Wartezeit hellblau (■ Abb. 1.30). Am besten eignet sich dafür Zitronenbasilikum. Aber auch andere Samen vom Basilikum *(Ocimum basilicum)* zeigen diesen Farbeffekt durch Quellung. Im Frühjahr und Sommer können diese Samen nun zu köstlichen Basilikumpflanzen heranwachsen und mit Tomaten und Mozzarella verkostet werden. Die Töpfe sollten nicht völlig austrocknen. Die Pflanzen sind zweikeimblättrig, also erscheinen zuerst die zwei Keimblätter, später die Primärblätter (■ Abb. 1.31).

■ **Forscherblatt „Verschiedene Arten von Lippenblütlern im Kräutergarten" und „Verwendung von Lippenblütlern"**
Die einander so ähnlichen Lippenblütler im Kräutergarten wurden bereits in verschiedenen Kontexten erarbeitet. Es wurden Tees verkostet, die Wirkung des Thymians gegen Krankheitserreger (gegen Varroa bei Honig-

Abb. 1.31 Zwei deutliche Keimblätter und erste Folgeblätter bei der Keimung vom Basilikum *(Ocimum basilicum)*

welchen netten Trick haben die Samen auf Lager? Sie verfärben sich durch Quellung von Schwarz zu Hellblau (■ Abb. 1.29); dies gelingt in wenigen Minuten nach Wasserzugabe. Wichtig ist: Basilikumsamen sind Lichtkeimer und dürfen nicht vergraben werden, sondern müssen auf der Erdoberfläche feucht gehalten werden. Es ist ratsam, dies im Gespräch zu klären und die

1

Beschrifte die Bilder der Pflanzen mit den richtigen Namen.

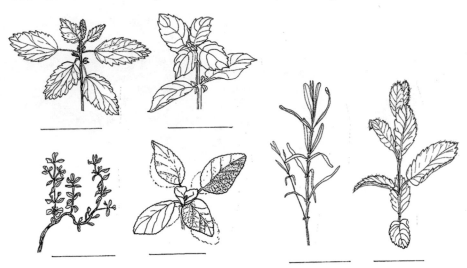

Hinweis: Vertreten sind Thymian, Salbei, Lavendel, Pfefferminze, Zitronenmelisse und Basilikum.

▣ **Abb. 1.32**   Forscherblatt „Verschiedene Arten von Lippenblütlern im Kräutergarten"

Lippenblütler werden als Gewürze, als Heilmittel, für Kosmetik oder für verschiedene Tees verwendet.

Ergänze die Namen der verwendeten Arten.

Manchmal sind auch zwei Antworten möglich.

Tipp: Prüfe zum Vergleich den Duft der echten Pflanzen.

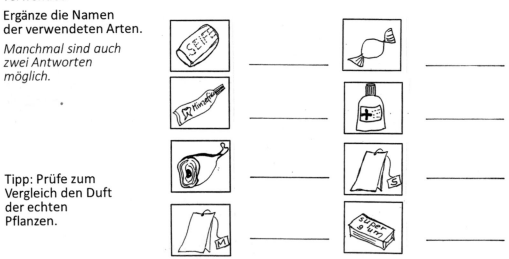

▣ **Abb. 1.33**   Forscherblatt „Verwendung von Lippenblütlern"

bienen, gegen Erkältungssymptome beim Menschen, gegen Mikroorganismen bei Mumifizierungen) erörtert, vielleicht Salbeibutter oder Salbeibonbons probiert und Basilikumblätter mit Tomaten verkostet. Nun sollte des Gelernte gefestigt werden. Dazu können die in ▣ Abb. 1.32 und 1.33 Dargestellten Forscherblätter verwendet werden.

Benenne die beiden linken Bilder in der Abbildung und finde so den Namen der gesuchten Pflanze.

Bilderrätsel

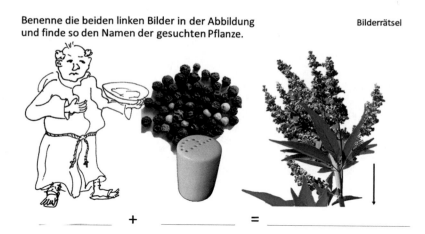

_____ + _____ = _____

◻ **Abb. 1.34**   Forscherblatt „Mönchspfeffer" – ein Bilderrätsel

1.10 Der Mönchspfeffer – gefährlich oder nützlich?

Im Zuge immer wärmerer Winter in Mitteleuropa findet man den mediterranen Mönchspfeffer – einen blau blühenden Strauch – gelegentlich als Pflanze im Stadtbegleitgrün. Auch im Garten kann der Mönchspfeffer gut wachsen.

Als relativ neue Zuordnung wird der Mönchspfeffer *(Vitex agnus-castus)* nun zu den Lippenblütlern gezählt. Er eröffnet insbesondere für Lernende höherer Klassenstufen altersrelevante Zugänge. Seine Wirkung auf die Sexualhormone entspricht der aus Interessenstudien bekannten Interessenlage.

- **Forscherblatt „Mönchspfeffer"**

Der Titel „Mönchspfeffer" darf auf dem Forscherblatt (◻ Abb. 1.34) natürlich noch nicht draufstehen, denn das ist ja die Lösung des Bilderrätsels.

Der Mönchspfeffer ist für Jugendliche eine interessante Pflanze. Männliche Jugendliche interessieren sich nach internationalen Interessenstudien stark für gefährliche Dinge, Mädchen gar für esoterische Phänomene. Fragen der Sexualität sind altersbedingt von besonderem Interesse. Hier lohnt ein Blick auf den Mönchspfeffer und seine Wirkungen.

Die Jugendlichen kann man auf den Mönchspfeffer aufmerksam machen, indem man sie vor Berührung der Pflanze warnt. Dies kann ein Ausgangspunkt für ein humanbiologisches Gespräch über Sexualhormone und deren Wirkungen sein. Dämpft der Mönchspfeffer das sexuelle Verlangen? Ist er ein *An*aphrodisiakum? Der Mönchspfeffer wird auch Keuschbaum genannt.

Für die Herstellung von Medikamenten sind Pflanzen durchaus von Interesse. Hier kann vom Mönchspfeffer aus das Netz weiter gespannt werden:

- Frühe hormonelle Verhütung gelang mehr oder weniger erfolgreich mit Granatapfelkernen *(Punica granatum)*.
- Rohstoffe für „die Pille" wurden aus der Yamswurzel *(Dioscorea)* gewonnen. Das enthaltene Steroid wird zur industriellen Produktion hormoneller Kontrazeptiva eingesetzt.
- Das Pflücken von Hopfen *(Humulus lupulus)* hat Einfluss auf die weibliche Periode der Pflückerinnen, sie kann ausbleiben wegen der hohen Östrogenkonzentration.

Zurück zum Mönchspfeffer: Auch aus dem Mönchspfeffer lassen sich Hormonpräparate gewinnen. So wirbt ein handelsübliches Produkt mit der Harmonisierung des hormonellen Ungleichgewichts

1

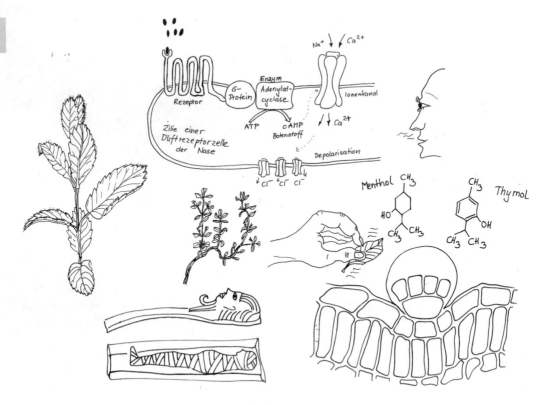

◨ **Abb. 1.35**   Sensorische Eigenschaften von Lippenblütlern

des weiblichen Zyklus, dem Ausgleich von Rhythmusstörungen der Regelblutung sowie Verminderung prämenstrueller Beschwerden.

Bei der Betrachtung der Wirkungen von Pflanzen auf die Sexualhormone können Lernkarten mit den chemischen Formeln dieser Steroidhormone ebenso einbezogen werden wie Medikamentenverpackungen.

1.11   Lippenblütler – ein Fall für die chemischen Sinne

Der Physiologe Krautwurst (Bufe et al. 2002) äußerte im Kontext eines wissenschaftlichen Vortrages im Jahr 2017 bei der Rainer-Wild-Stiftung in Heidelberg: „Es gibt bis zu 26 Mrd. mögliche Geruchsstoffe, also flüchtige Substanzen, die wir mit unserem Sinn erkennen können. Allein in Le-

bensmitteln finden wir etwa 10.000 flüchtige Substanzen. Diese Stoffe nehmen wir mit etwa 400 verschiedenen Rezeptortypen wahr." Sensorische Eigenschaften der Lippenblütler, hier im Vergleich von Menthol und Thymol, können auf unterschiedlichen fachlichen Niveaus thematisiert und verknüpft werden (◨ Abb. 1.35).

Welche Rezeptoren durch chemische Stoffe der Lippenblütler angesprochen werden können, wurde in den letzten Jahren intensiv erforscht (Frings und Müller 2019; Hatt und Dee 2019). Nicht nur Geruch oder Geschmack, sondern auch der Temperatursinn spielen eine Rolle. Während Menthol angenehm kühl wirkt, hat Thymol bereits leicht wärmende Wahrnehmungen zur Folge. Diese ätherischen Öle interagieren mit Rezeptoren für die Temperaturwahrnehmung. In deren Anwesenheit werden in den temperatursensiblen Zellen Proteine verformt, stellvertretende Botenstoffe aktiviert und Ionenkanäle gezielt geöffnet sowie letztlich Signale an das Gehirn gesandt. An diesem „Fühlen von Temperatur" über chemische Stoffe wie Menthol oder Thymol sind TRP-Kanäle, also veränderbare Kationenkanäle aus Proteinuntereinheiten *(transient receptor potential channels)*, beteiligt. TRP-Kanäle gelten derzeit als die Hauptsensoren für Temperaturreize im peripheren Nervensystem. Beim Spüren von Kälte bzw. Menthol wird der TRPM8 aktiv (M steht für Melastin), Thymol aktiviert auch TRPA1 (A steht für Ankyrin).

Im didaktischen Kontext geht es nun darum, solche humanphysiologischen Details in Zusammenhang zu bringen mit Alltagswahrnehmungen sowie Kenntnissen der Merkmale der Pflanzen. Dabei sollten Inhalte früherer Schuljahre gezielt aufgegriffen und vertieft werden. Sinnliche Wahrnehmungen und Fachwissen zur Humanbiologie sollten verknüpft werden. Im ausgehenden 20. Jahrhundert sprach man von Spiralcurriculum, heute vielleicht von rekurrierenden Lernsituationen (◘ Abb. 1.35).

Kein ätherisches Öl der Lippenblütler, aber ein Stoff mit Temperaturwirkung ist das Capsaicin der scharfen Paprika. Auch hier werden spezielle TRPs für Temperaturreize durch passende chemische Stoffe aktiviert. Diese Zusammenhänge zwischen Sinnesphysiologie und ätherischen Ölen wurden in den letzten Jahren auch in Unterrichtsmaterialien für die Oberstufe integriert. Die physiologischen Hintergründe werden sehr übersichtlich bei Frings und Müller (2019) referiert.

Diese Erläuterungen sind also ein Plädoyer für die Verknüpfung ökologischer, botanischer und humanbiologischer Kontexte, am besten direkt im Angesicht der originalen Pflanzen selbst und mit sinnlicher Wahrnehmung ihrer Effekte. Die empirischen Ergebnisse von Interessenstudien bei Kindern und Jugendlichen legen ein solches Vorgehen nahe.

1.12 Von Mumien und Varroabekämpfung bis zur Droge gegen Erkältungen – Thymian

Ägyptische Mumien werden in zahlreichen Museen präsentiert. Wie konnten solche Tiermumien von Krokodilen, Katzen und anderen wertgeschätzten Haustieren und sogar von prominenten menschlichen Gestalten über Jahrhunderte überdauern? Zum Konservieren wurde der Extrakt eines Lippenblütlers verwendet: Thymol. Berühmt ist beispielsweise die Mumie das Tutanchamun, der von 1332 bis 1323 vor unserer Zeit regierte und dessen Grab von Howard Carter 1922 im Tal der Könige fast unversehrt gefunden wurde. Thymol wirkt bakterizid und fungizid (◘ Abb. 1.35).

Dieser potente Naturstoff macht neuerdings auch Karriere bei der Bekämpfung der Varroamilben der Honigbienen. Thymol ist Bestandteil mehrerer Präparate zur biologischen Varroabekämpfung, neben Ameisensäure, Oxalsäure oder Milchsäure. Aber es ist eine Frage der Dosis, ob etwas ein Gift ist. In höherer Konzentration schädigt Thymol auch das Nervensystem der Honigbienen. Keine Wirkung ohne Nebenwirkung.

Kann der Mensch Thymol spüren? Neben seinen geruchlichen Qualitäten (◘ Abb. 1.35) reizt das Thymol Thermorezeptoren der Hautzellen. Es bedient ein Segment milder Wärme, wärmer als das ebenfalls temperaturrelevante Menthol, viel kühler aber noch als das brennendheiße Capsaicin (Frings und Müller 2019; Hatt und Dee 2019). Die Strukturen der Zelle, die auf solche Stoffe ansprechen, die TRP-Kanäle, geben ihre Wahrnehmung an Ionenkanäle weiter, bis die Zellen schließlich depolarisieren und Temperaturwahrnehmungen ans Gehirn melden.

All diese Kontexte führen die Schülerinnen und Schüler hin zu einer winzigen Pflanze aus der Familie der Lippenblüt-

1

ler – dem Thymian (mit mehreren Arten und Chemotypen). Seine Laubblätter duften würzig, sparen aber an Oberfläche und sind sehr klein und rundlich. Dass seine violetten Lippenblüten für Insekten attraktiv sind, belegt der köstliche Thymianhonig, der im mediterranen Raum und in Marokko gehandelt wird.

Thymol kann zu Menthol oxidiert werden. Auch in anderen Gattungen der Familie der Lippenblütler, neben der Gattung Mentha, findet man Menthol, beispielsweise im Basilikum *(Ocimum basilicum)*, im Majoran *(Origanum majorana)*, im Dost *(Origanum vulgare)*, im Rosmarin *(Rosmarinus officinalis;* ◼ Abb. 1.6), im Salbei *(Salvia officinalis;* ◼ Abb. 1.16) und im Thymian *(Thymus)*. Es ist also gar kein Wunder, dass sich diese Duftpflanzen schwer voneinander unterscheiden lassen, wenn man nur eine Geruchsprobe nimmt, die Pflanze aber nicht sieht.

1.13 Wilde Lippenblütler

Die Erläuterungen am Beispiel der Gattung Salbei *(Salvia)* haben bereits gezeigt, dass die Länge der Rüssel der Insekten mit der Größe und Gestalt der Blüten zur Pas-

◼ **Abb. 1.37** Die Goldnessel *(Galeobdolon luteum)* ist ein zeitig blühender auffälliger Lippenblütler und wurde früher als Gelbe Taubnessel bezeichnet

◼ **Abb. 1.36** Das Immenblatt *(Melittis melissophyllum)* blüht im Mai und Juni, hier im Schweizer Jura, Kanton Aargau

sung kommen muss. Für eine artenreiche Fauna sind deshalb wilde Lippenblütler unverzichtbar. Die hoch entwickelten Blüten der *Lamiaceae* lassen in der Regel angepasste Bestäuber an den kostbaren Nektar, nur gelegentlich beißen sich gewichtige Insekten von unten bis zum Zuckersaft durch.

Das Immenblatt (*Melittis melissophyllum;* ◘ Abb. 1.36) beispielsweise ist eine hübsche Pflanze, die ja die Honigbienen sogar im Namen trägt, aber von Hummeln und Schmetterlingen bestäubt wird. Sie besitzt auffällig große rosafarbene oder weiße Blüten, größer als die Goldnessel (*Galeobdolon luteum;* ◘ Abb. 1.37) oder der Kriechende Günsel (*Ajuga reptans;* ◘ Abb. 1.38). Das Immenblatt ist im Süden von Deutschland sowie in der Schweiz wild anzutreffen.

❓ Fragen
- Welche vegetativen Merkmale ermöglichen die sichere Unterscheidung von Schmetterlingsblütlern und Lippenblütlern?

- Welche Funktion übernehmen zwei der vier Staubblätter bei der Gattung Salbei?
- An welchen vegetativen Merkmalen kann man Lippenblütler in der Regel sehr gut erkennen, auch ohne Blüten?
- Welche ätherischen Öle werden als kälter wahrgenommen: Menthol oder Thymol? Wie hängt dies mit ihrem Einsatz als Heilmittel oder Gewürz zusammen?
- Warum ist die Erhaltung wilder Lippenblütler für eine ökologisch vielfältige Fauna unverzichtbar?
- Zu welcher Gattung gehört Chia? Warum ist der Artzusatz „spanisch" eigentlich unpassend?
- Wie heißen die Früchte der Lippenblütler?

Literatur

Blessing, K., Hutter, C.-P., & Köthe, R. (2017). Grundkurs Nachhaltigkeit. Handbuch für Einsteiger und Fortgeschrittene, 2. Aufl. München: Oecom

Bufe , B. (2002). The human TAS2R16 receptor mediates bitter taste in response to beta-glucopyranosides. *Nature Genetics, 32*(3), 397–401.

◘ **Abb. 1.38** Der Kriechende Günsel *(Ajuga reptans)* vermehrt sich über Ausläufer. Seine blauen Blüten zeigen nur eine kurze Oberlippe

1

Fragnière, Y., Ruch, N., Kozlowski, E., & Kozlowski, G. (2018). Botanische Grundkenntnisse auf einen Blick. Haupt Natur. Bern: Haupt.

Frings, S., & Müller, F. (2019). *Biologie der Sinne. Vom Molekül zur Wahrnehmung.* Heidelberg: Springer.

Hatt, H., & Dee, R. (2019). *Das kleine Buch vom Riechen und Schmecken.* München: Penguin .

Probst, W. (2007). Pflanzen stellen sich vor. Köln: Aulis.

Rahfeld, B. (2011). *Mikroskopischer Farbatlas pflanzlicher Drogen* (2. Aufl.). Heidelberg: Spektrum Akademischer Verlag.

Rädiker, S., & Kuckartz, U. (2012). Das Bewusstsein über biologische Vielfalt in Deutschland: Wissen, Einstellung und Verhalten. *Natur und Landschaft, 87*(3), 109–113.

Steffen, W., Richardson, K., Rockström, J., Cornell, S. E., Fetzer, I., Bennett, E. M., & Biggs, R. u. a. (2015). Planetary boundaries: Guiding human development on a changing planet. *Science 347*(6223), 1259855.

Süßkind, P. (1985) Das Parfüm. Diogenes.

Wächter, M. (2011). *Chemielabor – Einführung in die Laborpraxis.* Weinheim: Wiley-VCH .

Wilde Tiere in der Stadt

Von der Spurensuche zur Bewertungs- und
Handlungskompetenz

Inhaltsverzeichnis

© Springer-Verlag GmbH Deutschland, ein Teil von Springer Nature 2021
L. Jäkel, *Faszination der Vielfalt des Lebendigen – Didaktik des Draußen-Lernens*,
https://doi.org/10.1007/978-3-662-62383-1_2

2

Trailer

Biber in der Stadt, wilde Papageien oder gar Feldhasen – was noch vor wenigen Jahren kaum denkbar war, ist nun Realität. Viele Organismen, die wir in der Stadt live beobachten können, sind im Ergebnis von erfolgreichen Naturschutzmaßnahmen wieder präsent. Andere sind im Zuge der Globalisierung zur Ansiedlung gekommen und bringen nun als Neozoen eigene Nachkommen hervor, ohne in Käfigen gefangen zu sein oder von Menschen gezielt gefüttert zu werden. Manche dieser Tiere, deren Populationen sich infolge von Schutzmaßnahmen erholen konnten, geben nun wieder Anlass zu Streit. Bewertungskompetenz ist gefragt!

2.1 Mögliche Einstiegsfragen in Lernsituationen draußen

Ökologen wie Reichholf (2007) vertreten die Position, dass in Städten in Deutschland derzeit eine größere Artenvielfalt vorzufinden ist als in der „Agrarsteppe". Die Stadt ist vielfältig strukturiert, bietet zahlreiche Verstecke und Brutplätze sowie Nahrung. Bejagung findet nur selten statt. Andererseits gibt es gesellschaftliche Bemühungen, landwirtschaftliche Flächen effektiv und trotzdem nachhaltig zu nutzen. Über Randstreifen, Biotopvernetzungen oder sinnvolle Anbaumethoden kann auch in der Landwirtschaft die Biodiversität gefördert werden.

Zudem bekommen zuständige Jagdpächter wildernde Wildschweine in Städten und Gärten nicht unter Kontrolle. Das Vorkommen wilder Tiere in der Stadt birgt also auch einige Probleme. Lösungen sind gefragt.

Raus aus dem Schulgebäude – dies ist selbst bei der Orientierungsstufe leicht möglich, wenn man die Organismen der Stadt zum Thema macht. Geeignete Lernorte sind Friedhöfe, Flussufer, Stadtparks und natürlich das Schulgelände selbst, sofern es sich nicht um eine Beton- oder Asphaltwüste handelt.

■ **Abb. 2.1**   Scheuer Eisvogel am Neckar

Städte wurden von Menschen bevorzugt an Flüssen errichtet. Flüsse sind nicht nur Verkehrsadern, sondern auch für die Trinkwasserversorgung unverzichtbar. Sie gelten heute aber auch als Refugien hoher Biodiversität, manchmal aber auch als Einfallstor für Neophyten und Neozoen. In Heidelberg beispielsweise wurden bei den jährlichen Tagen der Natur, die zuvor Geo-Tage der Artenvielfalt genannt wurden, gerade am Neckar und bei der Alten Brücke beeindruckende Listen von Organismenartenerstellt (Brandis et al. 2005). Sogar Eisvögel kann man hier am Neckar gelegentlich beobachten (■ Abb. 2.1). Eisvögel sind als blauer leuchtender Pfeil eher im Flug zu entdecken als sitzend am Ufer.

Einstiegsfragen in das Thema Stadttiere sind beispielsweise:

- Findet man in der Stadt überhaupt wildlebende Säugetiere?
- Welche Gänsevögel sind am Fluss zu beobachten?

— Welche Tierspuren sind erkennbar und lassen sich konkreten Organismen zuordnen?

— In welchen Hecken und Bäumen findet man die meisten Vogelnester? Dies ist insbesondere eine Beobachtungsaufgabe für Winter und Vorfrühling.

2.2 Beispiele zu Säugetieren und deren Bobachtungsmöglichkeiten in der Großstadt

2.2.1 Beispiel 1: Der Europäische Biber *(Castor fiber)* mit vielfältigen Spuren in der Stadt

Nachdem in den südlichen Bundesländern Baden-Württemberg und Bayern Biber durch Bejagung ausgerottet wurden, sind nun Wiederansiedlungen erfolgt. Dabei wurden entweder Elbebiber, Tiere aus Russland oder Frankreich in die Flussgebiete gebracht. Derzeit sind die Flüsse in Bayern und Baden-Württemberg wieder mit dichten Beständen bestückt. Lediglich der Rhein als großer Fluss steht noch aus.

Durch genaue Kartierungen, z. B. in Heidelberg (Kugelmann 2020) oder Karlsruhe, sind präzise Daten über die Anzahl der Biber und die besiedelten Flussbereiche bekannt. Es gibt sogar kommunale Biberbeauftragte, die sich bestens mit den Tieren auskennen. Hier lohnt eine Expertenbefragung durch Schülerinnen und Schüler oder gar eine Ortsbegehung mit den Biberbeauftragten.

Kaum haben sich die erfreulichen Wiederansiedlungen vollzogen, haben manche Bürgerinnen und Bürger große Vorbehalte gegenüber den Lebenserscheinungen der Tiere. Natürlich fressen Biber Pflanzenmaterial und fällen auch Bäume, um deren saftige Rinde und zarte Zweige zu erreichen

und zu verzehren (◨ Abb. 2.2), aber selten werden Biberbaumfällungen gegen Fällungen zur Gewährleistung der Verkehrssicherheit oder baubedingte Fällungen gegengerechnet (◨ Abb. 2.3). Meist werden große Bäume wegen vermeintlich dringender Baumaßnahmen gefällt, deutlich mehr als durch Biber. Gleichen Nachpflanzungen als Ausgleichsmaßnahmen diese Verluste an Gehölzen durch Baumaßnahmen aus? Wird die Versiegelung kompensiert?

Mitten in der Stadt werden Biberdämme keinen langen Bestand haben (◨ Abb. 2.4).

Viele Kommunen verwenden Drahtgeflecht, um erhaltenswerte Uferbäume oder Parkbäume vor Verbiss zu schützen (◨ Abb. 2.5). Denn die Rinde von Bäumen führt die Saftströme mit den von den Blättern gebildeten Zuckern in Richtung der Wurzeln. Während man also über Biber etwas lernt, und Tiere interessieren Kinder oder Laien deutlich mehr als die Pflanzen (Holstermann und Bögeholz 2007; Jäkel 2014), kann man auch über die Bäume Wissen hinzugewinnen (◨ Abb. 2.6).

Die saftigen Bahnen mit Zucker und anderen Assimilaten verlaufen bei den Pflanzen eben nicht in der Mitte des Stängels im Holz, sondern direkt unter der Borke. Auch Ahornsirup oder Birkenwasser zeugen davon – hier werden Bäume dicht unter der Borke von Menschen angezapft. Diese Assimilatleitungen nennt man Phloem; man spricht von Siebröhren mit Geleitzellen, in denen der gelöste Zucker fließt.

Biber wohnen in Burgen, deren Eingang unter Wasser liegt, die Wohnbauten selbst natürlich nicht. Biber gelten als nachtaktiv, sind aber gelegentlich auch am Tage zu beobachten. In jedem Fall sind Spuren ihrer Anwesenheit unverkennbar. Manche Baumstämme werden abgeknabbert wie Maiskolben. Biber sind Nagetiere mit eisenhaltigem rostroten Zahnschmelz an den Schneidezähnen (◨ Abb. 2.7). Dies haben sie mit Eichhörnchen gemeinsam, nicht jedoch mit Hasenartigen (▶ Abschn. 2.2.2).

2

◩ **Abb. 2.2**   Biberfraßspuren am Neckar

Die Jungtiere werden natürlich gesäugt, aber schon früh auch mit Pflanzenkost ernährt. Die Bakterien zur Aufbereitung der Pflanzenkost im Darm müssen dafür aufgenommen werden; dazu wird Kot der Elterntiere genutzt.

Junge Biber gehen auf Suche nach freien Revieren und verlassen für diese Wanderungen das direkte Umfeld des Gewässers. Daher werden gerade Jungtiere gelegentlich überfahren.

Biber können durch den Bau von Dämmen den Wasserstand regulieren und die Überflutung von gewässernahen Bereichen verursachen. Ökologisch ist dies durchaus reizvoll, denn es schafft anderen Organismen ökologische Nischen, die durch Flussbegradigungen reduziert wurden. Aber natürlich erfreut diese Bautätigkeit der Biber nicht in jedem Fall benachbarte Menschen, die in den Ufergebieten Häuser errichtet haben.

■ **Abb. 2.3** Baumfällungen durch Menschen

■ **Abb. 2.4** Biberdamm in der Stadt

2.2.2 **Beispiel 2: Hasen oder Kaninchen?**

Hasen kennt doch jedes Kind, sie werden aber fortlaufend mit Kaninchen verwechselt.

Feldhasen *(Lepus europaeus)* sind laufaktiv, legen weitere Distanzen zurück als Wildkaninchen und sind auf der Suche nach vielfältigen krautigen Pflanzen. Sie bringen lebende Junge zur Welt, die sofort mit großen Augen und weichem Fell außerhalb irgendwelcher Nester leben. Hasen sind Nestflüchter (■ Abb. 2.8).

Wildkaninchen *(Oryctolagus cuniculus)* und Hauskaninchen dagegen sind Nesthocker. Ihre blinden nackten Jung-

2

◘ **Abb. 2.5** Drahtnetze an Bäumen verhindern Fällungen durch Biber

Kaninchen zuzuordnen ist, sind die im Stall gehaltenen hasenartigen Tiere.

Gelegentlich werden Kaninchen fast zu einer Plage. Dann aber brechen Populationen unerwartet wieder ein. Grund ist u. a. die Myxomatose, eine Viruserkrankung aus der Verwandtschaftsgruppe der Pockenviren. Die Seuche breitet sich zügig aus. Feldhasen jedoch sind weitgehend unempfindlich gegen Myxomatose.

Tierspuren von Feldhasen kann man nicht nur um Schnee, sondern auch in Sand beobachten (◘ Abb. 2.11). In jedem Fall ist es ratsam, Gemüsebeete mit Kaninchendraht vor Verbiss zu schützen – ganz ohne Gewehr und ohne Gift.

2.2.3 Beispiel 3: Eichhörnchen

Eichhörnchen *(Sciurus vulgaris)* sind Einzelgänger. Meist sieht man die rote Varietät, gelegentlich aber auch dunklere Eichhörnchen. Das Eurasische Eichhörnchen ist eine andere Art als die in den USA verbreiteten *Scriddle*.

Wie die Biber gehören auch die Eichhörnchen zu den Nagetieren. Ihre Schneidezähne weisen eine rote Vorderseite auf, die durch Einlagerung von Eisenverbindungen härter als das Zahnbein ist (◘ Abb. 2.12). Die Zähne schärfen sich selbst.

Das Wunderbare an den Eichhörnchen ist die Möglichkeit zur Beobachtung von Tieren, die in Freiheit leben – echten Wildtieren. Gelegentlich sieht man ihre Kobel auf Bäumen oder an anderen erhöhten Plätzen. Auch in städtischen Grünanlagen sind Eichhörnchen gut zu beobachten.

Sie verraten sich nicht nur durch ihre mobile Anwesenheit, sondern auch durch ihre Fraßspuren an Zapfen, die sie benagen, um an die fettreichen Samen zu kommen. Von einem Fichten- oder Schwarzkiefernzapfen bleibt nach dem Eichhörnchenfraß nur eine struppige Zapfenspindel übrig

tiere verweilen im unterirdischen Bau oder im Kaninchenstall im Nest. Vergleicht man die Schädel von Hase und Kaninchen (◘ Abb. 2.9), sieht man die breitere Choanenspalte an der Nase bei Hasen. Sie ist ein Anzeichen intensiveren Gasaustausches bei der Atmung als Basis höherer Laufaktivität.

Hasenartige haben weißen Zahnschmelz (◘ Abb. 2.10). Bei Feldhasen kann man nun darüber diskutieren, ob sie eher Kulturfolger oder Kulturflüchter sind, denn oft sieht man Feldhasen sogar in der Großstadt. Man kann sie an den Resten des Schlossparkes in Stuttgart ebenso beobachten wie am Rande des Universitätscampus in Heidelberg. In Frankfurt am Main sind jedoch häufiger Wildkaninchen im Fokus. Auf den Nordfriesischen Inseln kann man zahlreiche Kaninchen erkennen, mit der nötigen Aufmerksamkeit aber auch einige Feldhasen. Was in jedem Fall aber den

Abb. 2.6   Stadttiere in verschiedenen Kontexten sind auf Pflanzen angewiesen

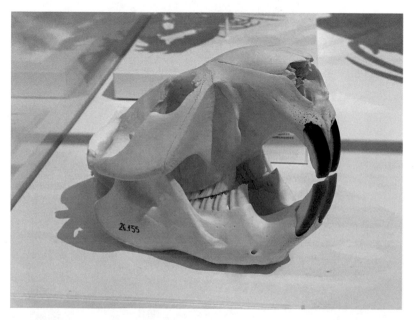

Abb. 2.7   Biberschädel

Abb. 2.8 Feldhase *(Lepus europaeus)* in Deckung in der Sasse, direkt an einem Gebäude

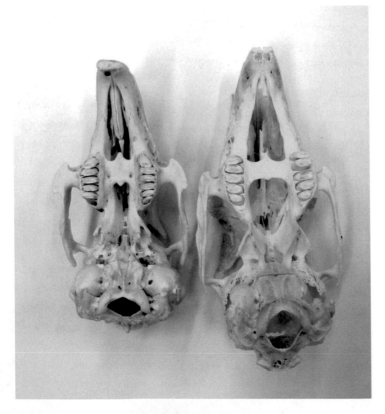

Abb. 2.9 Schädelvergleich von Hase (links) und Kaninchen (rechts)

◘ **Abb. 2.10** Die Schneidezähne des Feldhasen sind weiß, aber doppelt hintereinander

(◘ Abb. 2.13). Solche Funde gehören in jede Biologiesammlung einer Schule! Man kann sie gut von Spechtspuren unterscheiden. Den Fraßspuren von Mäusen sehen die Einhörnchenfraßspuren ähnlich, aber Mäuse nagen etwas regelmäßiger.

2.3 Vogelbeobachtungen in der Stadt

2.3.1 „Schlaue" Vögel

Natürlich kann man in artenreichen Nischen in der Stadt unterschiedliche Vögel beobachten (Wink 2020; Brandis et al. 2005). So sind Rotkehlchen sowohl im Winter, als auch im Sommer zu hören und zu sehen, wenn auch nicht unbedingt dieselben Exemplare (◘ Abb. 2.14).

Bei Vögeln in der Stadt denkt man zunächst an Krähen und Elstern – und deren Beobachtung ist durchaus lohnenswert. Krähenvögel sind außerordentlich intelligent. Man kann sie beim Erwerben von Nahrung im menschlichen Umfeld sehr gut beobachten; sie öffnen Verpackungen und holen sich den Inhalt. Besonders intensiv aber wird die Interaktion, wenn die Vögel sich an die Anwesenheit bestimmter Menschen gewöhnt haben. Nebelkrähen können dann ein richtiges Vertrauensverhältnis aufbauen, z. B. im Schulgarten (◘ Abb. 2.15).

Bei Krähenvögeln wird durch Beobachtungen ihres pfiffigen Verhaltens das sonst so abstrakte Bildungsziel: Respekt vor dem Lebendigen mit Sinn erfüllt.

Während in Südwestdeutschland Rabenkrähen (◘ Abb. 2.16) häufiger zu beobachten sind, überwiegen im Norden bzw. Nordosten die Nebelkrähen. Beide Arten sind findig beim Erbeuten von Nahrung. Natürlich gibt es noch weitere spannende Krähenarten, zum Beispiel die etwas kleinen grauen Dohlen mit hübscher blauer Iris.

2.3.2 Gänsevögel – eine Weltreise am Flussufer

Auch manche Enten- und Gänsevögel verhalten sich durchaus pfiffig und sind auf ihren Vorteil bedacht. Nilgänse weisen eine erstaunlich niedrige Fluchtdistanz auf und reagieren bei Annäherung geradezu empört.

Wenn man zu Wildgänsen Distanz hält, kann man wunderbare Verhaltensbeobachtungen machen, die sich nach bestimmten Kriterien protokollieren lassen (Ethogramm). Je weniger Vorgaben gemacht werden, umso kreativer können die Kinder das Beobachtete darstellen. Hier muss zwischen der sachlichen Beobachtung und der Deutung klar unterschieden werden.

2

◘ **Abb. 2.11** Hasenspur

◘ **Abb. 2.12** Kopf eines Eichhörnchens *(Sciurus vulgaris)* mit rostroten Nagezähnen

Grünflächen in der Stadt bieten gute Beobachtungsmöglichkeiten für Wildgänse. Dazu zählen neben heimischen Vögeln wie Graugänsen oder Kurzschnabelgänsen nun zunehmend Arten fast aller Kontinente. Asiatische Schwanengänse (*Anser cygnoides;* ◘ Abb. 2.17), Kanadagänse (*Branta canadensis;* ◘ Abb. 2.18) und Nilgänse (*Alopochen aegyptiaca;* ◘ Abb. 2.19) haben ein gutes Auskommen. Die Kanadagänse (*Branta canadensis*) haben einen deutlich

◘ **Abb. 2.13** Fraßspuren vom Eichhörnchen an Fichten-, Schwarzkiefern- und Lärchenzapfen

Rotkehlchen im Ökogarten Heidelberg

Nebelkrähe (*Corvus cornix*)

längeren Hals als die heimischen ähnlich gefärbten Nonnengänse *(Branta leucopsis)*.

Auch im Umgang mit wilden Gänsen ist eine vernünftige Gestaltung der Beziehungen von Menschen zu diesen Tieren im gesellschaftlichen Umfeld zu erarbeiten. Der Kot der Tiere kann Salmonellen enthalten. Er behindert die Freizeitnutzung von Grün-flächen am Fluss. Andererseits erhöhen die Begegnungen mit den Gänsen die Attraktivität des Ortes für Besucherinnen und Besucher mit Kindern.

Kultivierte Gänse werden als Nahrungsmittel für Menschen gehandelt, die städtischen Wildgänse verdienen dagegen in den Auffassungen vieler Bürgerinnen und Bür-

2

die nötigen Sanitäreinrichtungen sind meist vorhanden. Rücksichtnahme auf die Besucherinnen und Besucher ist jedoch wichtig. Auf dem Friedhof können natürlich Baumarten in den Fokus genommen werden, aber auch die Wildtiere.

Gerade im Herbst und Winter nach dem Laubfall bietet es sich an, Vogelnester aufzuspüren, ohne die Vögel dabei zu stören (◘ Abb. 2.20). Es kann gezählt werden, wie viele Nester jeweils in einer Hecke zu erkennen sind, je nachdem ob es sich um dornige Sträucher oder Büsche ohne Stacheln und Dornen handelt. In bedornten Hecken sind mehr Vogelnester zu erwarten.

◘ **Abb. 2.16**   Rabenkrähe *(Corvus corone)*

ger Bestandsschutz. Wilde Gänse werden dagegen in mehreren Nachbarländern von Jägern zum Verzehr gejagt. Es ist im konkreten Fall gar nicht so einfach mit der Bewertungskompetenz. An solchen Dilemmata kann Bewertungskompetenz geschult werden als ein Abwägen mehrerer Aspekte vor der Entscheidungsfindung.

2.3.3 Reges Leben auf dem Friedhof – Nester zählen

Das klingt zwar zunächst mal widersprüchlich – aber auf Friedhöfen ist das Vorkommen von Wildtieren sehr wahrscheinlich. Es herrscht meist Ruhe, es gibt zahlreiche Verstecke und keine freilaufenden Hunde. Wasser ist verfügbar, meist wird gut gegossen. Zwar gibt es zahlreiche alte Gehölze und große Bäume, aber eine Sukzession in Richtung dichter Bewaldung wird durch die regelmäßigen gestalterischen Eingriffe der Menschen vermieden. Friedhöfe sind im Ort meist gut erreichbar und die Gefährdung durch Straßen oder andere Fahrzeuge entfällt – es liegen also ideale Beobachtungsbedingungen zum Lernen vor. Sogar

2.4 Reptilien in der Stadt

Zu den Tieren in der Stadt an warmen Plätzen gehören auch Eidechsen wie Zauneidechsen (*Lacerta agilis;* ◘ Abb. 2.21) oder Mauereidechsen *(Podarcis muralis).* Zwischen Steinen und Holzstapeln finden sie Unterschlupf. Die Steine speichern die Wärme des Tages mehr als mit Vegetation bedeckter Boden. Solche Beobachtungen von Eidechsen erfordern Erfahrungswissen, denn die Tiere sind ja nur mit einer gewissen Wahrscheinlichkeit auf von ihnen besiedelten Flächen zu sehen. Bekanntlich sind sie wechselwarm. Nachdem sie sich in der Sonne aufgewärmt haben, sind sie sehr flink. Auch weitere Merkmale der Reptilien laut Bildungsplan können an den Eidechsen gut erarbeitet werden, von beschuppter Haut bis zu wasserunabhängiger Eiablage.

Der Naturschutzbund beklagt, dass die früher allgegenwärtige Zauneidechse aus unserer zunehmend ausgeräumten Landschaft verschwindet. Sie steht auf der sogenannten Vorwarnliste und wird als gefährdet eingestuft. Denn auch für die viermonatige Winterpause sind Versteckmöglichkeiten der Eidechsen erforderlich. Gelegentlich wird sogar versucht, Eidechsen umzusiedeln, bevor eine weitere Fläche der Bebauung anheimfällt.

▣ Abb. 2.17 Schwanengänse *(Anser cygnoides)* aus Asien haben sich enorm ausgebreitet und werden nicht bejagt

2.5 Bewertungskompetenz entwickeln

Die Entwicklung von Bewertungskompetenz (Reitschert et al. 2007) gehört zu den Erwartungen an modernen Biologieunterricht. Die Kultusminister der deutschen Bundesländer haben sich bereits zu Beginn des Jahrhunderts auf nationale Standards hierfür geeinigt.

Die Themen des Umgangs mit Neozoen bieten sich für die Entwicklung von Bewertungskompetenz ebenso an wie Positionierungen gegenüber Bibern, Wölfen, Kormoranen (▣ Abb. 2.6), Rabenvögeln und anderen Organismen. Diesen treten Menschen anscheinend weniger rein sachlich und neutral, sondern eher emotional gefärbt gegenüber.

Zum Verständnis des Umgangs von Menschen mit Wildtieren gehört ein konzeptionelles Grundverständnis wesentlicher ökologischer Beziehungen und Zusammenhänge. Eine davon ist das Konzept von Räuber-Beute-Beziehungen (Lotka-Volterra-Regel; ▣ Abb. 2.6).

2

■ **Abb. 2.18**   Die Kanadagänse *(Branta canadensis)* kommen inzwischen zahlreich an Gewässern in Mitteleuropa vor

■ **Abb. 2.19**   Die Nilgans *(Alopochen aegyptiaca)* fühlt sich am Neckar ganz wie zuhause

☐ **Abb. 2.20**   Nester kann man in unbelaubten Gehölzen gut zählen

Ein Verstehen erfordert aber auch klare Fakten und statistische Daten über von Kormoranen verzehrte Fische, von Wölfen gerissene Schafe, von Graureihern erbeutete Fische etc., beispielsweise im statistischen Vergleich mit Wildtieren als Verkehrsopfer.

Auch der Graureiher wechselte in den vergangenen Jahren von einer seltenen und geschützten Vogelart zu einem misstrauisch beäugten „Allerweltsvogel".

Die Intelligenz des Menschen sollte doch ausreichen, um mit Graureihern oder Kor-

moranen zu vernünftigen Arrangements zu kommen, ohne die Lebensqualität der einen oder anderen Gruppe zu gefährden.

2.6 Nach dem Forschen und Erkunden auf einen gemeinsamen Nenner kommen

Unsere Erkundungen zu den Wildtieren sollten im Plenum gemeinsam besprochen werden. Die These von Reichholf (2007)

◩ **Abb. 2.21**   Eidechse *(Lacerta agilis)*

zur „Agrarsteppe" (▶ Abschn. 2.1) kann als Diskussionsanlass aufgegriffen werden, sofern auch ländliche Biotope vergleichend erkundet wurden.

Als Fazit der Befassung mit Tieren werden Maßnahmen erörtert, die eine Artenvielfalt unterstützen: Hecken stehen lassen, Falllaub nicht wegräumen, wo keine Rutschgefahr besteht.

Über Wildschweine in der Stadt oder in Gärten könnte man auch nachdenken, wenn Interesse besteht. Auch Graureiher, die Goldfische aus den Gartenteichen picken, sogar aus der Fontaine vom Weltkulturerbe Park Sanssouci, sind Herausforderungen. Freuen wir uns an den lohnenswerten Unterhaltungskünsten der Wildtiere!

Übrigens werden charismatische Arten häufiger bewusst eingeschleppt als unscheinbare Spezies: „Je häufiger die Einschleppungen und je größer die Zahl der jeweils eingeführten Individuen, umso größer ist die Wahrscheinlichkeit, dass sich eine Art etabliert" (Jarić et al. 2020). Das kann Naturschutzmaßnahmen behindern, die die Ausbreitung einer Art eindämmen sollen. Die Schwanen- und Nilgänse sind dafür deutliche Beispiele, ebenso wie Waschbären. Deshalb ist es wichtig, sich den Einfluss von Charisma auf den Umgang mit invasiven Arten bewusst zu machen und Akteurinnen und Akteure zu sensibilisieren (Jarić et al. 2020).

❓ **Fragen**

— Welchen Verlauf nehmen die Populationsentwicklungen von Beute und Räuber? Stellen Sie dies in einem Kurvendiagramm für den Kormoran und seine Beute dar!

— Welche Lebensansprüche haben Feldhasen? Warum kann man Hasen keinesfalls in einem Käfig halten?

— Warum nimmt die Anzahl der Biber an Neckar oder Donau derzeit nicht mehr zu?

— Sind Weißstörche Kulturfolger oder Kulturflüchter?

— Welche Maßnahmen kann eine Kommune ergreifen, um sich mit freilebenden Bibern zu arrangieren?

Literatur

Brandis, D., Hollert, H. & Storch, V. (Hrsg.) (2005). *Artenvielfalt in Heidelberg* (2. Aufl.). Zoologisches Institut der Universität Heidelberg.

Holstermann, N. & Bögeholz, S. (2007). Interesse von Jungen und Mädchen an naturwissenschaftlichen Themen am Ende der Sekundarstufe I. *ZfDN, 13,* 71–86.

Jarić, I. et al. (2020). The role of species charisma in biological invasions. *Frontiers in Ecology and the Environment. 18,* 345–353

Jäkel, L. (2014). Interest and learning in botanics, as influenced by teaching contexts. In C.P. Constantinou, N. Papadouris & A. Hadjigeorgius (Hrsg.), E-Book proceedings of the ESERA 2013 conference: Science education research for evidence-based teaching and coherence in learning. Part 13 (co-ed.

L. Avraamidou & M. Michelini), (S. 12) Nicosia, Cyprus: European Science Education Research Association.

Kugelmann, M. C. (2020). Die Biberaktivität entlang des Neckars zwischen Neckargemünd und Heidelberg-Wieblingen. In L. Jäkel, S. Frieß & U. Kiehne (Hrsg.), *Biologische Vielfalt erleben, wertschätzen, nachhaltig nutzen, durch Bildung stärken* (S. 69–80). Düren: Shaker.

Reichholf, J. H. (2007). Stadtnatur. Eine neue Heimat für Tiere und Pflanzen. München: oekom.

Reitschert, K., Langlet, J., Hößle, C., Mittelstenscheid, N. & Schlüter, K. (2007). Dimensionen von Bewertungskompetenz. *MNU, 60*(1), 43–51.

Wink, M. (2020). Biodiversität in Gefahr. In L. Jäkel, S. Frieß & U. Kiehne (Hrsg.), *Biologische Vielfalt erleben, wertschätzen, nachhaltig nutzen, durch Bildung stärken* (S. 23–50). Düren: Shaker.

Schmetterlingsblütler

Stickstoffhaushalt und Welternährung – Symbiosen von wahrhaft globaler Dimension

Inhaltsverzeichnis

© Springer-Verlag GmbH Deutschland, ein Teil von Springer Nature 2021
L. Jäkel, *Faszination der Vielfalt des Lebendigen – Didaktik des Draußen-Lernens*,
https://doi.org/10.1007/978-3-662-62383-1_3

Trailer

Die Evolution verläuft zwar nicht nach einem Plan, nimmt sich aber unendlich viel Zeit. Herausgekommen ist bisher ein vernetztes Gefüge voneinander abhängiger Lebensgemeinschaften mit vielfachen Verknüpfungen. Kein Lebewesen kann ohne Beziehungen zu anderen existieren, auch nicht der Mensch. Für diese zentrale biologische Erkenntnis vernetzter Systeme bieten die Schmetterlingsblütler geradezu exemplarische Beispiele. Warum begeistern sie Vegetarier? Warum verbessern sie den Boden? Warum sind sie für angepasste Insekten nicht nur ein „Hingucker", sondern auch eine Tankstelle? Wir dürfen den Blick nicht nur auf die Oberfläche richten, sondern sollten tiefer graben und unter die Erde schauen.

3.1 Nährstoffspeicherung im Samen

3.1.1 Pflanzliche Entwicklungen verstehen

Bohnen und Erbsen besitzen Samen, die üppig mit Nährstoffen ausgestattet sind. Daher werden sie in der menschlichen Ernährung auch gern genutzt. Durch diese vielen Nährstoffe, gespeichert in den Keimblättern, können die jungen Pflanzen schnell und effektiv mit dem Wachstum starten. Erbsen und Bohnen sind daher auch geeignete Objekte zur Erforschung der pflanzlichen Entwicklung. Dies scheint dringend nötig. Eine Arbeitsgruppe in Karlsruhe (Benkowitz und Lehnert 2009) wies nach empirischen Untersuchungen auf Defizite bei Schulkindern und Studierenden bezüglich der Vorstellungen zur pflanzlichen Entwicklung hin. Dabei sind doch die Pflanzen als die Produzenten Grundlage jeder heterotrophen Ernährung. Die Mehrheit der Untersuchten (Benkowitz und Lehnert 2009) – auch der Erwachsenen – verfügt nach dieser Studie nicht über ein tragfähiges Konzept von pflanzlichen Entwicklungszyklen. Eigene Vorerfahrung mit dem Säen von Samen hatte jedoch einen entscheidenden Einfluss auf die Entwicklung eines soliden Konzepts von Samenkeimung, Pflanzenwachstum, Fruchtbildung und erneuter Keimung etc.

Schließlich ist das Verständnis der pflanzlichen Entwicklung die Grundlage der Erfindung des Ackerbaus vor etwa 10.000 Jahren, als Menschen erkannten, dass aus Samen, die auf den Boden fallen, neue Pflanzen wachsen können.

3.1.2 Keimversuche mit Risiko

Diese leckeren Nährstoffe sind jedoch auch nachteilig, weil die jungen üppigen Pflanzen von Erbsen oder Bohnen im Gartenbeet liebend gern von Pflanzenfressern aufgesucht und abgefressen werden. Hier richten die Wegschnecken (z. B. *Arion vulgaris;* ◘ Abb. 3.1), aber auch andere Gartenschnecken, sehr flink einen Kahlfraß an. Man sollte solche Schnecken konsequent absammeln.

Im Blumentopf auf einer Fensterbank ausgesäte Erbsen und Bohnen wiederum sind eifrig auf der Suche nach Licht. Das Tageslicht auf einer Fensterbank reicht oft nicht aus und kommt auch nur von einer Seite. So strecken sich die Bohnen- und Erbsenpflanzen in die Länge, um zu dem wenigen Licht hin zu wachsen. Man spricht dann von etiolierten Keimlingen. Diese sind blasser und länglicher als gut mit Licht versorgte Jungpflanzen. Zum Auspflanzen sind sie schlecht geeignet, denn die Schnecken fallen bevorzugt über wenig gefestigte Pflanzen her.

Hat man Hochbeete frisch angelegt und sind diese noch nicht von Schnecken besiedelt, ist die Aussaat von Erbsen oder Bohnen weniger gefährdet. Allerdings ist hier fraglich, ob die als Symbiosepartner erforderlichen Bodenbakterien der Gattung *Rhizobium* verfügbar sind.

3

◨ **Abb. 3.1**   Wegschnecken als Zwitter bei wechselseitiger Kopulation

In jedem Fall muss man sich also beim Anbau von Bohnen oder Erbsen darauf einrichten, etliche Pflanzen zu verlieren und ggf. noch einmal ein paar Samen nachlegen.

Trotzdem sind insbesondere Erbsen im Garten eine ideale Pflanze für „Einsteiger". Die Entwicklung erfolgt innerhalb einer Vegetationsperiode. Bereits während eines Schulhalbjahres kann gesät, gepflegt und geerntet werden. Zwar gibt es auch Markerbsen und Schalerbsen mit im trockenen Zustand haltbaren Samen. Für den Schulgarten sind jedoch Zuckererbsen ideal. Diese kann man aus der Hülse roh verzehren, und sogar die Hülse selbst ist essbar.

Hülsenfrüchte sind ein wesentliches Segment des Ernährungskreises (Leitzmann 2011; Körber 2014).

All diese Erkenntnisse sind nun wirklich nicht neu für „alte Hasen". Aber jede Berufseinsteigerin und jeder Berufseinsteiger muss natürlich selbst eigene Erfahrungen reflektieren. Durch die Klimaveränderung kommen außerdem neue Sorten in den

Fokus, mit denen noch wenige Erfahrungen vorliegen.

3.1.3 Was ist so lustig an der Kichererbse *(Cicer arietinum)?*

Eigentlich gar nichts – der lateinische Name *Cicer* bedeutet „Erbse". Erbse und Kichererbse sind jedoch verschiedenen Gattungen in der Familie der Schmetterlingsblütler zugehörig.

Lecker schmeckt eine Suppe mit Kichererbsen – Harira genannt. Auch Hummus, eine Paste aus Kichererbsen und Sesammus, ist köstlich als Zutat für Salat, Wrap oder Fladenbrot. Hierfür werden gekochte pürierte Kichererbsen mit Sesammus und Gewürzen (Petersilie, Pfeffer, Salz, Kreuzkümmel, Paprika, Zitronensaft, ggf. Öl und Knoblauch) gemischt.

Getrocknete Kichererbsen werden über Nacht in Wasser gequollen und dann gekocht. „Vergisst" man ein paar dieser gequollenen Bohnen, keimen sie schnell und zeigen die gefiederte Form der Laubblätter der Kichererbse. Das Angebot an essbaren Samen von Hülsenfrüchten im Handel ist preiswert, bunt und vielfältig. Hier kann man unkompliziert Lernmaterial erwerben.

Geröstete Kichererbsen sind eine gute Proteinquelle, denn sie enthalten 26 % Protein, was wirklich ganz schön viel ist. Im Unterschied zu anderen Schmetterlingsblütlern enthalten sie wenig Fett. Erdnüsse dagegen können sogar als hochkalorische Speise gegen Mangelernährung genutzt werden, weil sie anteilig viel Fett enthalten.

Für vegetarische Formen der Ernährung werden immer neue Schmetterlingsblütler erschlossen, zum Beispiel Lupinen ohne Bitterstoffe. Eigene Geschmacksvorlieben muss aber jeder selbst herausfinden, nicht jedem schmecken Nudeln aus Erb-

sen oder Sojaschrot. Das Angebot essbarer Hülsenfrüchte ist groß. Viele Verlockungen und kulinarische Köstlichkeiten bieten die arabische, die afrikanische oder die asiatische Küche.

Im Zuge globalen Lernens lohnt es nicht nur, vegetarische Lebensmittel zu erkunden, sondern auch die internationale Küche zu erforschen – von Falafel über Tofu bis zu Nudeln aus Mungobohnen.

3.2 Nach Symbiosepartnern Ausschau halten

3.2.1 Rot wie Blut – Hämoglobin

Schmetterlingsblütler sind ganz besondere Pflanzen (◨ Abb. 3.2). Sie investieren ei-

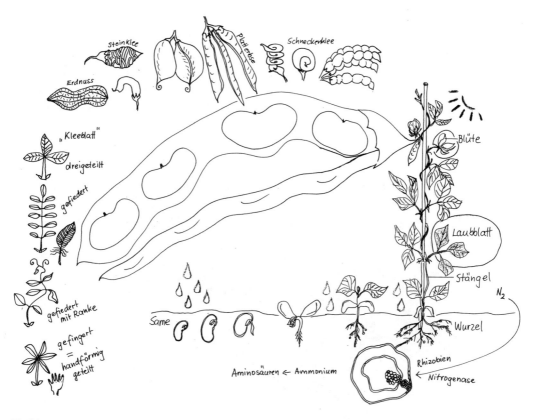

◨ **Abb. 3.2** Die Schmetterlingsblütler eröffnen zahlreiche lernförderliche Kontexte

3

nen Teil des gebildeten Zuckers, um damit Bakterien zu „bestechen", die ihnen etwas gebundenen Stickstoff für die Eiweißproduktion liefern. Ökologen nennen so etwas Symbiose.

Welche Farbe haben eigentlich die Wurzelknöllchen der Schmetterlingsblütler, die in Symbiose mit stickstoffbindenden Bodenbakterien leben? Öffnet man ein Wurzelknöllchen an Schmetterlingsblütlern (◘ Abb. 3.3), wird eine hellrote Farbe sichtbar. Die Farbe ist Leghämoglobin. Ebenso wie menschliches Hämoglobin hat es die Aufgabe, Sauerstoff zu binden und gezielt zu transportieren.

Da das wesentliche Enzym der Stickstoffbindung, die Nitrogenase, sehr sauerstoffempfindlich ist, wird sie durch wassergefüllte Zellzwischenräume vom Luftsauerstoff weitgehend abgeschottet. Die Sauerstoffversorgung übernimmt dann ganz dosiert das Leghämoglobin.

3.2.2 Chemielabor Wurzelknöllchen

Keine Lehrkraft sollte es sich entgehen lassen, mit den Schülerinnen und Schülern einen Schmetterlingsblütler aus lockerem Gartenboden auszugraben (◘ Abb. 3.4)

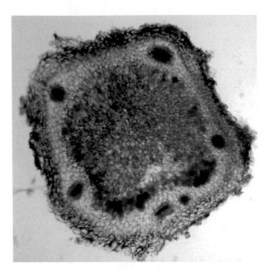

◘ **Abb. 3.3** Wurzelknöllchen im Schnitt in starker Vergrößerung unter dem Mikroskop

und nach den Wurzelknöllchen Ausschau zu halten.

Die Bodenbakterien der Gattungen *Rhizobium* und *Bradyrhizobium* gelangen auch nicht durch Zufall an die Wurzeln der Schmetterlingsblütler. Die Bakterien werden von der Pflanze aktiv chemisch angelockt. Pflanze und Wurzel tauschen chemische Signale aus. An der Entstehung der Symbiose sind etwa 100 Gene beteiligt. Die Bakterien

◘ **Abb. 3.4** Kleepflanze *(Trifolium)* mit zahlreichen Wurzelknöllchen

infizieren die Wurzelhaare und dringen in die Rinde vor. Der Ploidiegrad der Rindenzellen erhöht sich. Die Bakterien vermehren sich und kapseln sich mit einer Membran ab. Nun nennt man sie Bakteroide.

Mithilfe des bakteriellen Enzyms Nitrogenase wird die Aktivierungsenergie zum Aufbrechen der Dreifachbindung zwischen zwei Stickstoffatomen des Luftstickstoffs herabgesetzt. Die Energie für die Stickstoffumwandlungen liefert die Pflanze in Form von Kohlenhydraten. Es entsteht zunächst Ammoniak, der blitzschnell an Glutamat gebunden wird. So werden vorhandene Aminosäuren mit weiteren Aminogruppen „aufgerüstet".

3.3 Erbsenzählen

3.3.1 Am besten regional, saisonal, überwiegend pflanzlich ernähren

Vegetarische oder vegane Ernährung oder gelegentlich gutes Fleisch – das darf jeder selbst entscheiden. Wegen der Schonung der Ressourcen sollten natürlich regionale und saisonale Produkte bevorzugt werden.

Sowohl Erbsen (◘ Abb. 3.5 und 3.6) als auch Soja sind Schmetterlingsblütler aus der Familie der Fabaceae. Aber welche Kultur wächst in Mitteleuropa besser?

Zwar kann man die Sojasorte Funke (◘ Abb. 3.7) im Garten anbauen, aber so richtig üppig ist der Ertrag in Mitteleuropa nicht. Vielleicht fehlt es auch an den Symbiosepartnern der Gattung *Bradyrhizobium*.

Dass in Mitteleuropa der Erbsenanbau eine deutlich längere Tradition hat, zeigt das Märchen von der Prinzessin auf der Erbse. Die Geschichte selbst ist ja schon älter als ihre schriftliche Überlieferung durch Hans Christian Andersen im Jahr 1862.

In Mitteleuropa werden auch Linsen angebaut (z. B. die die Alb-Linse auf der Schwäbischen Alb), was viel Erfahrung verlangt. Ihre Ernte ist arbeitsaufwändig, die Erträge sind recht niedrig, aber der Geschmack ist lohnenswert. Linsen wurde jahrhundertelang dort angebaut, wo man sich Eiweiß aus Fleisch kaum leisten konnte. Nachdem der Anbau aus wirtschaftlichen Gründen gegen 1960 zum Erliegen kam, bauen heute vor allem ökologisch wirtschaftende Betriebe wieder Linsen an. Für Laien ist der Erbsenanbau jedoch einfacher.

◘ **Abb. 3.5** Erbsenpflanze mit weißer Blüte, genetisch bedingt

◘ **Abb. 3.6** Erbsenpflanze mit violetter Blüte, genetisch bedingt

3

◘ Abb. 3.7 Sojasorte Funke als Anbauversuch in Europa

3.3.2 Regeln der Vererbung – altbekannt und immer noch richtig

Johann Gregor Mendel müssen die Erbsen als etwas derartig Vertrautes und Alltägliches erschienen sein, so dass er sie für seine Kreuzungsexperimente nutzte. Er begeisterte sich für die Vielfalt der Blütenfarben (von Lila bis Purpur oder Weiß; ◘ Abb. 3.5 und 3.6), Stängelformen und Fruchtfarben (Gelb, Grün) sowie die Form der Samen (glatt, runzelig), die Farbe der Keimblätter und der Samenschale. Er entdeckte an der Erbsenart *Pisum sativum* die heute noch gültigen Grundregeln der Vererbung von Anlagen für Merkmale. Der Kern seiner Erkenntnisse ist ja, dass es für die Merkmalsausprägungen bei Individuen jeweils mehrere Anlagen gibt, die unabhängig voneinander vererbt werden können. Das gilt auch bei Tieren (▶ Kap. 16).

Trotz dieser Vertrautheit mit Erbsen im Gartenbau ist die Erbse eigentlich nicht direkt in Mitteleuropa heimisch. Aber sie stammt ganz aus der Nähe, nämlich aus Südeuropa und Vorderasien.

Zu der Erbsenart *Pisum sativum* gehören die drei Unterarten (Sorten) Zuckererbse *(Pisum sativum convar. axiphium)*, Markerbse (*Pisum sativum convar. medullare*; speichert Dextrine und Einfachzucker, häufig in Konserven) und Schalerbse (*Pisum sativum convar. sativum*; speichert überwiegend Stärke).

Der Favorit für den Schulgarten ist die Zuckererbse – wegen der Option zum Rohverzehr.

Eine Erbse hat ziemlich deutliche Kennmerkmale: Die Nebenblätter sind sehr groß. Die Blattspitzen sind zu Ranken umgebildet. Das Laubblatt ist natürlich auch geteilt (gefiedert), die Zahl der Blättchen pro Blatt ist klein. Die Hülsen enthalten kugelrunde Früchte. Die Pflanzen sind einjährig.

Die im Namen ähnlichen Platterbsen (Gattung *Lathyrus*) haben deutlich schlankere Hülsen, teilweise viele Blättchen pro Fiederblatt und sehr variable Blütenfarben und -größen, von der gelben Wiesenplatterbse *(Lathyrus pratensis)* über die üppige Breitblättrige Platterbse (*Lathyrus latifolius*; ◘ Abb. 3.8) bis zur „schüchternen" Frühlingsplatterbse *(Lathyrus vernus)* oder der unter Schutz stehenden leicht dickfleischigen Strandplatterbse *(Lathyrus japonicus)*, die ursprünglich an allen gemäßigten Küstenabschnitten der Nordhalbkugel vorkam.

3.3.3 Sprengkraft von Erbsen – Spielereien mit Lerneffekt

■ **Felsen sprengen**
In der Hülse einer Erbsenpflanze reifen bis zu acht kugelige Samen. Vollreife, trockene Hülsen platzen auf und streuen einzelne

◻ Abb. 3.8 Breitblättrige Platterbse *(Lathyrus latifolius)* mit Violetter Holzbiene *(Xylocopa violacea)*

Samen aus. Ob es tatsächlich gelungen ist, mithilfe von Erbsen Felsen zu spalten, beispielsweise beim Bau der ägyptischen Pyramiden, ist schwer nachzuprüfen. Aber die Sprengkraft der Erbsen ist jedenfalls einen Versuch wert:

Ein Gips-Anrührbecher aus Gummi (notfalls auch ein leerer Joghurtbecher o. Ä.) wird mit Wasser und dann mit Gipspulver etwa 1:1 gefüllt und nun 1 min gleichmäßig vermischt. Anschließend werden trockene Erbsen untergemengt. Der Gips härtet nach 20 min aus, ist aber noch feucht.

Nach einiger Zeit haben die Erbsen überschüssiges Wasser aus der Gipsmasse aufgenommen; sie sind aufgequollen und größer geworden, wodurch sie den Gips und den Plastikbecher sprengen.

▪ Gips – ein potentes Mineral
Das richtige Mischen von Gips ist übrigens für Outdoor-Aktivitäten durchaus eine wichtige Fähigkeit. Noch flüssiger Gips wird benutzt, um Tierspuren auszugießen und zu dokumentieren. Dies kann mit Trittsiegeln im Wald ebenso geschehen wie im Watt bei Ebbe mit Spuren von Austernfischern, Rotschenkeln, Regenpfeifern, Schnepfen oder Gänsen und Silbermöwen. Das richtige Mischungsverhältnis muss man beherrschen – und es muss schnell und sorgfältig geschehen, ohne die Spuren zu zerstören. Nach 20 min wird der Gips spürbar hart, ist aber noch feucht und nicht völlig stabil. Man kann die Spuren sehr vorsichtig bergen und trocken lassen. Für solche Lernaktivitäten sollte stets sehr frisches Gipspulver verwendet werden, keinesfalls älter als ein Jahr bei trockener Lagerung, damit das Aushärten auch gelingt.

Calciumsulfat reagiert mit Wasser zu Gips (Calciumsulfat-Dihydrat): $Ca[SO_4] \cdot 2H_2O$.

Gips ist weniger hart als Calciumkarbonat und wird vielfach im Innenausbau von Gebäuden, zum Beispiel für Stuck, verwendet. Auch klassische Tafelkreide ist aus Gips.

3

■ **Quellung bei Erbsen**

Unterhaltsam ist auch der Versuch „Erbsengeist". Füllt man ein Glas bis zum oberen Rand mit trockenen Erbsen und gießt anschließend bis oben hin mit Wasser auf, ergeben sich nette akustische Effekte. Das Glas wird auf einen Blechdeckel gestellt und gut versteckt. Nach einiger Zeit kann man unheimliche Klopfgeräusche hören.

Die Erbsen saugen sich mit dem Wasser aus dem Glas voll und quellen auf. Durch das vergrößerte Volumen wird es im Glas zu eng, und die Erbsen kullern über den Rand des Glases auf den Blechdeckel. Wann genau das passiert, lässt sich schlecht vorhersagen.

Sofern Sie zum Erkenntnisgewinn beitragen, sind spielerische Elemente auch beim Draußen-Lernen zu begrüßen.

Trockene reife Samen sind relativ hitze- und kältebeständig. Bei der Quellung handelt es sich um eine Wasseraufnahme unter Volumenvergrößerung. Diese Quellung ist ein wichtiger Schritt für den Beginn der Keimung. Nun wird der Stoffwechsel aktiv, und die pflanzliche Entwicklung setzt sich fort.

Den Durchbruch der Keimwurzel durch die Samenschale bezeichnet man als Keimung. Die Keimung erfolgt nach der Quellung.

■ **Hier irrte Heinrich Heine**

Heinrich Heine verdanken wir wunderbare Gedichte, u. a. über die Zuckererbsen und deren köstliche Früchte. Auch wenn Heine die Früchte mit Schoten verwechselte, was leider auch im Alltag Laien häufig unterläuft, ist das Gedicht „Deutschland. Ein Wintermärchen" ein ganz wunderbares Loblied auf die Lebensfreude und das irdische Leben.

Es wäre doch ein schöner Lernerfolg, wenn die Hülsen nach dem mehrfachen Aufsuchen und Betrachten und Untersuchen nicht mehr mit den Schoten verwechselt würden. Eine Hülse entsteht aus einem freien Fruchtblatt, das sich bei der Reife längs der Bauch- und Rückennaht öffnet.

3.4 Bohne ist nicht gleich Bohne

3.4.1 Vielfalt der Gattungen und Arten der Bohnen

Gartenbohnen können in verschiedenen Farben blühen.

Sie können als Buschbohnen oder Stangenbohnen angebaut werden. Stangenbohnen brauchen eine Rankhilfe. Gartenbohnen werden im Frühjahr nach den Spätfrösten direkt in die Erde gesät und angegossen; nach zwei Wochen beginnen sie zu keimen.

Die aus Amerika stammende Gattung *Phaseolus* (◘ Abb. 3.9) ist derzeit weltweit stark verbreitet.

Die Stangenbohne (*Phaseolus vulgaris var. vulgaris*) wird neben dem Mais als alte Kulturpflanze Südamerikas angesehen. Erst 1564 gelangte diese Bohnenart nach Europa und hat wegen ihrer Vorteile andere Bohnenarten inzwischen stark verdrängt. Die Pflanzen sind einjährig und wärmeliebend. Die Hülsenfrüchte der Gartenbohne können grün, gelb, lila oder gestreift sein.

Auch die Samenschalen haben verschiedene Farben und können weiß, braun oder schwarz-violett gescheckt sein.

Die Samen können, reif geerntet und trocken gelagert, längere Zeit aufbewahrt werden. Vor der Zubereitung werden sie wieder gequollen. Unreife Hülsen werden als Gemüse gekocht.

Rohverzehr von grünen Bohnen ist nicht möglich, denn sie enthalten Toxine wie Phasin, die nicht bekömmlich sind und durch Kochen entfernt werden müssen. Phytohämagglutinine können zur Verklumpung der Erythrozyten führen. Diese giftigen Inhaltsstoffe roher Bohnen werden auch als Leguminosen-Lektine bezeichnet.

▣ **Abb. 3.9** Blüte der Gartenbohne der Gattung *Phaseolus*

Die Buschbohne *(Phaseolus vulgaris var. nanus)* ist eigentlich eine Mutante der rankenden Formen. Die Samen enthalten 18–32 % Eiweiß und 50–57 % Kohlenhydrate. Die Aussaat der *Phaseolus*-Bohnen erfolgt erst nach den letzten Frösten im Mai. Die Vegetationszeit ist kurz, zur Blüten- und Fruchtbildung muss die Sonne lange scheinen (Langtagpflanze). Eine Anzucht in Töpfen im Winter ist also nicht sinnvoll.

Die Feuerbohne (▣ Abb. 3.10) ist sicher den meisten Lehrkräften gut bekannt, da sie ideal für die Untersuchung des Aufbaus von Pflanzensamen ist, wenn man sie in Wasser einweicht (Quellung). Auch zur Erforschung der Keimung ist die Feuerbohne ideal; die Keimblätter, die sogenannten *Kotyledonae,* verbleiben jedoch unter der Erdoberfläche, und die Primärblätter entfalten sich als Erstes.

Die Feuerbohne stammt aus dem tropischen Mittel- und Südamerika und gelangte im 16. Jh. erstmals nach Europa.

Die Art *Phaseolus coccineus* gedeiht in den Varietäten coccicea, alba und bicolor. Die Blüten bzw. Samen können also rot, rot-schwarz, rot-weiß oder weiß sein.

Im Mai wird die Pflanze in Nester mit fünf bis sieben Samen gesät und bis in den Herbst hinein geerntet. Mit der Feuerbohne kann man lebende Zäune oder Zelte gestalten.

Die Mondbohne *Phaseolus lunatus* (wegen der Herkunft aus Peru auch Limabohne genannt) gehört zu derselben Gattung wie die Gartenbohne.

Die Helmbohne dagegen sieht zwar einer *Phaseolus* -Bohne sehr ähnlich – sie trägt wunderschöne violette Blüten (▣ Abb. 3.11) –, gehört jedoch zur Gattung *Lablab* und zur Art *Lablab purpureus*. Sie wird auch Ägyptische oder Indische Bohne bzw. Faselbohne genannt. Als tropische bzw. subtropische Pflanze benötigt sie hohe Temperaturen und verträgt keine Staunässe. Diese Bohne rankt stark und braucht eine stabile Kletterhilfe. Die Früchte sind nicht für den Rohverzehr geeignet, da sie Cyanide enthalten, die giftig sind und durch Kochen zerstört werden. Wie andere Bohnen auch, so hat auch die Helmbohne gelegentlich mit Blattläusen zu kämpfen.

Die Augenbohne (Kuhbohne, Schlangenbohne oder Schwarzaugenbohne genannt) ge-

3

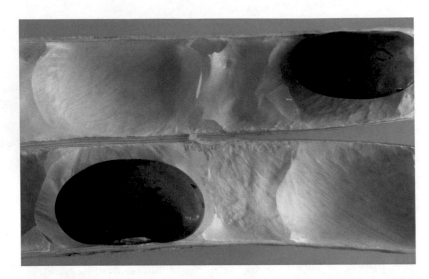

▣ **Abb. 3.10**   Hülse einer Feuerbohne mit den schwarz-roten Samen

▣ **Abb. 3.11**   Die Ägyptische Bohne *(Lablab purpureus)* bildet breite Hülsen

hört zu der Gattung *Vigna* und zu der Art *Vigna unguiculata*. Sie stammt aus Afrika und kann auch in Mitteleuropa bei ausreichend Wärme recht gut wachsen (▣ Abb. 3.12). Sie besitzt eine tiefreichende Pfahlwurzel, mit der sie an Wasser auch aus tieferen Schichten gelangt, was sie vor dem Austrocknen schützt.

In Süddeutschland kann die Augenbohne inzwischen auch im Garten wachsen. Bei der Augenbohne stehen meist zwei Blüten direkt nebeneinander, daher wachsen auch meist zwei sehr lange Hülsen als Paar.

Für alle Wachstumsversuche mit Hülsenfrüchten kann man im Handel prob-

⬛ Abb. 3.12 Augenbohne *(Vigna unguiculata)* in einem Gewächshaus

lemlos Samen erwerben. Für das ästhetische Gestalten können Augenbohnen (⬛ Abb. 3.13) neben anderen farbigen Bohnensamen eine Inspiration sein.

3.4.2 Das Bohnenblatt: Ein trickreicher Insektenfänger

Viele Tiere und Pflanzen führen täglich einen harten Kampf ums Überleben und haben tolle Strategien entwickelt, um sich gegen Feinde zu wehren.

Haare findet man ja bei vielen Tieren und Pflanzen und sogar bei manchen Bakterien. Bohnen verfügen jedoch über

Blatthaare mit einzigartigen Fähigkeiten: Die Oberfläche der Bohnenblätter besitzt 0,1 mm lange Blatthaare, sogenannte Trichome, mit hakenförmigen und scharf zugespitzten Enden. Wenn ein Fressfeind (z. B. eine Blattlaus oder eine Wanze) sich auf einem Bohnenblatt niederlässt, schlagen die Blatthaare wie kleine Soldaten zu: Einerseits erschweren längere Haare das Krabbeln der Insekten, so wie dichtes Gestrüpp eine Strecke unwegsam macht. Aber schon nach wenigen Schritten durchbohren die scharfen Trichome die Füße der fressenden oder saugenden Insekten und verhindern jede weitere Fortbewegung.

▪ **Eine natürliche Abwehr gegen die Bettwanzen**

Bohnenblätter sind ein bewährtes Hausmittel gegen Bettwanzen. Wenn man am Abend rund um das Bett Blätter von Bohnenpflanzen auslegt, werden Wanzen beim Betreten der Blätter von den winzigen Blatthaaren festgehalten. Am nächsten Morgen kann man die Wanzen dann einsammeln. Da Bettwanzen derzeit im Zuge des Tourismus eine Renaissance in Mitteleuropa erleben, insbesondere in Großstädten, wäre es wunderbar, wenn der Trick funktionierte. Die wenige Millimeter großen Bettwanzen *(Cimex lectularius)* verstecken sich tagsüber in Spalten und Ritzen. Nachts ernähren sie sich vom Blut des Menschen oder anderer warmblütiger Lebewesen. Ihr Stich verursacht einen mehrtägigen starken Juckreiz.

Noch ist es den Expertinnen und Experten der Bionik noch nicht gelungen, die Oberfläche so nachzubilden, dass auch künstliche Bohnenblätter die gleiche Wirkung zeigen wie echte, aber es wird daran gearbeitet (Speckmann et al. 2019; Szynder et al. 2013).

▪ **Im ständigen Ringen – Tiere und Pflanzen**

Warum fallen trotz dieser trickreichen Verteidigungsstrategien mit Trichomen Blattläuse

3

◻ **Abb. 3.13**   Samen der Augenbohne *(Vigna unguiculata)*

im Garten über Bohnenpflanzen her? Möglicherweise legen die Blattlauseltern ihren Nachwuchs genau an den Stellen der Pflanze ab, wo die Verteidigungsstrukturen noch nicht voll ausgebildet sind – an zarten Knospen.

Diese Hypothese kann durch Erkundungen im Garten überprüft werden. Gerade für Jungen sollte dieser Ansatz der „Wehrhaftigkeit von Pflanzen" geeignet sein, um Interessiertheit auszulösen (▶ Abschn. 4.1).

Die Blätter der Bohnenpflanze können mit einem Minimikroskop oder einer Stereolupe betrachtet werden, um die zweierlei Haare aufzuspüren: Haare, die Insektenbeine umschlingen, und Haare, die sich wie Dolche in die Insektenbeine bohren.

Aber welche Bohnen eignen sich zum Insektenfang? Es gibt ja Buschbohnen, Stangenbohnen Ackerbohnen, Augenbohnen, Helmbohnen, Feuerbohnen, Ägyptische Bohnen, Sojabohnen u. v. a. Schließlich ist Bohne nicht gleich Bohne. Findet man Trichome auch auf Erbsenblättern?

Hier kann der Garten erforscht werden, um diese Fragen zu beantworten.

Vor etwa 500 Jahren kam die Gartenbohne *(Phaseolus vulgaris)* aus Amerika nach Europa. Von Mexiko aus breiteten sich die Bohnen in die anderen Regionen Südamerikas und die Anden aus. Die ursprünglichen Wildpflanzen bilden wichtige genetische Ressourcen (Bitocchi et al. 2012) für die weitere Zucht von Gartenbohnen. Die Theorie der Genzentren nach Vavilow gilt auch bei Bohnen: Der Ursprung einer Kulturpflanze ist vermutlich dort, wo die Vielfalt der Wildformen am größten ist.

3.4.3   Und dann ist da noch die Bohne mit ganz vielen Namen: *Vicia faba*

■ **Die „alte" Bohne**

Die Ackerbohne (*Vicia faba;* ◻ Abb. 3.14 und 3.15), auch Saubohne, Dicke Bohne oder Pferdebohne genannt, kann im Unterschied zu der Gartenbohne schon im zeitigen Frühjahr ausgesät werden. Sie war schon bei den „Alten Römern" vor 2000 Jahren in Kultur – und schmeckt heute noch.

Ackerbohnen bilden leckere Samen. Ob sie roh verzehrt werden dürfen, darüber gibt es verschiedene Meinungen.

Die Ackerbohnen enthalten ebenso wie die Gartenbohnen Lektine, aber in viel geringeren Mengen. Wenn man sie ganz jung erntet und die Kerne noch weich sind, kann

Abb. 3.14 Ackerbohne *(Vicia faba)*

man sie auch roh essen. Sicherer ist es jedoch, wenn man die Bohnen mindestens 15 min kocht, da durch Hitze die Lektine zerstört werden.

Häufig wird die Ackerbohne aber auch zur Gründüngung eingesetzt – vor allem im ökologischen Landbau. Ebenso wie andere Schmetterlingsblütler bildet sie Symbiosen mit Bodenbakterien und verbessert so den Gehalt an gebundenem Stickstoff im Boden. Die Pflanzen auf einem Feld wachsen merklich besser, wenn dort zuvor Ackerbohnen wuchsen. Die Blätter der Ackerbohne (Vicia faba) haben einen grauen Schimmer; die Nebenblätter zeigen den für die Gattung typischen schwarzen Fleck; ◘ Abb. 3.14). In Marokko haben Ackerbohnen eine hohe Alltagsrelevanz. ◘ Abb. 3.15 zeigt *Vicia faba* in Marrakesch im Februar bereits fruchtend.

■ **Tierische Schädlinge biologisch bekämpfen**

Blattläuse wie die Schwarze Bohnenlaus oder auch der Ackerbohnenkäfer sind Insekten, die den Gärtnern die meisten Sorgen

bereiten. Da die Saubohnen zumeist für den Verzehr angebaut werden, kommen chemische Waffen für die Bekämpfung nicht infrage. Daher raten die Experten zu folgenden biologisch ausgerichteten Maßnahmen:

- Bohnenkraut und Thymian zwischen die Ackerbohnen pflanzen
- Marienkäfer und Florfliegenlarven als natürliche Fressfeinde ausbringen
- Die flugunfähigen Läuse mit einem Wasserstrahl von der Pflanze abspritzen
- Insektenhotels aufstellen

3.5 Biodiversität – wilde Schmetterlingsblütler in Schulgarten und Schulumfeld fördern

3.5.1 Schmetterlingsblütler bestimmen üben

Wilde Schmetterlingsblütler kann man auf der Streuobstwiese fördern. Hier können

3

◘ **Abb. 3.15**   Fruchtende Ackerbohne *(Vicia faba)* in Marrakesch

Rotklee und Weißklee ebenso wachsen wie Steinklee oder Bunte Kronwicke. Luzernen oder Esparsetten geben bunte Farbtupfer für nektarhungrige Insekten. Bei den Wicken gibt es durchaus nicht nur die Zaunwicke, sondern auch schmalblättrige Verwandte oder die prachtvollen blauen Rispen der Vogelwicke *(Vicia cracca;* ◘ Abb. 3.16). Mit ein bisschen Übung kann man sogar den Hornklee *(Lotus corniculatus;* ◘ Abb. 3.17) mit seinen gelben Blütendolden von der Wiesenplatterbse mit ihren gelben Rispen unterscheiden, den gelben Feldklee mit bei Reife braunen Blüten von dem zarten gelben Fadenklee. Hornklee bildet Dolden aus gelben Blüten und verträgt

sogar etwas Salz im Boden. In ◘ Abb. 3.17 ist der Hornklee mit Rotklee auf einer Hallig vergesellschaftet.

In jedem Falle erweisen sich Rankhilfen für einige Schmetterlingsblütler als hilfreich, die gern Halt an anderen Pflanzen suchen. Die Zaunwicke *(Vicia sepium)* trägt diese Neigung bereits im Namen, aber die Wiesenplatterbse oder die Schmalblättrige Wicke ranken ebenso. Dagegen legt sich die Bunte Kronwicke mit dem gesamten Körper über andere Pflanzen, Ranken bildet sie nicht. Wer Feldklee und Fadenklee (Kleiner Klee) unterscheiden will, braucht schon einen genauen Blick oder ein paar griffige Kennmerkmale (◘ Abb. 3.2).

Schmetterlingsblütler eigenen sich, um das saubere Bestimmen zu üben. Dabei sind einfache Bestimmungsschlüssel erforderlich. Die in der Fachliteratur gelegentlich zur Unterscheidung genutzte „schief angeschnittene Staubfadenröhre" (versus gerade angeschnitten) ist unbrauchbar. Besser erkennbare Merkmale müssen her. So sind die Nebenblätter schon recht hilfreich. Wie unterschiedlich sie ausgebildet sein können, zeigen Zaunwicke *(Vicia sepium;* ◘ Abb. 3.18), Gartenerbse oder gar Robinie mit dornigen Nebenblättern. Vor jeder Bestimmung sollte noch einmal der grundsätzliche Unterschied zwischen ungeteilten und geteilten Laubblättern wiederholt werden. Denn die vegetativen Merkmale sind meist recht gut erkennbar und durchaus aussagekräftig (Frangnière et al. 2018). Die Vogelwicke *(Vicia cracca)* beispielsweise trägt Trauben mit blauen Blüten und gefiederte Blätter (◘ Abb. 3.16) mit Ranken, der Rotklee *(Trifolium pratense)* hat keine Ranken und Blätter mit drei Fiederblättern sowie auffällig gezeichnete Nebenblätter.

Beim Vergleich des Aufbaus und beim Bestimmen von Pflanzen können an Kriterien geleitetes Vergleichen und damit systematisches Arbeiten einfach eingeführt werden, ohne die Schülerinnen und Schüler zu überfordern.

▣ Abb. 3.16 Vogelwicke *(Vicia cracca)* neben Rotklee *(Trifolium pratense)*

▣ Abb. 3.17 Hornklee *(Lotus corniculatus)* mit Rotklee *(Trifolium pratense)* auf einer Hallig

Unterrichtliches Engagement zeigt hier durchaus spürbare Erfolge, sofern intensiv mit einzelnen wenigen Arten gearbeitet wird.

Systematische Aspekte (zum Beispiel die gemeinsame Zugehörigkeit von Erbse, Bohne oder Robinie zu den Schmetterlingsblütlern) können bereits ins Gespräch ge-

3

bracht werden, wenn Keimversuche mit Erbsen oder Bohnen, Kichererbsen oder Erdnüssen durchgeführt werden oder die Technik des Untersuchens am Beispiel gequollener Feuerbohnensamen eingeführt wird.

3.5.2 Jede Menge Ökologie auf wilden Schmetterlingsblütlern

Die Zaunwicke *(Vicia sepium)* hat auf ihren Nebenblättern, die gerne von Ameisen besucht werden (◘ Abb. 3.18), einen schwarzen Fleck. Er bildet Nektar, ist also eine Nektardrüse außerhalb der Blüten (extraflorales Nektarium) an der Unterseite der Nebenblätter. Die Nektarproduktion findet nur bei feuchtwarmem Wetter statt. Ameisen besuchen regelmäßig die Nektarien und lecken den Nektar auf. Möglicherweise schützen sie als Gegenleistung ihre Wirtspflanze vor Fressfeinden.

Und noch eine Besonderheit bietet die Zaunwicke: Die violetten Kronblät-

◘ **Abb. 3.18**   Ameisen an Nebenblättern der Zaunwicke *(Vicia sepium)*

ter sind so fest und dick, dass nur kräftige Hummeln die Blüten öffnen können (Kraftblume). Erdhummeln betätigen sich als Nektarräuber, sie gewinnen den Nektar durch Aufbeißen von Kelch und Krone. Anschließend können an diesen Löchern auch Honigbienen Nektar naschen. Solche Löcher durch Hummelfraß findet man gelegentlich auch an anderen Blüten.

Wer im Garten wilde Holzbienen *(Xylocopa violacea)* beobachten will, sollte ihnen große Blüten anbieten (◘ Abb. 3.8). Die Breitblättrige Platterbse *(Lathyrus latifolius)* ist da ein geeigneter Kandidat.

3.6 Wichtige Aspekte zusammenfassen und wiederholen

3.6.1 Fabaceen und Welternährung

Nach all diesen Erkundungen, Bestimmungsübungen oder dem Anlegen von Biotopen können wesentliche Aspekte der Fabaceae durchaus noch einmal zur Sprache kommen und ggf. fachlich vertieft werden.

Schmetterlingsblütler bilden keine Schoten, sondern Hülsen aus einem Fruchtblatt (◘ Abb. 3.2 und 3.10). Wegen der Symbiose mit Bodenbakterien kommen sie in den Genuss von gebundenem Stickstoff als Dünger. Daher sind ihre Früchte reich an Eiweiß.

Viele Ernährungswissenschaftler geben die dringende Empfehlung, im Zuge des globalen Klimaschutzes den Fleischkonsum zu minimieren (Leitzmann 2011). Wegen der Landschaftspflege hat Weidehaltung sicher weiter ihre Berechtigung, nimmt bei der Produktion von Fleisch für den menschlichen Verzehr in Deutschland derzeit aber noch eine untergeordnete Rolle ein.

◨ Abb. 3.19 Lernstation
zur Gartenbohne *Phaseolus*

Die weitere wissenschaftliche Erforschung der Symbiose von Fabaceen mit Bodenbakterien zur Stickstoffbindung ist von großem wirtschaftlichen Interesse. Schließlich sind Schmetterlingsblütler global bedeutsame Eiweißlieferanten für die Ernährung von Mensch und Tier sowie Dünger im ökologischen Landbau – also wichtige Aspekte des globalen Stickstoffhaushalts.

Die Fragen der Ernährung sollten in den Lernsituationen präsent sein. So verknüpft beispielsweise die Verkostung eines Bohnensalats kognitive Inhalte mit alltäglichen Kontexten (◨ Abb. 3.19). Das Lernmaterial für die Schmetterlingsblütler steht bereit: Bohnenpflanzen, Bohnensalat sowie Samen und gegebenenfalls ein Blütenmodell sowie natürlich originale Pflanzen im Beet.

3.6.2 Agrobiodiversität

Unter anderem an der Universität Rostock wird seit mehreren Jahren zum Thema Agrobiodiversität im Kontext von Schulgärten geforscht (Queren und Retz-laff-Fürst 2014; Queren 2014; Murr 2015). Im Ökogarten Heidelberg standen didaktische Aktivitäten zur Agrobiodiversität unter dem mehrjährigen Schwerpunkt „Mensch nutzt Natur – nachhaltig".

Die Nutzung und die Erhaltung der biologischen Vielfalt dürfen keinen unlösbaren Widerspruch bilden. Das Ringen um nachhaltige Strategien der Landnutzung ist jedoch ein fortlaufender Prozess und vielen zum Teil gegensätzlichen Interessen unterworfen. Denn Agrobiodiversität hat nicht nur eine ökologische, sondern auch eine soziale und ökonomische Dimension. Während beispielsweise Freizeitspaziergänger mit Hunden durch die Felder flanieren, sorgen sich Landwirte um die Qualität ihrer Lebensmittel. Torfarmes Gärtnern und Ertragsstabilität zu koordinieren, erfordert technologische Innovationen. Vielfaltige Bebauungswünsche stehen einer agrarischen Nutzung oft entgegen. Von der Landnutzung in Deutschland entfallen etwa die Hälfte auf die Landwirtschaft, etwa 30 % auf die Forstwirtschaft, und nur etwa 2 % sind Wasserflächen.

„Unter dem Begriff ‚Agro-Biodiversität' versteht man zunächst die Vielfalt der durch aktives Handeln des Menschen für die Bereitstellung seiner Lebensgrundlagen unmittelbar genutzten und nutzbaren Lebewesen: der Kulturpflanzen (einschließlich ihrer Wildformen), der Forstpflanzen, der Nutztiere, der jagdbaren und sonstigen nutzbaren Wildtiere, der Fische und anderer aquatischer Lebewesen sowie der lebensmitteltechnologisch […] nutzbaren Mikroorganismen und sonstigen niederen Organismen" (Bundesministerium für Ernährung, Landwirtschaft und Verbraucherschutz 2007).

Die Agrobiodiversität lässt sich in drei Bedeutungsbereiche einteilen:

1. Ökonomisch: Agrarisch genutzte Bestandteile der biologischen Vielfalt haben aufgrund des Wertes der damit erzeugten Produkte eine erhebliche ökonomische Bedeutung. Nach Untersuchungen des BMELV (Bundesministerium für Ernährung, Landwirtschaft und Verbraucherschutz 2007) beträgt der Produktionswert der deutschen Landwirtschaft rund 43 Mrd. EUR, der Forstwirtschaft rund 3 Mrd. EUR und der Fischerei rund 0,2 Mrd. EUR.

2. Ökologisch: Unter dem ökologischen Schwerpunkt des Begriffs fasst man nicht nur die Vielfalt genutzter Arten und deren Leben unter optimalen Bedingungen, sondern auch die vielfältigen genetischen Ressourcen innerhalb von Arten. Sie sind für die Herstellung und Züchtung neuer Arten unverzichtbar (Bundesministerium für Ernährung, Landwirtschaft und Verbraucherschutz 2007).

3. Sozial: Die Agrarlandschaften bieten einen Erlebnis- und Erholungsort für die Menschen, da sie ja etwa die Hälfte der Landesfläche ausmachen. Weiden oder Kornfelder sind kulturell verankert. Die Agrobiodiversität beinhaltet also auch kulturelle und ästhetische Werte. Alte Haustierrassen, traditionelle Arten und Sorten von Kulturpflanzen zeugen von kulturellen Leistungen früherer Generationen und der historischen Entwicklung des Landbaus und der Tierhaltung der Region.

Während beispielsweise entlang des Kamms der Alpen zwischen Watzmann und Zugspitze noch Biolandwirte, Bergbauern und konventionell arbeitende Landwirte Weidehaltung betreiben und als Teil der genossenschaftlich organisierten Molkerei Berchtesgadener Land Milch produzieren, müssen die Besucherinnen und Besucher und auch die Bewohner der Hallig Hooge, umschlossen vom Nationalpark Wattenmeer, auf frische Milch verzichten. Obwohl auf den Halligen Schleswig-Holsteins noch Weidehaltung zum Schutz der Salzwiesen stattfindet, wurde das Melken von Tieren „aus wirtschaftlichen Gründen" auf Hooge zu Beginn des Jahrhunderts eingestellt – ein Verlust an Lebensqualität und Kultur.

Diese Aspekte der Agrobiodiversität sind Teil der Bildungsziele Bewertungs- und Kommunikationskompetenz. In dem Programm des BMELV ist als Anspruch an den Gartenbau beispielsweise formuliert: Eine vielfältige und standortgerechte Pflanzenverwendung in Haus-, Kleingärten und öffentlichem Grün ist zu fördern (Bundesministerium für Ernährung, Landwirtschaft und Verbraucherschutz 2007). Das gilt auch für Schulumfeld und Schulgarten und deckt sich Forderungen der botanischen Gesellschaft Deutschlands von 2019.

Während beispielsweise entlang des Kamms der Alpen zwischen Watzmann und Zugspitze noch Biolandwirte, Bergbauern und konventionell arbeitende Landwirte Weidehaltung betreiben und als Teil der genossenschaftlich organisierten Molkerei Berchtesgadener Land Milch produzieren, müssen die Besucherinnen und Besucher und auch die Bewohner der Hallig Hooge, umschlossen vom Nationalpark Wattenmeer, auf frische Milch verzichten. Obwohl auf den Halligen Schleswig-Holsteins noch Weidehaltung zum Schutz der Salzwiesen stattfindet, wurde das Melken von Tieren „aus wirtschaftlichen Gründen" auf Hooge zu Beginn des Jahrhunderts eingestellt – ein Verlust an Lebensqualität und Kultur.

Diese Aspekte der Agrobiodiversität sind Teil der Bildungsziele Bewertungs- und Kommunikationskompetenz. In dem Programm des BMELV ist als Anspruch an den Gartenbau beispielsweise formuliert: Eine vielfältige und standortgerechte Pflanzenverwendung in Haus-, Kleingärten und öffentlichem Grün ist zu fördern (Bundesministerium für Ernährung, Landwirtschaft und Verbraucherschutz 2007). Das gilt auch für Schulumfeld und Schulgarten und deckt sich Forderungen der botanischen Gesellschaft Deutschlands von 2019.

? **Fragen**

- Wie heißt das Enzym, das für die Stickstofffixierung essenziell ist?
- Welcher eingebürgerte Schmetterlingsblütler besitzt gefiederte Blätter mit Nebenblattdornen?
- Mit welchen Schmetterlingsblütlern lassen sich saugende Insekten einfangen?
- Welche gängigen Bohnenarten gehören zur Gattung *Phaseolus*?
- Welche Bohnenart gehört in dieselbe Gattung wie die Zaunwicke *(Vicia sepium)*?
- Mit welchem Schmetterlingsblütler erforschte Mendel die Regeln der Vererbung?
- An welchen Merkmalen erkennt man Hülsen als Früchte?

Literatur

Benkowitz, D., & Lehnert, H. J. (2009). Denken in Kreisläufen Lernerperspektiven zum Entwicklungszyklus von Blütenpflanzen. Münster. *Berichte des Institutes für Didaktik der Biologie IDB, 17,* 31–40.

Speckmann, E. J., Hescheler, J., & Köhling, R. (Hrsg.). (2019). *Physiologie* (7. Aufl.). München: Urban & Fischer.

Szynder, M. W., Haynes, F., Potter, M., Corn, R., & Loudon, C. (2013). Entrapment of bed bugs by leaf trichomes inspires microfabrication of biomimetic surfaces for pest control. *Journal of the Royal Society Interface, 10*(83), 20130174.

Bitocchi, E. et al. (2012). Mesoamerican origin of the common bean (*Phaseolus vulgaris* L.) is revealed by sequence data. In: *PNAS.* Online Publikation Februar 2012.

Leitzmann, C. (2011). Vegetarismus. Mehr als ein Ernährungsstil. *Biologie in unserer Zeit, 41*(2), 124–131.

von Körber, K. (2014). Fünf Dimensionen der Nachhaltigen Ernährung und weiterentwickelte Grundsätze – Ein Update. *AID Ernährung im Fokus, 14,* 260–268.

Queren, M.-D., & Retzlaff-Fürst, C. (2014). Agrobiodiversity in science lessons – implementation and evaluation of a lesson concept to develop the students aesthetics judgement exemplified by soy bean. In: *10th Conference of European Researchers of Biology* (S. 63). Haifa: Technion.

Queren, M.-D. (2014). *Agrobiodiversität im Biologieunterricht. Implementation und Evaluation eines Unterrichtskonzepts zum ästhetischen Schülerurteil am Beispiel der Sojabohne (Glycine max. (L.). Merr.).* Hamburg: Verlag Dr. Kovač.

Murr, A. (2015). *Werterhaltung zur Agrobiodiversität. Entwicklung, Evaluation und Einsatz eines Messinstrumentes* Hamburg: Verlag Dr. Kovač.

Bundesministerium für Ernährung, Landwirtschaft und Verbraucherschutz (2007). *Agrobiodiversität erhalten, Potenziale der Land-, Forst- und Fischereiwirtschaft erschließen und nachhaltig nutzen. Eine Strategie des BMELV für die Erhaltung und nachhaltige Nutzung der biologischen Vielfalt für die Ernährung, Land-, Forst- und Fischereiwirtschaft.* Bonn: BMBLV.

Frangnière, Y., Ruch, N., Kozlowski, E., & Kozlowski, G. (2018). *Botanische Grundkenntnisse auf einen Blick.* Bern: Haupt Natur.

Kreuzblütengewächse füllen das halbe Kochbuch

Von klassischer Systematik zu Zellbiologie, Bewertungskompetenz an Gentechnik und Landschaftsgestaltung

Inhaltsverzeichnis

© Springer-Verlag GmbH Deutschland, ein Teil von Springer Nature 2021
L. Jäkel, *Faszination der Vielfalt des Lebendigen – Didaktik des Draußen-Lernens*,
https://doi.org/10.1007/978-3-662-62383-1_4

4

Trailer

Pflanzenteile der Kreuzblütengewächse füllen etliche Gemüseregale, Gewürzschränke und Seiten mit Rezepten. Ihr Nektar verwandelt sich zu Tankfüllungen in den Waben von Honigbienen, ihre Assimilate können zu Biodiesel im Tank menschlicher Automobile verwertet werden. Kreuzblütler sind mit ihren Inhaltsstoffen in der Labordiagnostik unverzichtbar und eröffnen ästhetisch ansprechende Farbvarianten. Andererseits bieten diese zarten Pflanzen (die meisten heimischen Vertreter sind krautig und keine Gehölze) wunderbare Beispiele, um zu zeigen, wie sich die immobilen Pflanzen gegen allzu hungrige Insekten oder Wirbeltiere zur Wehr setzen können; sie eröffnen also auch ökologische Sichtweisen. Kreuzblütler sind aber auch Objekte der Gentechnik. Ein unscheinbarer Kreuzblütler, die Ackerschmalwand *(Arabidopsis thaliana)*, ist gar der beliebteste Modellorganismus gentechnischer Pflanzenforschung. Zu Gentechnik an Pflanzen sollte man in jedem Fall eine *differenzierte* Urteilskompetenz entwickeln können. Aus all diesen Gründen und wegen ihrer Allgegenwärtigkeit in Wildflora und Landwirtschaft in unserem Teil der Erde eignen sich Kreuzblütengewächse hervorragend als Lernobjekte.

4.1 Mögliche Einstiegsfragen in Lernsituationen draußen

Unabhängig von der Schulform gibt es in jedem Biologiebuch der Sekundarstufe mindestens eine Buchseite, auf der die Rapsblüte oder der Senf mit den vier Kelchblättern, vier Kronblättern, sechs Staubblättern und dem Stempel aus zwei Fruchtblättern vorgestellt werden. Viele Bildungspläne oder Lehrpläne wählen die Kreuzblütengewächse, zu denen Senf und Raps gehören, als exemplarisches Beispiel für eine heimische Pflanzenfamilie mit großer Alltagsrelevanz aus. Die Früchte der Kreuzblütler sind Schoten. Aber reicht die Begegnung

mit den Kreuzblüten und deren Schoten auf einem Arbeitsblatt und im Schulbuch aus, um Artenwissen sinnstiftend zu entwickeln? Der Begriff „Artenwissen" wird in ▶ Kap. 18 als Kompetenz ausführlich vorgestellt. In jedem Fall geht Artenwissen jedoch über die Kenntnis des Blütenbaus und das Lernen von Namen und Pflanzenteilen weit hinaus. Natürlich kann man Senf und Rapsöl sowie blühende Senf- und Rapspflanzen in den Lernraum Schule mitbringen und gemeinsam untersuchen. Das ist sehr zu empfehlen und wird von den Kindern mit Aufmerksamkeit honoriert. Möglich wäre aber auch, Kreuzblütengewächse draußen zu erforschen.

Für didaktische Gestaltungen ist es wichtig, die Schülerinnen und Schüler zum Lernen zu motivieren. Aus der internationalen Vergleichsstudie über Interessen von 15-jährigen Europäerinnen und Europäern (The Relevance of Science Education, ROSE (Holstermann und Bögeholz 2007)) wissen wir, dass bei männlichen Jugendlichen technische Anwendungen, gefährliche Phänomene, Weltraumabenteuer etc. im Fokus stehen, bei weiblichen Jugendlichen beispielsweise das Wohlbefinden des Körpers oder gar esoterische Aspekte. Der Umgang mit heimischen Organismen belegt hintere Rangplätze bei Schülerinteressen (Löwe 1992; Jäkel 2014). Daher beginnen unsere didaktischen Bemühungen mit der Eröffnung von Kontexten, die das Interesse fördern könnten (Elster 2007). Dann erst werden Informationen erarbeitet oder dargeboten und Zusammenhänge fachlich geklärt.

Eine Einstiegsfrage wäre beispielsweise: Können sich Pflanzen gegen Tiere wehren, die an ihnen knabbern?

Weitere Auftaktsituationen können sein: Die Kinder kosten Pflanzenteile, die zwar für Menschen ungiftig sind, aber sehr scharf schmecken, beispielsweise Radieschen, Rettich oder Meerrettichwurzel. Sie vergeben Wertungspunkte für die schärfste Pflanze. Über die Bedeutung der Schärfe wird diskutiert, und die beteiligten Enzyme werden erarbeitet.

Alternativ kann die Frage „Was hat die Pflanze Meerrettich mit Schwangerschaftsteststreifen und Diabetesteststreifen zu tun?" im Raum stehen. Die älteren Lernenden der Sekundarstufe erfahren Details zu ELISA, also enzymgekoppelten Immunreaktionen, und erfahren etwas über Peroxidasen und ihre Verwendungsmöglichkeiten.

Für ältere Schülerinnen und Schüler bietet sich auch folgende Problemfrage an: Warum essen Menschen scharf? Steigert dies wirklich die Testosteronproduktion bei Männern? Hier kann im Gespräch auf die Nozizeptoren, die Schmerzrezeptoren beim Menschen, eingegangen werden. Wissenschaftlichen Diskussionen über einen möglichen Zusammenhang zwischen Schärfe und Testosteronproduktion wird nachgespürt.

4.2 Beispiele für Kreuzblütler als Lernobjekte

4.2.1 Beispiel 1: Der Meerrettich (*Armoracia rusticana*) – eine alte südeuropäische Kulturpflanze und moderner Enzymspender

Die Meerrettichperoxidase (*horseradish peroxidase,* HRP) ist im Laborjargon eine verbreitete Abkürzung für eine nützliche Substanz – das dritthäufigste derzeit gebrauchte Enzym überhaupt. Für Schwangerschaftstests, für die Bestimmung des Blutzuckergehalts mit Teststreifen oder für einen AIDS-Test ist die HPR eine wesentliche Komponente. Das industriell aus der Wurzel des Meerrettichs gewonnene Enzym wird in unzähligen biochemischen Katalysen benutzt. Es katalysiert Reaktionen mit Peroxiden, zum Beispiel mit Wasserstoffperoxid H_2O_2.

HRP ist also eine Peroxidase. Wie die meisten Enzyme, so hat auch die HRP neben dem Eiweißanteil einen Nichteiweißanteil. Ein Cofaktor eines Enzyms ist in der Biochemie eine Nichtproteinkomponente, die neben dem Proteinanteil eines bestimmten Enzyms für dessen katalytische Aktivität unerlässlich ist, zum Beispiel ein Metallion. Das Zentralatom des Enzyms HRP ist Eisen.

Viele der von der HRP katalysierten Reaktionen sind Farbreaktionen. Der AIDS-Test mit ELISA, moderne Schwangerschaftsteststreifen, Immunhistochemie oder Glucoseteststreifen für Diabetiker sind also ohne Meerrettich schwer zu realisieren. Eine Farbreaktion zeigt z. B. an, ob das Schwangerschaftshormon humanes Choriongonadotropin (hCG) nachweisbar ist; eine Farbreaktion zeigt an, ob Antikörper gegen HI-Viren nachweisbar sind. Wenn solche Stoffe vorliegen, heften diese sich an die im Testkit enthaltenen, inaktivierten Proteine, die nachgeschaltete Farbreaktion erfolgt z. B. mithilfe der HRP. Die HRP erfüllt in diesem Fall die Funktion eines Reporterenzyms, sie macht den zu testenden Stoff sichtbar. Trotz dieser umfassenden Bedeutung der HRP ist es nicht sicher, ob alle Forscherinnen oder Laborpraktiker schon einmal eine lebende Meerrettichpflanze bewusst wahrgenommen haben. Die Begegnung mit originalen Pflanzen sollte im Kontext der Biochemie hergestellt werden, damit Artenwissen nicht verloren geht. Zusammenhänge zwischen Lebewesen und ihren Nutzungen sollen erfahrbar werden (◘ Abb. 4.1).

Meerrettich wird wegen seiner Inhaltsstoffe, insbesondere der HRP, vielfach verwendet. Aus dem Alltag kennt man Meerrettich eher aus kulinarischen Kontexten. Meerrettich als Würzsauce aus der geriebenen Wurzeln dieses Kreuzblütlers wird für Tafelspitz oder für Sushi verwendet. Meerrettich wird wegen seiner Schärfe in vielen Regionen geschätzt, von Brandenburg über

4

◘ **Abb. 4.1** Meerrettichpflanze und Produkte mit HRP

Bayern bis nach Baden-Württemberg, in Österreich oder Tschechien ebenso wie im Elsass oder in den USA. Daher trägt diese Pflanze regional gefärbte Namen, wie beispielsweise Kren oder Beißwurzel. Denn Meerrettich „beißt" in der Nase und treibt manchmal Tränen in die Augen.

Wie wächst der Meerrettich im Garten? Die Pflanze kann überwintern, denn ihre Wurzel reicht tief in der Erde. Die Laubblätter haben einen gekerbten bzw. gelappten Blattrand, sind ansonsten aber ungeteilt und in einer Blattrosette angeordnet, sie sind sehr groß mit elliptischer Form. Die Laubblätter sind so groß wie Blätter von Rhabarber oder Pestwurz, aber länglicher. Wenn sich die zahlreichen weißen Blüten in einer großen verzweigten Traube bilden, findet man an deren Stängel auch kleinere Laubblätter mit elliptischer Form (◘ Abb. 4.2). Die Blüten duften. Meerrettich kann verwildern und wächst dann an feuchten Standorten.

Wasabi *(Eutrema japonicum)*, auch Japanischer Meerrettich genannt, hat herzförmige Laubblätter und Rhizome, die in sumpfigem Gelände wachsen. Zum Reiben der Rhizome wurde früher Haihaut, die in ◘ Abb. 4.3 vergrößert zu sehen ist, verwendet. In Deutschland angebotene Wasa-

biprodukte enthalten jedoch häufig anteilig mehr Meerrettich als Wasabi.

Der Meerrettich *(Armoracia rusticana)* gehört wie der Weiße oder Schwarze Rettich (Gattung *Raphanus*) zu den Kreuzblütengewächsen. Meerrettich, Wasabi, Rettich und viele weitere Kreuzblütler bilden ein weiteres geschätztes Enzym, die Myrosinase. Sie sorgt dafür, dass sich Pflanzen bei Verletzungen ihrer Zellen „chemisch" wehren können. Es bilden sich Scharfstoffe, die auch als Senföle bezeichnet werden.

Normalerweise sind in den Zellen der Kreuzblütler an das Senföl noch Zuckerreste gebunden; der Stoff Senfölglycosid schmeckt nicht scharf. Das Enzym Myrosinase ist in anderen benachbarten Zellen gespeichert.

Bei Zellverletzungen reißen Zellmembranen auf, die Senföle kommen in Kontakt mit Myrosinase. Nun wird von den Senfölglycosiden, die in den Zellen in Membranen gut verpackt sind, enzymatisch die Zuckergruppe als Glucose abgespalten – und das scharfe Senföl wird frei. Dieses Enzymsystem mit den Senfölglycosiden ist typisch für Kreuzblütengewächse, kommt aber auch bei Kapern vor. So können sich Pflanzen gegen Fraßfeinde wehren, indem sie einen ungefährlichen Stoff speichern, der erst bei Verletzung der pflanzlichen Zellstrukturen scharf wird. Der Mensch

◘ Abb. 4.2   Blüten und Laubblätter vom Meerrettich

◘ Abb. 4.3   Haihaut besitzt schuppenartige Hautzähnchen, die Placoidschuppen

flüchtig sind und stechend riechen, andere sind nicht flüchtig und schmecken scharf. Gemeinsam ist ihnen eine Struktur, in der die Elemente Schwefel und Stickstoff benachbart zum Kohlenstoff zu finden sind. Solche Verbindungen heißen beispielsweise Isothiocyanate (etwa Allylsenföl) oder Thiocyanate.

4.2.2 Beispiel 2: Der Doppelsame (*Diplotaxis tenuifolia*)

Vor 20 Jahren war die Entdeckung der Pflanze mit dem Namen Schmalblättriger Doppelsame *(Diplotaxis tenuifolia)* im Freien eine freudige Beobachtung für Naturkenner; heute steht genau diese gelb blühende Dünenpflanze an fast jedem Straßenrand oder Bahndamm. Sie zeigt anschaulich, wie die Zusammensetzung unserer Flora und Fauna natürlichen Veränderungen unterworfen ist. Ob und in welchem Umfang menschliche Einflüsse dies forcieren, muss durch Daten zu konkreten Arten unterfüttert werden. Die Pflanze Schmalb-

aber weiß diese Schärfe meist zu schätzen. Bei manchen Radieschen ist es aber auch zu viel des Guten. Durch Garen verschwindet die Schärfe der Senföle weitgehend.

Zu den Senfölen gehören verschiedene Verbindungen, von denen einige leicht

4

◨ **Abb. 4.4** Schmalblättriger Doppelsame *(Diplotaxis tenuifolia)* wird unter dem Namen Rucola als Salat verwendet

lättiger Doppelsame ist heute unter einem anderen Namen viel besser bekannt: Rucola. Dieser Name stammt aus der Toskana. Rucola kam im 18. Jahrhundert als Neophyt mediterranen Ursprungs nach Mitteleuropa. Die gelappten Laubblätter mit dem typischen würzigen und scharfen Aroma werden zu Salaten oder auf Flammkuchen verwendet. Die gelben Kreuzblüten wiederum duften köstlich nach Honig und locken blütenbesuchende Insekten an. Wenige andere Kreuzblütler neben dem Doppelsamen werden auch als Rucola gehandelt. Der Doppelsame mit seinem scharfen Geschmack ist ebenfalls geeignet, die Wirkung der Myrosinase zu erforschen. Sein Vorkommen in unserer Landschaft kann kartiert werden, an Verkehrswegen ist aber Vorsicht geboten. Aus unbelasteten Wildstandorten kann Rucola *(Diplotaxis tenuifolia)* für Salat geerntet werden. ◨ Abb. 4.4 und 4.5 zeigen die Pflanze mit Blättern und Blüten.

◨ **Abb. 4.5** Rucola *Diplotaxis tenuifolia* weist eine typische Kreuzblüte auf

4.2.3 Beispiel 3: Genetische Ressourcen im wilden Kohl

Ist man zu Gast auf Helgoland, der einzigen deutschen Hochseeinsel, trifft man an vielen Stellen Kohlpflanzen. Man kann gar nicht ge-

nau erkennen, ob es sich hier um blassen Rotkohl, rötlichen Weißkohl, Kohlrabi mit verdickten Sprossabschnitten oder doch um einen imposanten Zierkohl handelt. Die Blätter sind jedenfalls ebenso fleischig verdickt wie die Stängel, und die grünlichen Blätter mit

◘ Abb. 4.6   Wildkohl auf Helgoland *(Brassica olera-cea)*

dem roten Schimmer sind mit einer stumpfen Wachsschicht überzogen. Die gelben Blüten verhalten sich wie „anständige" Kreuzblüten und erscheinen im zweiten Jahr. Die vorfindliche Pflanze ist der Wildkohl. Er zeigt in wunderbarer Form, welche genetischen Merkmale Züchtern zur Verfügung standen, um daraus die alltagsbekannten Sorten von Kohl zu züchten. Die Gene für Anthocyane sind auf jeden Fall vorhanden, wie roter Kohlrabi, Rotkohl sowie gelegentliche lila Blüten bei Blumenkohlpflanzen zeigen. Die Blattverdickungen (Sukkulenz) laden geradezu ein, um bissfestes Gemüse zu züchten. Auch das Dickenwachstum der Stängel scheint angelegt zu sein. Vermutlich sind diese Pflanzen nach dem Ende des Zweiten Weltkriegs, der auch Helgoland stark in Mitleidenschaft gezogen hat, erneut dort ausgebracht worden, nachdem sie früher dort wild vorkamen. ◘ Abb. 4.6 zeigt Wildkohl auf Helgoland.

Sukkulenz ist eine Möglichkeit der Anpassung an Wassermangel. Zu viel Salz im

Wasser ist ja eine Form des Wassermangels. Diese Dickfleischigkeit trifft auch auf andere Küstenpflanzen zu (Strandplatterbse *Lathyrus japonicus* als Schmetterlingsblütler, Milchkraut *Glaux maritima* als Primelgewächs, Stranddistel *Eryngium maritimum* als Doldenblütler, verschiedene Gänsefuß- oder Nelkengewächse, also Melden und Mieren). Aber einige bedeutsame Strandpflanzen sind eben auch Kreuzblütler, z. B. der Klippenkohl *(Brassica oleracea)* und auch der weißblütige Meerkohl *(Crambe maritima;* ◘ Abb. 4.7). Seine Blätter schmecken lecker, wenn man sie kurz in Wasser kocht. Die Löffelkräuter *(Cochlearia)* und der Meersenf *(Cakile maritima)* sind auch küstenbewohnende Kreuzblütler. Der Aufenthalt an der Meeresküste ist eine schöne Lerngelegenheit zu Kreuzblütlern und ihren ökologischen Potenzialen (▶ Kap. 15).

4.2.4 Beispiel 4: Rotkohl als Indikator

Kaum ein Schulbuch verzichtet auf den Hinweis, Rotkohlsaft als Indikator für den Säuregrad von Flüssigkeiten einzusetzen. Je umständlicher die Zubereitung beschrieben wird, umso weniger lassen sich Lehrkräfte darauf ein. Dabei ist es so einfach, Blätter vom Kohlkopf klein zu schneiden und die Schnipsel mit Leitungswasser zu übergießen. Sofort kann das farbige Wasser in ein klares Gefäß umgefüllt und benutzt werden. Kochen ist nicht erforderlich, denn das Anthocyan ist sehr gut in Wasser löslich, und durch das Zerschneiden wurden die Vakuolen der Zellen, die den Farbstoff enthalten, bereits eröffnet. ◘ Abb. 4.8 zeigt einen Rotkohlkopf im Schnitt mit roten Epidermiszellen der Laubblätter.

Die Indikatorwirkung des Rotkohlsaftes eignet sich als Musterbeispiel für das Erlernen der experimentellen Methode zur Prüfung eigener Hypothesen. Sind Blaukraut und Rotkohl die gleiche Pflanze? Wie kann die Farbänderung hervorgerufen werden?

4

◨ **Abb. 4.7**   Meerkohl *(Crambe maritima)* an der Nordsee

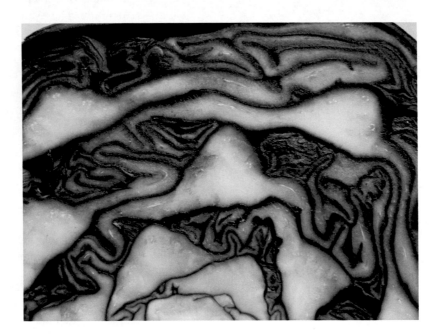

◨ **Abb. 4.8**   Rotkohlkopf im Schnitt mit verdickten Laubblättern

Die Lernenden können selbst vermuten, ob hier Zucker, Salz, Essig, Zitrone oder Hitze von Relevanz sind. Dabei muss für jede Variante ein neues Gefäß genutzt werden, also immer nur ein Faktor wird variiert (◨ Abb. 4.9). Das Wunderbare am Rotkohlsaft neben der Farbigkeit ist seine universelle Einsetzbarkeit: Draußen im Garten kann man ihn ebenso gut nutzen wie im La-

bor. Den Säuregrad von Joghurt im Vergleich zu Milch kann man ebenso testen wie die Säure von Rhabarbersaft oder Brennnesselhaaren. Giftige Abfälle entstehen nicht. Anthocyane werden auch von anderen höheren Pflanzen gebildet und dienen dem Schutz vor zu viel Licht oder der Anlockung von Tieren, um Pollen bzw. Früchte zu verbreiten. Aber durch Zucht

☐ **Abb. 4.9** Rotkohlsaft ist ein perfekter Indikator für Säuren, neutrales Milieu und Basen

sind beim Rotkohl (und violetten Möhren) die Anthocyangehalte besonders hoch.

Viele Gemüse sind sicher roh gut zu genießen, Kohl wird aber häufig zubereitet und gegart. Das ist der Gesundheitswirkung des Kohls im Hinblick auf Vitamin C nicht abträglich. Auch gekochter Kohl erzielt noch Gesundheitswirkungen, reduziert DNA-Schäden bzw. fördert das antioxidative Potenzial des Blutplasmas (Schlotz et al. 2018). Kohlgemüse sind daher klassische Wintergerichte. Aber Kohl bläht. Kümmel als Gewürz reduziert diese Verdauungsbeschwerden. Das Problem Kropfbildung der Schilddrüse muss bei übermäßigem Verzehr von Kohl und sehr einseitiger Ernährung im Blick behalten werden. Die in den Arten der Gattung Kohl *(Brassica)* vorkommenden Senfölglycoside (Glucosinolate) werden im Körper teilweise zu Thiocyanaten umgebaut, die die Iodaufnahme im Körper reduzieren und somit den Stoffwechsel der Schilddrüse beeinflussen.

4.2.5 Beispiel 5: Blau machen – Färberwaid

Der Färberwaid ist eine bedeutsame Färbepflanze aus der Familie der Kreuzblütengewächse und blüht erst im zweiten Jahr (☐ Abb. 4.10). Man sollte also im Garten darauf achten, die unscheinbare Blattrosette nicht zu entfernen, denn ansonsten kann man im zweiten Jahr weder die länglichen Laubblätter noch die Früchte zur Wiederaussaat ernten. Die Schotenfrüchte des Färberwaids zeigt ☐ Abb. 4.11. Früchte des Färberwaids sind herabhängende Schoten bzw. Schötchen.

Mit dem Farbstoff des Färberwaides kann man Textilien färben. Diese alte Kulturtechnik war lange ein wichtiger Wirtschaftsfaktor; so wurde beispielsweise in der Region um Erfurt in Thüringen mit Waidballen gehandelt. Das Wort „Blaumachen" hat es sogar geschafft, sich in der All-

4

◘ **Abb. 4.10**   Gelb blühender Färberwaid *(Isatis tinctoria)*

◘ **Abb. 4.11**   Schotenfrüchte von Färberwaid *(Isatis tinctoria)*

tagssprache festzusetzen. Den Harn nach reichlichem Trinkgenuss benötigte man früher zur Aufbereitung der Färbelösung, heute kann man andere Reduktionsmit- tel aus der Drogerie (wie Superentfärber mit Natriumdithionit) verwenden: Blätter der Waidpflanzen werden nach der Ernte fermentiert. Der Farbstoff wird reduziert, eine hellgrüne Lösung entsteht. Nach Färbung der Stoffe bei etwa 70 °C kommt es zur Oxidation des Farbstoffs zu Indigoblau durch Luftsauerstoff. Dann erst erscheint die Farbe Blau. Färberwaid als Wirtschaftspflanze wurde erst durch den Schmetterlingsblütler Indigo und dann durch synthetische Farbstoffe verdrängt, erlebt aber derzeit eine Renaissance.

4.3 Kompartimentierung als biologisches Grundprinzip

Manche Pflanzen haben in den Laubblättern einen völlig anderen Geruch als an den Blüten. Das kennen wir vom Bärlauch, aber auch von Kreuzblütengewächsen. Die Blüten von Rucola duften honigsüß, die Laubblätter riechen scharf, wenn man sie zwischen Zähnen oder Fingern zerreibt. Selbst die Rapspflanze macht da keine Ausnahme. Wir kommen nicht umhin, uns mit dem biologischen Basiskonzept der Zellstruktur zu befassen. Wenn man alles schön verpackt, kann man sehr unterschiedliche Stoffe (die nicht miteinander mischbar sind oder die miteinander reagieren würden) eng beieinander aufbewahren. In den Zellen der Lebewesen wurden die Membranen als geeignet perfektioniert, über mehrere Millionen Jahre. Die Zelle mit Zellorganellen wurde „erfunden". Bei den Kreuzblütlern kann man diese Kompartimentierung als Geschmacksphänomenen gut erkennen. Die Wirkung der Myrosinase bei Verletzung des Gewebes von Kreuzblütlern zeigt ▣ Abb. 4.12. Myrosinase und Senfölglycoside sind zunächst getrennt verortet und gelangen durch Membranverletzungen zueinander. Kreuzblütengewächse eröffnen also Lernkontexte zu Humanbiologie, Zellbiologie und organismischer Biologie gleichermaßen.

Steckt man ein Senfkorn unzerkaut in den Mund, ist es harmlos. Beißen wir darauf, schmeckt es scharf. Das Enzym Myrosinase, zuvor durch Membranen vom Substrat Senfölglycosid getrennt, katalysiert nun dessen Spaltung in scharfes Senföl (z. B.

Isothiocyanate) und einen Zuckerrest: Glucose. Das Enzym Myrosinase wird manchmal auch Sinigrin genannt. Die Myrosinase ist normalerweise in Zellen des Leitbündels oder der Epidermis verpackt (Kissen et al. 2009). Die Glucosinolate dagegen steckten in den Vakuolen anderer benachbarter Zellen (▣ Abb. 4.12).

Zusätzlich zur Myrosinase kann das Enzym ESP *(epithiospecifier protein)* die Glucosinolate bei Vorhandensein bestimmter Seitenketten in Anwesenheit der Myrosinase auch in Nitrile katalysieren.

Immerhin gibt es 120 verschiedene Glucosinolate. Die Freisetzung der Scharfstoffe wird also nur dann ausgelöst, wenn die zwei Komponenten Myrosinase und Senfölglycoside (Glucosinolate) miteinander durch Verwundung der Pflanzengewebe miteinander in Kontakt kommen (Holstermann und Bögeholz 2007). Solche Stoffe aus Senf (▣ Abb. 4.13) oder anderen Bodenbedeckern, die der Landwirt nach der Ernte aussät, können im Boden den Mikroorganismen den Appetit verderben, also die Belastung mit Pathogenen für nachfolgende Pflanzen auf dem Feld reduzieren (Holstermann und Bögeholz 2007) (Wittstock et al. 2003).

Pflanzliche und tierische Zellen sind also wahre Verpackungskünstler – vom Meerrettich über Senf bis zu blauen Blättern des Rotkohls. Diese Trennung von Reaktionsräumen auf engstem Raum wird Kompartimentierung genannt. Nur so können Tausende Stoffwechselprozesse in Lebewesen gleichzeitig ablaufen. Ein wenig ahmt der Mensch diese Tricks nach, indem er beispielsweise Enzyme immobilisiert, also auf Trägern befestigt, wie bei der HRP erläutert.

4.4 Bewertungskompetenz entwickeln

Zur Entwicklung von Bewertungskompetenz gehören neben solidem Fachwissen auch weitere Fähigkeiten. Wenn man beispielsweise beurteilen will, ob die gentech-

4

◻ Abb. 4.12   Wirkung der Myrosinase bei Kreuzblütlern

◘ **Abb. 4.13** Blühender Senf im Spätjahr als Bodendecker

nischen Veränderungen an Raps (Resistenz gegen ein Totalherbizid) ökologisch sinnvoll erscheinen, sind Folgenreflexion, Perspektivenwechsel und Argumentieren (Reitschert et al. 2007) zu üben.

Dann reicht es nicht zu wissen, wie in die Rapspflanze diese gentechnische Veränderung implementiert wurde, also ob der Gentransfer mit Partikelkanonen oder mithilfe von Mikroorganismen als Genfähren erfolgte. Flächenverbrauch, Entstehung von Resistenten, Wirkmechanismen von Totalherbiziden auf Einzelpflanzen und Ökosysteme sowie die Bedürfnisse von Landwirten oder Verbrauchern sind zu betrachten. Die ethische Relevanz der Phänomene ist zu überdenken, und eigene Normen und Werte sollten bewusstwerden.

Dann reicht es auch nicht zu behaupten, es gingen von gentechnisch verändertem Saatgut keine *unmittelbaren* Gefahren für die Gesundheit von Mensch oder Tier aus. Die ökologischen Folgen, die wirtschaftlichen Erwartungen, die Nachhaltigkeit der Entwicklungen sind zu bedenken.

Immer wieder tauchen in Europa (Frankreich, Deutschland, Schweiz) Spuren von gentechnisch verändertem Raps im importierten Saatgut auf, obwohl dessen Anbau in der gesamten Europäischen Union verboten ist. Gentechnisch veränderter Raps, der beim Anbau eine Behandlung mit dem Totalherbizid Glyphosat überlebt hat, darf als Futtermittel nach Deutschland importiert werden. Sein Anbau ist in Kanada, den USA, Australien oder Japan erlaubt. Zum Perspektivenwechsel gehört auch, sich in die Landwirte, die Imker oder die Lebensmittelproduzenten hineinzuversetzen, die von solchem Saatgut „betroffen" sind. Das Glyphosat greift massiv in den Stickstoffhaushalt von Pflanzen ein, mithilfe eines von Bodenbakterien entlehnten Gens kann die gentechnisch manipulierte Pflanze dies überleben.

Zur Bewertungskompetenz gehört auch, über Biodiesel informiert zu sein. Fette sind bekanntlich Ester als Molekülverbünde aus Fettsäuren und Alkoholen. Das Triglycerid des Rapsöls kann umgeestert werden zu Methylrapsöl. Dabei wird Glycerin als dreiwertiger Alkohol vom Rapsöl abgespalten, und als einwertiger neuer Alkohol wird Methanol mit den Fettsäuren verestert.

Felder mit blühendem Raps sind eine Augenweide, sie leuchten gelb und sonnig. Für Honigbienen sind solche Trachtpflanzen ein „gefundenes Fressen" – bis der Raps verblüht ist. Großflächige Monokulturen mit Raps sind daher für die Vielfalt von Insekten durchaus nachteilig.

Nachdem Rapsöl durch konventionelle Züchtung so verändert wurde, dass es kaum noch die für Menschen schlecht bekömmliche Erucasäure enthält, zählt Rapsöl zu den wertvollen Speisefetten mit einem günstigen Verhältnis von ungesättigten Fettsäuren (Omega-3- zu Omega-6-Fettsäuren). Dabei hat Rapsöl durchaus einen Eigengeschmack, der zu manchen herzhaften Gerichten oder Salaten gut passt.

4.5 Wir schreiten zur Tat – Pflanzenentwicklungen verstehen

Kreuzblütengewächse sind häufig zweijährig. Aber manche bringen es bereits im ersten Jahr zur Blüte, beispielsweise vergessene Radieschen (▪ Abb. 4.14) oder Raps. Werden im Garten Kohlpflanzen bei der Ernte übersehen oder vielleicht sogar absichtlich stehen gelassen, fängt der Kohl im zweiten Jahr an zu schießen. Der Kohlkopf bricht auf. Die Pflanze bildet Stängel mit Blüten. Diese Blüten duften wunderbar und können nach Bestäubung Schoten mit Samen bilden.

▪ **Säen und Pflanzen – unterschiedliche gärtnerische Tätigkeiten**

Worin besteht der Unterschied zwischen den landwirtschaftlichen Tätigkeiten Säen und Pflanzen? Beim Kohlrabi werden junge Pflanzen in das Feld gepflanzt. Kresse oder Senf bzw. Raps werden ausgesät. Die Samen stammen aus den Früchten, also den Schoten oder Schötchen.

Man spricht von Schötchen, wenn diese Früchte weniger als dreimal so lang wie breit sind; meist sind Schötchen kugelförmig oder oval. Senf und Raps dagegen bilden längliche Schoten.

Um Jungpflanzen von Kohlrabis oder anderer Kohlsorten ins Feld pflanzen zu

▪ **Abb. 4.14**   Blüte vom Radieschen (*Raphanus sativus* var. *sativus*)

können, werden auch deren Samen zuvor in wenig gedüngter Aussaaterde ausgesät und nach dem Keimen vereinzelt bzw. pikiert. Viele Gartenpflanzen bekommen so beste Startbedingungen. Die kräftigsten Jungpflanzen werden danach ins Feld oder Beet gepflanzt.

Wenn mit Kindern und Jugendlichen also tatsächlich Artenwissen als Kompetenz entwickelt werden soll, gehört der handelnde Umgang mit Pflanzen und Tieren dazu. Senf kann im Herbst auf abgeernteten Flächen ausgesät werden, um den Boden vor Erosion zu schützen, Mikroorganismen in Schach zu halten (Senfölglycoside) und andere Pflanzen der Begleitflora fernzuhalten. Im Frühjahr werden die Senfpflanzen dann abgeräumt. Auch Kresse kann zu jeder Jahreszeit gesät werden, allerdings besser auf dem Fensterbrett als auf keimreicher Gartenerde. Die Jungpflanzen der Kresse können frisch geerntet und auf Butterbrot, Salat oder Quark verzehrt werden.

Will man Kohl oder Kohlrabi im Beet wachsen lassen, muss der Boden gut mit Kompost und ggf. Hornspänen gedüngt sein. Kreuzblütler sind Starkzehrer. Also kann man Samen in kleine Töpfen mit Aussaaterde säen, nach Bildung der ersten Laubblätter diese vereinzeln und dann die kräftigen Jungpflanzen ins Hochbeet oder auf das Feld verpflanzen.

Nachdem man Kresse, Kohl oder Kohlrabi ausgesät hat und die Keimung beginnt, erkennt man die zwei Keimblätter, bevor sich danach weitere Laubblätter bilden. Kreuzblütengewächse sind zweikeimblättrige Blütenpflanzen.

Natürlich kann man bei geeigneten Flächen auch Landschaftspflege betreiben und Färberwaid großflächig aussäen, was für nektarsuchende Insekten von Vorteil ist.

4.6 Nach dem Forschen und Erkunden auf einen gemeinsamen Nenner kommen

■ **Kommunikationsgelegenheiten nutzen**

Schon Möller (Stern et al. 2001) hat darauf verwiesen, dass anspruchsvolles Lernen mit jüngeren Kindern den Wechsel zwischen Strukturierung und Offenheit erfordert. Sie bezog in ihre Module zum Schwimmen und Sinken sogar den Besuch eines Schwimmbades ein. Aber auch im Klassenraum oder Schulgarten kann geforscht werden. Wichtig scheint dabei, mit den Schülerinnen und Schülern jeweils zu vereinbaren, wann eigene Ideen in Kleingruppen umgesetzt werden und wie und wann man Ergebnisse oder weitere Planungen mit der gesamten Lerngruppe kommuniziert. Bei aller Begrenztheit der Lernzeit ist dieser Punkt der Zusammenführung besonders wichtig. Die Präsentationen der einzelnen Teams werden erst durch die wertschätzende paraphrasierende Bekräftigung oder die Kommentierung der Lehrkraft zu einem merkwürdigen Lerngegenstand, insbesondere für Kinder, die in anderen Teams unterschiedlichen Fragen nachgegangen sind.

Unsere Erkundungen zu den Kreuzblütengewächsen sollten also im Plenum, im Sitzkreis oder an einem großen Tisch, jedenfalls gemeinsam, besprochen werden. Gesprächs- oder Präsentationsanlässe sind gern Naturobjekte (zum Beispiel leuchtend farbiger Rotkohlsaft in verschiedenen Tönen), vorbereitete Wortkarten (mit Begriffen wie „Schote", „Myrosinase", „Senföl" etc.), Pflanzen mit auffälligen Blüten oder Früchten. Dabei ist im Sinne sprachsensiblen Unterrichts wichtig, dass Fachbegriffe laut und deutlich mehrfach in Gebrauch

4

sind und die Kinder Kommunikationsanlässe nutzen können.

Im Garten beenden wir häufig die Lernsituationen, indem jedes Kind sich zu den für es eindrucksvollsten Tieren, Pflanzen oder Phänomenen äußern darf. Werden Aufschriebe getätigt, sollten sie präzise und recht kurz sein. Viele Kinder freuen sich tatsächlich über gute Aufgaben und orientieren sich an ihnen. Die schriftlichen Lernmaterialien im Garten kann man Forscherblätter oder Forscherhefte nennen (▶ Kap. 16). Jedes Kind sollte seinen Namen eintragen und das Heft zur Weiterbearbeitung mitnimmt. Damit dies klappt, muss darauf geachtet werden.

▪ **Vergleichen an Originalen**

Anwendungsaufgaben können auch Vergleiche mit vermeintlich ähnlichen, aber völlig anderen Pflanzen sein, wie dem Schöllkraut. Dieses Mohngewächs hat zwar auch vier Kronblätter, aber mehr Staubblätter als Kreuzblütler. Ob die Lernenden richtig hinschauen, merkt man daran, dass sie bei Kreuzblütlern vier längere und zwei kürzere Staubblätter erkennen. Man kann also theoretisch genau zwei Symmetrieachsen durch die Kreuzblüte ziehen. Bei der Schote als Frucht der Kreuzblütler kann man eine Scheidewand zwischen den zwei verwachsenen Fruchtblättern feststellen, die der Hülse als Frucht aus einem einzelnen Fruchtblatt fehlt. Ob die Lernenden Schoten von Hülsen unterscheiden können, sollte an Beispielen von Früchten, die im Garten verfügbar sind, geübt werden: Raps und Senf bilden Schoten, Erbsen, Bohnen oder Lupinen bilden dagegen Hülsenfrüchte.

▪ **Zusammenfassen**

Man könnte also die wichtigsten Merkmale der Kreuzblütengewächse zusammenfassen (in welcher Form auch immer): kreuzförmig angeordnete Kelch- und Kronblätter (jeweils vier pro Blüte), zwei kürzere

und vier längere Staubblätter, eine Schotenfrucht aus zwei verwachsenen Fruchtblättern mit Scheidewand. Die einzelnen Blüten sitzen in der Regel an kurzen Stielen an einer Blütenstandsachse; man spricht botanisch von „Trauben". Die Laubblätter stehen entweder am Grund der Pflanze in einer Rosette, wie beim Hirtentäschel, oder wechselständig. Viele Pflanzenteile enthalten Senfölglycoside, die durch das Enzym Myrosinase „scharf gemacht", also gespalten werden können. Kreuzblütengewächse sind wahre ökologische Überlebenskünstler, legen im Garten aber viel Wert auf gute Düngung. Kreuzblütler sind beliebte Objekte der klassischen Züchtung sowie der Gentechnik.

▪ **Vielfalt nutzen**

Zu jeder Jahreszeit findet man Kreuzblütler: Das Wiesenschaumkraut (*Cardamine pratensis;* ◻ Abb. 4.15) blüht im Frühjahr. Nicht nur die Wiese „schäumt" vor Blütenpracht, auch die Schaumzikade nutzt die Pflanze für die Jungenaufzucht mit kleinen Schaumnestern. Die immer häufiger anzutreffende Pfeilkresse *(Lepidium draba)* blüht ebenfalls im Frühjahr; Löffelkraut, Meerkohl (◻ Abb. 4.7), Meerrettich (◻ Abb. 4.2) oder Hirtentäschelkraut und Färberwaid (◻ Abb. 4.10) im Sommer oder Rucola (◻ Abb. 4.5) und Senf (◻ Abb. 4.13) im Spätsommer.

Um sie wachsen zu sehen, braucht man keine Weltreise anzutreten. Schulgarten und Schulumfeld, heimische Biotope oder der Lebensmittelhandel sind üppige Fundgruben.

Im Labor oder in der Apotheke kann man den Wirkungen von Kreuzblütlern wiederbegegnen.

Gelbes Steinkraut *(Alyssum montanum)* oder Griechisches Blaukissen *(Aubrieta deltoidea)* und die weißen Schleifenblumen *(Iberis sempervirens)* sind Zierpflanzen, die den Boden im Steingarten oder Vorgarten im Frühjahr mit großen blühenden Flecken überziehen. Da sie mehrjäh-

▣ Abb. 4.15   Wiesenschaumkraut *(Cardamine pratensis)*

rig sind, werden sie auch als Stauden bezeichnet (▣ Abb. 4.16, 4.17, 4.18 und 4.19).
Das vorliegende Buch soll ja dazu verlei-
ten, genauer hinzuschauen. Während diese
drei Pflanzen bei oberflächlicher Betrachtung (▣ Abb. 4.16) anscheinend nur in der
Blütenfarbe variieren, zeigt der Blick auf
die Details exemplarisch klare Kennmer-
male zur Unterscheidung: Die durchaus als
giftig zu bezeichnende Schleifenblume besitzt wie alle Kreuzblütler vier Kronblätter
pro Blüte, die beiden nach außen weisenden
Kronblätter sind jedoch größer als die anderen beiden (▣ Abb. 4.18). Das Griechische Blaukissen ist eine eingeführte Pflanze
des mediterranen Raumes (▣ Abb. 4.19).
Hier ist es ökologisch sinnvoll, ungefüllte
Zuchtformen zu pflanzen, damit Insekten
die Blüten nutzen können. Lediglich das
Steinkraut mit sehr kleinen duftenden gelben Blüten und deutlich behaarten Laubblättern ist heimisch (▣ Abb. 4.17) und
kommt in geschützten Lagen noch zerstreut
bis vereinzelt wild vor.

▣ Abb. 4.16   Pflanzen im Steingarten: Schleifenblume (weiß), Blaukissen (lila), Steinkraut (gelb)

4

◩ **Abb. 4.17**   Berg-Steinkraut *(Alyssum montanum)*

◩ **Abb. 4.18**   Schleifenblume *(Iberis sempervirens)*

Eine kompakte Darstellung der Merkmale von Pflanzenfamilien findet man bei Frangnière et al. (Frangnière et al. 2018).

Sie würdigen Kreuzblütengewächse ebenfalls als artenreich und unentbehrlich für Menschen und Ökosysteme.

▣ Abb. 4.19   Blaukissen *(Aubrieta deltoidea)*

❓ Fragen

- Was versteht man unter krautigen Pflanzen? Können Sie Beispiele nennen?
- Warum werden die Kreuzblütler auch *Cruciferae* genannt? Wie viele Symmetrieachsen kann man durch die Blüte ziehen (▣ Abb. 4.5)?
- Kreuzblütler gelten als Starkzehrer im Garten. Kann man sie auf schon längere Zeit nicht mit Kompost gedüngten Flächen ertragreich kultivieren?
- Welche Pflanze aus der Familie der Kreuzblütler ist das Lieblingsobjekt moderner Gentechnik?
- Warum können viele Kreuzblütler erfolgreich in Küstennähe überleben? Welche dieser Pflanzen könnte man an der Nordsee finden?
- In welchen Produkten wird die HRP eingesetzt?
- Anthocyan wird nur von höheren Pflanzen gebildet, Moose und Farne verfügen nicht über die nötigen Gene. Welche Funktion hat das Anthocyan in höheren Pflanzen?
- Welches pH-Milieu muss vorliegen, damit Rotkohl blau erscheint?

Literatur

Elster, D. (2007). Zum Interesse Jugendlicher an naturwissenschaftlichen Inhalten und Kontexten – Ergebnisse der ROSE-Erhebung. In H. Bayrhuber et al. (Hrsg.), *Ausbildung und Professionalisierung von Lehrkräften. Internationale Tagung der Fachgruppe Biologiedidaktik im VBIO* (S. 227–230). Essen: Universität.

Frangnière, Y., Ruch, N., Kozlowski, E., & Kozlowski, G. (2018). Botanische Grundkenntnisse auf einen Blick. Bern: Haupt Natur.

Holstermann, N., & Bögeholz, S. (2007). Interesse von Jungen und Mädchen an naturwissenschaftlichen Themen am Ende der Sekundarstufe I. Gender-Specific Interests of Adolescent Learners in Science Topics. *Zeitschrift für Didaktik der Naturwissenschaften, 13,* 71–86.

Jäkel, L. (2014). Interest and learning in botanics, as influenced by teaching contexts. In C. P. Constantinou, N. Papadouris, & A. Hadjigeorgius (Hrsg.), *E-Book Proceedings of the ESERA 2013 Conference: Science education research for evidence-based*

4

teaching and coherence in learning. Part 13 (co-ed. L. Avraamidou & M. Michelini) (S. 12). Nicosia: European Science Education Research Association.

Kissen, R., Rossiter, J. T., & Bones, A. M. (2009). The ‚mustard oil bomb': Not so easy to assemble?! Localization, expression and distribution of the components of the Myrosinase enzyme system. *Phytochemistry Reviews, 8*(1), 69–86.

Löwe, B. (1992). *Biologieunterricht und Schülerinteresse an Biologie.* Weinheim: Dt. Studienverlag.

Reitschert, K., Langlet, J., Hößle, C., Mittelstenscheid, N., & Schlüter, K. (2007). Dimensionen von Bewertungskompetenz. *MNU, 60*(1), 43–51.

Renneberg, R. (2003). *Biotechnologie für Einsteiger.* Berlin: Spektrum.

Schlotz, N., Odongo, G. A., Herz, C., Waßmer, H., Kühn, C., Hanschen, F. S., Neugart, S., Binder, N., Ngwene, B., Schreiner, M., Rohn, S., & Lamy, E. (2018). Are raw brassica vegetables healthier than cooked ones? A randomized, controlled crossover intervention trial on the health-promoting potential of ethiopian kale. *Nutrients, 10,* 1622.

Stern, E., Möller, K., Hardy, I., & Jonen, A. (2001). Warum schwimmt ein Baumstamm? Kinder im Grundschulalter sind durchaus in der Lage, physikalische Konzepte wie Dichte und Auftrieb zu begreifen. *Physik Journal, 3*(1), 63–67.

Wittstock, U., Falk, K., Burow, M., Reichelt, M., & Gershenzow, J. (2003). Die Biochemie der Glucosinolat-Hydrolyse: Wie entschärfen Insekten pflanzliche Senföl-Bomben? Max-Plack-Institut für chemische Ökologie. Forschungsbericht. ► https://www.mpg.de/869312/forschungsSchwerpunkt1. Zugegriffen: 27. Sept. 2019.

Ab durch die Hecke – Rosengewächse mit Dornen, Stacheln und leckeren Früchten

Nistplätze für Tiere, Einfriedung von Flächen, leckere Früchte – Hecken sind unverzichtbare Elemente der Landschaftsgestaltung

Inhaltsverzeichnis

© Springer-Verlag GmbH Deutschland, ein Teil von Springer Nature 2021
L. Jäkel, *Faszination der Vielfalt des Lebendigen – Didaktik des Draußen-Lernens*,
https://doi.org/10.1007/978-3-662-62383-1_5

5

Trailer

Wie bizarr Rosengewächse sich in die Landschaft einfügen, ist geradezu märchenhaft. Märchen als kulturgeschichtliche Zeugnisse und zugleich ökologische Spiegelungen der Landschaft widmen den Rosengewächsen beachtliche Aufmerksamkeit, weil sie im Alltag eine markante Rolle spielen. Da treffen sich Hase und Igel am Schlehdorn zum Wettlauf, da wächst eine Rosenhecke in 100 Jahren höher als eine Burg, da wetteifern Schneeweißchen und Rosenrot um Zuwendung, der vergiftete Apfel wird zum Tatwerkzeug und bleibt als Brocken im Halse stecken u. s. w. Manche Menschen meinen gar, Rosen seien märchenhaft schön.

Und trotzdem ist der Umgang mit ihnen nicht einfach. Wilhelm Busch dichtet in seinem Gedicht „Duldsam" über die Ökologie von Ameisen, Blattläusen, Schlupfwespen und eben Rosen und kommt zu dem gelassenen Fazit: „Keine Rose ohne Läuschen."

Rosengewächse sind aber mehr als nur Zierpflanzen: Rosengewächse füllen die Hälfte der Obsttheke und sichern eine abwechslungsreiche Ernährung. Dies sind Gründe genug, um Rosengewächse auch im Schulgarten, auf einer Streuobstwiese oder beim Besuch eines Obsthofes zu thematisieren.

Hinzu kommt der ökologische Wert wilder Rosengewächse. Rosengewächse sind also mehr als nur eine Zierde.

Rapsblüte und im Unterschied zu klarer Unterständigkeit wie bei der Sonnenblume liegt der Fruchtknoten der Kirsche auf halber Höhe der Kelchblätter. Aber genau diese Diversität macht ja den Reiz der Biologie aus – es gibt nicht die eine typische Blüte. Zwar sind Rosengewächse recht vielgestaltig und kompliziert, aber so allgegenwärtig, dass es lohnt, sich mit ihnen zu befassen.

Nach allen Befragungen bei Laien zu beliebten Pflanzen erzielt die Rose die höchsten Stellenwerte; dies kann man schon bei Lindemann-Matthies nachlesen (Lindemann-Matthies 1999, 2002) (vgl. auch Jäkel und Schaer 2004; Jäkel 1992; Hesse 2000, 2002). Diese Vorliebe bedeutet noch lange nicht, dass sich Laien tatsächlich mit Rosengewächsen auskennen oder sie gar zu handhaben wissen. Wertgeschätzt werden jedoch die üppige Farbigkeit und gelegentlich auch der Duft. Schon bei der Erkenntnis, dass Hagebutten die Früchte von Rosen sind, treten Erkenntnislücken auf. So nennen Kinder bei Befragungen nach Pflanzen am Weg häufig sowohl Rosen als auch Hagebutten. Sie sind sich dieser Blüte-Frucht-Beziehungen bei Heckenrosen nicht bewusst (Jäkel und Schaer 2004). Es lohnt also, den Blick auch auf die Früchte von Rosengewächsen zu lenken. An vorderster Stelle steht vielleicht der Apfel. Andererseits sind auch die ökologischen Faktoren relevant, insbesondere Hecken.

5.1 Mögliche Einstiegsfragen in Lernsituationen draußen

5.1.1 Wer kennt Hagebutten?

Gern wird die schulische Erarbeitung des Blütenbaus einer bedecktsamigen Blütenpflanze an der Kirschblüte vollzogen. Ganz so ideal sind solche Blüten eigentlich gar nicht, da es sich um Blüten handelt, bei denen Mittelständigkeit des Fruchtknotens vorliegt. Im Unterschied zu klarer Oberständigkeit des Fruchtknotens einer Tulpe oder

5.1.2 Kontexte fördern Interessiertheit

Bereits in ▶ Kap. 4 wurde darauf hingewiesen, dass es erforderlich ist, Lernende für Pflanzen durch didaktische Gestaltungen besonders zu motivieren. Eine bekannte internationale Vergleichsstudie über Interessen von 15-jährigen Europäerinnen und Europäern wird zwar als ROSE-Studie bezeichnet, dies ist aber nur das Akronym für „The Relevance of Science Education" (Holstermann und Bögeholz 2007). Wir wissen, dass der Umgang mit heimischen Organismen bei Schülerinnen und Schülern hintere Rangplätze belegt (Löwe 1992; Jäkel 2014; Elster 2007). Daher beginnen unsere didaktischen Bemühungen auch hier mit der Eröffnung von Kontexten (Elster 2007), die das Interesse fördern könnten. Dann erst werden neue Informationen erarbeitet oder dargeboten und Zusammenhänge fachlich geklärt.

5.1.3 Anwendungskontexte bei Äpfeln nutzen

Einstiegsfragen zu den Rosengewächsen könnten sich beispielsweise auf Äpfel beziehen, und dies am besten im Herbst:

- Welche Lernmöglichkeiten gibt es auf der Streuobstwiese?
- Warum werden im Handel nur so wenige Obstsorten angeboten?
- Wie schneidet man Obstbäume – und warum überhaupt?
- Wie presst man Apfelsaft ( Abb. 5.1)?
- Warum hat mancher Apfel rote Bäckchen?
- Sind Äpfel wirklich „gesund"?
- Worin bestehen Unterschiede zwischen Tafelobst und Obst von der Streuobstwiese?
- Warum werden angeschnittene Äpfel der Streuobstwiesen braun?
- Was sind Polyphenole?

5.1.4 Ökologische Vertiefungen

Für ältere Schülerinnen und Schüler bieten sich ökologische Vertiefungen an: Hecken sind klassische Elemente der Landschaftsgestaltung, werden von Landwirten im Zuge der Flurbereinigung aber manchmal gerodet. Minimieren Hecken landwirtschaftliche Erträge, oder steigern sie diese?

Tierbeobachtungen an Hecken sind natürlich auch schon mit jüngeren Schülerinnen

○ **Abb. 5.1** Apfelsaftpresse

und Schülern möglich – sofern sich bereits gehaltvolle Hecken auf dem Schulgelände oder in Schulnähe befinden. Hier können im Idealfall Neuntöter (○ Abb. 5.2), Laufkäfer und andere Tiere beobachtet werden.

Ein sehr einfaches Vorgehen ist beispielsweise die vergleichende Zählung von Vogelnestern in bedornten Sträuchern im Winter im Vergleich zu nicht dornigen Hecken.

Zu den Rosengewächsen gehört auch die Felsenbirne *(Amelanchier),* die im März oder April blüht (○ Abb. 5.3) und im Sommer fruchtet (○ Abb. 5.4). Die Früchte, zum Beispiel die Art Kupfer-Felsenbirne *(Amelanchier lamarckii),* sind genießbar. Solche Sträucher sind Rosengewächse mit giftigen Früchten, wie der in Grünanlagen allgegenwärtigen populären Lorbeerkirsche *(Prunus laurocerasus),* vorzuziehen. Durch Selbstaussaat verbreitet sich die Lorbeerkirsche zudem unkontrolliert. Alle Pflanzenteile sind wegen enthaltener Cyanide roh giftig.

Wie helfen Hecken, dem Verlust der Biodiversität der Insekten, der Vögel und anderer Organismen entgegenzuwirken?

5

◨ **Abb. 5.2** Hummel, aufgespießt durch einen Neuntöter, an einem Rosengewächs mit Dornen

◨ **Abb. 5.3** Blühende Felsenbirne (Gattung *Amelanchier*)

Hecken als Ansitz, Unterschlupf, Nistplatz oder Futterstelle sind unverzichtbare Elemente der Landschaft. Sie werfen Schatten, puffern extreme Temperaturen der freien Ackerflächen, behindern die Erosion und geben Tieren Unterschlupf, die an angrenzenden Ackerflächen als Beutegreifer fungieren, wie beispielsweise Laufkäfern.

Zu den ökologischen Dimensionen der Rosengewächse gehören aber auch globale Zusammenhänge im Kontext einer Bildung für nachhaltige Entwicklung:

- Woher kommen die Rosengewächse im Handel?
- Sind sie regionalen Ursprungs, kommen sie aus Holland oder aus Ghana?
- Wie unterscheiden sich fair gehandelte Rosen von anderen Angeboten im Handel?
- Wie kann eine nachhaltige Produktion von Rosen aussehen?

Materialien zum globalen Lernen, u. a. auf den BNE-Bildungsservern (Ministerium für Ländlichen Raum und Verbraucherschutz,

□ **Abb. 5.4** Fruchtende Felsenbirne (Gattung *Amelanchier*)

Ministerium für Kultus, Jugend und Sport Baden-Württemberg 2018) sind hierzu hilfreich.

5.2 Beispiele für Rosengewächse als Lernobjekte

5.2.1 Beispiel 1: Der Apfel *(Malus domestica)* – eine alte Kulturpflanze von globaler Bedeutung

Der Apfel ist es wert, genauer betrachtet zu werden. Über die ursprüngliche Herkunft des Kulturapfels gibt es gelegentlich Unstimmigkeiten. Ob Äpfel nun wirklich ursprünglich aus dem Altai-Gebirge im Süden Russlands stammen, wie man lange annahm, wird sich vielleicht noch klären. Nach der Theorie von Vavilow stammen Kulturpflanzen aus sogenannten Genzentren. Das sind Gebiete, in denen die genetische Vielfalt der Wildpflanzen einer Art am jeweils größten ist. Die heutigen Apfelsorten im Erwerbsgartenbau sind also keine reinen Nachfahren des heimischen Holzapfels,

sondern des Asiatischen Wildapfels. Derzeit wird ein Gebiet nahe der Grenze Russlands zur Mongolei, das kasachische Tian-Shan-Gebirge, als Ursprungsort favorisiert.

Im 19. Jahrhundert gab es eine sehr große Anzahl von Apfel-, Birnen- oder Pflaumensorten. Im Zuge kleinräumiger Landwirtschaft in Mitteleuropa entstanden zahlreiche Zuchtsorten des Apfels, von denen heute nur noch sehr wenige großflächig wirtschaftlich genutzt werden. Der Gärtner Zeyer listete 1809 alle Obstsorten der Region Schwetzingen auf (□ Tab. 5.1). Er zählte für die klei-

□ **Tab. 5.1** Liste der Obstsorten nach Zeyer (1809) in der Region um Schwetzingen

Apfelsorten	303
Birnensorten	193
Aprikosensorten	16
Kirschsorten	62
Pfirsichsorten	38
Pflaumensorten	53
Weintraubensorten (keine Rosengewächse)	40

5

◘ **Abb. 5.5**   Apfelblüte vom Boskoop mit rosafarbenen Kronblättern

nen Parzellen der zahlreichen Obstbauern sehr viele Sorten mit unterschiedlichen Formen und Farben, Lagereigenschaften oder Inhaltsstoffen, Festigkeit oder Glanz.

Die Zahl der Betriebe ist inzwischen drastisch gesunken, aber die Anbaufläche pro Betrieb wesentlich gestiegen; somit sind weniger Sorten im Anbau. Das Statische Landesamt Baden-Württemberg beispielsweise listet meist nur zehn Apfelsorten auf, z. B. Elstar oder Jonagold, Gala oder Braeburn, Pinova oder Golden Delicious. Streuobstwiesen jedoch sind Refugien zur Erhaltung dieser genetischen Vielfalt der Äpfel oder anderer Obstsorten wie Birnen und Quitten. Zum Pressen von Saft eignen sich würzig-herbe Äpfel der Streuobstwiesen (◘ Abb. 5.5 und 5.10) deutlich besser als das süßliche Tafelobst.

Apfelfrüchte sind eigentlich Balgfrüchte (◘ Abb. 5.6) (Probst 2007). Der Apfel-Griebsch (norddeutsch) oder Butzen (süddeutsch) offenbart die harten Schalen der einzelnen Balgfrüchte, das sogenannte Kerngehäuse. Keiner hat die harten Balgreste gern im Zahnfleisch stecken. Um den

Griebsch wölbt sich der saftige verdickte Blütenstiel des Apfels.

Für eine Streuobstwiese kann man eine Patenschaft übernehmen. Trotzdem ist es möglich, die Wiese hin und wieder ein paar Wochen sich selbst zu überlassen. Das ist von Vorteil in Ferienzeiten, im Unterschied zu einem ganzen Schulgarten. Der Höhepunkt ist auf der Streuobstwiese natürlich die Lese der Äpfel.

◘ **Abb. 5.6** Die Balgfrüchte sind beim Apfel vom Blütenboden umhüllt

Abb. 5.7 Vor dem Pressen werden die Äpfel mit der Mühle zerkleinert

Um zunächst zerkleinerte Apfelstücke (Maische) herzustellen, benötigt man eine Obstmühle (■ Abb. 5.7). Eine Reihe scharfer Klingen wird mit einer Kurbel bewegt, um gewaschene halbierte Äpfel grob in Stücke zu zerteilen. Hier hat Sicherheit höchste Priorität, damit niemand versehentlich in das Mahlwerk greifen kann.

Die im Handel erhältlichen Saftpressen unterscheiden sich. Während eine Presse mit einer hölzernen Zarge ziemlich große Apfelmengen erfordert, haben andere Varianten eine größere Ausbeute pro Apfel. Zu einer manuellen Presse gehören Tücher zum Einschlagen der zerkleinerten Äpfel und eine Halterung, um Druck auf die Maische auszuüben (■ Abb. 5.1). Hier kann auch ein Wagenheber gute Dienste leisten.

Bei Auffangen des Saftes muss darauf geachtet werden, Wespen am Eindringen in die Behälter zu hindern. Saft, der nicht sofort verzehrt wird, kann in kleineren Gebinden eingefroren werden.

Da die Anschaffung von Mühle und Presse teuer sind, lohnt es sich, die Geräte mit Kolleginnen und Kollegen alternierend zu nutzen. Für das Saftpressen kann man auch mit lokalen Partnern kooperieren. Bei kleinen Mengen kann man sich die Saftpresse auch ausleihen.

Für die Pflege von Obstbäumen ist man gut beraten, sich mit erfahrenen Praktikern auszutauschen. Hilfe bekommt man bei örtlichen Gartenbauvereinen, bei den Gartenakademien der Länder, bei Umweltämtern oder beim Verband der Gartenbauvereine.

Der Schnitt von Obstbäumen ist eine wahre Kunst, jedoch gehen die Meinungen von Expertinnen und Experten über den „richtigen" Schnitt weit auseinander. Hier ist Selbstbewusstsein erforderlich, um letztlich den eigenen Weg zu finden.

Durch den Rückschnitt der Äste soll im nächsten Frühjahr genug Licht an alle Pflanzenteile kommen. Licht ist schließlich die Voraussetzung der Fotosynthese, also Zuckerproduktion. Dabei sollten aber nicht die Äste mit den Blütenknospen entfernt werden.

Warum haben manche Äpfel rote Bäckchen? Die rote Seite eines sonst helleren Apfels dient dem Lichtschutz (■ Abb. 5.8). Anthocyan, ein Privileg höherer Pflanzen, wirft einen Schatten auf die darunterliegenden Gewebe der Frucht, wenn die Sonneneinstrahlung im Sommer zu intensiv ist.

Ein Vergleich der köstlich-herben Sorten der Streuobstwiese zeigt: Jeder Saft hat einen eigenen Geschmack. Der Saft aus den Äpfeln der Champagnerrenette

5

■ **Abb. 5.8** Danziger Kantapfel – rote Bäckchen schützen den Apfel vor zu viel Licht

■ **Abb. 5.9** Die Früchte der Champagnerrenette sind hellgelb, breit und saftig

(■ Abb. 5.9) beispielsweise schmeckt spritzig-frisch und leicht säuerlich. Der Gewürzluiken (■ Abb. 5.10) gibt weniger, aber süßeren Saft. Boskoop schmeckt herb und säuerlich.

Im Vergleich zu Tafeläpfeln ist das Aroma der Streuobstwiesenäpfel sehr intensiv und reicher an Polyphenolen. Daher werden die Äpfel im Anschnitt schneller braun – gut für die Gesundheit. Es lohnt sich, den Gehalt an Vitamin C vergleichend zu messen. Hierzu kann man draußen problemlos Teststreifen einsetzen (■ Abb. 5.11, 5.12 und ■ Tab. 5.2).

Doch nicht nur der Gehalt an Ascorbinsäure kann gemessen werden, sondern auch der Säure- oder Zuckergehalt. Die Ergebnisse der Messungen sowie der Geschmack

■ **Abb. 5.10** Der Apfel der Sorte Gewürzluiken hatte Platz und Licht auf der Streuobstwiese im Ökogarten

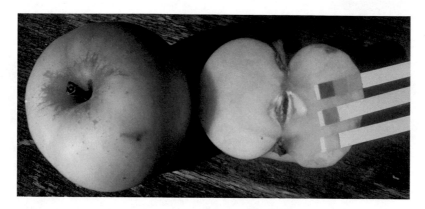

◘ Abb. 5.11   Mit Teststreifen kann Obst auf Ascorbinsäure oder Glukose getestet werden

◘ Abb. 5.12   Apfelsorten können im Hinblick auf ihre Inhaltsstoffe mit Teststreifen verglichen werden

werden protokolliert (◘ Abb. 5.13). Nun kann man Werte vergleichen und das Gemessene wertschätzen sowie eigene Geschmacksvorlieben entwickeln.

5.2.2 Beispiel 2: Steinfrüchte

Kirsche, Pfirsich, Mandel, Aprikose – alle sind Steinfrüchte aus der Familie der Rosengewächse. Hinzu kommen solche Spezialisten wie der Schlehdorn (Schwarz-

dorn), dessen blaue Steinfürchte erst nach dem Frost so richtig schmecken. Am blühenden Schlehdorn trafen sich bekanntlich Hase und Igel zu ihrem Wettlauf (◘ Abb. 5.26).

Früchte wie Kirschen oder Pfirsiche schmecken reif vom Baum am allerbesten. Wer so etwas im Garten hat, kann sich wirklich freuen.

Steinfrüchte eigenen sich, um den Bau der Fruchtwand einer bedecktsamigen Blütenpflanze zu erläutern. Jede Fruchtwand

5

◼ **Tab. 5.2**   Inhaltsstoffe von verschiedenen Apfelsorten. Die Werte sind jährlichen Schwankungen unterworfen, die Einschätzung des Geschmacks ist subjektiv, aber in Worte zu fassen

Apfelsorte	Gehalt an Glukose in mg/l	pH-Wert	Gehalt an Vitamin C in mg/l	Geschmacksbewertung: ☺ ☹	Geschmacksmerkmale	Aussehen der Früchte	Herkunft der Sorte
Boskoop	100	2–3	100–200		Sauer, herb, kräftig aromatisch	Ledrig, bräunlich bis leicht rötlich, relativ breit	Niederlande 1856
Elstar	100	3,5–4	100		Süß, leicht säuerlich, saftig, mürbe (aromatisch)	Rotwangig, goldgelb	Niederlande 1972
Jonagold	100–250	4	100		Süßlich, fade (fein-säuerlich)	Rotwangig, goldgelb, außen fettig	USA 1968
Golden Delicious	50–100	3	50–100		Süßlich	Hellgelb, länglich	USA 1890, Markteinführung 1914
Braeburn	100	4	50–100		Süß, säuerlich, festfleischig, aromatisch	Rötlich, rundlich	Neuseeland 1953
Gala	50–100	4	100–200		Wässrig, schwach süß	Rötlich, kegelförmig	Neuseeland 1960
Pinova	100–250	3,5	100		Ähnlich Elstar	Rotwangig, goldgelb	Dresden 1986
Champagnerrenette	50–100	3	200		Säuerlich, frisch, mild aromatisch	Hellgelb, breiter als hoch, außen mit Wachs überzogen	Frankreich 1667

⊡ Abb. 5.13   Ergebnisse von Untersuchungen werden protokolliert

(Perikarp) besteht aus drei Schichten: Endokarp, Mesokarp und Exokarp.

Bei der Aprikose ist, wie bei jeder Steinfrucht als Einzelfrucht, pro Blüte nur ein einzelnes Fruchtblatt vorfindlich. Nach der Befruchtung entsteht daraus die köstliche Aprikose (⊡ Abb. 5.14).

Beim Pfirsich ist das Exokarp die pelzige Pfirsichhaut, das Mesokarp saftig und lecker und das Endokarp steinhart und gefurcht wie ein Gehirn. Ähnlich verhält es sich bei der Mandel. Die leckeren „Mandelkerne" offenbaren sich erst, wenn die Fruchtwand geknackt wird. Die braune „Haut" der Mandel ist die Samenschale, erst darunter kommen die nahrhaften Keimblätter des Embryos zum Vorschein.

Mithilfe der Modellmethode kann der Aufbau der Fruchtwand sowie des Samens gefestigt werden.

5.2.3 Beispiel 3: Hagebutten als Rosenfrüchte

Hagebuttentee wird als roter Tee gern von Kindern getrunken, denn er schmeckt so fruchtig. Aber färben denn Hagebutten (⊡ Abb. 5.15) überhaupt rot? Hier bietet sich ein kleines Experiment an. Nachdem Vermutungen gesammelt wurden, kann man die Varianten austesten und danach die Vermutung beurteilen. Dabei ist es reizvoll, selbst gesammelte Hagebutten mit handelsüblichem Hagebuttentee zu vergleichen. Im Idealfall stehen auch Hibiskuskelche zur Verfügung.

Es bietet sich an, reife Hagebutten direkt in heißem Wasser aufzubrühen. Wichtig ist, die Aufgüsse nicht umzurühren, um das Auftreten der Farbstoffe beobachten zu können. Schnell wird deutlich, dass sich in Teebeuteln weitere Zutaten befinden müs-

5

◘ **Abb. 5.14**   Reifende Fruchtblätter einer Aprikose

◘ **Abb. 5.15**   Hagebutten sind die Früchte der Heckenrosen

sen, die für die rote Farbe des Hagebuttentees verantwortlich sind. Die Verpackung
verrät: Kelche von besonderen Malven werden zugesetzt. Liefern diese Malvenkelche
die Farbe des Hagebuttentees? Hier lohnt
ein kleines Experiment (◘ Abb. 5.16), mit
dem die Hypothese bestätigt werden kann,
dass für die Farbe des Hagebuttentees nicht

die Früchte der Rose, sondern die Anthocyane der Malve verantwortlich sind.

Die Kelche des Hibiskus *(Hibiscus sab-
dariffa)* werden hauptsächlich als „Schö-
nungsdroge" in verschiedenen Teemischun-
gen verwendet. Die in Angola heimische
einjährige Pflanze wird inzwischen auch in
China, dem Sudan oder Mexiko angebaut.
Die getrockneten ganzen Kelche sind in gut
geführten Gewürz- und Teeläden erhältlich. Hagebuttentee enthält also Hibiskuskelche zur Rotfärbung. Der Farbstoff ist ein
Anthocyan (Gehalt etwa 1,5 %). Weitere Inhaltsstoffe sind Fruchtsäuren. Die Oberflä-
chenvergrößerung (also das Zermahlen der
Kelche) erleichtert das Austreten der Farbe.

Um zu testen, ob wirklich Anthocyane das
heiße Wasser färben, lohnt ein bisschen Variation der pH-Werte. Wie bei jedem Experiment
sind erst die Hypothesen zu klären, dann die
Vorhersagen zu treffen: Falls die Malvenkelche hartes Wasser bläulich und saures Wasser rötlich färben, dürfen wir annehmen, dass
es sich um Anthocyane handelt. *Jede Veränderung einer Variable braucht ein neues Gefäß.*

Auch die Zugabe von Zucker kann getestet werden – dies verändert die Farbe des
Anthocyans nicht.

◘ Abb. 5.16 Hagebuttentee-Experiment: Anthocyan ist wasserlöslich

Anschließend kann der Tee natürlich auch verkostet werden. Wenn lebensmittelsauber gearbeitet wurde, können alle Aufgüsse als Tee getrunken werden.

Hagebutten enthalten als Farbstoff *Lycopin*, das ist ein Carotinoid. Da es ist nicht wasserlöslich ist, färben Hagebutten auch nicht das heiße Wasser.

Hagebutten sind Sammelfrüchte verschiedener Rosenarten. Die zahlreichen behaarten Samen befinden sich in einem fleischigen Becher, der aus dem Blütenboden entstanden ist.

5.2.4 Beispiel 4: Brombeeren und Himbeeren, Erdbeeren und weitere Sammelfrüchte

■ **Verwirrung bei den Beerenfrüchten**

Bei den Früchten der Rosengewächse treffen unterschiedliche Begriffsverständnisse aufeinander. Der Landwirt spricht beispielsweise von Beerenfrüchten. Botaniker verstehen unter einer Beere eine aus einem Fruchtknoten hervorgegangene Schließfrucht, bei der die komplette Fruchtwand auch noch bei der Reife saftig oder mindestens fleischig ist. Die Samen sind also in eine saftig-fleischige Frucht eingebettet. So sind Erdbeeren allerdings keine Beeren, sondern Sammelnussfrüchte, und Himbeeren (◘ Abb. 5.17) sowie Brombeeren (◘ Abb. 5.18) sind Sammelsteinfrüchte. Wir leiten daraus den didaktischen Schluss ab, dass man in den jeweiligen Kontexten klar erklären sollte, was man mit einem bestimmten Wort meint.

Die wirklichen Beeren findet man oft bei Nachtschattengewächsen, beispielsweise Tomate, Aubergine oder Paprika. Der hier gezeigte Schwarze Nachtschatten (*Solanum nigrum;* ◘ Abb. 5.19) als giftiger wilder Verwandter der genannten Gemüse lässt uns durch die saftige noch hellrote Fruchtwand sogar die Samen erkennen – ein Idealbild einer Beerenfrucht.

Erdbeere, Brombeeren und Himbeeren sind also gar keine Beeren im botanischen Sinn. Solche Sammelfrüchte entstehen immer aus einer Blüte mit vielen Fruchtblättern. Die Erdbeerblüte (◘ Abb. 5.20)

5

◨ **Abb. 5.17**   Himbeere – eine Sammelsteinfrucht

◨ **Abb. 5.18**   Brombeere – eine Sammelsteinfrucht

◨ **Abb. 5.19**   Kein Rosengewächs, aber Beeren-
früchte: Schwarzer Nachtschatten *(Solanum nigrum)*

bildet eine Sammelnussfrucht und die
Brombeerblüte eine Sammelsteinfrucht
(◨ Abb. 5.21).

▪ **Erdbeeren sind gesund**

Erdbeeren, die also eigentlich Sammelnussfrüchte sind, enthalten Folat (Folsäure),
das Vitamin B 9. Folsäure ist die Vorstufe
des Coenzyms Tetrahydrofolsäure. Seine

Aufgabe ist – kurz gesagt – die Mitwirkung
an der Übertragung von Methylgruppen bei
Synthesen organischer Moleküle in lebenden und sich teilenden Zellen. Ohne solche
Methylgruppen kann weder DNA repariert
noch Zellteilung bewerkstelligt werden. Der
Verzehr von frischem Obst wie Kirschen
oder Erdbeeren im Schulgarten fördert also

▣ Abb. 5.20   Die Erdbeerblüte mit vielen Fruchtblättern bildet eine Sammelnussfrucht

▣ Abb. 5.21   Die Brombeerblüte mit vielen Frucht- und Staubblättern bildet eine Sammelsteinfrucht

nicht nur ein Gefühl für den Sommer, das Wahrnehmen jahreszeitlichen Wandels, das Sensibilisieren für die Dynamik der Umwelt, sondern ist auch sehr gut für die Gesundheit.

■ **Ascorbinsäure ermöglicht Enzymwirkungen**

Dass Obst viele Mineralstoffe und auch Vitamine enthält, ist allgemein bekannt. Auf B 9 wurde bereits eingegangen. Viele Laien denken beim Wort Vitamine aber zuerst an Vitamin C, die Ascorbinsäure. Wie aber wirkt dieses populäre Vitamin C? Ascorbinsäure ist einerseits als Antioxidans bekannt. Aber auch seine Rolle als Coenzym ist bedeutsam: Ascorbinsäure wirkt mit bei katalytischen Reaktionen der Übertragung von OH-Gruppen (Hydroxylierungen), und dies wiederum ist wichtig für die Stabilisierung von Kollagen im Bindegewebe. Hier werden durch Übertragung von OH-Gruppen auf die Aminosäuren (z. B. Prolin zu Hydroxyprolin) die Dreifachketten des gebildeten Proteins Kollagen deutlich stabiler. Das kennt man ja: Ohne Vitamin C leider die Stabilität des Bindegewebes und die „Seefahrerkrankheit" Skorbut ist die Folge.

□ **Abb. 5.22**   Odermennig *(Agrimonia eupatoria)* mit gelben Blüten und gefiederten Blätter

sowie der Zoochorie (Tierverbreitung von Samen und Früchten) an. Zu den Wildpflanzen aus der Familie der Rosengewächse gehören auch die Fingerkräuter (Gattung *Potentilla*) sowie die Nelkenwurz (*Geum urbanum;* ▶ Kap. 1; ▶ Abschn. 5.5).

5.2.5 Beispiel 5: Odermennig – eine reizvolle Wildpflanze

Neben den wirtschaftlich genutzten Rosengewächsen gibt es natürlich zahlreiche Wildpflanzen. Der gelb blühende Odermennig (*Agrimonia eupatoria;* □ Abb. 5.22 und 5.23) bildet wunderbare Klettfrüchte, die bereits Anlass zu künstlerischen Installationen gaben. Die Gattung Odermennig kommt in Mitteleuropa mit zwei Arten vor. Diese Pflanze bietet als Beispiel für einen Vertreter der Rosengewächse Anlass zu spielerischen Elementen, was die Artenkenntnis nachweislich fördert.

Zudem bieten sich inhaltliche Anknüpfungen zu Prinzipien der Bionik (Klettverschluss)

5.3 Vielfalt als biologisches Grundprinzip

Nach all der Vielfalt von Rosengewächsen müssen wir Blüten und insbesondere die Fruchtblätter noch einmal genauer in den Blick nehmen, um die Einteilung der Rosengewächse verstehen zu können, die zudem auch wissenschaftlich gelegentlich „über den Haufen geworfen" wird.

Rosengewächse werden nach derzeitig dominierender wissenschaftlicher Deutung in drei Gruppen eingeteilt – nach dem Grundbau der Blüten.

Abb. 5.23 Einzelfrucht vom Odermennig *(Agrimonia eupatoria)* mit Widerhaken zur Klettverbreitung

Abb. 5.24 Spierstrauch

1. *Spiraeoideae:* Das sind die Verwandten des Spierstrauches (▪ Abb. 5.24) und des Apfels.
2. *Rosoideae:* Diese umfassen die Rosen, welche Hagebutten bilden.
3. *Dryadoideae:* Hierzu gehört beispielsweise die Silberwurz, eine Hochgebirgspflanze.

Hier sind in den kommenden Jahren wegen molekularbiologischer Erkenntnisse sicher noch viele Veränderungen zu erwarten.

Nach den vielen Erkundungen an Steinfrüchten, Apfelfrüchten oder Hagebutten sollten wir ein wenig Ordnung ins System bringen (▪ Tab. 5.3).

5

◘ Tab. 5.3   Beispiele für Früchte bei Rosengewächsen

Apfelfrüchte, Verwandte des Spierstrauches *(Unterfamilie Spiraeoideae)*	Steinfrüchte *(Unterfamilie Spiraeoideae)*	Hagebuttenfrüchte *(Unterfamilie Rosoideae)*
Apfel	Kirsche	Heckenrose
Birne	Pfirsich	Kartoffelrose
Quitte und Scheinquitte	Aprikose	
Mispel	Nektarine	
Apfelbeere Aronia	Pflaume	
Felsenbirne	Schlehe	
Mehlbeere und Eberesche	**Sammelsteinfrüchte** der *(Unterfamilie Rosoideae)*	**Sammelnussfrüchte** der *(Unterfamilie Rosoideae)*
Wollmispel	Brombeere	Erdbeere
Speierling	Himbeere	
Weißdorn		

Bei Erkundungen im Garten, auf dem Markt oder im Supermarkt kann die Zuordnung nach Kriterien geübt werden. Das geht zu jeder Jahreszeit.

5.4 Landschaftsgestaltung im „Kleinen" beginnen

- **Hecken im Schulumfeld**

Bei der Auswahl der Pflanzen für Hecken im Schulumfeld sollte man die Chance nutzen, etwas für den Erhalt der Biodiversität zu tun. So sollten nicht Forsythie und andere „sterile" kurzzeitige Farbtupfer Priorität haben, sondern ökologische sinnvolle Sträucher, die vielleicht sogar als Winterfutter für Vögel von Bedeutung sind. Auch Pflanzen wie die Felsenbirne *(Amelanchier;* ◘ Abb. 5.3), Mispel *(Mespilus germanica)* oder Heckenrosen der Gattung *Rosa* (◘ Abb. 5.15) sind attraktiv, aber zudem nützlich für die Vielfalt. Auch die Apfelbeere *(Aronia)* ist ein sehr schöner Strauch, dessen Herbstlaub farbenprächtig ist und dessen Früchte essbar sind. Allerdings stammt diese Pflanze ursprünglich aus Nordamerika.

- **Apfelplantagen oder Streuobstwiesen**

Streuobstwiesen sind menschliche Kulturleistungen. Hier gelingt es, Apfelsorten zu erhalten, die bei der industriellen Massenproduktion in großen Apfelplantagen (◘ Abb. 5.25) nicht mehr angebaut werden. Apfelplantagen sind einheitlicher, monotoner und für ein paar Jahre etwas ertragreicher als eine Streuobstwiese. Aber gerade die Erhaltung genetischer Vielfalt ist eine Chance, auf klimatische Veränderungen oder neue Parasiten mit Züchtungen reagieren zu können, die auf alte genetische Ressourcen zurückgreifen.

Wenigstens einzelne Obstbäume sollten auch auf jedem Schulgelände oder im Schulgarten Platz finden.

5.5 Nach dem Forschen und Erkunden auf einen gemeinsamen Nenner kommen

Wie bereits in ▶ Kap. 4 beschrieben, ist es wichtig, nach differenzierten Lernsequenzen Erkanntes zusammenzuführen. Dabei sollten im Sinne sprachsensiblen Un-

◘ Abb. 5.25 Apfelplantage

terrichts Fachbegriffe laut und deutlich mehrfach verwendet werden und die Kinder Kommunikationsanlässe nutzen können. Das betrifft die Sammelfrucht ebenso wie das Fruchtblatt, den Odermennig, den Weißdorn und das Fingerkraut sowie die vielen anderen jeweils vorzufindenden Naturobjekte.

Für das gemeinsame Beenden der Lernsituationen im Garten sollte Zeit eingeplant und ein Gesprächsanlass geschaffen werden. Jedes Kind sollte sich zu spannenden Phänomenen äußern dürfen. Die erstellten kurzen Aufschriebe oder Zeichnungen können verglichen werden, zum Beispiel von einem halbierten Apfel mit Beschriftung als Forscherblatt, (▶ Kap. 16) und dann im Gepäck verwahrt werden. In jedem Fall sollte man die wichtigsten Merkmale der Rosengewächse zusammenfassen – in welcher Form auch immer: Zu jeder Jahreszeit findet man Rosengewächse, blühend, fruchtend oder als dornige Zweige (◘ Abb. 5.26).

Auch das Aufräumen der Materialien unter Beteiligung der Lernenden ist bei der Zeitplanung zu berücksichtigen.

Für Phasen der Wiederholung, Zusammenfassung und Anwendung des Gelernten gilt der Anspruch, weitere Beispiele als die bei der Erarbeitung verwendeten einzubeziehen. Daher wird hier als anderes alltagsrelevantes Beispiel eines Rosengewächses die Gattung der Fingerkräuter vorgeschlagen (◘ Abb. 5.27). Von den Fingerkäutern gibt es im Alltag zahlreiche Arten, das Strauchförmige Fingerkraut (*Potentilla fruticosa*) in Vorgärten, das im Schulgarten allgegenwärtige Kriechende Fingerkraut (*Potentilla reptans*), die Scheinerdbeere (*Potentilla indica*), das Gänsefingerkraut der Salzwiesen (*Potentilla anserina*) etc.

Die wesentlichen Merkmale des Blütenbaus der Rosengewächse sind exemplarisch in ◘ Abb. 5.27 anhand der Fingerkrautblüte erkennbar. Es liegen fünf Kelchblätter, fünf Kronblätter, viele Staubblätter und viele Fruchtblätter vor. Die Zahl der Fruchtblätter kann bei Rosengewächsen aber bis auf eins reduziert sein.

5

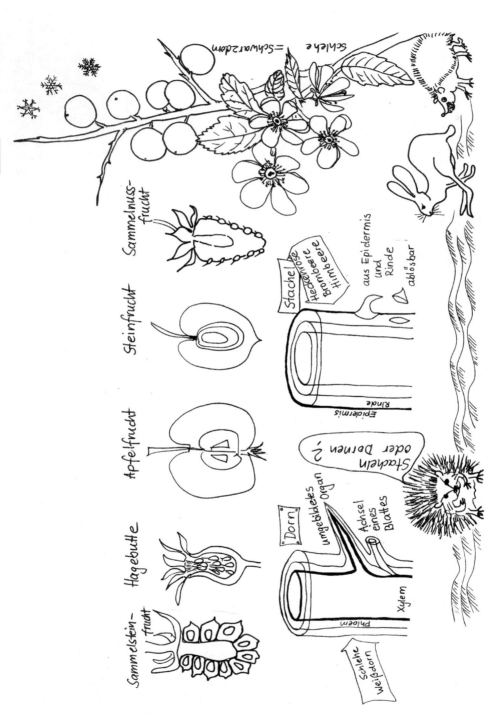

□ **Abb. 5.26**   Das Lernen mit Rosengewächsen ist in verschiedenen Kontexten möglich

◘ Abb. 5.27   Blüte vom Fingerkraut (Gattung *Potentilla*)

◘ Abb. 5.28   Nelkenwurz *(Geum urbanum)*

Viele Rosengewächse bilden auch Nebenblätter, manchmal sind die Nebenblätter
mit dem Blattstiel verwachsen und weniger
gut erkennbar. Manche Laubblätter sind

gefiedert (Odermennig; ◘ Abb. 5.22), manche ungeteilt (Apfel).

Ein weiteres häufiges wildes Rosengewächs ist die Nelkenwurz (◘ Abb. 5.28).

5

■ **Abb. 5.29**   Lorbeerkirsche *(Prunus laurocerasus)*

■ **Abb. 5.30**   Rosenkäfer *(Cetonia aurata)* und andere Käfer auf einem blühenden Rosengewächs

Sie besitzt jeweils viele Fruchtblätter in der Einzelblüte. Gräbt man sie aus, durften die welkenden Wurzeln nelkenähnlich. Die Laubblätter der Nelkenwurz sind jedoch mit Nebenblättern ausgestattet, also typisch für Rosengewächse, die Blätter sind wechselständig und fiederteilig.

Eine kompakte Darstellung der Merkmale der Rosengewächse findet man bei Fragnière et al. (2018).

Die Lorbeerkirsche (*Prunus laurocerasus;* ■ Abb. 5.29) ist zwar ein Rosengewächs, aber im öffentlichen Raum nicht zu empfehlen. Ihre Blätter und ungekochten Früchte sind giftig, sie enthalten Blausäureverbindungen. Noch problematischer ist, das sich die Pflanzen über Samen unkontrolliert verbreiten. Immergrüne Sträucher verwischen zudem die Wahrnehmung der Reize unterschiedlicher Jahreszeiten.

Es gibt also zahlreiche alltagsrelevante Rosengewächse (Fragnière et al. 2018). Manchmal kann man sie auch daran wiedererkennen, dass sich bestimmte Tiere auf ihnen einfinden. Der heimische Goldglänzende Rosenkäfer *(Cetonia aurata)* hält sich in der Regel auf Rosengewächsen auf, so auch in ◘ Abb. 5.30.

❓ Fragen

- Worin besteht der Unterschied zwischen Stacheln und Dornen? Nennen Sie Beispiele.
- Welche Symmetrieverhältnisse weisen Rosenblüten auf?
- Welche Fruchtformen können in der Familie der Rosengewächse auftreten? Nennen Sie Beispiele für Sammelfrüchte.
- Welche Pflanze aus der Familie der Rosengewächse lieben Laien nach zahlreichen empirischen Erhebungen am meisten?
- Welche Rosengewächse liefern Vögeln gute Nistmöglichkeiten mit hohem Schutz vor Beutegreifern?
- Welcher Naturstoff färbt die Bäckchen eines Apfels rot? Aus welcher anderen Pflanzenfamilie ist dieser Stoff bestens bekannt?
- Woran erkennt man, dass die Nelkenwurz *(Geum urbanum)* keine Nelke, sondern ein Rosengewächs ist?

Literatur

Elster, D. (2007). Zum Interesse Jugendlicher an naturwissenschaftlichen Inhalten und Kontexten – Ergebnisse der ROSE-Erhebung. In H. Bayrhuber, et al. (Hrsg.), *Ausbildung und Professionalisierung von Lehrkräften. Internationale Tagung der Fachgruppe Biologiedidaktik im VBIO* (S. 227–230). Essen: Universität.

Fragnière, Y., Ruch, N., Kozlowski, E., & Kozlowski, G. (2018). *Botanische Grundkenntnisse auf einen Blick*. Bern: Haupt Natur.

Hesse, M. (2000). Erinnerungen an die Schulzeit – Ein Rückblick auf den erlebten Biologieunterricht junger Erwachsener. *ZfDN, 6*, 187–201.

Hesse, M. (2002). Eine neue Methode zur Überprüfung von Artenkenntnissen bei Schülern. Frühblüher: Benennen – Selbsteinschätzen – Wiedererkennen. *ZfDN, 8*, 53–66.

Holstermann, N., & Bögeholz, S. (2007). Interesse von Jungen und Mädchen an naturwissenschaftlichen Themen am Ende der Sekundarstufe I. Gender-Specific Interests of Adolescent Learners in Science Topics. *Zeitschrift für Didaktik der Naturwissenschaften, 13*, 71–86.

Jäkel, L. (1992). Lernvoraussetzungen von Schülern in Bezug auf Sippenkenntnis. *Unterricht Biologie, 172*(2), 40–41.

Jäkel, L. (2014). Interest and Learning in Botanics, as Influenced by Teaching Contexts. In C.P. Constantinou, N. Papadouris & Hadjigeorgius, (Hrsg.), E-Book Proceedings of the ESERA 2013 Conference: Science Education Research For Evidence-based Teaching and Coherence in Learning. Part 13 (co-ed. L. Avraamidou & M. Michelini), (S. 12). Nicosia: ESERA.

Jäkel, L. & Schaer, A. (2004). Sind Namen nur Schall und Rauch. *IDB Münster 13* (1), 5–19.

Lindemann-Matthies, P. (1999). Children's Perception of Biodiversity in Everyday Life and their Preferences of Species. Dissertation Universität Zürich.

Lindemann-Matthies, P. (2002). Wahrnehmung biologischer Vielfalt im Siedlungsraum durch Schweizer Kinder. In R. Klee & H. Bayrhuber (Hrsg.), *Lehr- und Lernforschung in der Biologiedidaktik* (Bd. 1, S. 117–130). Innsbruck: Studienverlag.

Löwe, B. (1992). *Biologieunterricht und Schülerinteresse an Biologie*. Weinheim: Dt. Studienverlag.

Ministerium für Ländlichen Raum und Verbraucherschutz, Ministerium für Kultus, Jugend und Sport Baden-Württemberg. (Hrsg.) (2018). Umwelterziehung und Nachhaltigkeit. Fächerverbindendes Arbeiten im Schulgarten Sekundarstufe, 1. Aufl. 2011, Bd. 1 & 2.

Probst, W. (2007). *Pflanzen stellen sich vor*. Köln: Aulis.

Fliegen und Schwimmen – Leben am Teich

Hubschrauber, Harpunen und Fangmasken – Erfindungen der Natur am und im Wasser

Inhaltsverzeichnis

© Springer-Verlag GmbH Deutschland, ein Teil von Springer Nature 2021
L. Jäkel, *Faszination der Vielfalt des Lebendigen – Didaktik des Draußen-Lernens*,
https://doi.org/10.1007/978-3-662-62383-1_6

6

Trailer

Hubschrauber und neuerdings technische „Drohnen" schwirren fast täglich durch den Luftraum. Sie sind dabei nicht sehr leise. Tiere dagegen bewältigen die Bewegung in drei Dimensionen in der Regel geräuscharm und gewandt. Manche Lebewesen fliegen nicht nur durch die Luft, sondern auch elegant durch das Wasser. Vorbilder der Natur dienen technischen Entwicklungen. Dabei geht es nicht um Nachahmungen der Form, sondern um das Verstehen der zugrundeliegenden Naturgesetze. Das Lernen am Gewässer eröffnet also nicht nur unmittelbar biologische Perspektiven, sondern auch technische Zugänge.

6.1 Heimische Organismen der (Klein-)Gewässer erforschen

Das Interesse an Tieren ist nachweislich deutlich größer als das an Pflanzen Holstermann und Bögeholz (2007), und daher ist die Thematik der Tiere am Teich für Kinder sehr motivierend. Gern lassen sie sich hier auf Erkundungen ein. Durch die Benutzung von Stereolupen kommt ein Effekt hinzu, der die Interessiertheit weiter steigert: Winzige Lebewesen werden gut sichtbar und offenbaren ihre bizarre Gestalt Retzlaff-Fürst (2008).

Für welche Lebensprozesse sind die sichtbaren Körperteile möglicherweise tauglich? Welche Rolle im Ökosystem übernehmen sie? Die Entdeckung der verschiedenen Arten ist also erst der Ausgangspunkt der Erkenntnisprozesse und Diskussionen.

Mit Küchensieben, die an Besenstielen oder längeren Holzstangen befestigt sind, kann man das Ufer eines naturnahen Gartenteichs oder Tümpels durchforsten und die Fänge sofort vorsichtig in bereitgestellte Wasserbehälter überführen. Natürlich gibt es auch professionelle Gerätschaften wie Planktonnetze, aber es geht auch einfacher.

Im Sinne der Wertschätzung gegenüber Lebewesen ist es wichtig, darauf zu achten, dass mehrere Tiere in einem Behälter sich nicht gleich gegenseitig attackieren. Denn die Flucht vor den Prädatoren ist in diesem Fall nicht möglich.

Zur Bestimmung der Gewässergüte anhand von Kleinstlebewesen sind bewährte Schlüssel vorhanden Barndt et al. (1990) oder bei Naturschutzorganisationen in sehr guter Qualität erhältlich (vgl. auch Alfred Toepfer Akademie für Naturschutz 1998). Das Heft zur Bestimmung der Gewässergüte Barndt et al. (1990) ist seit vielen Jahren im Gebrauch. Dieses wunderbare Material wurde daher immer wieder aufgelegt oder in Lernkarten überführt.

In Dänemark gibt es diesen Bestimmungsschlüssel zur Gewässergüte anhand von Kleinstlebewesen sogar als wasserfeste Lernfolie mit einer Größe von über 1 m², um sie direkt am Gewässer auszubreiten. So kann man das beispielsweise am Flüsschen Varde mitten in dem gleichnamigen Ort in Jütland bei der Lerntätigkeit von Schulklassen beobachten. Outdoor-Aktivitäten haben in Dänemark und anderen Ländern Skandinaviens gute Traditionen, die man stärker nachnutzen könnte Bentsen et al. (2016).

Außerdem benötigt man für die Untersuchung der Gewässerorganismen natürlich noch Stereolupen auf standfester Unterlage (◘ Abb. 6.1), vor allem aber einen artenreichen Gartenteich oder ein Fließgewässer in Schulnähe. Die Stereolupen am Teich eröffnen wunderbare Welten. Mobile Tische, z. B. aus Festzeltgarnituren, sollte man so dicht wie möglich am Gewässer aufstellen. So kann und *sollte* man die Tiere nach Betrachtung oder Beobachtung wieder in den Teich zurücksetzen.

6.1.1 Formen des Erkundens

Beobachtungsmöglichkeiten für faszinierende Strukturen und ein rücksichtsvolles Verhalten gelten natürlich auch im Umgang mit Pflanzen wie Wasserlinsen, Wasserschlauch oder Schwimmfarn, die dem Gewässer zur Erkundung entnommen wurden.

◻ Abb. 6.1   Lernstation am Teich im Ökogarten

Formen des Erkundens sind:

Betrachten →	Untersuchen
↓	↓
Beobachten →	Experimentieren

Betrachtung (dynamisch) und Beobachtung (statisch) sind zwei Arbeitsformen des Erkundens. Viele Didaktikerinnen und Didaktiker sehen als weitere Arbeitsformen des Erkundens das Untersuchen (als Eingriff in den Bau oder die Funktion) und, sofern Hypothesen vorliegen, das Experimentieren als hypothetisch-deduktive Methode. Liegen keine Hypothesen vor, könnte man auch von Versuch sprechen, wenn einzelne Faktoren variiert und alle anderen konstant gehalten werden, um eine Erkenntnis zu gewinnen, vgl. Jäkel und Ricard Brede (2014).

6.1.2 Bestimmung der Gewässergüte

Nach Bestimmung der Wasserorganismen kann die Gewässergüte zumindest grob beurteilt werden. Anzeiger für bedenkliche Wasserqualität sind beispielsweise rote Zuckmückenlarven oder gar dunkelrote *Tubifex*-Schlammröhrenwürmer (◻ Abb. 6.2), die man auch Bachröhrenwürmer nennen kann.

Auch Wasserasseln *(Asellus aquaticus)*, die zu den Krebstieren gehören (◻ Abb. 6.3), zeigen eine gewisse Belastung an.

Zu den Krebstieren gehören aber auch die agilen Wasserflöhe (◻ Abb. 6.4). Sie sind lohnenswerte Objekte für mikroskopische Beobachtungen auf einem Hohlschliffobjektträger. Man kann das Komplexauge, die Fühler, das Herz oder die Kiemen in Aktion erleben und oft auch Eier bzw. Jungtiere erkennen. Die Art Großer Wasserfloh *(Daphnia magna)* beispielsweise wird für Wassergüteuntersuchungen herangezogen. Die Daphnien gehören zu den Kiemenfußkrebsen und leben hauptsächlich im Plankton. Wie für Krebse typisch, so besitzen auch Wasserflöhe zwei Antennenpaare. Die Wasserflöhe bewegen sich nicht mit den Beinen, sondern durch das Schlagen des zweiten gefächerten Antennenpaares fort. Die häufige Art *Daphnia pulex* kommt in Teichen sowie der Uferzone größerer Gewässer vor.

6

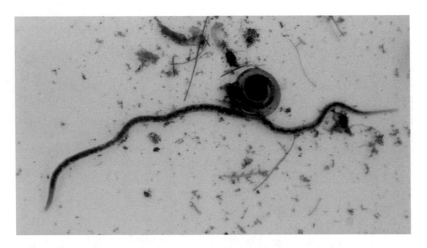

◘ **Abb. 6.2**   Der Bachröhrenwurm (Gattung *Tubifex*) lebt im Schlamm

◘ **Abb. 6.3** Die Wasserassel *(Asellus aquaticus)* ist ein Krebstier

Bei Fließgewässern weisen die Larven von Steinfliegen und Eintagsfliegen auf recht gutes Wasser hin, auch die gemächlichen Planarien (Plattwürmer, die dem verhaltensbiologisch basierten Kindchenschema meist entsprechen und niedlich schauen; ◘ Abb. 6.5).

Zum Abschluss der Erkundungen von Wasserorganismen können „ökologische Netze" geknüpft werden. Jeder Teilnehmende porträtiert mit Worten einen zuvor bestimmten Organismus und gibt ein Fadenknäuel an einen anderen Teilnehmenden weiter, dessen Organismus mit dem zuvor genannten in irgendeiner Weise interagiert. So entsteht ein durchaus komplexes Netzwerk.

Vor allem aber können Maßnahmen diskutiert werden, um die Gewässergüte zu verbessern oder zu erhalten. Das bedeutet bei einem Teich beispielsweise, tote Biomasse und zu viel Pflanzenbewuchs zu entfernen, um einer Verlandung entgegenzuwirken. Auch die Belüftung mit einer Pumpe kann helfen, den Sauerstoffgehalt zu erhöhen.

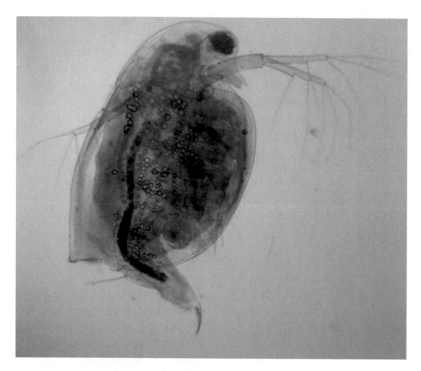

◻ **Abb. 6.4**   Der Wasserfloh (Gattung *Daphnia*) ist ein Krebstier

◻ **Abb. 6.5**   Planarie im Schulgartenteich

Die biologische Gewässergütebestimmung kann durch eine chemische Gewässergütebestimmung ergänzt werden.

6.2 Skorpione, die nicht stechen – Wanzen als Aufreger im Teich

6.2.1 Der Dorfteich als Lebensgemeinschaft

Zurück zum Schulteich! Über den Dorfteich als Lebensgemeinschaft hat schon Friedrich Junge (1832–1905) ein Lehrerhandbuch (1885) verfasst, das immer noch voller Anregungen steckt und als Reprint erhältlich ist Junge (1907). In dem Buch beschreibt Junge, wie mit Beispielen aus der dörflichen Umwelt und dem Blick auf Details das Verständnis für biologische Zusammenhänge vermittelt werden kann.

Gibt es denn auch gefährliche Tiere im Teich? Als Beutegreifer kommen Wasserskorpione *(Nepa cinerea)* in Betracht (◘ Abb. 6.6). Sie gehören auch zu den Wasserwanzen. Wasserskorpione sind also keine Spinnentiere, sondern ebenfalls Insekten. Aber ist ein Wasserskorpion gefährlich? Wenn Kinder solch ein Tier beim Tümpeln entdecken, freut sie das in der Regel sehr. Denn was gefährlich scheint, beglückt insbesondere die Jungen (vgl. europäische ROSE-Studie zu Interessensunterschieden zwischen Mädchen und Jungen) Holstermann und Bögeholz (2007). Der hübsche Stachel eines Wasserskorpions *(Nepa cinerea)* dient seiner Atmung (◘ Abb. 6.6). Im Teich sind solche Tiere in der Regel des Öfteren anzutreffen. Was aber frisst denn nun der Wasserskorpion? Die Kopfpartie sieht unter der Stereolupe schon gefährlich aus, insbesondere die Vorderbeine. Die Augen sind recht winzig und kaum erkennbar. Wasserskorpione halten Beutetiere mit ihren Vorderbeinen fest und saugen beispielsweise Larven von Stechmücken nahe der Wasseroberfläche aus. Und sie können fliegen, das Abdomen unter den Flügeln ist rot.

6.2.2 Modellversuch zur Oberflächenspannung

Wasserläufer (◘ Abb. 6.6) gehören ebenfalls zu den Wanzen und haben auch einen Saugrüssel. Um ihren Trick des Laufens auf dem Wasser zu ergründen gibt es einen bewährten Modellversuch. Denn die Wasserläufer nutzen die Oberflächenspannung des Wassers.

Wassermoleküle sind jeweils ein Dipol und bilden durch ihre gegenseitige Anziehung an der Oberfläche miteinander eine eigene „Haut". Durch Tenside kann man diese Oberflächenspannung herabsetzen. Das machen wir aber nicht am Gartenteich, sondern in einem Modellversuch.

Als Modell des Wasserläufers dienen Büroklammern, die man vorsichtig mithilfe einer Gabel auf die Oberfläche eines randvollen Wasserglases setzen kann. Ein Tropfen Spülmittel bringt sie zum Absinken.

Kann man als Spülmittel auch Pflanzensäfte verwenden? Schließlich gibt es das Seifenkraut, ein seit römischer Besiedlung bewährtes Pflänzchen. Hier kann weiter exploriert werden. Über Tiere kann so auch mittelbar Interessiertheit für Pflanzen angebahnt werden. Sinken auch die Wasserlinsen bei Zugabe natürlicher Tenside ab?

6.2.3 Wasserbienen

Zurück zum Wasserläufer (*Gerris lacustris;* ◘ Abb. 6.6): Kann man die feinen Haare auf seinen Beinen mit der Stereolupe erkennen? Ist der Saugrüssel sichtbar? Welches Beinpaar wird bei der Fortbewegung aktiv bewegt? Die vorderen und hinteren dienen als Auflieger, nur das mittlere rudert. Die recht große Länge ist zudem günstig für die Verteilung der Belastung.

Als dritte spannende Wasserwanze ist der Rückenschwimmer *(Notonecta glauca)* erwähnenswert (◘ Abb. 6.6 und 6.7). Schwimmt er auf der Ober- oder Unterseite? Am Hinterleib wird Luft eingeschlossen, um Auftrieb zu erzeugen. Und jetzt wird es doch noch gefährlich: Der Stich erwachsener Schwimmwanzen mit dem Rüssel kann auch für den Menschen recht schmerzhaft sein. Sie werden deshalb auch Wasserbienen genannt.

6.2.4 Fangmasken

Neben den Wanzen sind auch Libellenlarven (◘ Abb. 6.6) durchaus sehr gefährlich für kleinere Wassertiere. Libellenlarvenfressen sogar aktiv Kaulquappen. Wie machen sie Beute? Libellenlarven klap-

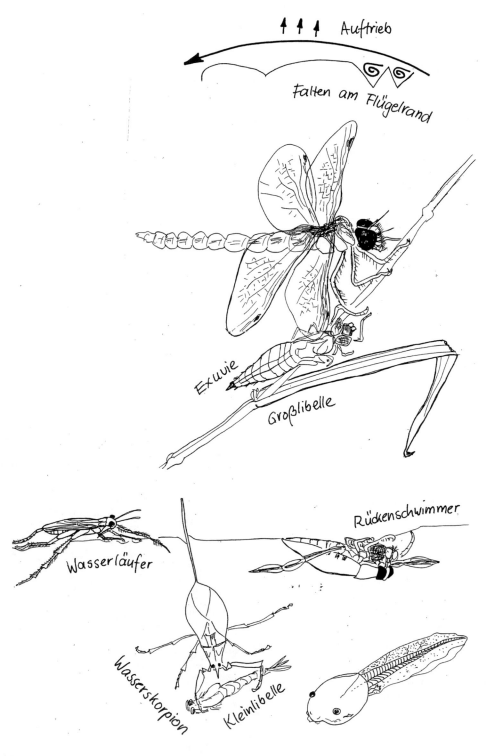

▣ Abb. 6.6   Schwimmende und fliegende Tiere am Teich, insbesondere Insekten wie Wanzen und Libellen

6

◻ **Abb. 6.7**   Rückenschwimmer *(Notonecta glauca)*

pen beim Anblick einer leckeren Kaul-
quappe eine sogenannte Fangmaske aus –
und schwupp wird Nahrung erbeutet. Diese
Fangmaske kann man sogar an der leeren
Larvenhülle, der Exuvie, noch gut erkennen, nachdem die Larve aus ihrer letzten
Hülle geschlüpft ist (◻ Abb. 6.8 und 6.9).
Zum Schlupf hält sich die Larve nun oberhalb der Wasseroberfläche am Stängel einer
Pflanze fest, bis die Flügel mithilfe von Hy-
drogencarbonat (bekannt als Natron und
Bestandteil von Backpulver) aufgeblasen
sind.

6.2.5   Libellen – faszinierende Metamorphose

▪ **Sekundärlebensräume**

Libellen sind so neugierig, manche schüch-
tern, in jedem Fall aber schillernd und ma-
jestätisch. Betritt man ihren Luftraum, wird
man in der Regel neugierig umkreist. Ähnlich wie die Lurche, so haben auch die Libellen ein Leben in zwei Welten – kiemenat-
mend im Wasser als Larve und luftatmend
als erwachsenes Tier.

◻ **Abb. 6.8**   Exuvie einer Großlibelle mit Fangmaske

In Landschaften, die von Menschen genutzt und gravierend verändert wurden, fin-

◖ **Abb. 6.9**   Eine Großlibelle schlüpft aus ihrer letzten Larvenhülle

◖ **Abb. 6.10**   Libelle Großer Blaupfeil *(Orthetrum cancellatum)* an einem Sekundärteich im Bergbaugebiet

(Odonata) können in der Luft stehen wie Hubschrauber – aber deutlich leiser. Sie können sogar rückwärts fliegen. So können Libellen erfolgreich Jagd auf Stechmücken und andere Zweiflügler machen, die bei massenhafter Vermehrung am Gewässer lästigfallen würden. Bewundernswert sind auch die Augen der Libellen – die zeitliche Auflösung ist fünffach höher als beim Menschen Rademacher (2012). Libellen besiedeln den Planeten Erde bereits seit dem Erdaltertum – sie sind evolutiv also alt wie die Steinkohle.

▪ **Groß- und Kleinlibellen**

In einem „lebendigen" Teich findet man zahlreiche Larven von Groß- und Kleinlibellen (◖ Abb. 6.11). Diese Larven sind natürlich nicht an der Größe zu unterscheiden. Aber es gibt andere Merkmale. Kleinlibellenlarven haben drei lange Fortsätze, Großlibellen kurze Zipfel am Hinterleib.

Eine Forschungsaufgabe für Schülerinnen und Schüler kann darin bestehen, Groß- und Kleinlibellen zu unterscheiden (◖ Tab. 6.1). Dies gelingt im Larvenstadium (◖ Abb. 6.11, 6.12 und 6.13) sowie bei erwachsenen Libellen. Die in Ruhestel-

det man Libellen in Sekundärlebensräumen wie Kiesgruben und Steinbrüchen (◖ Abb. 6.10) Rademacher (2012).

Selbst ein künstlich angelegter Schulteich ist ein Sekundärstandort – mit guten Beobachtungsmöglichkeiten. Libellen

6

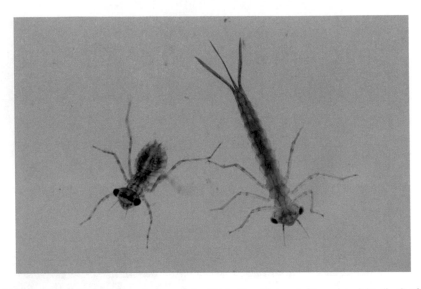

◘ **Abb. 6.11**   Groß- und Kleinlibellen als Larven im Teich: Zur Unterscheidung ist nicht die Größe entscheidend, sondern es sind die Körperanhänge

◘ **Tab. 6.1**   Unterscheidungsmerkmale von Groß- und Kleinlibellen

Merkmal	Großlibellen	Kleinlibellen
Stellung der Flügel in Ruhe	Waagerecht vom Körper abgespreizt	Über dem Körper zusammengeklappt
Flugstil	Zügig	Unstet
Larven	Kurze spitze „Zipfel" am Hinterleib, eine „Analpyramide", bis zu fünf, manchmal nur zwei gut erkennbar	Drei längliche Kiemenblättchen am Hinterleib
Zahl der Facetten im Auge	Bis zu 60.000, die Augen berühren sich meist bei Erwachsenen	Bis zu 14.000, die Augen berühren sich nie
Flügel	Hinterflügel wenig breiter als Vorderflügel, durch Falten am vorderen Rand aerodynamisch angepasst	Hinter- und Vorderflügel etwa gleich breit

lung abgespreizten Flügel der Großlibelle erkennt man auf ◘ Abb. 6.14. Die erwachsenen Männchen weisen oft eine andere Färbung als die Weibchen auf.

▪ **Auftrieb**

Wie schaffen es die kräftigen Libellen, Auftrieb zu erzeugen und so schnell zu fliegen? Ihre Flügel haben ja gar nicht die Form eines Vogelflügels oder eines Flugzeugflügels mit der Wölbung nach oben. Ein genauer Blick zeigt, dass Libellenflügel am vorde-

ren Rand Falten aufweisen (◘ Abb. 6.6 und 6.15). Nach Versuchen im Windkanal konnte Eder (2020) zeigen, dass diese Falten nicht nur die Stabilität der zarten Flügel erhöhen, sondern auch gegenüber glatten Strukturen gleicher Größe das Fliegen fördern. An den aus der Ebene herausragenden Hindernissen, den Falten, bilden sich ortsfeste Luftwirbel. Diese wiederum dienen als reibungsarme Unterlage für die außen am Flügel vorbeiströmende Luft. Eder spricht von der Funktion der stationären

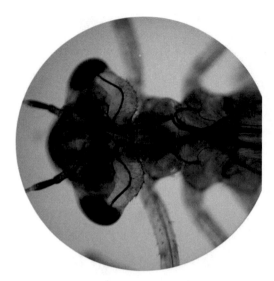

◘ Abb. 6.12   Kopf einer Kleinlibelle

◘ Abb. 6.13   Kopf einer Großlibelle

Wirbel als „Rollenlager" für die Außenströmung. Hinweise auf diese physikalischen Effekte der Falten findet man auch bei Wiegel et al. 2012.

Die Berechnung der Kenngrößen wie Zähigkeitskraft, Trägheitskraft oder Reynolds-Zahl für die Luftströmungen ist im schulischen Kontext nicht unbedingt nötig. Spannend ist aber die Analogie zu Flü-

geln bei Pflanzen, beispielsweise bei Ahornfrüchten. Auch hier wirken die hervorstehenden Adern der Flügel der Früchte als Auslöser stationärer Wirbel, die Außenströmungen erleichtern. Eine Frucht des Ahorns dreht sich nach Eder (2020) auf ihrem 10 s langen Flug von einem 12 m hohen Baum 15-fach pro Sekunde, also 150-mal. Solche Zahlen kann man Lernende mit einer Handykamera oder einem Tablet und Zeitlupeneinstellung messen und prüfen lassen.

Natürlich ist die Lösung des Rätsels, wie man fliegt, auch technisch von Interesse (◘ Abb. 6.6 oben). Nach dem Satz von Bernoulli soll sich die Luft über einem gewölbten Flügel einer Tragfläche schneller bewegen als auf der geraden Unterseite und deswegen einen geringeren Druck aufweisen, vgl. Regis (2020). Newtons zweites Gesetz verknüpft beschleunigte Luftmassen mit wirkenden Kräften. Das scheint aber als Erklärung für den Auftrieb noch nicht ausreichend. Newtons drittes Gesetz könnte relevant sein: Luft unter einer Tragfläche prallt von dieser ab und führt zum Auftrieb in entgegengesetzter Richtung, vgl. Regis (2020). Trotz aller Computersimulationen und mathematischer Modelle ist Fliegen immer noch wunderbar. Libellen können ihre zwei Flügelpaare sogar unabhängig voneinander bewegen und im Raum wie Akrobaten agieren – ganz ohne Netz. Denn auch der Anstellwinkel der Flügel spielt – nach Newton und nach neueren Computermodellen – für das Fliegen eine wichtige Rolle.

Beim Pappus des Löwenzahns verhält es sich mit solchen Wirbeln ganz ähnlich. Hier bildet sich ein Ringwirbel, der den Flug verlängert (► Kap. 9).

6.2.6 Evolution im Kleinformat bei grünen Wasserpflanzen

Im Gartenteich zeigen sich Erfolgsmodelle der Evolution der Pflanzen – vom Erdaltertum bis in die Erdneuzeit.

6

☑ **Abb. 6.14**   Erwachsenes Weibchen einer Großlibelle in Ruhestellung

☑ **Abb. 6.15**   Die Faltungen der Vorderkanten der Libellenflügel fördern den Auftrieb

Chara, Riccia, Salvinia und *Lemna* sind kleine heimische grüne Wasserpflanzen. Sie sehen einander bei flüchtigem Blick zum Verwechseln ähnlich, gehören aber zu ganz unterschiedlichen Pflanzengruppen auf evolutiv verschiedener Entwicklungshöhe. Hat man sie zufällig nicht im eigenen Teich, kann man sie übrigens im Zoohandel günstig erwerben.

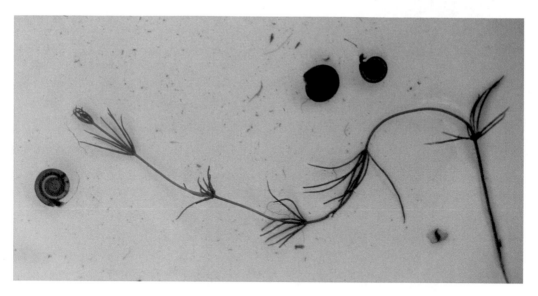

◘ **Abb. 6.16**   Armleuchteralgen *(Gattung Chara)* sind zarte Wasserpflanzen, hier neben Tellerschnecken

◘ **Abb. 6.17**   Armleuchteralge der Gattung *Chara* im Gartenteich

— Die Armleuchteralgen der Gattung *Chara* sind gar nicht so arm, sondern sehr speziell. Die Pflanzengestalt erinnert an einen Kerzenleuchter. Der Pflanzenkörper ist sehr filigran und zerbrechlich. Die Geschlechtsorgane (Gametangien) können auf den quirligen Ästchen zu finden sein (◘ Abb. 6.16 und 6.17). Diese seltsamen Pflanzen geben auch Systematikern Rätsel auf. Hier reicht es, die Gattung anzusprechen, denn die Artbestimmung ist sehr diffizil.

6

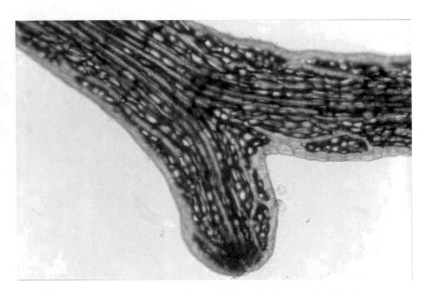

🔲 **Abb. 6.18**   Das Flutende Lebermoos *(Riccia fluitans)* bildet gabelig verzweigte Thalli

🔲 **Abb. 6.19**   Der Schwimmfarm *(Salvinia natans)* bildet keine Blüten, sondern Sporenkapseln

— Das Flutende Lebermoos *(Riccia fluitans)* bildet gabelig verzweigte Thalli (🔲 Abb. 6.18).
— Der Schwimmfarn *(Salvinia natans)* lebt auf dem Wasser und bildet bizarre Krönchen, die Luft einschließen und Wassertropfen abperlen lassen – ein Vorbild für technische Entwicklungen (🔲 Abb. 6.19 und 6.20).
— Die Wasserlinsen, hier die Dreifurchige Wasserlinse *(Lemna trisulca;* 🔲 Abb. 6.21), gehören zu den kleinsten

◖ Abb. 6.20 Am Schwimmfarn *Salvinia natans* faszinieren die wasserabweisenden Oberflächenstrukturen

◖ Abb. 6.21 Auf diesen Wasserlinsen *(Lemna trisulca)* knabbert eine Waffenfliegenlarve (Gattung *Stratiomys*), erkennbar am Haarkranz am Hinterleib

Blütenpflanzen überhaupt. Sie sind mit den Aronstabgewächsen verwandt.

Vier kleine grüne Wesen – und doch evolutiv weit voneinander entfernt. Die vier Gattungen repräsentieren unterschiedliche Entwicklungsstadien von mehrzelligen Pflanzen in der Evolution, von Algen über Moose, Farnpflanzen bis zu den Blütenpflanzen. Es lohnt sich, diese Winzlinge

6

unter der Stereolupe miteinander zu vergleichen. Jede repräsentiert einen anderen Entwicklungszustand des Pflanzenkörpers – von Thallophyten (Gattungen *Chara* und *Riccia*) bis zu Gefäßpflanzen (Gattungen *Salvinia* und *Lemna*).

Wenn man die untergetaucht lebenden Pflanzen genau betrachtet, fallen auch gleich wieder verschiedene Tierarten ins Auge (◘ Abb. 6.21).

6.3 Feuersalamander und andere Lurche – Leben in „zwei Welten"

So wie viele Insekten, so wechseln auch Lurche je nach Entwicklungsstadium den Lebensraum. Sie leben also in zwei Welten und machen einander weniger Konkurrenz.

Die Larven von Bergmolchen oder gar Feuersalamandern kann man sogar in der Stadt in naturnahen Teichen beobachten. Die Larven haben sichtbare Außenkiemen. Immer wieder diskutieren Fachleute, ob der Axolotl (ein Lurch mit Außenkiemen auch bei Fortpflanzungsreife) bei entsprechenden äußeren oder hormonellen Bedingungen doch die Kiemen abbauen und zum Landleben übergehen könnte.

Ein Vergleich zwischen den Larven von Molchen, Salamandern und Froschlurchen (Kaulquappen) und eben diesem mexikanischen Lurch Axolotl lohnt in jedem Fall zum Verständnis der Entwicklung von Lurchen, wenn solche gut zu haltenden Tiere wie Axolotl in einem schulischen oder schulnahen Aquarium vorzufinden sind. Axolotl findet man in der Regel in Schauaquarien (wie dem Naturkundlichen Museum in Karlsruhe, im Zooaquarium Berlin, im Luisenpark Mannheim) oder kann sie in der Schule selbst halten.

Derzeit gibt es weltweit 7000 Arten von Froschlurchen (Anura) (Viertel 2019). Sie zählen zu den Amphibien (Lissamphibia sind die rezenten Amphibien). Die wenigen bei uns vorkommenden Arten stehen alle unter Naturschutz. Die landlebenden vierfüßigen Wirbeltiere habe eine aquatische Larvenentwicklung und folglich eine Metamorphose zum fertig entwickelten Tier.

Welche Vorteile bieten diese Kaulquappen als Entwicklungs- und Wachstumsstadium? Ein Filterapparat aus Schlund und Kiemenspalten nutzt den Atmungs- und Nahrungswasserstrom. Größere Partikel und Aufwuchs auf Blättern oder Oberflächen werden mit Hornplatten am Mund bzw. Hornzähnchen geraspelt. Selbst kleine Bachröhrenwürmer *(Tubifex)* können von Grasfroschlarven verzehrt werden (Viertel 2019). Kaulquappen haben einen recht kurzen Rumpf, aber einen recht langen Darm im Hinterleib. Der Schultergürtel liegt nah am Kopf, die Vorderbeine bleiben lange verborgen und werden erst spät sichtbar. Zur Auslösung des Gestaltwandels wird das Hormon Prolactin reduziert und Thyroxin ausgeschüttet. Umweltfaktoren bestimmen den Prozess der Metamorphose mit.

Trotz all dieser Regulationen und Tricks überlebt von all den abgelegten Eiern nur maximal 1 %, wenn der Teich nicht zuvor trockenfällt.

Bei Beobachtungen von Lurch am Schulteich ist eine Flexibilität der Zeitplanung wichtig. Die erwachsenen Tiere tauchen zunächst ab, wenn sich Besucherinnen oder Besucher nähern, und sind kurze Zeit später unmerklich wieder an der Oberfläche. Da die Tiere sich jedoch auffällig bewegen, Töne erzeugen und auf Reize reagieren, ist die spontane Interessiertheit bei Laien stets hoch.

6.4 Lebensbedingungen für Wasserorganismen gestalten

6.4.1 Beobachtung von Tieren im Schulgebäude oder draußen

Ist es sinnvoll, Gewässertiere natürlichen Stillgewässern oder Bächen zu entnehmen und zur Beobachtung eine begrenzte Zeit im Klassenzimmer zu halten? Darüber gibt es unterschiedliche Ansichten. Ohne Genehmigung der Unteren Naturschutzbehörden ist dies allerdings nicht gestattet.

Einerseits kann man die Tiere vielleicht besser über längere Zeit beobachten und vermeidet Wegezeit zum Teich. Andererseits sind Verhaltensweisen der Lehrkräfte Vorbilder für Heranwachsende. Daher ist die Erhaltung bzw. Unterhaltung eines Gewässers in Schulnähe bzw. im Schulgarten eine sinnvolle Alternative. So können das ganze Jahr über Wasserproben genommen und untersucht werden. Die Gestaltung eines Biotops an sich ist bereits eine Lernerfahrung (▶ Kap. 18).

Die Erhaltung von Gewässern zur natürlichen Entwicklung von Lurchen sollte ein wesentliches Bildungsziel sein. Genaue Daten zum Monitoring sowie zur Anlage oder Erhaltung von Laichgewässern findet man bei Trabold et al. (2020), exemplarisch für eine Großstadt in Baden-Württemberg.

6.4.2 Umsichtiges Anlegen von Gewässern

Das Anlegen eines Teiches erfordert gründliche Vorüberlegungen:

- Wie wird der Boden abgedichtet, damit das Wasser nicht versickert?
- Wie wird Verdunstungswasser ersetzt? Gibt es einen Zufluss durch Brauchwasser?
- Wie wird die nötige Sauerstoffversorgung gewährleistet? Wird an eine solarbetriebene Pumpe gedacht?

- Wie kann der Zuwachs an Biomasse begrenzt werden, damit das Stillgewässer nicht in wenigen Jahren durch Sukzession zuwächst?

Sollte man einen Folienteich planen, ist an einen UV-Schutz der Folie zu denken. Der Rand muss so gestaltet sein, dass die Kapillarwirkung von Pflanzenwurzeln oder Fasern das Teichwasser nicht zu stark an die Umgebung ableitet. Zum Entfernen übermäßiger Mengen von Pflanzenmaterial wie Rhizomen des Schilfs ist die Anschaffung einer Wathose sinnvoll.

Direkt neben dem Teich sollten keine großen Laubbäume stehen. Sie würden den Teich beschatten, und Herbstlaub würde zur Faulschlammbildung beitragen. Zudem könnten die Wurzeln die Teichfolie beschädigen. Wichtig ist zudem, den Teich in der Mitte deutlich tiefer als nur 1 m zu gestalten, aber durch flache Ränder für Sicherheit zu sorgen.

Wenn man keinen großen Folienteich anlegen möchte, dann ist meist für einen kleinen Teich gleich neben der Kräuterspirale Platz. Hier können sogar vorgefertigte Wannen aus Gartencentern oder Baumärkten verwendet werden. Für Beobachtungen von Wassertieren ist auch dies ideal.

Der Teich sollte eher spärlich bepflanzt werden. Bei passenden Bedingungen kommen wandernde oder fliegende Wassertiere ganz von allein und bringen Samen oder Laich mit.

6.5 Fast ausgestorben – die Wassernuss

6.5.1 Bionik und Widerhaken

Klettfrüchte an Land sind recht gut bekannt. Nicht nur die Klette selbst, sondern auch zahlreiche andere Verbreitungseinheiten von Samen oder Früchten beruhen

6

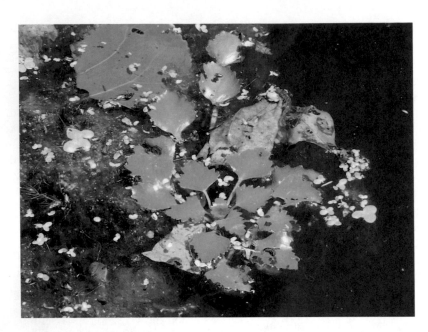

◘ **Abb. 6.22**   Die Wassernuss *(Trapa natans)* steht unter strengem Schutz

auf dem Prinzip von Widerhaken. Bei der Großen Klette *(Arctium lappa)* sind es die Hüllblätter des Blütenkorbes (▶ Kap. 9), die sich festhaken und beim Losreißen die Früchte des Korbblütlers ausschleudern. Bei der Gemeinen Nelkenwurz *(Geum urbanum)* – einem Rosengewächs mit gelben Blüten – bilden die einzelnen Fruchtblätter der Einzelblüte bei Reife die Häkchen. Beim Anfassen zerfällt das Gebilde der Einzelblüte. Der Odermennig *(Agrimonia eupatoria;* ▶ Kap. 5), auch ein Rosengewächs, bildet ebenfalls Widerhaken an den tönnchenförmigen Früchten aus.

Gibt es auch bei Wasserpflanzen Widerhaken und Tricks zum Festhalten gegen die Strömung oder den Auftrieb?

6.5.2 Die Erfindung der Harpune

Eine bizarre Frucht bildet eine im und auf dem Wasser lebende Pflanze, die an den stillen Armen des Altrheins oder an der Elbe vorkommt: die Wassernuss *(Trapa natans;* ◘ Abb. 6.22). Im letzten Jahrhundert war sie wohl noch so häufig, dass sie auf Märkten verkauft wurde. Der Verzehr dieser „Wassernüsse" barg jedoch das Risiko, sich mit Parasiten und Würmern aus dem Gewässer zu infizieren. Dass es Wassernüsse heute nur noch selten zu sehen gibt, liegt jedoch daran, dass ihre Lebensräume durch Flussbegradigungen und Schiffsverkehr schwinden.

Die Wassernuss hat bemerkenswerte Lebensansprüche, bei denen die Früchte eine besondere Rolle spielen. Mit der Stereolupe erkennt man an den Spitzen der Wassernuss Widerhaken wie bei einer Harpune (◘ Abb. 6.23). Die Spitzen sind umgebildete Kelchblätter. Die Früchte werden aus winzigen gelbweißen Blüten an der Wasseroberfläche gebildet, verbreiten sich schwimmend und sinken dann auf den Grund. Dort bohren sich die Harpunen im Substrat fest. Die Pflanze keimt am Grund des Gewässers, bildet einen langen

◘ Abb. 6.23 Die Frucht der Wassernuss *Trapa natans* besitzt Harpunen, um sich am Grund festzusetzen und auszukeimen

Spross bis zur Wasseroberfläche und entfaltet dort die typische Rosette an Schwimmblättern, an der man die Pflanze auch vom Ufer aus erkennen kann. Die Wassernuss ist einjährig, sie bildet also noch im gleichen Jahr Blüten und Früchte und stirbt dann ab. Starken Wellenbewegungen ist die Schwimmblattpflanze natürlich nicht gewachsen. Sie steht in Deutschland heute unter Naturschutz.

Viele technische Erfindungen (Harpune, Klettverschluss) lehnen sich an Vorbilder der Natur an. Das gleiche oder ähnliche Prinzip der Widerhaken ist aber in verschiedenen Pflanzenfamilien (Wassernussgewächsen, Rosengewächsen, Kompositen, Doldenblütlern) zu finden, und die Widerhaken bilden sich aus unterschiedlichen Teilen des Blütenstandes (Hüllblätter der Klette) oder der Einzelblüten (Kelch der Wassernuss, Griffel der Nelkenwurz, Fruchtwand der Möhre oder des Odermennigs).

Die Wassernuss ist inzwischen schon eine Rarität. Die vielen anderen Organismen der Gewässer können durch unser Zutun am Leben erhalten werden. Um für Naturschutz aktiv zu werden, muss man die Organismen aber erst einmal kennenlernen und Wertschätzung entwickeln. Also: Raus aus dem Klassenzimmer!

? Fragen

- Zu welcher Tiergruppe gehört der Wasserskorpion? Kann er fliegen?
- Welche Organismen gehören zum Nahrungsspektrum der Libellenlarven?
- Mit welchem Stoff pumpen die Libellen nach dem Schlupf ihre Flügel auf?
- Welche biotechnologischen Entwicklungen sind von Organismen der Gewässer ableitbar?
- Welche Organismen am Teich durchlaufen eine Metamorphose?
- In welchem erdgeschichtlichen Abschnitt wurden große Libellen erstmals nachgewiesen?

Literatur

Alfred Toepfer Akademie für Naturschutz. (Hrsg.). (1998). *Naturschutz im Unterricht. Naturbegegnungen an Bach und Teich. 2. Jahrgang 1998,* Heft 1. Schneverdingen, Niedersachsen.

Barndt, G., Bohn, B., Köhler, E., & Roloff, W. (1990). *Biologische und chemische Gütebestimmung von Fließgewässern* (3. Aufl., Bd. 53). Bonn: Schriftenreihe der Vereinigung Deutscher Gewässerschutz e. V. VDG.

Bentsen, P. (2016). Udeskole" in Dänemark. Von einer „Bottom-up-" zu einer „Top-down-Bewegung. In J. von Au & U. Gade (Hrsg.), *Raus aus dem Klassenzimmer* (S. 50–63). Weinheim: Beltz.

Eder, H. (2020). Zerfurchte Flügel und zähe Luft. *BiuZ, 1*(50), 36–43.

Holstermann, N., & Bögeholz, S. (2007). Interesse von Jungen und Mädchen an naturwissenschaftlichen Themen am Ende der Sekundarstufe I. Gender-Specific Interests of Adolescent Learners in Science Topics. *Zeitschrift für Didaktik der Naturwissenschaften, 13,* 71–86.

6

Junge, F. (1907). Der Dorfteich als Lebensgemeinschaft. Unveränderter Nachdruck der Dritten Aufl. von 1907 mit Vorwort/Einführung von W. Janßen, W. Riedel und G. Trommer. Lühr & Dircks, St. Peter-Ording 1985.

Junge, A., & Junge, O. (Hrsg.). (1907). *Der Dorfteich als Lebensgemeinschaft nebst einer Abhandlung über Ziel und Verfahren des naturgeschichtlichen Unterrichts.* Kiel und Leipzig: Lipsius & Tischer (Dritte verbesserte, vermehrte und bebilderte Auflage).

Jäkel, L., & Ricard Brede. (2014). Fachgemäße Arbeitsweisen im Biologieunterricht mit Seiteneinsteigerinnen. In S. Trumpa, S. Seifried, E. Franz & T. Klauß, (Hrsg.). (2014). *Inklusive Bildung. Erkenntnisse und Konzepte aus Fachdidaktik und (Sonder)Pädagogik* (S. 275–291). Weinheim: Beltz.

Rademacher, M. (2012). *Libellen in Kiesgruben und Steinbrüchen.* Heidelberg: Cement.

Regis, E. (2020). Aerodynamik. Das Geheimnis des Fliegens. *Spektrum der Wissenschaft, 5,* 52–58.

Retzlaff-Fürst, C. (2008). *Das lebende Tier im Schülerurteil. Bodenlebewesen im Biologieunterricht – eine empirische Studie. Didaktik in Forschung und Praxis* (Bd. 40). Hamburg: Kovač.

Trabold, T. (2020). 40 Jahre Grasfrosch-Monitoring in Heidelberg. In L. Jäkel, S. Frieß, & U. Kiehne (Hrsg.), *Biologische Vielfalt erleben, wertschätzen, nachhaltig nutzen, durch Bildung stärken* (S. 63–68). Shaker: Düren.

Viertel, B. (2019). Der Filterapparat der Kaulquappen. *BiuZ, 4*(49), 254–260.

Wiegel, U., Martens, A., & Purschke, I. (2012). *Von Früchten und Samen das Fliegen lernen: ein Praxishandbuch zur Bionik für Menschen ab acht. Arbeitspapiere der Baden-Württemberg-Stiftung 3: Forschung.* Stuttgart: Baden-Württemberg-Stiftung.

Insekten züchten

Insekten als Erkenntnisobjekte, Teile von Ökosystemen und als potenzielle Eiweißlieferanten

Inhaltsverzeichnis

© Springer-Verlag GmbH Deutschland, ein Teil von Springer Nature 2021
L. Jäkel, *Faszination der Vielfalt des Lebendigen – Didaktik des Draußen-Lernens*,
https://doi.org/10.1007/978-3-662-62383-1_7

Trailer

Im Zuge der Proteinversorgung der Weltbevölkerung sind Insekten *das* Thema. Buffalowurm-Nudeln oder -Burger sind sogar schon im Supermarkt in Deutschland erhältlich. Der Zucht von Mehlkäferlarven – sogenannten Mehlwürmern – schenken neuerdings nicht nur Tierhalter Aufmerksamkeit, die damit ihre Reptilien oder Vögel füttern, sondern auch ernährungsbewusste Selbstversorger. Dabei hat die Haltung von Insekten zu Bildungszwecken noch ganz andere Perspektiven. Züchten wir uns da vielleicht ein paar gefährliche Neozoen?

7.1 Seidentapeten – ein Bioprodukt von Tier und Pflanze

Das mehrzellige Teilungsstadium eines sehr jungen Seeigels (■ Abb. 7.1) sieht so aus wie ein pflanzlicher Fruchtstand. Die Maulbeere *(Morus)* ist namengebend für den Maulbeerkeim *(Morula)* – ein frühes Entwicklungsstadium mehrzelliger Tiere, also auch von uns Menschen.

Die Maulbeerfrüchte von den Maulbeerbäumen *Morus alba* und *Morus nigra* kann man essen. Wirtschaftlich noch

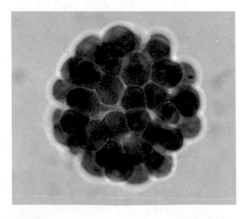

■ **Abb. 7.1**   Morula des Seeigels, eines mehrzelligen Tieres

bedeutender ist jedoch die Tatsache, dass besondere Nutztiere von uns Menschen die Blätter der Maulbeerbäume fressen: Raupen der Seidenspinner *(Bombyx mori)*.

In der Verknüpfung von Tier und Pflanze steckt bei der Maulbeere also besonderes Potenzial, denn Kontexte helfen bekanntlich beim Lernen (nicht nur von Botanik).

In China hatte die Seidenproduktion eine mehrere Tausend Jahre währende Tradition. Bekannt ist auch der Begriff der Seidenstraße. Seidenraupen wurden um 500 u. Z. aus China herausgeschmuggelt, und im 17. Jh. versuchte man auch in Deutschland, sie zu züchten.

Spätestens seit dem Barock wurde Seide als wertvolles Material bei Bekleidung und Inneneinrichtung in Mitteleuropa sehr geschätzt (■ Abb. 7.2) und galt als vornehm. Kulturelle Inspirationen aus Fernost wurden wertgeschätzt. Beispielsweise das chinesische Teehaus im Weltkulturerbe Park Sanssouci in Potsdam zeugt von der Übernahme fernöstlicher Stilrichtungen in die barocke Kultur (■ Abb. 7.3).

So keimten Bemühungen, dieses Naturprodukt Seide nicht nur aus Fernost zu importieren, sondern Seidenraupen selbst zu züchten. Man brauchte nicht nur die Raupen, sondern auch deren Futter: Maulbeerpflanzen.

Ganze Alleen von Maulbeerbäumen wurden gepflanzt. Auch heute noch gehen die Namen zahlreicher Straßen (■ Abb. 7.4) und Wege in Deutschland auf diese Phase der Seidenraupenzucht zurück. So gab es beispielsweise eine Maulbeerallee zwischen Heidelberg und Schwetzingen sowie hinter dem Weltkulturerbe Park Sanssouci in Potsdam. Sogar in einem der ersten deutschen Schulgärten, dem Realschulgarten von Julius Hecker in Berlin, stand die Kultivierung von Maulbeeren im 18. Jh. auf dem Stundenplan der Kinder, ebenso in den Frackeschen Stiftungen in Halle an der Saale.

◘ **Abb. 7.3**   Chinesisches Teehaus im Weltkulturerbe Park Sanssouci in Potsdam

Larven der Seidenspinner ernähren sich von den Laubblättern der Weißen Maulbeere (◘ Abb. 7.5). Der Seidenspinner *Bombyx mori* wird daher auch Maulbeerspinner genannt. Später verpuppen sich die Larven mit einem selbst produzierten Doppelfaden, der ganz zart, aber etwa 1 km lang ist (◘ Abb. 7.6). Die Spinndrüsen kann man innerhalb der Seidenraupen unter dem Mikroskop erkennen (◘ Abb. 7.7). Auch die gefressenen Maulbeerblätter lassen sich im Darm unter dem Mikroskop sehr gut identifizieren (◘ Abb. 7.8).

Bei der Gewinnung von 1 kg Seide aus den Kokons (◘ Abb. 7.6) fallen etwa 2 kg getrocknete Puppen an. Im 17. Jahrhundert waren frittierte Seidenspinner bei deutschen Soldaten geschätzt (Vetter 2017). Die getrocknete, essbare Puppe ist also eigentlich ein Nebenprodukt der Seidenherstellung.

Die Maulbeeralleen gibt es noch, zumindest dem Namen nach, die Raupenzucht ist in Mitteleuropa weitgehend zum Erliegen gekommen.

Wie oben bereits erwähnt, sind die köstlichen Fruchtstände der Schwarzen Maulbeere (*Morus nigra;* ◘ Abb. 7.9) und der Weißen Maulbeere (*Morus alba;* ◘ Abb. 7.10) essbar. Weiße Maulbeeren werden auch als Trockenfrüchte angeboten. Maulbeeren erinnern in der äußeren Form an Brombeeren, gehören aber nicht zu den Rosengewächsen (▶ Kap. 5), sondern zu den Feigen.

Seidenspinnerfäden und andere tierische Proteine sind geeignete Lerngegenstände im Kontext von Bionik. Tierische Fasern der

7

◘ **Abb. 7.4**   Maulbeerweg als Zeugnis früherer Seidenzucht

◘ **Abb. 7.5**   Die Seidenraupen fressen Blätter der Maulbeere bis zur Verpuppung

mediterranen Steckmuschel *(Pinna)*, der Miesmuschel *(Mytilus edulis)* oder gar von Spinnentieren wie der Schwarzen Witwe sind von wirtschaftlichem Interesse.

Noch spannender als die bionische Nutzung von tierischen Proteinfäden ist die Frage, welche Insekten selbst und in ausreichender Menge menschliche Nahrung sein können.

7.2 · Tragen Insekten wesentlich zur Nahrung der Zukunft bei?

137

7

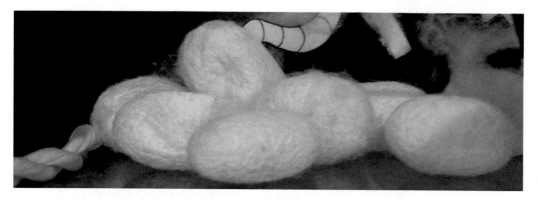

▣ Abb. 7.6 Seidenkokon

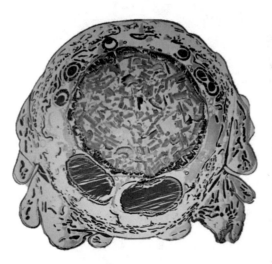

▣ Abb. 7.7 Seidenraupe *(Bombyx mori)* im Schnitt in 40-facher Vergrößerung unter dem Mikroskop

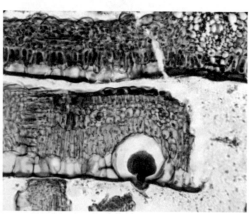

▣ Abb. 7.8 Stücke der Maulbeerblätter im Darm der Seidenraupe unter dem Mikroskop in 400-facher Vergrößerung

7.2 Tragen Insekten wesentlich zur Nahrung der Zukunft bei?

7.2.1 Welchen ernährungsphysiologischen Wert haben Insekten?

Seit 2013 wirbt die Welternährungsorganisation FAO für die Nutzung von Insekten als menschliche Nahrung. Jedoch ist der Verzehr durchaus umstritten. Ekel vor Insekten könnte anerzogen sein, Kulturtechniken der Zubereitung sind nicht tradiert. Aspekte der Nachhaltigkeit solcher Ernährungsformen könnten aber zur Akzeptanz in bestimmten innovativen Bevölkerungsgruppen, den sozialökologischen oder expeditiven Milieus (Sinus-Studie), beitragen, also immerhin 15 % der Bevölkerung. Haltung von Insekten zum menschlichen Verzehr spart gegenüber konventionellen Haustieren anteilig deutlich an Fläche, Wasser und Futter sowie ausgestoßenen Treibhausgasen.

Gebratene Larven von Drohnen der Honigbiene (die der Imker im Zuge seiner Tätigkeit aus dem Stock entfernt) schmecken köstlich und erinnern an Rührei mit

7

◨ **Abb. 7.9** Fruchtende Schwarze Maulbeere *(Morus nigra)*

◨ **Abb. 7.10** Weiße Maulbeere *(Morus alba)*

einer nussigen Komponente. Sie enthalten anteilig viel Glutaminsäure und Prolin als Aminosäuren in ihren Proteinen.

Es ist jedoch auch möglich, seinen Proteinbedarf auf pflanzlichem Wege zu decken.

7.2.2 Bewertungskompetenz schulen

Diese Diskussion ist ein gutes Beispiel für die Entwicklung von Bewertungskompetenz. Dabei spielt beispielsweise die Frage eine Rolle, ob Insekten ein „emotionales Gehirn" haben und Schmerzen empfinden. (Dies hält jedoch auch niemanden davon ab, Rindern die Jungtiere zu entziehen oder Schweine zu quälen.) Durch Insekten könnten neue wirtschaftliche Infrastrukturen entstehen (Vetter 2017). Im Falle wild gefangener Insekten besteht aber immer zugleich auch die Gefahr der Übernutzung einer gewinnträchtigen Ressource. So werden im südlichen Afrika Mopane-Raupen *(Gonimbrasia belina)* als Nahrung gesammelt. In ihrer Studie kommt Vetter (2017) zu der Einschätzung, dass der „Ekel gegenüber Insekten als Nahrungsmitteln häufig anerzogen" sei und „durch Informationsbereitstellung, Marketing oder Verkostungen vermindert werden" könne (Vetter 2017, S. 76).

Zu den essbaren Arten (◘ Abb. 7.11) gehören nach Vetter (2017) und anderen Quellen:

- Larven der Soldatenfliege *(Hermetia illucens)*
- Larven des Mehlkäfers *(Tenebrio molitor,* ◘ Abb. 7.12)
- Larven des Großen Schwarzkäfers *(Zophobas atratus)*
- Männliche Larven bzw. Puppen der Honigbiene *(Apes mellifera)*
- Seidenspinnerpuppen *(Bombyx mori)*
- Larven der Großen Wachsmotte *(Galleria mellonella)*
- Steppengrillen *(Gryllus assimilis)*
- Wanderheuschrecken *(Locusta migratoria)*
- Larven des Schwarzkäfers = „Buffalowurm" *(Alphitobius diaperinus),* auch Glänzendschwarzer Getreideschimmelkäfer genannt (der kleine Verwandte des Mehlwurms)

7.2.3 Mehlkäfer züchten, beobachten oder essen?

In jeder Schulsammlung sind Mehlkäfer in der Regel zu finden. Der Mehlkäfer *(Tenebrio molitor,* ◘ Abb. 7.12) vollzieht eine vollständige Verwandlung mit Larven- und Puppenstadium. Er lässt sich gut halten.

Sogar die Deutsche Gesellschaft für Ernährung (DGE) – eine wissenschaftlich fundierte Organisation – bietet Workshops zur Bewertung von Insekten als alternative Proteinquelle an. Das Züchten von Insekten wird auch als Microlivestock bezeichnet (Vetter 2017). Verzehren wir Menschen die Insekten, spricht man von Entomophagie. Dies war in Mitteleuropa auch wegen klimatischer Bedingungen bisher nicht ortsüblich. Aufgrund des hohen Nährwertes werden (die eigentlich an Vorräten parasitierenden) Mehlwürmer beispielsweise in Mexiko zubereitet und unter die traditionellen Maistortillas gemischt.

7.3 Insektarien – Tiere verstehen und beobachten

Gespenstschrecken und andere Exoten bieten Diskussionsstoff. Können sie entweichen, wie so viele Haustiere oder Kulturpflanzen vor ihnen, und Fauna und Flora verfälschen? Schließlich ist ein Großteil heute invasiver Arten Züchtern entwichen: Pazifische Austern in der Nordsee, Kleine Alexandersittiche in der Rheinschiene, Drüsiges Springkraut oder Herkulesstaude, Asiatischer Marienkäfer oder Kanadische Goldrute – um nur wenige zu nennen.

Jungtiere exotischer Insekten, wie das Wandelnde Blatt aus der Ordnung der Gespenstschrecken (◘ Abb. 7.13), können entweichen. Sind sie in unserem Klima autonom lebensfähig?

In ◘ Abb. 7.14 werden Wandelnden Blättern (aus der Familie der *Phylliidae)* Brombeerzweige als Hauptnahrung in einem Terrarium angeboten. Diesen

7

■ **Abb. 7.11**   Handelsübliche Lebensmittel mit Insekten

■ **Abb. 7.12**   Larven, Puppe und Imago vom Mehlkäfer *(Tenebrio molitor)*

Zuchtbehälter kann man auch Insektarium oder Vivarium nennen. In Insektarien können Stabheuschrecken, Wandelnde Blätter und andere exotische Insekten gehalten werden.

Sind exotische Insekten authentisch? Helfen sie, die Lebensweisen von Insekten zu verstehen? Heben Sie die Wertschätzung auch für heimische Insekten?

◘ Abb. 7.13 Wandelndes Blatt, dem Käfig entlaufenes Jungtier

◘ Abb. 7.14 Wandelndes Blatt im Insektarium

In Insektarien unterschiedlicher Zoologischer Gärten oder sogar naturkundlicher Museen werden oft ähnliche Arten präsentiert: verschiedene Gespenstschrecken wie Wandelnde Blätter, unterschiedliche Stabheuschrecken, ggf. auch Fauchschaben.

Die Königsdisziplin scheint die Haltung von Blattschneiderameisen zu sein. Denn schließlich verzehren diese Ameisen ja nicht die Blattstücke selbst, sondern züchten darauf Pilze, die wiederum den Ameisen als Nahrung dienen. Erfolgreich werden solche Ameisen zum Beispiel seit Jahren im Naturkundlichen Museum Karlsruhe gehalten.

Die Haltung von Stabheuschrecken ist auch in der Schule möglich. Als Futter dienen hauptsächlich Brombeerzweige. Der Pflegeaufwand ist recht hoch. Da ist es von Vorteil, dass man solche Tiere im Behälter bei Hochschulen (zum Beispiel an der Pädagogischen Hochschule Heidelberg) ausleihen und nach dem Unterricht wieder zurückbringen kann.

Bei all dieser exotischen Vielfalt bleibt in Erinnerung, dass Maria Sybilla Merian mit ihren genauen Naturbeobachtungen die Kontexte bunter Falter als ökologisches Miteinander von Tier und Pflanze eröffnete. Ihre Darstellungen können aus globaler Perspektive gut in den Unterricht einbezogen werden.

Der beste Ort, um im schulischen Kontext Insekten zu erforschen, ist doch aber weniger ein Käfig, als ein artenreicher Schulgarten mit Wildpflanzen, vielfältigen Strukturelementen und Überwinterungsmöglichkeiten für die Insekten.

▪ Heimische Insekten als Lernobjekt

Als didaktischen Fortschritt kann man werten, dass nun auch heimische Insekten im Klassenraum gehalten werden können und man ihrem Gestaltwandel beiwohnen kann. Schmetterlinge wie Distelfalter kann man unproblematisch im Schulgarten oder Schulumfeld freisetzen. Distelfalter *(Vanessa cardui)* kann man bei der Verwandlung aus Raupen zu Puppen (◘ Abb. 7.15) und Vollinsekten in der Schule beobachten und die Tiere danach freilassen (◘ Abb. 7.16).

◘ **Abb. 7.15**   Distelfalterpuppen im mobilen Zuchtbehälter

◘ **Abb. 7.16**   Ein frisch geschlüpfter Distelfalter *(Vanessa cardui)* wird freigelassen

7.4 Wilde Insekten im Garten fördern und dulden – Monokulturen meiden

7.4.1 Nachhaltige Ernährung

Nach Weber und Fiebelkorn (2019) setzt das Konzept einer nachhaltigen Ernährung das Leitbild der Bildung für nachhaltige Entwicklung spezifisch im Ernährungsbereich um (vgl. auch Körber 2014).

Das Ziel einer nachhaltigen Entwicklung besteht demnach darin, globale Gerechtigkeit und Chancengleichheit für alle Menschen zu schaffen. „Sich nachhaltig zu ernähren bedeutet sich so zu ernähren, dass die gesamten gesundheitlichen, ökologischen, ökonomischen, sozialen und kulturellen Auswirkungen unseres Ernährungsverhaltens möglichst positiv sind." Diese Forderung kann man nur als utopisch bezeichnen, da die Bedingungen der Produktion und des Vertriebs von Nahrungsmitteln gesellschaftlichen Rahmenbedingungen unterliegen. Der ökologische Fußabdruck jedes Bürgers und jeder Bürgerin unseres Landes widerspricht dem. Weber und Fiebelkorn (2019) urteilen selbst, dass die Wahl der Nahrungsmittel durch Menschen direkt oder indirekt für globale Umweltprobleme verantwortlich sei. Die Relativierung dieser Definition einer nachhaltigen Ernährung durch das Wort „möglichst" differenziert zu wenig (Diekmann und Preisendörfer 1992).

Etwas präziser als die Definition scheinen die Grundsätze einer nachhaltigen Ernährung, die hier in leicht modifizierter Form nach Karl von Körber (2014) aufgeführt sind:
- Bevorzugung pflanzlicher Lebensmittel
- Bevorzugung ökologisch erzeugter Lebensmittel
- Bevorzugung regionaler und saisonaler Erzeugnisse
- Bevorzugung gering verarbeiteter Lebensmittel
- Bevorzugung fair gehandelter Lebensmittel
- Ressourcenschonendes Haushalten
- Wahl genussvoller und bekömmlicher Speisen

7.4.2 Bio auf dem Teller – wo kommt es her?

Während viele Kunden von Produkten mit Bio-Label vorrangig ihre eigene Gesundheit im Fokus haben (am Eingang einer sehr großen Kette von Bio-Läden in Deutschland stand 2019 wörtlich der Anspruch an die Kunden: „Bio für mich"), scheinen Effekte für die Umwelt und das soziale Gefüge in den Herstellerländern bisher weniger im Fokus zu stehen. Es gibt es Zitronen aus Südafrika, Kürbisse aus Chile und Blaubeeren aus Peru – vorgeblich in Bio-Qualität, ohne Berücksichtigung des ökologischen Fußabdrucks des Transports.

Auch die Diskussion um Glyphosat zeigt die Vernachlässigung globaler und sozialer Aspekte in der öffentlichen Wahrnehmung. Viele Verbraucherinnen und Verbraucher fürchten Gesundheitsschäden bei sich selbst durch Rückstände von Glyphosat in Lebensmitteln, nicht jedoch für die Ökosysteme und die lokale Agrarwirtschaft in den Anbauländern von Soja für Tierfutter in Deutschland.

Bei der Entwicklung von Bewertungskompetenz sollte es aber vorrangig um Zusammenhangswissen gehen, z. B. zwischen regionaler Lebensmittelproduktion, Biodiversität, physiologischen Wirkungen von Totalherbiziden auf den Stickstoffhaushalt von Pflanzen, die Tierwelt sowie das Grundwasser. Neben individuellen und ökonomischen Aspekten sind auch wirtschaftliche und soziale Bezüge relevant. Wer verdient an den Patenten auf Herbizide oder herbizidresistentes Saatgut? Nicht zufällig sind die Anbieter von gentechnisch veränderten Organismen (GVO) zugleich auch die Global Player der

Herbizidproduktion. Welche Folgen hat der Einsatz von Totalherbiziden und dagegen resistenten GVO auf die regionale Produktion von Lebensmitteln in Brasilien oder Argentinien, den größten Anbauländern genveränderter Soja?

Weber und Fiebelkorn (2019, S. 183) vertreten den Anspruch, dass im Rahmen einer Bildung für nachhaltige Entwicklung (BNE) nicht darauf abgezielt werden könne, „bestimmte Denk- und Verhaltensweisen vorzugeben bzw. unreflektiert anzunehmen, sondern Individuen im Sinne einer reflektierten Entscheidungsbildung in die Lage zu versetzen, ihre eigenen Wertvorstellungen im Kontext einer nachhaltigen Entwicklung kritisch zu hinterfragen". Dabei gelten die Einstellungen der Lehrkräfte selbst gemäß dem klassischen Modell des Professionswissens von Lehrkräften von Baumert und Kunter (2006) als relevant.

Nach Weber und Fiebelkorn (2019) beeinflussen Naturverbundenheit und Umweltbetroffenheit die Intention, sich nachhaltig zu ernähren. Somit erweitern sie das Modell um das intentionale geplante Handeln, das u. a. auf Jürgen Rost zurückgeht (vgl. Martens und Rost 1998), aber auch (Küster 1999) und (Hupke 2015).

7.5 Wie wirkt Glyphosat?

7.5.1 Was hat denn diese Frage mit Insekten zu tun?

Glyphosat (◘ Abb. 7.17) ist der weltweit am häufigsten eingesetzte Wirkstoff in Herbiziden. In Deutschland werden jährlich 6000 t auf 40 % der landwirtschaftlichen Nutzfläche ausgebracht, obwohl die Wirkung auf den Menschen und Langzeiteffekte noch nicht völlig geklärt sind (Bremenkamp und Meißner 2020). Als Wirkstoff in dem bekannten Unkrautvernichtungsmittel „Roundup" (Monsanto) wird Glyphosat seit 1974 in der Landwirtschaft, im Gartenbau, in der Industrie, auf Bahnanlagen und unverständlicherweise auch in Privathaushalten eingesetzt. „Das Herbizid tötet Pflanzen, indem es die Bildung aromatischer Aminosäuren" wie beispielsweise Tyrosin stört (Bremenkamp und Meißner 2020). Das Herbizid wirkt unselektiv auf die grünen Bestandteile der ein- und zweikeimblättrigen Pflanzen. Der Wirkstoff wird von den Pflanzen über die Epidermis der Blätter und Stängel aufgenommen und von dort zu den Wachstumspunkten der Pflanze in die Wurzeln und Triebe transportiert.

Glyphosat blockiert einen zentralen Stoffwechselweg in den Pflanzenzellen. Ein Schlüsselenzym zur Herstellung aromatischer Aminosäuren im Shikimatweg ist die Enolpyruvylshikimat-3-Phosphat-Synthase (EPSPS). Beim Shikimatweg werden einfache Kohlenhydratvorläufer aus der Glykolyse und dem Pentose-Phosphat-Stoffwechselweg unter anderem in aromatische Aminosäuren umgewandelt. Der Name Shikimi – das kann das Verständnis dieses exotischen Namens vielleicht erleichtern – kommt vom Japanischen Sternanis; die Früchte enthalten Shikimisäure.

Durch gentechnische Veränderungen wurden einzelne Kulturpflanzen resistent gegen dieses Totalherbizid gemacht.

Dazu wurde den Nutzpflanzen ein Bakteriengen des Bodenbakteriums *Agrobacterium tumefaciens* eingeschleust, das eine Toleranz gegen Glyphosat verursacht. Die transgene Form der Pflanzen bildet nun ein dem pflanzlichen EPSPS analoges Enzym mit der gleichen Funktion, das von dem Herbizid nicht blockiert wird. Manche Wildpflanzen haben infolge des weitflächigen Einsatzes von Glyphosat auf natürlichem Weg eine Resistenz gegen das Herbizid entwickelt.

Menschen verfügen nicht über das Enzym EPSPS, denn sie sind heterotroph und nehmen essenzielle Aminosäuren (und andere Nährstoffe natürlich auch) über die Nahrung auf.

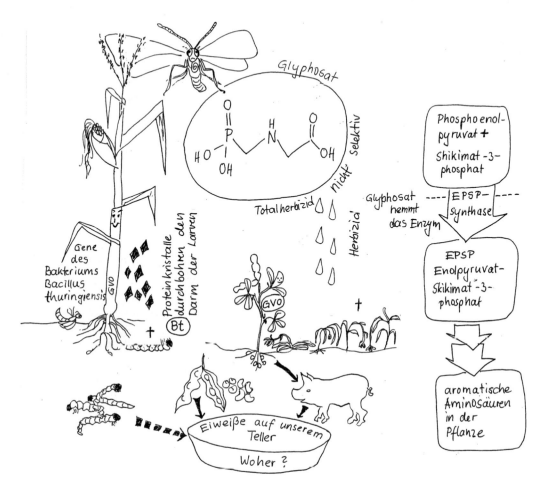

□ **Abb. 7.17** Globale Zusammenhänge unserer Proteinversorgung

Was hat das jetzt mit Insekten zu tun (□ Abb. 7.17)?

7.5.2 Im Zusammenhang denken und handeln

Auf unkrautfreien oder toten Flächen finden auch Insekten keine Lebensgrundlagen mehr. Der Einsatz von Glyphosat und anderen Insektenvernichtungsmitteln hat in den letzten Jahrzehnten massiv zugenommen Der Bestand an Insekten und an Singvögeln hingegen hat in den letzten Jahren massiv abgenommen. Ein ursächlicher

Zusammenhang zwischen diesen beiden Tendenzen ist schwer zu leugnen. Der Fokus allein auf das Haustier Honigbiene ersetzt noch keine umsichtige Förderung der Insektenvielfalt (B.U.N.D. 2020; Hupke 2015).

7.6 Wie wirkt das Bt-Toxin?

Auch andere „Waffensysteme" kommen gegen Insekten zum Einsatz: Bakterien wie *Bacillus thuringiensis* können Eiweißkristalle bilden, die Därme von Insektenlarven durchlöchern und die Tiere töten. Dies wird in der biologischen Bekämpfung von Stechmücken und anderen Insekten genutzt. Dazu werden diese Bakterienpräparate großflächig ausgebracht. Die scharfen Kristalle des Bt-Toxins selbst bilden sich aus von Bakterien produzierten Vorstufen (Präproteinen) erst im leicht alkalischen Insektendarm (◨ Abb. 7.17).

Gentechnisch wurden Gene für diese Toxine von den Bakterien auf Nutzpflanzen übertragen, zum Beispiel auf den Mais *(Zea mays)*, um diesen wehrhaft gegen den Maiszünsler *(Ostrinia nubilalis)* zu machen. Dabei wird gleich das „scharfe" Protein hergestellt. Biologen sorgen sich, dass solche Gene im horizontalen Gentransfer auf andere Pflanzen übertragen werden und wilde Insekten schädigen könnten. Es werden etliche Varianten des Bt-Toxins unterschieden.

Zahlreiche Eingriffe des Menschen in ökologische Gefüge haben also Wirkungen auf die Insektenvielfalt.

7.7 Schutz von Grünland und Waldpädagogik

7.7.1 Waldpädagogik: Warum gibt es dazu viele Angebote?

Zu den Aufgaben staatlicher Forstämter gehört auch die Bildungsarbeit. Dies ist einer der Gründe, warum Waldpädagogik in Deutschland so gut etabliert ist. Es gibt „Waldhäuser" in Mannheim, Eberbach, im Wildpark Potsdam und an vielen anderen Orten, die wertvolle Bildungsarbeit leisten. Andererseits haben sich die für Naturschutz bzw. Umweltschutz zuständigen Bundesämter nach 2010 stärker als zuvor auch auf den Schutz des Grünlandes orientiert.

Nach Mitteilungen des Allgemeinen Informationsdienstes der Landwirtschaft hat sich die Waldfläche in Deutschland in den letzten Jahren weniger reduziert als die Fläche des Grünlandes. Teilweise wurde Grünland in Ackerland umgewandelt oder aufgeforstet, Grünland ging aber vor allem durch Zersiedelung zurück.

7.7.2 Grünland im Fokus

Was ist eigentlich Grünland? Warum ist es ökologisch so wertvoll? Grünland kann ohne menschliches Zutun entstanden sein: Steppen, Hochstaudenfluren und Matten, Trockensavannen, Salzwiesen. Doch vom Menschen unbeeinflusstes Grünland gibt es kaum noch. Doch Grünland kann auch durch menschliche Einflüsse entstanden sein, zum Beispiel durch Beweidung. Grünland wird zur Gewinnung von Biomasse für Viehfutter durch Mahd genutzt. Auch Brachflächen mit Grünland sind ökologisch spannend. Grünland ist Teil einer Kulturlandschaft, aber trotzdem Gegenstand von Erhaltungsmaßnahmen. Küster (1999) weist bei der Bestimmung des Naturbegriffs darauf hin, dass Naturschutz in weiten Teilen eigentlich Schutz einer bestimmten Entwicklungsstufe einer menschlichen Kulturlandschaft ist (vgl. auch Jäkel et al. 2007). Er illustriert dies deutlich an der Lüneburger Heide, die der Kultur der Beweidung mit Heidschnucken zu verdanken ist, denn sonst wäre sie längst bewaldet. Die Lüneburger Heide zählt jedoch eigentlich nicht direkt zum Grünland, da die Heide maßgeblich durch Zwergsträucher geprägt ist. Grünland dagegen trägt eine Pflanzendecke überwiegend aus Gras oder krautigen (also nicht verholzten) Pflanzen.

Wird durch den Menschen genutztes Grünland nicht weiter kultiviert, entwickelt es sich durch natürlich Sukzession allmählich wieder zu Wald, der ursprünglichen Vegetationsdecke unseres Gebietes in Mitteleuropa.

Grünland kann eine wesentliche Quelle für Viehfutter darstellen. Hier können Organismen überleben, die es im Wald mit anderen Licht- und Temperaturverhältnissen nicht gäbe. Auch Hupke (Körber 2014) weist darauf hin, dass Naturschutzmaßnahmen menschliche Entscheidungen zur Erhaltung eines bestimmten gewollten Zustandes repräsentieren, nicht jedoch einen „Urzustand".

Mitteleuropa war vor der Zeit der großen Rodungen (Blessing et al. 2018) weitgehend, zu über 90 %, von Wald bedeckt. Diese Düsternis und der Nahrungsmangel dichter Wälder spiegeln sich im jahrhundertealten Kulturgut Märchen wider (z. B. *Hänsel und Gretel*). Zu bedenken ist, dass die in dichten Waldökosystemen größtenteils fixierte Biomasse keinesfalls so viele Menschen ernähren könnte, wie heute in unserer Kulturlandschaft leben. Der Schutz für eine bestimmte Kulturlandschaft durch Naturschutz ist also immer Ergebnis der Abwägung verschiedener Interessen, wobei Ökosystemdienstleistungen, Artenvielfalt, Erosionsschutz oder wirtschaftliche und kulturelle Interesse zu bedenken sind. Natur befindet sich in einem steten Wandel, das ist ihr Charakteristikum (Jäkel et al. 2007; Küster 1999).

Die Insektenvielfalt draußen zu erleben und kennenzulernen, ist also ein möglicher Weg der Bildung von Wertschätzung für heimische Organsimen. Eine ergänzende Möglichkeit kann die Beobachtung exotischer Insekten sein. Denn Kenntnis und Wertschätzung sind die Voraussetzung für nachhaltige Gestaltungen der Umwelt.

❓ Fragen
- Aus welchem chemischen Material ist Seide?
- Welche Pflanzen dienen Seidenraupen als Futter?
- Welche konkreten Insektenarten haben sich bereits als Eiweißquelle für die menschliche Ernährung bewährt?
- Welches sind die ökologischen Folgen des Einsatzes von Glyphosat?
- Warum ist der Begriff „Mehlwurm" irreführend? Wie müsste man das Tier korrekt benennen?
- Wie kann das Toxin des *Bacillus thuringiensis* eingesetzt werden?

- Welchen Einfluss hat der Einsatz von Totalherbiziden auf die regionale Produktion von Lebensmitteln in global bedeutsamen Anbaugebieten gentechnisch veränderter Soja?

Literatur

B.U.N.D. (Hrsg.). (2020). Insektenatlas 2020. Le Monde diplomatique: Daten und Fakten über Nützlinge und Schädlinge in der Landwirtschaft.

Baumert, J., & Kunter, M. (2006). Stichwort: Professionelle Kompetenz von Lehrkräften. *Zeitschrift für Erziehungswissenschaft, 9*, 469–520.

Blessing, K., Hutter, C.-P., & Köthe, R. (Hrsg.) (2018). *Grundkurs Nachhaltigkeit*. München: Oekom.

Bremenkamp, R., & Meißner, J. (2020). Ein bakterielles System zum Nachweis und Abbau des Totalherbizids Glyphosat. *BiuZ, 1*(50), 15–17.

Diekmann, A., & Preisendörfer, P. (1992). Persönliches Umweltverhalten: Die Diskrepanz zwischen Anspruch und Wirklichkeit. *Kölner Zeitschrift für Soziologie und Sozialpsychologie, 44*, 226–251.

FAO. (2013). Edible insects. Future prospects for food and feed security. Food and Agriculture Organization of the United Nations, Vol. 171. https://doi.org/▶ https://doi.org/10.1017/CBO9781107415324.004

Hupke, K. (2015). *Naturschutz*. Heidelberg: Springer Spektrum.

Jäkel, L., Rohrmann, S., Schallies, M., & Welzel, M. (Hrsg.). (2007). *Der Wert der naturwissenschaftlichen Bildung*. Heidelberg: Mattes-Verlag.

Küster, H. (1999). Naturschutz und Ökologie – Bewahren des Wandels. *Biologen heute, 5*, 1–4.

Martens, T., & Rost, J. (1998). Der Zusammenhang von wahrgenommener Bedrohung durch Umweltgefahren und der Ausbildung von Handlungsintentionen. *Zeitschrift für Experimentelle Psychologie, 45*(4), 345–364.

Vetter, S. (2017). *Die Akzeptanz und das Potenzial von Insekten in der Humanernährung*. Masterarbeit im Studiengang Ernährungs- und Verbraucherökonomie: Universität Kiel.

von Körber, K. (2014). Fünf Dimensionen der Nachhaltigen Ernährung und weiterentwickelte Grundsätze – Ein Update. *AID Ernährung im Fokus, 14* (09–10), 260–268.

Weber, A., & Fiebelkorn, F. (2019). Nachhaltige Ernährung, Naturverbundenheit und Umweltbetroffenheit von angehenden Biologielehrkräften – Eine Anwendung der Theorie des geplanten Verhaltens. *ZfDN, 25*, 181–195. ▶ https://doi.org/10.1007/s40573-019-00098-3.

Getreide selbst anbauen – eine Herausforderung

Unser tägliches Brot ist Ergebnis harter Arbeit

Inhaltsverzeichnis

© Springer-Verlag GmbH Deutschland, ein Teil von Springer Nature 2021
L. Jäkel, *Faszination der Vielfalt des Lebendigen – Didaktik des Draußen-Lernens*,
https://doi.org/10.1007/978-3-662-62383-1_8

8

Trailer

Das Thema Brot ist im Schulunterricht unverzichtbar. Brot gehört in Mitteleuropa zu den Grundnahrungsmitteln und repräsentiert zugleich eine hochentwickelte Kulturtechnik der Nahrungsmittelzubereitung. Im Schulalltag sollte dieses Thema einen wichtigen Stellenwert einnehmen. Auch (Elschenbroich 2002) merkt in ihrem Buch zum Weltwissen der Siebenjährigen kritisch an, dass in dem von ihr analysierten Grundschulunterricht das Thema Brot zwar angesprochen wurde, das Brot selbst aber keine Rolle spielte. In manchen Schulen haben die Lehrkräfte erfreulicherweise höhere Anforderungen. Sie möchten, dass ihre Schülerinnen und Schüler Brot und Brotgetreide begreifen, um letztlich in (globalen) Zukunftsfragen vernünftige Entscheidungen treffen zu können. Lebensmittel wie Getreide thermisch zu verwerten oder im Tank landen zu lassen – das sollte ein Tabu werden. Im Folgenden möchten wir darstellen, wie man Bildungsplaninhalte zum Getreide handlungsbezogen umsetzen kann.

8.1 Mögliche Einstiegsfragen in Lernsituationen

8.1.1 Getreide begreifen

Brot kann man täglich frisch einkaufen. Woraus aber wird es hergestellt? Das ist ein klassisches Lehrplanthema. Bis zum Ellenbogen in ein Gefäß mit Roggenkörnern oder Weizen einzutauchen, das ist ein sinnliches Erlebnis. So etwas geht in Mühlenmuseen (▶ Kap. 18) oder auf offenen Bauernhöfen. Die Körner bekommt man auch im Biomarkt oder bei lokalen Produzenten: Kraichgau-Korn in Baden-Württemberg zum Beispiel. Die solide Erarbeitung der Merkmale der Getreidearten sollte sich an haptische Begegnungen anschließen. Auf jeder Landwirtschafts- oder Bildungsmesse kann man dazu „griffiges" und infor-

matives Lernmaterial ergattern – zusätzlich zu den Schulbüchern natürlich.

8.1.2 Nicht nur kleine Brötchen backen

Kuchen als Gebäck ist den meisten Kindern von zuhause bekannt und kann recht schnell hergestellt werden. Aber warum spricht man beim Brot vom Backtag? Wie lange dauert denn die Herstellung eines Brotes aus Mehl? Und was ist eigentlich Sauerteig? Im Zuge einer nachhaltig ausgerichteten Ernährung wird vorrangig für wenig verarbeitete Nahrungsmitteln plädiert (Leitzmann und Keller 2019). Trifft diese Forderung auch auf das Brot zu? Warum muss man so viel Mühe aufwenden, bevor Getreide verzehrt werden kann? Bevor wir dies im Detail betrachten (▶ Abschn. 8.2.4), muss das Korn erst einmal gewachsen, geerntet und vermahlen sein.

8.1.3 Lerngänge auf das Feld und zur Mühle

Eine Begehung der Felder um den Wohnort herum bietet sich zu jeder Jahreszeit an – auch mitten im Winter. Mit hoher Wahrscheinlichkeit wird Getreide auf einem der Felder wachsen. Es lohnt sich bereits bei den kleinen Keimpflanzen herauszufinden, welches Getreide hier wächst (◉ Abb. 8.1) und wofür es verwendet wird. Im Idealfall wird ein offener Bauernhof besichtigt.

Bei langfristiger Planung kann Getreide über die Dauer des Schuljahres selbst angebaut werden (▶ Abschn. 8.4). Eigene Handlungsaktivität ist immer besonders motivierend für Lernende.

Erkundungen im Ort zu Straßen, die nach Mühlen benannt sind, oder gar zu Mühlsteinen oder Wasser- und Windmühlen bieten sich im Zuge der Orientierung im Raum gemäß Bildungsplan des Sachun-

□ Abb. 8.1   Keimpflanze von *Triticale*

terrichtes an. Hier können Zusammenhänge zu biologierelevanten Bildungsinhalten (▶ Abschn. 8.2) in den Blick genommen werden.

8.2 Beispiele für Getreide und ihre Nutzung

8.2.1 Beispiel 1: Dinkelweizen und Hochzuchtsaatweizen

■ **Der Mensch kann Stärke in der Regel gut verdauen**

Dinkel ist eine Weizenart (□ Abb. 8.2). Das überrascht viele ernährungsbewusste Laien, die gezielt nach Dinkel greifen, um bestimmte Inhaltsstoffe des Hochzuchtweizens zu vermeiden. Genau wie Hochzuchtweizen enthält auch der Dinkel *(Triticum spelta)* das Klebereiweiß Gluten. Und natürlich enthält Dinkel auch jede Menge Stärke (Amylose bzw. Amylopektin). Im Zuge der Evolution des Menschen hat sich die Fähigkeit zur Verwertung der Stärke als Nährstoff verbessert. Unsere Speicheldrüsen im Mund produzieren das Enzym Amylase in beachtlichen Mengen, denn die Gene für Amylase haben sich im Zuge der menschlichen Evolution vervielfacht.

Bewusst benutzen wir beim Umgang mit den Kindern das Wort „Dinkel*weizen*", weil er neben dem Hochzuchtsaatweizen, dem Emmer und dem Hartweizen oder dem Einkorn eine Weizenart ist und auch das Klebereiweiß Gluten enthält. Dieses quellfähige Eiweiß Gluten (□ Abb. 8.3) ist für die Backeigenschaften von Teigen sehr förderlich und für die meisten Menschen gesundheitlich völlig unbedenklich. Glutenfrei ist dagegen der Mais (*Zea mays;* □ Abb. 8.4). Merkmale der Süßgräser sind bei Fragnière et al. (2018) noch einmal gut zusammengefasst.

Bei der seltenen Darmerkrankung Zöliakie, also echter Glutenunverträglichkeit, ist Mais eine gute Alternative (Schuppan und Gisbert-Schuppan 2018). Schuppan gilt in Deutschland als ein Experte für die Physiologie des menschlichen Darms. Peyer-Plaques könnten bei Glutenunverträglichkeit eine Rolle spielen. Sie sind Ansammlungen von Lymphfollikeln in der Dünndarmschleimhaut, speziell im Ileum (□ Abb. 8.5).

Nach Fasano (2010) ist Zöliakie eine Autoimmunkrankheit des Darmes, für deren Entstehung eine genetische Disposition und eine ungewöhnlich durchlässige Darmschleimhaut vorliegen müssen und die durch Verzehr von Ge-

8

◨ **Abb. 8.2**   Dinkel *(Triticum spelta)* ist eine Weizenart. Hier wächst sie im Schulgarten

◨ **Abb. 8.3**   Klebereiweiß, isoliert aus einem Weizenteig der Typenzahl 405

treideproteinen ausgelöst wird. Gluten ist solch ein Getreideprotein. Zöliakie tritt jedoch nur selten auf. Für die Menschheit insgesamt sind Getreide wertvolle Lebensmittel.

■ **Es gibt viele Weizenarten – ein Ergebnis menschlicher Züchtung**

Es gibt genetische Unterschiede zwischen verschiedenen Weizenarten. Der schlanke Einkornweizen ist diploid. Emmer und Hart-

◘ **Abb. 8.4**   Mais *(Zea mays)*, hier eine Varietät mit roten und schwarzen Körnern

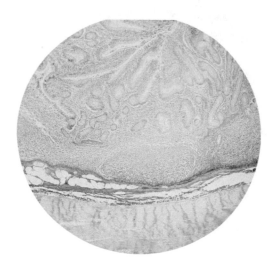

◘ **Abb. 8.5**   Peyer'sche Platten im Dünndarm

weizen (üblich für Pasta und Gries) sind tetraploid (4n), haben also einen vierfachen Chromosomensatz.   Hochzuchtsaatweizen sowie Dinkel sind dagegen sogar hexaploid (6n). Der Mensch ist bekanntlich diploid (2n)

in all seinen Körperzellen und haploid (n) in den reifen Keimzellen. Solche Begriffe sollten in der weiterführenden Schule eine wichtige Rolle spielen, in der Grundschule natürlich nicht. Je höher der Ploidiegrad, also die Zahl der Chromosomensätze pro Zelle, ist, umso üppiger ist der Pflanzenwuchs; diese Faustregel gilt für viele Kulturpflanzen. Keimzellen haben in der Regel einen reduzierten Chromosomensatz, denn bei der Befruchtung verschmelzen zwei Keimzellen wieder zum ursprünglichen Chromosomensatz.

Dinkelweizen kann auch im Schulgarten wachsen (◘ Abb. 8.2). Er keimt ungleichmäßiger als Roggen.

Wenn im Alltag von Weizen die Rede ist, meint man eigentlich den Hochzuchtsaatweizen (◘ Abb. 8.6), der recht kurze Grannen hat und sonnengelb reift.

8.2.2 Beispiel 2: Roggen

Vom Roggen wird in der Regel nur die Art *Secale cereale* angebaut (◘ Abb. 8.7, 8.8 und 8.9). Roggen gehört zu einer anderen Gattung als die Weizenarten. Auch dies ist wiederum nicht ganz unwichtig für das Verstehen von Zusammenhängen, denn Roggen und Weizen wurden durch konventionelle Züchtungen zu *Triticale* (◘ Abb. 8.10 und 8.1) gekreuzt. In Baden-Württemberg ist *Triticale* eines der häufigsten Getreide auf den Feldern, aber im Schulbuch findet man es kaum. *Triticale* ist ein Kunstwort aus den beiden Gattungsnamen *Triticum* für Weizen und *Secale* für Roggen. Das Erscheinungsbild dieser Kreuzungen kann durchaus vielfältig sein, je nach verwendeten Kreuzungseltern (◘ Abb. 8.10 und 8.11). Schulrelevante Merkmale der derzeit aktuell in unserem Land angebauten Getreide findet man bei Jäkel und Schrenk (2018).

Der Roggen als Wintergetreide wächst im März gleichmäßig und üppig graugrün. Später schiebt er Stängel mit Ähren (◘ Abb. 8.7). Roggen ist ein windbestäubendes Getreide – für Pollenallergiker keine

8

■ **Abb. 8.6**   Weizenfeld mit Hochzuchtsaatweizen

■ **Abb. 8.7**   Dieser Roggen *(Secale cereale)* ist im Schulgarten gut aufgegangen

Freude (■ Abb. 8.8). Roggenähren sind blaugrau und haben Grannen, die kürzer als die Ähre selbst sind (■ Abb. 8.9).

8.2.3 Beispiel 3: Unterschiedliche Blütenstände beim Getreide

■ **Rispengräser und Ährengräser sowie Getreide mit Kolben**

Weizen, Roggen und Triticale besitzen viele Blüten, die entlang einer Ährenspindel angeordnet sind. Auch die Gerste gehört zu den Ährengräsern.

Bei Einzelblüten an verzweigten Blütenstielen sprechen wir dagegen von Rispen. Der Hafer *(Avena sativa)* ist das bekannteste Rispengras unter unseren Getreiden (■ Abb. 8.12 und 8.13), aber nicht das einzige. Wegen seines hohen Fettgehaltes wird Hafer gern zum Backen von Gebäck oder auch als Müsli verwendet; man braucht die Früchte nur zu quetschen. Hafer ist das einzige Getreide in Mitteleuropa, bei dem ein Rohverzehr über längere Zeit ratsam ist; andere Getreide verzehrt man besser verarbeitet, dies erhöht die Bekömmlichkeit. Sie werden also gewissermaßen vorverdaut.

Abb. 8.8   Roggenähre in Blüte

Abb. 8.10   *Triticale* ist eine Kreuzung aus Roggen und Weizen

Abb. 8.9   Roggen kurz vor der Ernte

Der Vergleich der Blütenstände kann also helfen, die einzelnen Getreidearten unterscheiden zu lernen. Der Hafer ist als Rispengras gut zu erkennen, die Gerste (*Hordeum vulgare;* ▪ Abb. 8.14 und 8.15) ist ein typisches Ährengras.

Gerstengraupen lassen sich zu köstlichen Suppen verarbeiten. Wie bei jeder zuvor unbekannten Speise gilt auch hier: Akzeptanz kann durch vielfachen wiederholten Kontakt mit diesem Essen in angenehmer sozialer Atmosphäre erreicht werden.

8

◧ **Abb. 8.11**   Ähre von *Triticale*, der Kreuzung aus Roggen und Weizen

Brote aus Gerste dienten vor 2000 Jahren römischen Soldaten als Nahrung, was heute kaum noch üblich ist. Eher wird die Tradition des Bierbrauens kultiviert. Für ältere Schülerinnen und Schüler lohnt ein angemeldeter Besuch in einer Brauerei. Dort findet man als wichtigsten Rohstoff das Malz, meistens von zweizeiliger Gerste (◧ Abb. 8.15). Unter Malz versteht man gekeimte und danach durch Hitze gedörrte Gerstenfrüchte, bei denen ein Teil der Stärke durch die Enzymaktivierung im Zuge der Keimung bereits in Malzzucker gespalten wurde.

Der weibliche Blütenstand bzw. Fruchtstand vom Mais dagegen wird als Kolben (◧ Abb. 8.4) bezeichnet. Beim Mais wachsen die Staubblätter am Gipfel der Pflanzen, die weiblichen Blüten stehen an anderer Stelle der Pflanze. So etwas nennt man getrenntgeschlechtlich, einhäusig. Mais bildet glutenfreie Früchte. Er ist derartig stark durch Zucht beeinflusst, dass

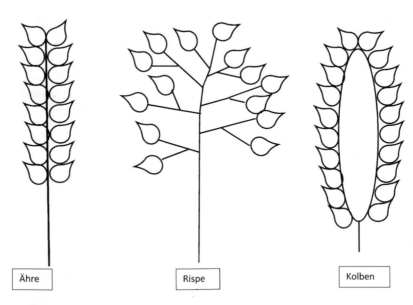

Ähre   Rispe   Kolben

◧ **Abb. 8.12**   Blütenstände bei Getreiden

◨ **Abb. 8.13** Haferfeld

◨ **Abb. 8.14** Gerste auf dem Feld

die Wildform, vermutlich aus Südamerika, nicht mehr sicher bekannt ist.

Übergänge zwischen diesen verschiedenen Typen der Blütenstände sind möglich, zum Beispiel bei den verschiedenen Hirsearten. Bei der Kolbenhirse *(Setaria italica)* spricht man gar von einem ährenrispigen Blütenstand. Auf solche Details kann man im Unterricht sicher verzichten. Im Hinblick auf die anderen Merkmale der Blüten und des Halmes zeigen sich Hirsearten aber als typische Süßgräser (◨ Abb. 8.16, 8.17 und

8

■ **Abb. 8.15**   Gerstenmalz

■ **Abb. 8.16**   Hirse fruchtend

8.18). Hirse ist vor allem in Afrika ein wichtiges Nahrungsmittel, war früher aber auch in Mitteleuropa gebräuchlicher. Davon legen manche Märchen kulturelles Zeugnis ab, in denen Hirsebrei zubereitet wurde.

■ **Auch Pflanzen haben Hormone – Physiologie bei der Getreideverarbeitung**

Bei der Beschäftigung mit den Getreidearten kann ein bisschen Physiologie wirklich nicht schaden. Aus den Getreidefrüch-

■ **Abb. 8.18**   Hirsepflanze mit typischem Süßgrashabitus

ten kann man durch einfache Aussaat innerhalb weniger Tage Katzengras oder ein Osternest wachsen lassen. Ähnliche physiologische Prozesse vollziehen sich aber auch bei der Bierherstellung:

Werden Gerstenfrüchte oder Weizen angefeuchtet, kommt es zur Quellung. Nun bricht die Wurzel durch die Fruchtwand und die Samenschale – die Pflanze keimt. Der Keimling bildet Hormone (Gibberelline) als Signale an die Aleuronschicht im Nährgewebe, um Enzyme zu aktivieren. Die Aleuronschicht ist die äußerste Schicht des Nährgewebes, wird aber meist zu den Randschichten des Korns gezählt und besitzt sehr große Zellen, die prall gefüllt sind mit Enzymeiweißen (■ Abb. 8.19). Diese Enzyme spalten nun die unlöslichen Nährstoffe des Mehlkörpers in lösliche Stoffe, die Stärke in Zucker beispielsweise. Diese Nährstoffe schwimmen zum Keimling, der

8

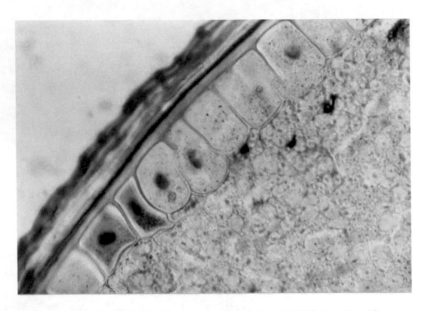

○ Abb. 8.19   Aleuronschicht der Weizenfrucht unter dem Mikroskop in 400-facher Vergrößerung

sich davon ernährt und wächst, bis er selbst mit der Fotosynthese beginnt.

Das klassische Lehrplanthema Pflanzenentwicklung kann also recht einfach auch am Getreide erarbeitet werden. Und der Vorteil davon ist, dass die Getreidepflänzchen draußen ausgesetzt werden können oder das Klassenzimmer verzieren.

8.2.4 Beispiel 4: Süßgräser als Nahrungslieferanten – unser täglich Brot

Ein Hefeteig ist schnell gemacht, wenn man Weizenmehl niedriger Typenzahl (405 oder 550) mit anteilig viel Klebereiweiß (○ Abb. 8.3) verwendet und etwas Zucker sowie warme Milch und etwas Speisefett zugibt. Je höher die Typenzahl des Mehls, umso mehr Ballaststoffe und Enzymeiweiße der Randschichten und umso weniger Klebereiweiß des Mehlkörpers der Getreidefrucht sind enthalten.

Roggen, das klassische Brotgetreide, ist schwieriger zu händeln. Roggenmehl enthält weniger Klebereiweiß, dafür mehr Pentosane (vernetzte Kohlenhydrate). Für die Herstellung eines guten Sauerteigs werden drei Tage

benötigt. Einem zurückbehaltenen Teil des Teigs vom letzten Backvorgang werden stufenweise weiteres Mehl und Wasser zugesetzt. Um Roggenmehl backfähig zu machen, werden – kurz gesagt – zunächst einige der im Mehl enthaltenen Stärkemoleküle durch Aktivierung des Enzyms Amylase verzuckert; dieser Prozess wird dann durch Säure gebremst, damit noch etwas Stärke zum Backen übrigbleibt. So eine Teigführung nennt man Sauerteig. Dabei kommen Bakterien und Hefen zum Einsatz. Nebenbei werden noch unbekömmliche Mehlinhaltsstoffe wie Phytin (eine phosphathaltige Verbindung) (Pollmer et al. 1996; Renneberg 2005) bekömmlich gemacht – dies alles erfolgt biotechnologisch durch die aktivierten Mikroorganismen. Das Ergebnis der Sauerteigführung ist ein Teigling, der nach mehrmaligem Gehen im Backofen *nicht* mehr größer wird. Statt der konventionellen Teigführung im Dreistufensauer kann man für schulische Zwecke eine im Handel erhältliche lebende Starterkultur mit Sauerteigmikroorganismen verwenden.

Ein einfaches Rezept für ein Sauerteigbrot (○ Abb. 8.20 und 8.21) lautet folgendermaßen: 700 g Roggenmehl und

□ **Abb. 8.20** Sauerteigbereitung mit einer Schulklasse im warmen Raum

300 g Weizenmehl werden gemischt. 350 ml Wasser werden auf Körperwärme erwärmt. Ein Teil davon wird mit einem Hefewürfel und einem Teelöffel Zucker als Vorteig angerührt. In dem übrigen warmen Wasser werden 35 g Kochsalz gelöst. Alle Zutaten sowie ein Beutel Sauerteig aus dem Bioladen werden nun in einer Wanne (oder Backmulde aus Holz) gründlich vermengt und durchgeknetet. So entsteht ein grauer, klebriger und duftender Teig, der an einem warmen Platz abgedeckt stehen bleibt, bis sich das Volumen verdoppelt hat. Der Teig wird nun erneut geknetet, zu kugelförmigen Teiglingen geformt und in mehlbestäubten Formen ruhen gelassen, bis sich das Volumen erneut verdoppelt hat. Nun werden die

Teiglinge vorsichtig kopfüber auf Backbleche gesetzt und zunächst 15 min bei über 200 °C und dann 30–40 min bei 185 °C weitergebacken. Ein gares Brot klingt hohl, wenn man auf den Boden klopft (□ Abb. 8.21). Bereitet man mit Kindern Sauerteig zu, sollte man alle Zutaten und Mengenangaben groß an die Tafel oder eine Pinnwand schreiben, denn bei den mit Sauerteig klebrigen Fingern haben Arbeitsblätter mit Rezepten keine Chance.

Während die Brotgetreide aus der Familie der Süßgräser (Familie der *Poaceae*) also vor allem wegen der stärkereichen Früchte angebaut werden, liefern andere Süßgräser weitere Kohlenhydrate. Zuckerrohr (*Saccharum officinarum;* □ Abb. 8.22) als Süßgras enthält vor allem den Nährstoff Saccharose. Hier werden die Stängel zum Auspressen der Zuckerlösung benutzt. Chemisch ist der Zucker aus dem Zuckerrohr identisch zu dem Rübenzucker.

Da es in diesem Buch zum Draußen-Lernen ja vor allem um das Herstellen von Zusammenhängen geht, ist dieser zunächst abwegig scheinende Querverweis zu einem weltwirtschaftlich bedeutsamen Süßgras integriert. Weitere Kontexte der Nutzung von Süßgräsern zur menschlichen Ernährung eröffnen sich in Asien mit dem Bambus, dies wird aber hier nicht näher ausgeführt.

8.2.5 Extraktion vom Klebereiweiß aus Weizenmehl

Welche Bedeutung Klebereiweiß für die Teigführung und das Backen hat, wird besonders deutlich, wenn man es aus normalem Mehl extrahiert. Viele Laien nehmen an, der Mehlkörper des Weizenkorns enthalte nur Stärke – das stimmt so nicht. Je weniger Randschichten des Korns im Mehl enthalten sind, je gründlicher es also in der Mühle ausgesiebt wurde, und je niedriger die Typenzahl des Mehles ist, umso höher ist der Kleberanteil. Damit ist der An-

◘ Abb. 8.21   Fertiges Sauerteigbrot aus dem Lehmbackofen nach einem Backtag

◘ Abb. 8.22   Zuckerrohr in Marokko auf einem Marktstand

teil der Mineralstoffe zugleich niedriger als beim Vollkornmehl. Die niedrigste mögliche Typenzahl bei Weizenmehl ist 405 – das ist der reine Mehlkörper.

Mehl der Typenzahl 405 wird mit wenig Wasser und einer Prise Salz zu einem Teig verknetet, ähnlich einem Pizzateig. Nach 5 min Knetzeit ruht der Teigling für etwa 10 min. Anschließend kann man aus dem Teigling unter einem dünnen Wasserstrahl die Stärke ausspülen und ihn dabei vorsichtig kneten. Von dem ablaufenden weißlich-trüben Wasser wird eine Probe aufgefangen und zum Nachweis von Stärke benutzt (Kontrolle nicht vergessen!). Nach vorsichtigem Waschen des Teiglings fließt nach einigen Minuten klares Wasser ab. Die verbleibende Masse ist das Klebereiweiß, also Gluten (◘ Abb. 8.3). Es ist stark dehnbar und schmeckt gar nicht so schlecht. In der vegetarischen Ernährung werden aus diesem Klebereiweiß Produkte hergestellt, die man Saitan nennt. Saitan besteht chemisch aus Gluteninen und Gliadinen, also langkettigen Eiweißmolekülen. Für die Ausbildung von Bewertungskompetenz im Zuge der Ernährung sollte man diesen Zusammenhang zwischen „Fleischersatz" und Weizenproteinen kennen.

Steckt man ein Getreidekorn vom Weizen (am besten einige Stunden in Wasser eingeweicht) in den Mund und kaut es

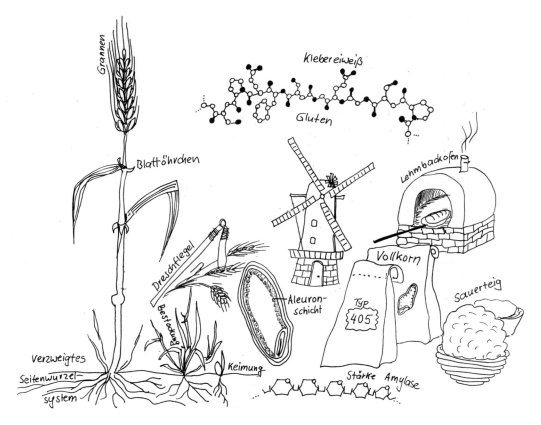

Abb. 8.23 Alltagskontexte rund um die Getreidenutzung

dann wie einen Kaugummi, bleibt nach einigen Minuten im Mund ein kleines Stück Klebereiweiß zurück. Auch so kann man also den Kleber extrahieren.

Süßgräser eröffnen viele Alltagskontexte, ihre Verarbeitung ist kulturell tradiert und erhöht die Bekömmlichkeit der Grasfrüchte (◻ Abb. 8.23). Für die sehr vernünftige allgemeine Regel, im Zuge gesunder Ernährung möglichst auf wenig verarbeitete Lebensmittel zuzugreifen, gibt es im Bereich der harten Getreidefrüchte also Ausnahmen: Brot.

8.3 Lernformat Felderkundung

Je nach Jahreszeit sieht man auf den Feldern keimende Getreidepflanzen, eine niedrige Grasdecke oder schon die schossenden Ähren (◻ Abb. 8.24), später die reifen goldgelben oder graugrünen Fruchtstände. Für ein Bett im Kornfeld – und auch für den Rohverzehr – sind die Früchte viel zu hart. Aber nach den Blattöhrchen kann man zu jeder Jahreszeit schauen und die Getreidearten erkennen. Der Merkspruch zu den Blattöhrchen lautet bekanntlich: Hafer – keine, Roggen – kleine, Gerste – Klauen, Weizen – wie die Sauen (also große Blattöhrchen mit Borsten).

Der Feldspaziergang endet im Idealfall auf einem offenen Bauernhof oder in einer historischen Mühle.

Bei den Feldspaziergängen ist zu beachten, dass blühende Gräser in der Regel vom Wind bestäubt werden und die Pollenmengen daher groß sind. Nur der Hochzuchtsaatweizen ist inzwischen ein Selbstbestäuber. Bei Pollenallergien unter den

8

◘ **Abb. 8.24**   Roggenfeld mit Klatschmohn im ökologischen Anbau

Kindern sollte zur Zeit der Grasblüte bei sonnig-trockenem Wetter kein Feld mit Roggen (◘ Abb. 8.24), Hafer, Mais oder Gerste aufgesucht werden.

Bei dem Besuch am Kornfeld lohnt ein Blick auf die Begleitflora: Kamille, Kornblume, Klatschmohn oder Kornrade. Verantwortungsbewusste Landwirte lassen zwischen den Kornfeldern Ackerrandstreifen stehen, auf denen solche und andere Blütenpflanzen von zahlreichen Insekten besucht werden.

8.4 Wir schreiten zur Tat – Getreide rechtzeitig aussäen

8.4.1 Winter- oder Sommergetreide aussäen?

Besonders herausfordernd ist es, die Kinder selbst Getreide säen, wachsen und ernten zu lassen, aber es kann durchaus gelingen. Der Prozess zieht sich über das gesamte Schuljahr hin. Unsere Erfahrungen beziehen sich hier auf die Kooperation mit unserer „Outdoor-Klasse", die es gewohnt war,

regelmäßig draußen zu lernen, im Sommer an einem Tag mindestens alle zwei Wochen.

Im Herbst muss daran gedacht werden, die Saat auszubringen, wenn es sich um Wintergetreide handelt. Bekanntlich sind die vielen Getreidearten und Sorten so gezüchtet, dass man sie entweder vor dem Winter oder erst im zeitigen Frühjahr ausbringt. Die Wintergetreide keimen also vor dem Frost.

Notfalls kann man noch im Frühjahr Sommergetreide aussäen, allerdings wird die Ernte innerhalb des Schuljahres dann schwierig.

Wenige Quadratmeter Fläche sind durchaus ausreichend, um ein eigenes kleines Feld anzulegen. Wintergetreide ist also besser geeignet als Sommergetreide, damit die Ernte noch im gleichen Schuljahr erfolgen kann. Der Boden muss locker und ohne Begleitflora vorbereitet sein. Die Aussaat erfolgt breitwürfig. Die Kinder hatten damit keinerlei Probleme und haben eine schöne gleichmäßige Verteilung von Roggen und Dinkel hinbekommen. Jedes Kind durfte seine Handvoll „Körner" ausbringen – wie ein „Sämann". Eigentlich sind es ja die Früchte der Süßgräser, die wir da „aussäen", aber da Samenschale und Fruchtwand so eng verwachsen sind und die Frucht jeweils nur einen Samen enthält, wollen wir bei Getreide weiter den Begriff „Aussaat" benutzen. Der Fachbegriff für die Früchte, also die Getreidekörner der Süßgräser, lautet Karyopsen.

8.4.2 Keimprobe vor der Aussaat

Jederzeit kann man Getreidekörner, z. B. Roggen oder Dinkelweizen, im Bioladen kaufen, falls man vergessen haben sollte, sich rechtzeitig Saatgut der gewünschten Art und Sorte zu beschaffen. Landwirte verwenden gezielt Saatgut für Sommergetreide oder Saatgut für Wintergetreide. Aber auf jeden Fall muss man Zeit für eine Keimprobe einplanen. In einer Schale mit feuchtem Küchenpapier wird jeweils eine Handvoll Getreidekörner ausgelegt, mindestens 70 % von ihnen sollten keimen, d. h. zuerst eine zarte Wurzel, dann einen schlanken Spross hervorschieben. Bei geringerer Keimrate ist das Material zur Aussaat nicht mehr geeignet. Keimung ist in der Biologie definiert als der Durchbruch der Keimwurzel durch die Samenschale. Roggen (◻ Abb. 8.7) keimt schneller und gleichmäßiger als Dinkel (◻ Abb. 8.2).

Im Frühjahr wächst auf dem Getreidefeld eigentlich nur Gras – dies kann die Kinder überraschen. Umso wichtiger ist es, das als Getreide genutzte Gras genau kennenzulernen und von anderen Wildgräsern zu unterschieden, z. B. von der Quecke. Die Quecke muss als Konkurrentin um Licht und Mineralstoffe angesehen werden, sie vermehrt sich flink und großflächig durch Ausläufer, sofern man ihr nicht Einhalt gebietet. Sie heißt ja wissenschaftlich auch Kriech-Quecke *(Elymus repens)* oder Gemeine Quecke. Sie bietet zwar dem Menschen keine Nahrung mit ihren schmalen Ähren, aber Finken, Falterraupen oder Weidetieren.

8.4.3 Pflege und Ernte des Getreides mit Schülerinnen und Schülern

Die Getreidepflanzen bestocken, d. h., aus einem Keimling bilden sich mehrere Halme, an denen später Ähren entstehen. Roggen blüht mit deutlich erkennbaren Staubblättern, die aus der Blüte ragen und vom Wind geschüttelt werden (◻ Abb. 8.8). Der Pollen gelangt mithilfe des Windes auf die weiblichen flauschigen Narben (also den oberen Teilen der Fruchtblätter). Nach Bestäubung verdickt sich der Fruchtkoten zur Frucht.

In den letzten Schulwochen im Juli kann geerntet werden.

Unser Tag der Ernte war wirklich gut vorbereitet, sogar zwei Dreschflegel und eine Getreidequetsche, um selbst Müsli aus den Früchten des Dinkels herzustellen, waren aus Heimatmuseen organisiert worden. Trotzdem traten unerwartete Effekte auf: Beim Transport der abgeschnittenen Halme und Ähren zur Dreschfläche gingen viele Körner verloren, weil die Kinder die Halme temperamentvoll schwenkten. Und auch das Dreschen wurde eher als sportliche Herausforderung denn als gründliche Arbeit verstanden, um eine effektive Ernte zu gewährleisten.

Trotzdem gelangen die Herstellung und Verkostung von eigenem Müsli mit leckeren Früchten des Gartens.

8.4.4 Nach dem Forschen und Erkunden auf einen gemeinsamen nachhaltigen Nenner kommen

Wie bereits in ▶ Kap. 4 beschrieben, ist es wichtig, nach differenzierten Lernsequenzen wieder zueinanderzufinden und Erkanntes zusammenzuführen.

Die Wertschätzung für unser täglich Brot ist auch aus globaler Sicht ein bedeutsames Bildungsziel. Im Unterschied zu unseren Vorfahren im Bereich der Australopithecinen oder den uns verwandten Menschenaffen verfügen wir Menschen über vervielfachte Gene zur Bildung des Enzyms Amylase. Dieses Enzym zum Stärkeverdau wird bei uns nicht nur in der Bauchspeicheldrüse, sondern auch in Mundspeicheldrüsen exprimiert. Welch ein Selektionsvorteil!

Stärke gehört für die meisten Menschen zu den wertvollen und gut verdaulichen Nahrungsbestandteilen. Getreide kann in unseren Breiten wunderbar wachsen (im Unterschied zu Bananen oder Kaffee). Und so können Transportkosten vermieden werden – gut für das Klima. Die Verarbeitung von Getreide gehört zu den spannendsten menschlichen Kulturtechniken, von der Mühle über die Teiglockerung (z. B. durch Sauerteigführung) bis zu den Backöfen. Zur Vermeidung von Nahrungskonkurrenz wurden menschliche Weidetiere eigentlich mit den Teilen der Süßgräser (und anderer Wiesenpflanzen) gefüttert, die für Menschen nicht nahrhaft sind, also den Stängeln und Grasblättern.

Man sollte auch die wichtigsten Merkmale der als Getreide genutzten Süßgräser zusammenfassen (in welcher Form auch immer): Als Anwendungsaufgabe kann man Süßgräser von unechten Getreiden unterscheiden – von Amaranth, Chia, Buchweizen oder Sesam. Und natürlich sind Sonnenblumenkerne auch kein Getreide, werden aber dem Brot manchmal zugesetzt.

8.5 Resümee

- Der Getreideanbau ist nicht nur eine fachliche Herausforderung, sondern erfordert auch viel didaktisches Geschick. Die organisatorischen Fragen bei den Lernhandlungen (wie so oft bei Outdoor Education) müssen nicht nur von der Lehrkraft durchdacht, sondern auch von den Kindern akzeptiert sein. Dazu braucht man keine Papierarbeitsblätter, sondern konzentrierte und einvernehmliche Gespräche, kurze und klare Verhaltensregeln. Diese Regeln werden mehrfach wiederholt.
- Die Ergebnisse der Lernhandlungen können und sollten selbstverständlich auch schriftlich fixiert werden. Das darf den Fluss des praktischen Tuns aber nicht unterbrechen. Dabei scheinen das Wiederaufgreifen des Themas, das Wiederholen der Begriffe und das Darstellen der Zusammenhänge in den Worten der Kinder essenziell. So sollten die Kinder wie selbstverständlich Wörter wie „Roggen" und „Dinkelweizen", „Dreschflegel" oder „Ähre" immer wieder verwenden und auch von der Lehrkraft hören. Gleiches gilt für andere Themen (Namen der Singvögel, Namen der Baumarten, Namen der Werkzeuge, passende Verben für entsprechende Tätigkeiten; ▶ Kap. 18).

❓ Fragen
- Wo wird beim Dinkelweizen der Pollen gebildet, also der männliche Blütenstaub? Welche Unterschiede gibt es diesbezüglich zum Mais?
- Die konsequente Verwendung von Sauerteig dauert meist drei Tage, mindestens aber mehrere Stunden der Einwirkung von Bakterien und Hefen auf den Teig. Warum wird dieser so aufwendige Sauerteig geführt?
- Welche Ährengräser werden in Deutschland als Getreide angebaut?
- In welchen Monaten wird Winterweizen ausgesät?
- Wann wird Gerste geerntet?
- Warum ist der Anbau von Wintergetreide mit Schulkindern geeigneter als der Anbau von Sommergetreide?

Literatur

Elschenbroich, D. (2002). *Das Weltwissen der Siebenjährigen. Wie Kinder die Welt entdecken können.* München: Goldmann.

Fasano, A. (2010). Fatale Darmkrankheit Zöliakie. *Spektrum der Wissenschaft, 5,* 52–59.

Fragnière, Y., Ruch, N., Kozlowski, E., & Kozlowski, G. (2018). *Botanische Grundkenntnisse auf einen Blick*. Bern: Haupt Natur.

Jäkel, L., & Schrenk, M. (2018). *Die Sache lebt. Hohengehren: Schneider* (4. überarbeitete Aufl.). Baltmannsweiler: Schneider Verlag Hohengehren GmbH.

Leitzmann, C., & Keller, M. (2019). *Vegetarische und vegane Ernährung* (4. Aufl.). Stuttgart: UTB.

Pollmer, U. u. a. (1996). *Krank durch gesunde Ernährung*. Köln: Kiepenheuer & Witsch.

Renneberg, R. (2005). *Biotechnologie für Einsteiger*. Berlin: Spektrum.

Schuppan, D., & Gisbert-Schuppan, K. (2018). *Tägliches Brot: Krank durch Weizen*. Gluten und ATI: Springer.

Korbblütengewächse

Mehr Schein als Sein – von falschem Kaffee, Riesenpusteblumen und aufgeblasenen Reifen

Inhaltsverzeichnis

© Springer-Verlag GmbH Deutschland, ein Teil von Springer Nature 2021
L. Jäkel, *Faszination der Vielfalt des Lebendigen – Didaktik des Draußen-Lernens*,
https://doi.org/10.1007/978-3-662-62383-1_9

9

Trailer

Sonnenblumen taugen zwar als politisches Symbol, sind aber vom Blütenbau her doch sehr besonders und von Laien allgemein nicht verstanden. Denn schließlich handelt es sich zwar um eine Blume, nicht aber um eine Blüte. Vielmehr liegt bei Sonnenblumen ein Blütenstand aus vielen kleinen Blüten vor, der wie *ein* optisches Signal auf uns als Betrachter und auf bestäubende Insekten wirkt.

Den Namen einer Pflanze zu kennen, heißt noch nicht, von ihr als Lebewesen einen Begriff zu haben (Jäkel und Schaer 2004; Lindemann-Matthies 2011). Die drei bei Kindern allgemein vom Namen sicher bekannten Pflanzen Löwenzahn, Gänseblümchen und Sonnenblume gehören zu den Korbblütengewächsen. „Eindruck zu schinden" mit dem Zusammenlagern vieler winziger Einzelblüten hat also zumindest bei uns Menschen schon mal geklappt. Aber kennt man sie wirklich – die Korbblütler?

Die Korbblütengewächse haben außer schönen „Blumen" noch mehr auf Lager: Sie liefern Kautschuk für Fahrzeugreifen, Fruktane für den besonderen Geschmack und vielleicht auch für die Gesundheit, Fallschirme als Reiseutensilien, köstlichen Pollen und Nektar und bezaubernde Farben.

9.1 Einstiegssituationen

Den Korbblütengewächsen begegnen wir mit Sonnenblumenöl oder Distelöl im Supermarkt, ebenso wie mit Gerbera oder Chrysanthemen im Blumenladen, aber auch am Wegrand oder auf jeder Wiese – und sei sie noch so eintönig. Irgendwo hat sich immer ein Gänseblümchen oder ein Feinstrahl, also Einjähriges Berufkraut *(Erigeron annuus),* oder ein Gewöhnliches Greiskraut *(Senecio vulgaris)* mit seinen unscheinbaren gelbgrünen Blütenkörben dazwischengedrängt. Anscheinend haben einige allgegenwärtige Korbblütler eine hohe Überlebenskraft und sehr erfolgreiche Fortpflanzungsstrategien, sodass sie auch an unwirtlichen Standorten überleben.

Die Nutzung von Phänomenen, um Interessiertheit (Hutter und Blessing 2010; Lindemann-Matthies 2011) hervorzurufen, ist didaktisch sinnvoll. Oft wird auch von Kontexten gesprochen, die das Interesse an Naturwissenschaften fördern. Es könnten Kontexte der technischen Nutzung, historische Bezüge oder witzige Effekte sein – Hauptsache wir lernen, auf die Natur aufmerksam zu werden.

Genau dazu soll das hier vorliegende Buch vorrangig animieren. Unterrichtsmaterialien gibt es durchaus viele, aber den Schwung zum Rausgehen und dann noch zum Fokussieren auf Lebensphänomene von Alltäglichem zeigt die Schulpraxis derzeit noch zu selten. Dabei sind die morphologischen Merkmale eines Tieres oder einer Pflanze natürlich bildungsplankonform, reichen aber beim Lernen nicht aus.

Exemplarisch werden in diesem Kapitel vier mögliche Forscherblätter für das Draußen-Lernen vorgeschlagen. Die Grundregeln solcher Hilfsmittel werden in ▶ Kap. 16 ausführlich vorgestellt. Mit wenigen Worten zusammengefasst sind folgende Gestaltungskriterien sinnvoll:

- Wenig Text einsetzen – denn die Hinwendung auf die lebendigen Originale sollte dominieren
- Möglichkeiten und Platz zum eigenem Erkunden und Präsentieren schaffen
- Wenige präzise Aufgaben formulieren
- Das Blatt mit passenden Abbildungen auflockern

Mit solchen Forscherblättern kann Gruppenarbeit strukturiert oder schnellen Lernenden ein Puffer angeboten werden.

9.2 Korbblütler machen didaktische Karriere

Für das Lernen von Begriffen reicht es nicht aus, den Begriffsnamen und die wesentlichen Merkmale zu benennen. Der Didaktiker Gerhard Schaefer entwickelte ein „Klettenmodell" der Begriffe. Wesent-

◘ Abb. 9.1   Blütenkorb der Großen Klette *(Arctium lappa)* mit Hüllblättern

liches Element gefestigter Begriffskenntnis ist ein Netz aus assoziativen Verknüpfungen. Zu einem Begriff gehören also: Begriffsname, Inhalt und assoziatives Umfeld. Dieses assoziative Umfeld kann von Mensch zu Mensch durchaus verschieden sein. Während manche Menschen bei Erdbeeren köstlichen Duft, geschmacklichen Hochgenuss und sandige Finger vom Naschen einer „Senga Sengana" im elterlichen Garten erinnern, denken andere an das Angebot im Supermarkt. Dingliche Strukturen bleiben ohne sinnliche Erfahrungen blutleer und irgendwie verwaschen. Andererseits haben wir es in der Biologie, in den Naturwissenschaften sowie bei den Herausforderungen der nachhaltigen Entwicklung mit einer hohen Komplexität von Strukturen zu tun. Nicht jede Modellvorstellung – von Teilchen oder Klimazonen – kann haptisch erfahren werden. Aber bei den Objekten, die sinnlich charakterisierbar sind, sollten wir Originalbegegnungen nicht versäumen.

Die Klette – das von Schaefer (Schaefer et al. 1992) verwendete Vorbild für sein Begriffsmodell – ist ein Korbblütengewächs.

Die Hüllblätter (◘ Abb. 9.1) des Blütenstandes sind hier die entscheidenden Strukturen zum Festhalten. Und schon wieder gibt es eine Assoziation – zum Klettverschluss und somit zur Bionik. Das Vorbild für den Klettverschluss findet man also in den Hüllblättern der Großen Klette *(Arctium lappa)*. Jedes Hüllblatt verfügt über einen Widerhaken. Der ganze Blütenkorb bleibt mit den vielen Widerhaken an einem Fell o. ä. hängen. Wenn er sich wieder losreißt oder losgerissen wird, fallen die Früchte aus dem Blütenkorb und werden so verbreitet.

9.2.1 Beispiel 1: Riesenpusteblumen und Autoreifen – Löwenzahn & Co.

- Schirmchenflieger
- Haben Sie wirklich gedacht, Sie kennen den Löwenzahn?
- Können Sie erklären, warum die Schirmchen des Pappus im Wind fliegen (Wiegel et al. 2012)?

- Und was hat der Löwenzahn mit Autoreifen zu tun?
- Welche „Spielchen" machte bereits Johann Wolfgang von Goethe (1866) in seiner naturwissenschaftlichen Neugier mit dem Löwenzahn?

Löwenzahn kann sich erfolgreich verbreiten, weil seine zahlreichen Früchte mit einem eigenen Fluggerät ausgestattet sind – das ist bekannt. Weniger verbreitet ist die Erkenntnis, dass es sich bei dem Schirm um die Kelchblätter der einzelnen Blüten des Löwenzahns handelt. Diese umgebildeten Haarkelche werden Pappus genannt und sind ein wichtiges Bestimmungsmerkmal der zahlreichen Korbblütengewächse.

Hier lohnt ein Vergleich zwischen Löwenzahn (Gattung *Taraxacum;* ◘ Abb. 9.2 und 9.3) und Kornblume (*Centaurea cyanus;* ◘ Abb. 9.26 und 9.27). Die Kornblumenfrüchte tragen eine Punkfrisur, fliegen also nicht (dazu mehr in ► Abschn. 9.2.7).

Beim Pappus des Löwenzahns bildet sich um diese Haare herum ein Ringwirbel, der den Flug verlängert (Eder 2020). Hier wirken ähnliche physikalische Prinzipien wie beim Libellenflügel (► Kap. 6). Anscheinend gelingt es gut, mit der Konstruktion eines Gewichts am gestielten Schirm recht weit zu fliegen, aber irgendwann auch gut zu landen. Bremshaken am Stiel des Schirms vermindern die Sinkgeschwindigkeit (Wiegel et al. 2012).

Es ist beeindruckend, dass eine Löwenzahnpflanze (◘ Abb. 9.3), wenn sie mehrfach blüht, im Jahr bis zu 5000 Früchte hervorbringen kann. Leider gilt der Löwenzahn aber nicht nur als willkommene Pflanze in der Landschaftsgestaltung. Er verdrängt durch seine hohe Vitalität wertvolle Weidegräser und breitet sich in lückenhaften Futterbeständen aus. Er wird deshalb in der Landwirtschaft bei zu hohen Bestandsdichten durch rechtzeitiges Mähen oder Beweidung zurückgedrängt. Sogar Spalten im Asphalt kann er durchbrechen.

Es gibt noch viel üppigere Schirmchen als die des Löwenzahns. Riesenpusteblumen (◘ Abb. 9.4) bilden der Gewöhnliche Bocksbart (oder Wiesenbocksbart) und der noch auffälligere Große Bocksbart. Schon der britische Mathematiker Sir George

◘ **Abb. 9.2**   Pusteblume des Löwenzahns mit zahlreichen Haarkelchen

■ Abb. 9.3 Löwenzahnpflanze mit blühenden Köpfen aus Zungenblüten

■ Abb. 9.4 Fruchtender Bocksbart – „Riesenpusteblume" (Gattung *Tragopogon*), bei der die Schirmchen jedes Pappus aus feinen Haaren verwoben sind

■ Abb. 9.5 Blühender Wiesenbocksbart *(Tragopogon pratensis)*

9

Caylay (Wiegel et al. 2012) untersuchte 1829 die Früchte des Korbblütlers Wiesenbocksbart und erkannte, warum sie stabil zu Boden sinken: Der Schwerpunkt dieser Früchte liegt weit unten, und die tragende Fläche ist nicht eben, sondern leicht trichterförmig.

Den Wiesenbocksbart *(Tragopogon pratensis)* fand man früher an Straßen und Wegrändern. Weil er aber so unscheinbar blüht (■ Abb. 9.5), sind seine Chancen gering, im menschlichen Siedlungsraum noch lange überleben zu können. Seine Laubblätter wirken wie Grasblätter. Die Blütenköpfe schließen sich sogar schon gegen Mittag. Die verblühten Zungenblüten ragen wie ein Ziegenbart aus dem Blütenkopf. Aber dann entfaltet sich die wundervolle Riesenpusteblume (■ Abb. 9.4). Jeder Schirm ist durch die Verflechtungen der vielen feinen Haare des Pappus miteinander besonders dicht.

Vielleicht hat doch die eine oder andere Frucht eine Chance, an einen wohnlichen Ort zu fliegen und dort zu wachsen.

Der Bocksbart ist mit all seinen Pflanzenteilen einschließlich Wurzeln essbar. In Mitteleuropa macht man davon keinen Gebrauch. In der Türkei dagegen wird er im Frühjahr gesammelt. Er ist als Yemlik bekannt und wird entweder roh, als Salat oder gekocht gegessen.

Der Kalk und Wärme liebende Große Bocksbart *(Tragopogon dubius)* kommt in Naturschutzgebieten auf Trockenrasen vor, auch an Weinbergen im Rhein-Main-Gebiet.

■ Explorieren am Löwenzahn

Johann Wolfgang von Goethe war nicht nur Literat, sondern auch Naturwissenschaftler. Er explorierte mit dem Löwenzahn und beobachtete: „Wenn man die Stiele des Löwenzahns an einem Ende aufschlitzt, die beiden Seiten des hohlen Röhrchens sachte voneinander trennt, so rollt sich jede in sich nach außen und hängt im Gefolge dessen als eine gewundene Locke spiralförmig zugespitzt herab, woran sich Kinder ergötzen und wir dem tiefsten Naturgesetz näher treten." (Eder 2020).

Diese einfache Übung kann man auch im schulischen Kontext draußen nutzen, um über Zellinnendruck (Turgor), Osmose, Epidermiszellen und andere Grundlagen der Zellbiologie zu kommunizieren.

■ **Naturmaterial Kautschuk**

Geben Pflanzen eigentlich auch Milch? Milchsaft ist tatsächlich ein typisches Merkmal mancher Pflanzen. Da gibt es Wolfsmilchgewächse (giftig), Milchsaft bei Mohngewächsen (einige enthalten Opium) und eben auch Milchsaft beim Salat. Darum heißt der Salat mit wissenschaftlichem Namen *Lactuca*. Laktation ist das Fachwort für Milchbildung, auch beim Menschen. Die pflanzliche Milch dient aber nicht zur Ernährung von Pflanzenkindern. Sie schmeckt bitter und soll eher verhindern, dass Tiere die Pflanzen fressen. Der Milchsaft verklebt die Mundwerkzeuge von Insekten, die an den Stängeln und Blättern knabbern.

Pflanzlicher Milchsaft wird auch Latex oder – in getrockneter Form – Kautschuk genannt. Er ist Rohstoff für Gummi, Kaugummi, Matratzen, Reifen, Lacke und Farben. Viele Verwandte vom Salat bilden Milchsaft (Löwenzahn, Lattich u. a.).

Ein Autoreifen besteht aus etwa 41 % Kautschuk, 30 % Füllstoffen, 15 % Festigkeitsträgern wie Metall sowie 6 % Weichmachern. Durch eine Reaktion mit Schwefel gelang es dem amerikanischen Chemiker Charles Nelson Goodyear, die Moleküle von Naturkautschuk weiter zu stabilisieren. Diese Heißluftvulkanisation wurde 1839 entdeckt. Der neue Stoff Gummi war erfunden (❏ Abb. 9.33).

Woher aber kommt der Naturkautschuk? Man stellt ihn z. B. aus Latex her, den man meist aus dem brasilianischen Kautschukbaum *(Hevea brasiliensis)* aus der Familie der Wolfsmilchgewächse gewinnt.

Der Reifenhersteller Continental arbeitet daran, den Kautschuk für seine Produkte aus einem kasachischen Löwenzahn zu gewinnen. Dies ordnet sich Bemühungen zu einem nachhaltigen Gewinnen von Rohstoffen für industrielle Produkte unter. Denn Löwenzahn wächst ja eigentlich recht unkompliziert. Schon während des Zweiten Weltkriegs wurden Versuche unternommen, aus Löwenzahn Kautschuk zu gewinnen, dann aber „auf Eis gelegt", denn synthetischer Kautschuk schien billiger.

Löwenzahngummi weist das gleiche Molekulargewicht und die gleiche Elastizität wie der Kautschuk vom Kautschukbaum *(Hevea brasiliensis)* auf.

Für die industrielle Verarbeitung muss der Kautschuk flüssig bleiben. Eine Arbeitsgruppe der Universität Münster hat kürzlich ein Enzym identifiziert, das für die Verklebung des Kautschuks sorgt, wenn er mit Luft in Berührung kommt: Das Enzym heißt Polyphenoloxidase. Mit einem gentechnischen Eingriff konnten die Forscher das Gen ausschalten, sodass die Milch aus angeritzten Pflanzen ungehindert fließt, ohne zu verkleben.

Hier zeigt sich erneut, dass viele Forschungen an gentechnisch veränderten Organismen nicht Ernährungszwecken, sondern technischen oder medizinischen Anwendungen dienen. Anders als Kautschuk aus dem Kautschukbaum löst der Gummi aus dem Löwenzahn keine allergischen Reaktionen aus. Da der Anbau von gentechnisch veränderten Pflanzen aus guten Gründen derzeit in Deutschland nicht erwünscht bzw. gestattet ist, wird auch über Zellkulturen der kautschukbildenden Zellen in Reaktoren nachgedacht.

Warten wir also ab, ob unsere Busse, Autos oder Fahrräder bald auf Reifen aus Löwenzahnsaft rollen.

■ **Forscherblatt „Autoreifen aus Unkraut?"**

In ▶ Kap. 1 wurden bereits einige Forscherblätter vorgestellt. Solche Forscherblätter kann man natürlich je nach Lernziel und Lerngruppe selbst zusammenstellen. Auch zur Nutzung von Kautschuk aus Löwenzahn lässt sich ein Forscherblatt erstellen.

▫ Abb. 9.6 Mögliche Illustration für das Forscherblatt „Autoreifen aus Unkraut"

9

Es kann sich aus einem kurzen Lerntext, wenigen Aufgaben sowie einer Abbildung (▫ Abb. 9.6) als Blickfang zusammensetzen.

▪▪ Lerntext
Manche Pflanzen geben bei Verletzung einen weißen Saft ab. Die Pflanzen bilden Milchsaft, der von Fachleuten Latex genannt wird. Dieser Saft vernetzt sich zu einem festen, gummiartigen Stoff. Nun nennt man ihn Kautschuk.

Aus Kautschuk bzw. Latex werden beispielsweise Autoreifen, Schnuller, Laborhandschuhe, Farbanstriche, Matratzen, Sportgeräte und Kondome hergestellt.

Woher kommt Kautschuk? Zurzeit kommt fast die gesamte Weltproduktion von einem Gehölz aus Südamerika und Asien, dem Kautschukbaum. Forscher versuchen nun, Kautschuk auch aus Pflanzen in Mitteleuropa herzustellen. Dazu nutzen sie eine gut bekannte Pflanze – den Löwenzahn.

▪▪ Aufgaben
— Prüfe Pflanzen im Garten, ob sie Latex bilden! Zupfe dazu nur Teile der Blätter ab und untersuche, ob Milchsaft austritt. *Tipp:* Viele Korbblütler und viele Mohngewächse bilden Milchsaft.
— Wir besprechen gemeinsam, wie die einzelnen gefundenen Pflanzen heißen, die Latex bilden.

9.2.2 Beispiel 2: In die Höhe gehen

▪ Einen Schulgarten als Raum gestalten
Ein neu angelegter Schulgarten ist zunächst einmal eine Fläche. Doch eigentlich ist ein Schulgarten ein Raum. Diese Raumgestaltung erfordert nicht nur das Abzirkeln von Beeten, sondern auch die Nutzung der dritten Dimension. Wir sollten in die Höhe gehen! Bereits Birkenbeil (Birkenbeil 1999) meinte, dass jeder Schulgarten ein Geheimnis haben müsste. Wenn aber alles flach vor einem liegt, ist die Lust zum Erkunden gedämpft.

Sonnenblumen bieten sich als Gestaltungselemente an. Die Früchte der Sonnenblumen, die Sonnenblumenkerne, kann man preisgünstig im Lebensmittelhandel (insbesondere in arabischen, türkischen oder russischen Läden) oder im Zoohandel erwerben, natürlich ungeschält und nicht geröstet. Eigentlich handelt es sich bei den Sonnenblumenkernen um die Früchte der Röhrenblüten der Sonnenblume. Dies sind besondere Nussfrüchte, der Fachbegriff heißt Achäne.

▪ Den Lebenszyklus von Pflanzen an Sonnenblumen erforschen
Die Protokollierung der Keimung von Sonnenblumen ermöglicht die Umsetzung von Lehrplanvorgaben zur Entwicklung von Pflanzen – es muss ja nicht immer die Bohne sein, die in den Blumentopf gesetzt wird. Im Unterschied zu Bohnen kann man Jungpflanzen der Sonnenblumen später gut ins Freie setzen.

Wenn Sonnenblumen noch klein sind, brauchen Sie Schutz vor Schneckenfraß. Später haben sie so borstige feste Stängel, dass keine Gefahr mehr besteht. Sonnenblumen können blühende Zäune bilden, Beete begrenzen oder als Solitärpflanzen markante Hingucker sein. Schaut man in einen Korb der Sonnenblume, sieht man unzählige unterschiedlich weit entwickelte Einzelblüten (◘ Abb. 9.7).

Wie die Einzelblüten genau aussehen, erkennt man erst beim seitlichen Blick in den geöffneten Korb (◘ Abb. 9.8). Man erkennt Hüllblätter (grün), Zungenblüten sowie Röhrenblüten und weinrote Spreublätter am Blütenboden eines

◘ **Abb. 9.7**   Sonnenblumenkorb *(Helianthius annuus)* in Aufsicht

◘ **Abb. 9.8**   Seitlicher Blick in den geöffneten Blütenkorb der Sonnenblume *(Helianthius annuus)*

⬛ Abb. 9.9   Artischocke – eine riesige distelähnliche Pflanze (*Cynara scolymus*)

9

Sonnenblumenkorbes. Nachdem die Früchte aus dem reifen Sonnenblumenkorb herausgefallen sind, bleiben die Spreublätter dann spröde, bräunlich und hart auf dem Blütenboden stehen. Der Begriff der Spreublätter ist wichtig für die Bestimmung mancher Korbblütengewächse, denn sie können bei etlichen Arten auch fehlen.

Will man die Früchte der Sonnenblumen selbst ernten, sollte man die Blütenköpfe nach der Bestäubung mit einem Netz oder dünnen Tuch umhüllen. Ansonsten kann man Vögel beim Ernten beobachten.

9.2.3   Beispiel 3: Monsterdisteln

■ **Artischocken – Pflanzen mit Herz**

Artischocken *(Cynara cardunculus)* assoziiert man spontan mit Frankreich oder dem mediterranen Raum. In den letzten Jahren wurden Artischocken aber auch in Süddeutschland angebaut, zum Beispiel im Handschuhsheimer Feld in Heidelberg. Man könnte dies als Ergebnis des Klimawandels interpretieren. Andererseits ist es entlang des Rheins zwischen Freiburg und Mannheim schon immer wärmer als in übrigen Regionen Deutschlands.

Artischocken (⬛ Abb. 9.9) sind im Schulgarten jedenfalls lohnenswerte Beobachtungsobjekte. Im Februar sät man die linsengroßen schwarzen Früchte in einen Topf, und im April können die Jungpflanzen in ein Beet gepflanzt werden. Die Keimpflanzen brauchen Schutz vor Wühlmäusen bzw. Feldmäusen, die Artischocken liebend gern von unten auffressen. Auch in den unterirdischen Pflanzenteilen sind die begehrten Zucker, derentwillen wir Menschen Artischocken schätzen. Diese Zucker sind Fruktane, sehr besondere Kohlenhydrate.

Bei Fruktanen sind an einem endständigen Glukosemolekül zahlreiche Fruktosemoleküle zu einer Kette verbunden.

■ **Süßer Genuss – gesunde Zucker?**

Ernährungsphysiologen diskutieren, ob diese Fruktane nun gesündere Zucker als Saccharose (aus der Zuckerrübe bzw. dem Zuckerrohr) darstellen. Andere warnen vor dieser vermeintlich gesünderen Zuckersorte, auf die unser Darm nicht trainiert ist. Schließlich wird Fruktose im Dünndarm erst nach der Glukose resorbiert, normalerweise in recht geringer Menge. Nicht resorbierte Fruktosemoleküle können zu Verdauungsbeschwerden führen. Wie gut verdaulich Fruktane sind, hängt nach Meinung mancher Wissenschaftler von der Länge der Kette der Fruktane ab (Pollmer et al. 1996; Enders 2014).

Auch Topinambur-Sonnenblumen *(Helianthus tuberosus)*, Schwarzwurzeln *(Scorzonera hispanica)* oder die Wurzeln der Wegwarte *(Cichorium intybus)* und andere Korbblütler bilden Fruktane. Es ist immer eine Frage der Dosis, ob etwas ein Gift ist oder nicht, hat Paracelsus schon vor Jahrhunderten (um 1538) als Erkenntnis formuliert. Wer Fruktane nicht gewohnt ist, sollte zuerst geringe Mengen verzehren, so gut es auch schmeckt.

Bei Verkostungen von Topinambur oder Artischocken im Schulgarten sollten die Schülerinnen und Schüler also zuerst nur wenig probieren.

Die Pflanzenteile der Artischocken schmecken nach dem Garen köstlich. Alte Sorten der Artischocke, deren Laubblätter essbar sind, nennt man Kardone, ihr Anbau ist aufwendig. Bekannter sind daher die Sorten der Artischocke, von denen man die Hüllblätter des Blütenstandes und den Blütenboden verzehren kann. Der Blütenboden wird auch als „Herz" bezeichnet und schmeckt am besten. Die strohigen eigentlichen Blüten werden nicht verzehrt.

- **Attraktivität für Insekten**

Artischocken blühen meist erst im zweiten Jahr. Um sie lebend über den Winter zu bringen, müssen Artischocken vor Frost geschützt sein.

Natürlich könnte man die Blütenköpfe der Artischocke kurz vor der Blüte abschneiden, kochen und verzehren. Noch lohnenswerter aber ist es, einige Blütenköpfe blühen zu lassen. Zwar sind die Blüten für uns selbst nicht essbar, aber sie stellen eine verlockende Trachtpflanze für allerlei Insekten dar. Hier kommen nicht nur einzelne Bienen oder Käfer, sondern Dutzende tauchen in den violetten Flaum aus Röhrenblüten ein (■ Abb. 9.10).

Auch Artischocken wachsen über 2 m hoch und geben einem Garten Struktur.

Die Früchte der Artischocke, die Achänen, besitzen einen hübschen Flaum aus Pappushaaren. Der Pappus (Haarkelch) entsteht aus den Kelchblättern der Einzelblüten, analog zum Löwenzahn.

■ **Abb. 9.10** Bestäubende Insekten schwelgen im Blütenkopf der Artischocke

9

◻ **Abb. 9.11**   Mögliche Illustration für das Forscherblatt „Artischocke"

Wie andere Disteln auch, so bilden Artischocken nahrhafte Früchte mit ungesättigten Fettsäuren. Das ist ein wertvolles Herbst- und Winterfutter für Vögel. Der Distelfink oder Stieglitz kann ein Lied davon singen.

■ **Forscherblatt „Artischocke"**

Aus einem kurzen Informationstext über die Pflanze und ihre Nutzung, wenigen Aufgaben, Platz für die gewünschten Antworten sowie einer Abbildung des Blütenkorbes der Artischocke mit seinen zahlreichen Hüllblättern als Blickfang (◻ Abb. 9.11) kann man ein Forscherblatt fertigen:

■■ **Lerntext**

In nur einem einzigen Jahr wird die Artischocke über 1 m groß. Eigentlich ist die Artischocke eine riesige Distel. Sie bildet im zweiten Jahr Blütenköpfe. Meist werden diese Köpfe geerntet, bevor die lila Blüten sich öffnen. Der Mensch verzehrt die Hüllblätter der Blütenköpfe.

Auf blühenden Artischocken im Garten tummeln sich zahlreiche große Insekten.

■■ **Aufgaben**

— Beobachte Insekten auf der blühenden Artischocke. Welche Insekten kannst du erkennen?

— Wie werden die Früchte der Artischocke verbreitet?

— Betrachte die Früchte!

— Vergleiche mit dem Löwenzahn, der Ackerkratzdistel oder mit anderen Korbblütengewächsen!

9.2.4 Beispiel 4: Ringelblumen verstoßen gegen die Regeln

■ **Calendula – wild oder kultiviert**

Wilde Ringelblumen (Gattung: *Calendula*) wachsen rings um das Mittelmeer und Nordafrika, sogar in Großstädten auf aufgelassenen Stellen, vor allem aber an Feldrändern und auf Grünland. In unseren Gärten findet man die kultivierte Form der *Calendula officinalis* (◻ Abb. 9.12). In den letzten Jahren waren die Winter in Deutschland so mild, dass einige Exemplare lebend ins nächste Frühjahr gekommen sind.

☐ Abb. 9.12 Ringelblume *(Calendula officinalis)* mit zahlreichen Zungenblüten

Ringelblumenblüten enthalten verschiedene gelbe gesundheitsförderliche Inhaltsstoffe: Flavonoide (denen wegen ihrer antioxidativen Eigenschaften positive Wirkungen in der Heilbehandlung zuerkannt werden) und Carotinoide.

■ **Seltsame Früchte bei der Calendula**

Dass die Früchte der Ringelblume geringelt sind, verrät schon der Name der Pflanze. Aber ein genauer Blick lohnt. Es gibt dreierlei Formen der Früchte (☐ Abb. 9.13): In der Mitte des Korbes reifen kleine Ringelfrüchte (sie sehen fast wie Larven aus), dann aufgeblasene kahnförmige Früchte (die dem Wind Angriffsfläche bieten) und ganz außen längliche Hakenfrüchte (Klettverbreitung). Einige Früchte fliegen, andere haften an Tierfellen, wieder andere werden von Ameisen verbreitet. Und siehe da – alle Formen der Früchte keimen bei warmen Temperaturen nach etwa drei Tagen.

Die Bildung von Früchten aus Zungenblüten bei gleichzeitiger Anwesenheit von Röhrenblüten in der Mitte des Korbes ist ein Unterschied der Ringelblume im Vergleich zur Sonnenblume, an der dieser Typ der Korbblütler gern erarbeitet wird. Die

☐ Abb. 9.13 Drei verschiedene Formen Ringelblumenfrüchte – alle sind fruchtbar

Ringelblumen sind sehr geeignete Pflanzen für Einsteiger. Hier kann man bei der Aussaat kaum etwas falsch machen.

Der Blütenstand der Ringelblume ist ein Korb, der von Hüllblättern umschlossen wird. Die Hüllblätter des Korbes sind also nicht die Kelchblätter der Einzelblüten. Die Früchte der Korbblütengewächse sind Nüsse aus einem unterständigen Fruchtknoten, die Achäne.

Bei den Korbblütlern allgemein hat der Kelch der Einzelblüten also entweder die Form von Schuppen, Borsten (Kornblume) oder vielen feinen Haaren (Pappus) bzw. ist völlig reduziert, wie bei der Ringelblume oder der Kamille (◪ Abb. 9.18). Dies kann an den Beispielen unterschiedlicher Pflanzen wiederholt werden.

Die Früchte der Korbblütler sind besondere Nüsse (im botanischen Sinn). Wie bereits erwähnt, nennt man sie Achänen (◪ Abb. 9.18, 9.24 und 9.26). Die Fruchtwand ist mit dem enthaltenen Samen eng verwachsen. Die „Samen" der Tagetes oder der Ringelblume und des Salats sind also eigentlich die Früchte. Die Merkmale der Ringelblume als Korbblütler kann man gut im Freien erarbeiten (◪ Abb. 9.14), denn Ringelblumen sollten in jedem Schulgarten zu finden sein. Man kann aus den Zungenblüten auch eine Salbe herstellen.

▪ Pflege für die Haut – Humanbiologie und Botanik verknüpft

Ringelblumensalbe wird gern eingesetzt, um gestresste Haut, zum Beispiel nach der Gartenarbeit, zu pflegen. Für eine Ringelblumensalbe benötigt man außer den getrockneten Blüten der *Calendula* hautverträgliche Öle. Mandelöl wäre sehr gut geeignet, ist aber nicht ganz billig (alternativ Distelöl).

Für eine streichfähige Creme werden weitere Fette bzw. Wachse in geringer Menge zugefügt. Hierfür eignen sich Kakaobutter bzw. Bienenwachs.

Die Ringelblumenblüten werden in dem geschmolzenen Fett verrührt und ziehen gelassen, ohne zu sieden. Wenn die Farbe der Blüten auf das Fett übergegangen ist, wird die Flüssigkeit durch ein grobes Tuch oder Mull gegossen, um die Blütenreste zu entfernen. Die noch flüssige Creme wird in kleine Gläschen abgefüllt.

In jedem Fall sollte die Lehrkraft das Mischungsverhältnis der Fette und Öle vorher ausprobieren.

Da heiße Fette und Öle zu Hautverletzungen führen können, ist Vorsicht angebracht. Die Aufsichtspflicht muss konsequent gewährleistet werden. Um das Fett nicht über 100 °C zu erwärmen, wird

◪ **Abb. 9.14** Lernstation Ringelblume

ein Wasserbad angeraten. Zum Erwärmen kann im Klassenraum eine elektrische Heizplatte dienen, im Outdoor-Bereich ein gut isoliertes Wasserbad. Heißes Wasser wird in Thermoskannen transportiert.

Das Bauen von Modellen kann helfen, die wesentlichen Merkmale von Strukturen des Lebendigen zu verstehen. Zwar sind Modelle zunächst geistige Entwürfe (Grygier et al. 2007), „gedankliche Konstrukte". Manchmal kann aber auch der Modellbau helfen, Strukturen genau zu betrachten. Röhren und Zungenblüten der Korbblütler lassen sich aus unterschiedlichsten Materialien modellieren. Wichtig ist natürlich, den modellhaften Charakter zu diskutieren. Viele Einzelblüten können zu einem Blütenkorb zusammengesetzt werden. Pappe und Basteldraht sind deutlich preiswerter als Modelle vom 3-D-Drucker. 3-D-Modelle aus dem Drucker sind hingegen sehr haltbar und abwaschbar nach dem Outdoor-Einsatz direkt am Standort der Korbblütler. Und genau da sollten die Modelle auch ihren Einsatz finden, um assoziative Verknüpfungen aufzubauen.

9.2.5 Beispiel 5: Kamille und ihre Doppelgänger

Strahlend weiß und gelb – die Kamille sollte doch eigentlich vom Kamillentee her bekannt sein. Jedoch ist man draußen manchmal gar nicht mehr so sicher, ob man wirklich vor einer echten Kamille steht. Grupe (Grupe 1973) führte anhand der Kamille das Bestimmen von Pflanzen nach Kennmerkmalen ein. Vom Habitus sieht manche Pflanze oberflächlich wie eine Kamille aus, aber bei genauer Betrachtung könnte es sich auch um eine Geruchlose Kamille *(Tripleurospermum perforatum)*, um eine stinkende Hundskamille *(Anthemis)* oder gar um ganz andere Pflanzen wie das einjährige Berufkraut handeln. Auch die Strandkamille *(Tripleurospermum)* sieht ähnlich aus, duftet aber nicht.

Für Habitusstufe 2 nach Grupe (Grupe 1973) müssen also eindeutige Kennmerkmale her:
1. Der Blütenboden der Echten Kamille *(Matricaria recutita;* ▣ Abb. 9.15) ist hohl. Dieses Merkmal ist eindeutig zu

▣ **Abb. 9.15** Echte Kamille *(Matricaria recutita)* mit hohlem Blütenboden

9

◘ **Abb. 9.16**   Strahlenlose Kamille ohne Zungenblüten, aber durchaus mit zartem Duft

erkennen, es sei denn, ein Insekt hat ein Loch in den Blütenboden einer unechten Kamille gefressen.

2. Der Duft scheint unverwechselbar. Hat man jedoch zuvor schon andere Pflanzen geprüft oder ist man verschnupft, hilf der Duft allein nicht weiter. Ebenso duftend wie die Echte Kamille *(Matricaria recutita)* ist die Strahlenlose Kamille *(Matricaria discoidea;* ◘ Abb. 9.16).

3. Die Laubblätter sollten fiederteilig sein – und schon hat man das Einjährige Berufkraut, auch Feinstrahl*(Erigeron annuus;* ◘ Abb. 9.17) genannt, aussortiert. Der Name „Berufkraut" kommt von der vermuteten Wirkung des Pflanzenaufgusses gegen das „berufen sein" (verhexen).

Die Früchte der Kamille sind Achänen ohne Pappus (◘ Abb. 9.18), sie können aber an Tieren kleben bleiben oder durch den Menschen verbreitet werden. Die Kamille ist einjährig. Die Echte Kamille *(Matricaria recutita;* ◘ Abb. 9.15) ist eine Heilpflanze, die vor allem bei Magen- und Darmbeschwerden sowie bei Entzündungen Verwendung findet. Präparate aus der Apotheke sind dem Selbstpflücken vorzuziehen. Zum einen stimmt dann die Dosis der Wirkstoffe. Zum anderen können die winzigen spitzen Spreublätter des Blütenbodens nach dem Selbstpflücken Entzündungen hervorrufen, sie sind bei käuflichen Präparaten entfernt worden. Das Kamillenöl macht 0,3–1,5 % der Pflanzenmasse aus und kann eine bläuliche Farbe haben.

In den Blütenköpfen fressen gern Kamillenglattkäfer *(Olibrus aeneus),* außerdem kommen Blattläuse, Wanzen, Rüsselkäfer und Glanzkäfer vielfach vor.

9.2.6 Beispiel 6: Falscher Kaffee

▪ **Zichorie**

Schon Albertus Magnus (etwa 1200–1280), der Naturwissenschaftler des Mittelalters (Popp und Steib 2003), kannte die

◨ **Abb. 9.17**   Einjähriges Berufkraut, auch Feinstrahl *(Erigeron annuus)* genannt

◨ **Abb. 9.18**   Achänen der Echten Kamille *(Matrica-ria recutita)*

Wegwarte und beobachtete bereits im 13. Jh., dass sie an Wegrändern auf harter zusammengetretener Erde wächst und ihre Blütenköpfe zeitig, noch vor Sonnenuntergang, schließt. Somit ist die Wegwarte keine Blume für die Vase.

Aus den gerösteten Wurzeln der Wegwarte kann man Kaffee-Ersatz herstellen, falschen Mokka *(Mocca faux)*. Im Berliner Umland wurde daraus Muckefuck. Zichorienkaffee kann man mit Milch verfeinern *(Café au Lait à la Chicorée)* oder mit Gerstenmalz. Da dieser Kaffee kein Coffein enthält, ist er auch für Kinder und Jugendliche im Gebrauch.

Friedrich dem Zweiten von Preußen wird nachgesagt, er solle die Verbreitung des Zichorienkaffees gefördert haben.

Setzt man die Wurzeln im Spätjahr in Sandkisten und stellt sie in den Keller, treiben daraus bald blasse Blattrosetten. Chicorée gehören zur Varietät *Cichorium intybus var. foliosum,* also zu derselben Art wie die Gemeine Wegwarte *(Cichorium intybus)*. Die Rüben des Chicorées werden bis zu 15 cm lang.

Man kann also darüber streiten, ob die Wegwarte noch eine Wildpflanze oder schon eine Kulturpflanze ist. Je länger der Mensch solche ehemals wilden Pflanzen nutzt, umso mehr selektiert er gewünschte

Varietäten und verwandelt die ehemals wilden in kultivierte Pflanzen.

Auch Radicchio wurde aus der Wegwarte herausgezüchtet.

Die leicht verfügbaren Chicorée-Gemüse eignen sich sehr gut für mikroskopische Untersuchungen des Aufbaus von Laubblättern (■ Abb. 9.19 und 9.20).

■ **Korbblütler mit fertilen Zungenblüten**

Die Gemeine Wegwarte (*Cichorium intybus;* ■ Abb. 9.21) ist eine ideale Pflanze, um den Bau von Korbblütlern zu erarbeiten, die in ihren Blütenkörben nur fertige Zungenblüten besitzen. Die Wegwarte zeigt in hervorragender Weise die Kennmerkmale von Korbblütlern. Die dunkelblauen Staubbeutel sind zu einer Röhre verwachsen, die weißen Staubfäden aber frei (■ Abb. 9.22). Auch der Pollen ist weiß (■ Abb. 9.21). Die Narbe ist blau und an der Spitze gespalten. Die fünf Kronblätter sind zu einer Zunge verwachsen (■ Abb. 9.23). Der Fruchtknoten ist unterständig (■ Abb. 9.22 und 9.24). Allerdings braucht man, um all das live zu sehen, eine starke Lupe und ein theoretisches Verständnis des allgemeinen Blütenbaus. Und man muss die Blüten am Vormittag betrachten: Denn schon Albertus Magnus wusste, dass die Wegwarte ihre Köpfe zeitig schließt. „Die rationale Deutung von Naturgeschehen, seine genaue und systematische Beobachtung wie auch seine Experimente machen Albertus Magnus zu einem Wegbereiter der modernen Naturwissenschaften." (Popp und Steib 2003).

■ **Forscherblatt „Wegwarte"**

Auch für die Wegwarte kann man einen kurzen Informationstext mit wenigen Aufgaben sowie einer Abbildung (■ Abb. 9.25) als Blickfang zum Forscherblatt (▶ Kap. 16) kombinieren und eine Kanne mit Zichorienkaffee und Becher zum Verkosten bereitstellen, am besten direkt neben einer solchen Pflanze.

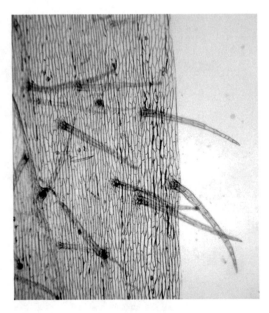

■ **Abb. 9.19** Haare auf einem Chicoréeblatt, also einer Zuchtform der Wegwarte (*Cichorium intybus*)

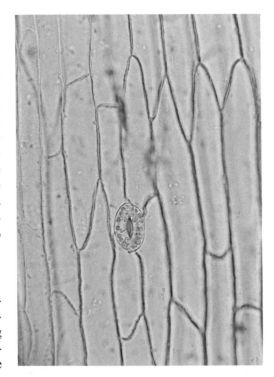

■ **Abb. 9.20** Spaltöffnungen (Stomata) auf dem Blatt vom Chicorée

■ **Abb. 9.21**   Insekten auf einem Blütenkorb der Gemeinen Wegwarte *(Cichorium intybus)* mit weißem Pollen

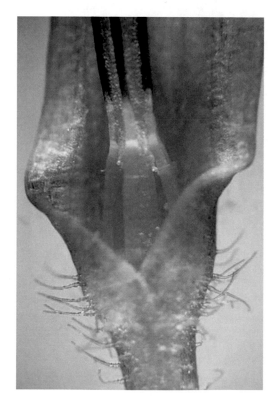

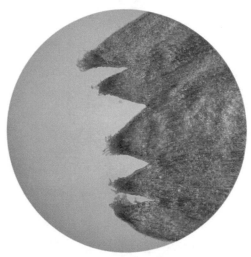

■ **Abb. 9.23**   Zunge der Einzelblüte einer Wegwarte *(Cichorium intybus)*

■ ■ **Lerntext**

Kaffee ist eine teure Pflanze, die nur in der Nähe der Tropen in feuchten Gebirgsregionen gut wächst. Sicher hast du schon vom Hochlandkaffee aus Äthiopien oder Nicaragua gehört.

■ **Abb. 9.22**   Freie weiße Staubfäden sowie Griffel einer Einzelblüte der Wegwarte *(Cichorium intybus)*

9

◻ Abb. 9.24 Achänen einer reifen Wegwarte *(Cichorium intybus)*

Wenn Kaffeelieferungen ausblieben, suchten die Menschen in Europa nach Ersatz für echten Kaffee. Sie erfanden „falschen Mokka". Der französische *Mocca faux* wurde im Berliner Raum Muckefuck genannt. Heute kann man ihn als Caro-Kaffee oder Zichorienkaffee kaufen.

Für diesen Kaffee werden Wurzeln der Wegwarte getrocknet, gemahlen und mit Gerstenmalz gemischt. Mit Milch schmeckt dieser Kaffee besonders lecker. Er ist für Kinder und Jugendliche bekömmlich, weil er kein Coffein enthält.

Probiere den Zichorienkaffee, wenn du möchtest.

▪▪ Aufgaben

— Finde heraus, was der Zichorienkaffee mit dem Chicorée gemeinsam hat. Welche Teile der Pflanze werden jeweils genutzt?
— Betrachte die Früchte von Wegwarte, Chicorée und Zichoriensalat unter der Lupe und vergleiche.

9.2.7 Beispiel 7: Kornblumen

Die Zeiten der Kornblume als lästiges Ackerunkraut sind längst vorbei. Sie erlebt eine Renaissance als Zierpflanze oder Bestandteil von Blühmischungen. Da Kornblumen eigentlich allgegenwärtig sind und die Samen derzeit im Gartenhandel auch oft angeboten werden, eignen sie sich zum Erforschen. Sie lassen sich zügig aussäen und zur Blüten bringen, auch innerhalb eines Schuljahres auf kargen Randflächen auf dem Schulgelände.

Der Haarkelch (Pappus) der Früchte ist sehr gut zu erkennen (◻ Abb. 9.26 und 9.27) und auch in einer Samenmischung unverkennbar. Hierauf kann man vor der Aussaat achten.

▪ Forscherblatt „Kornblume"

Auf die Struktur der Früchte der Kornblume   orientiert   die   nachfolgende

◻ Abb. 9.25 Mögliche Illustration für das Forscherblatt „Wegwarte"

▣ Abb. 9.26 Achänen der Kornblume *(Centaurea cyanus)*

Empfehlung für ein Forscherblatt. Auch hier kann man den kurzen Informationstext mit den wenigen Aufgaben kombinieren. Zum Zeichnen oder Aufkleben der Früchte mit dem Haarkelch muss Platz gelassen werden, natürlich auch für die Antworten auf die Fragen.

Eine kleine Abbildung des Kornblumenkörbchens (▣ Abb. 9.28) erleichtert das Wiedererkennen. Auf den genauen Blick kommt es an. So gelingt auch die Unterscheidung der blauen Kornblume von der blauen Wegwarte (▶ Abschn. 9.2.6). Kornblumen bilden nur Röhrenblüten, wogegen Wegwarten nur Zungenblüten besitzen.

▪▪ Lerntext
Kornblumen wachsen innerhalb eines Jahres bis zur Blüte. Das nennt man einjährig. Sie bilden Blüten mit röhrenförmigen Staubblättern und Kronblättern. Mehrere dieser Röhrenblüten sitzen gemeinsam in einem kleinen Korb beisammen.

▣ Abb. 9.27 Die Pappushaare der Kornblume *(Centaurea cyanus)* sind unter der Stereolupe gut erkennbar

▣ Abb. 9.28 Mögliche Illustration für das Forscherblatt „Kornblume"

▪▪ Aufgaben

— Betrachte die Früchte der Kornblume und zeichne sie!

— Wie werden die Blüten der Kornblume bestäubt? Wer bringt die Pollen einer Blüte zur Narbe einer anderen Blüte?

Tipp: Es gibt köstlichen Kornblumenhonig!

9.3 Ordnung ins System bringen

9.3.1 Vielfalt der Korbblütler

Korbblütengewächse werden vom Menschen vielfach wirtschaftlich genutzt, als Salat (Blätter), als Früchte (Sonnenblume), als Rohstoffquelle (Löwenzahn), als Zierpflanzen (Dahlie) und sogar als Färbepflanze (Tagetes, Saflor). Etliche Wildpflanzen gehören zu der Familie, z. B. Löwenzahn, Gänseblümchen oder Kornblume. Der Blütenbau der Korbblütengewächse ist kompliziert, denn die vielen kleinen Einzelblüten sind in einem gemeinsamen Korb versammelt. So erhalten auch Bienen und andere Bestäuber den „falschen" Eindruck einer großen Blüte (▪ Abb. 9.29). Der Blütenbau kann unter Verwendung von Stereolupen (▪ Abb. 9.30) korrekt erarbeitet werden. Dies hilft beim Verständnis des Aufbaus von Pflanzen, einer angezielten Kompetenz des Bildungsplanes. Unter der Stereolupe und auch unter einem Mikroskop sind alle Teile der zahlreichen Einzelblüten eines Gänseblümchens erkennbar: jeweils fünf Kronblätter und fünf Staubblätter sowie zwei verwachsene Fruchtblätter.

Wie man Organismen sinnvoll einteilt, darüber wird seit Jahrhunderten gestritten. Bei den Korbblütengewächsen ist dies besonders schwierig.

9

▪ **Abb. 9.29** Gänseblümchen findet man zu jeder Jahreszeit als geeignetes Untersuchungsobjekt

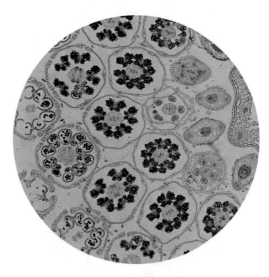

▪ **Abb. 9.30** Zahlreiche Einzelblüten des Gänseblümchens *(Bellis perennis)* werden unter dem Mikroskop erkennbar

9.3.2 Binäre Nomenklatur

Allgemein gilt: Einen Meilenstein der Biologie stellte das von Carl von Linné entwickelte System dar, das natürlich wesentlich auf sichtbaren Merkmalen beruhte. Er fand selbst viele Arten, auch sandte man ihm Pflanzen, Tiere oder Pilze aus aller Welt zu. Viele seiner wertvollen Beobachtungen sind auch heute noch brauchbar.

Seine binäre Nomenklatur war geradezu ein Glücksgriff, um sich international eindeutig über Arten verständigen zu können. So gehören zu jeder Art der Gattungsname sowie der präzisierende Artenzusatz (Epitheton). Der Artname des Gänseblümchen *Bellis perennis* setzt sich also aus dem Gattungsnamen *Bellis* und dem Epitheton *perennis* zusammen, die Wegwarte *Cichorium intybus* aus dem Gattungsnamen *Cichorium* und dem Zusatz *intybus*. Der Löwenzahn wird in Mitteleuropa mit der Gattung *Taraxacum* und dem Epitheton *officinalis* zum Artnamen *Taraxacum officinalis*.

Je mehr biochemische und genetische Merkmale uns nun aber zur Verfügung stehen, umso dynamischer entwickelt sich unser Abbild der Vielfalt, unser System der Lebewesen.

Arten werden oft zu Familien zusammengefasst, diese wieder zu Ordnungen und zu übergeordneten Klassen, Stämmen oder gar Reichen der Lebewesen.

9.3.3 Kladogramme

Alternativ wird der Begriff „Klade" benutzt. Eine Klade, ein Zweig, ist in der Biologie eine systematische Einheit, die den letzten gemeinsamen Vorfahren und alle seine Nachfahren enthält. Die wissenschaftliche Disziplin, die sich mit den Beziehungen von Lebewesen und Kladen beschäftigt, ist die Kladistik. Lässt sich eine Gruppe verwandter Lebewesen als Klade beschreiben, bilden sie eine gemeinsame Abstammungsgemeinschaft. Dies nennt man auch monophyletische Gruppe. Mit dem Begriff „Klade" werden in der Regel Beziehungen zwischen verschiedenen Arten beschrieben, der Begriff kann aber auch auf Individuen angewandt werden. Eine Gruppe verwandter Lebewesen wird alternativ auch als Taxon bezeichnet.

9.3.4 Bewegung im System

Die Einteilung der Lebewesen in Systematiken ist kontinuierlicher Gegenstand der Forschung. So existieren neben- und nacheinander verschiedene systematische Klassifikationen. Manche Taxa werden durch neue Forschungen hinfällig.

Kennen sie eigentlich noch eine Gartenaster (◨ Abb. 9.31)? Sie gehörte früher zu den häufigsten Zierpflanzen im Garten. Jedoch erfordert das Anziehen von Astern mit dem Aussäen, Pikieren und dann Auspflanzen recht viel Arbeit; kaum ein (Schul-)Gärtner unterzieht sich noch diesen Mühen. Diese Gartenaster auf ◨ Abb. 9.31 wird von einer passend gefärbten Wanze besucht. Viel häufiger als Gartenastern werden heute exotische Kapkörbchen aus Südafrika kultiviert.

Auch die Strandastern (◨ Abb. 9.32) von den heimischen Salzwiesen haben die wenigsten Bürgerinnen und Bürger unseres Landes schon einmal mal in natura gesehen. Wie schade eigentlich! In Frankreich werden die jungen Laubblätter der Standaster in begrenzten Mengen gesammelt, blanchiert und als „Schweineohren" bezeichnet verzehrt, am besten als Beilage zum Salzwiesenlamm.

Die Gattung der Aster ist namengebend für eine umfangreiche Pflanzengruppe: Die Familie heißt *Asteraceae* (Korbblütler).

Vom Blütenstand Korb sind der deutsche Name Korbblütler und der botanische Name *Compositae* (gern auch Kompositen genannt) abgeleitet. Der Korb setzt sich also aus vielen Blüten zusammen.

9

◘ **Abb. 9.31**   Namengebend für die ganze Familie der Korbblütler ist die Aster

◘ **Abb. 9.32**   Die Strandaster wächst auf Salzwiesen und hält Wind aus

Ob Kladogramm oder herkömmliches System mit systematischer Ordnung, die Familie der *Asteraceae* ist eine sehr große Gruppe bedecktsamiger Blütenpflanzen und umfasst weltweit vermutlich 1600 bis 1700 Gattungen mit etwa 24.000 Arten. Obwohl weltweit auf allen Kontinenten außer der Antarktis vorkommend, gehören die Kompositen in Europa zu den artenreichsten Pflanzenfamilien.

Zu den Korbblütengewächsen gehören derzeit nach verbreiteten Auffassungen mindestens drei große Gruppen:

1. Die *Cichorioideae* umfassen 224 Gattungen mit 3600 Arten und sind weltweit verbreitet. Die Blütenstände enthalten bei den in Mitteleuropa vorkommenden Vertretern nur Zungenblüten. An der Zunge sind fünf Kronblattzipfel zu erkennen.

2. Zu den *Carduoideae* zählen derzeit 83 Gattungen mit über 2700 Arten mit weltweiter Verbreitung. Die meisten Arten sind auf der Nordhalbkugel zu finden. Es sind nur Röhrenblüten vorhanden, die aber schlank wie bei der Artischocke oder sehr ansehnlich am Rand des Korbes wie bei der Kornblume ausgebildet sein können.

3. Die *Asteroideae* umfassen 1135 Gattungen mit etwa 16.200 Arten und sind weltweit verbreitet. Neben Röhrenblüten sind am Rand des Blütenstandes oft Zungenblüten vorhanden. Die Zungenblüten haben drei Kronblattzipfel. Meist sind die inneren Röhrenblüten fertil und die Zungenblüten steril, es gibt aber auch Ausnahmen wie die Ringelblume.

■ **Lernkontexte der Korbblütler**

Auch die Korbblütengewächse (Kompositen) offenbaren eine Fülle von Kontexten, die bei Lernenden Interessiertheit und Zuwendung auslösen könnten. Einige dieser Zugänge und Zusammenhänge vereint ◻ Abb. 9.33 als didaktisches und inhaltliches Netz.

9.4 Zusammenfassung

— Es gibt drei Gruppen von Korbblütengewächsen *(Asteraceae)*:
Körbe mit fertilen Röhrenblüten und sterilen Zungenblüten (◻ Abb. 9.34)
Körbe nur mit fertilen Zungenblüten
Körbe mit Röhrenblüten

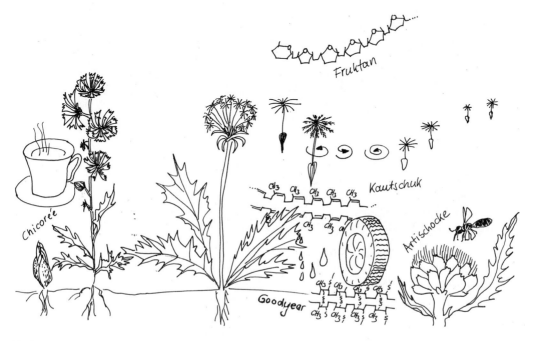

◻ **Abb. 9.33** Korbblütler eröffnen viele Alltagskontexte

9

◨ **Abb. 9.34**   Zinnie *(Zinnia elegans)* – eine beliebte Zierpflanze aus Mexiko

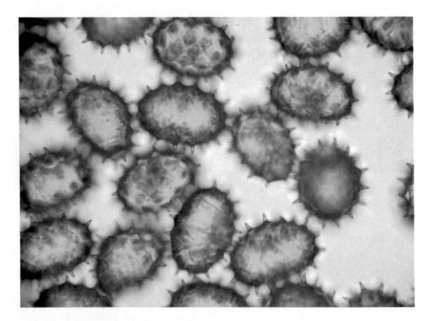

◨ **Abb. 9.35**   Pollen der Sonnenblume (440-fache Mikroskopvergrößerung)

– Der Blütenstand ist ein Korb, der von Hüllblättern umschlossen wird. Die Hüllblätter des Korbes sind also nicht die Kelchblätter der Einzelblüten.

– Die Früchte der Korbblütengewächse sind Nüsse aus einem unterständigen Fruchtknoten. Sie erhalten den speziellen Namen Achäne.

- Der Kelch der Einzelblüten entwickelt sich (sofern nicht reduziert) zu einem Haarkranz. Dieser heißt Pappus und dient in der Regel der Windverbreitung der Früchte (Pusteblume).
- Die Pollen der Korbblütengewächse haben oft die Form einer Stachelkugel (🖸 Abb. 9.35).

❓ Fragen

- Finden Sie mindestens zwei Beispiele für jeden der drei Bautypen der Korbblütengewächse (*Cichorioideae, Carduoideae* und *Asteroideae*).
- Zu welcher Stoffgruppe gehören Fruktane?
- Welche Gemeinsamkeiten haben Fruktane mit Stärke?
- In welchem Abschnitt des Verdauungskanals werden Fruktosemoleküle resorbiert?
- Welches chemische Element stabilisiert nach der Erfindung von Goodyear Naturkautschuk zu dauerhaftem Gummi?
- Welche Korbblütler werden als Trachtpflanzen von Honigbienen genutzt? Von welchen Korbblütlern gibt es also Sortenhonig oder Sommerhonig?

Literatur

Birkenbeil, H. (Hrsg.). (1999). *Schulgärten*. Stuttgart: Ulmer.

Eder, H. (2020). Zerfurchte Flügel und zähe Luft. *BiuZ* 1/2020(50), 36–43.

Enders, G. (2014). *Darm mit Charme*. Berlin: Ullstein.

Grupe, H. (1973). *Biologie-Didaktik*. Köln: Aulis Verlag Deubner.

Grygier, P., Günther, J., & Kircher, E. (2007). *Über Naturwissenschaften lernen*. Hohengehren: Schneider.

Hutter, C.-P. & Blessing, K. (2010). *Artenwissen als Basis für Handlungskompetenz zur Erhaltung der Biodiversität. Beiträge der Akademie für Natur- und Umweltschutz Baden-Württemberg Band 49*. Stuttgart: Wissenschaftliche Verlagsgesellschaft.

Jäkel, L., & Schaer, A. (2004). Sind Namen nur Schall und Rauch? Wie sicher sind Pflanzenkenntnisse von Schülerinnen und Schülern? *Berichte des Institutes für Didaktik der Biologie der Westfälischen Wilhelms-Universität Münster, IDB, 13*, 1–24.

Lindemann-Matthies, P. (2011). 'Loveable' mammals and 'lifeless' plants: how children's interest in common local organisms can be enhanced through observation of nature. *International Journal of Science Education, 27*(6), 655–677.

Pollmer, U., Fock, A., Gonder, U., & Haug, K. (1996). *Prost Mahlzeit. Krank durch gesunde Ernährung*. Köln: Kiepenheuer & Witsch.

Popp, R. & Steib, B. (2003). Albertus Magnus - der große Neugierige. *Spektrum der Wissenschaft, 11*, 70.

Schaefer, G. (1992). Begriffsforschung als Mittel der Unterrichtsgestaltung. In H. Entrich & L. Staeck (Hrsg.), *Sprache und Verstehen im Biologieunterricht* (S. 128–139). Bad Zwischenahn: Leuchtturm Verlag.

von Goethe, J. W. (1866). *Goethe's sämmtliche Werke … Mit Bildniss und Facsimile* (Bd. 5). Paris: Tétot Frères.

Wiegel, U; Martens, A. & Purschke, I. (2012). *Von Früchten und Samen das Fliegen lernen: ein Praxishandbuch zur Bionik für Menschen ab acht. Arbeitspapiere der Baden-Württemberg Stiftung 3, Forschung*. Stuttgart: Baden-Württemberg-Stiftung. ▶ https://www.bwstiftung.de/uploads/tx_news/BWS_IdeenkastenBionik_web.pdf. Zugegriffen: 5. Apr. 2020.

Doldenblütler: Vom tödlichen Gift bis zum leckeren Geschmack – gekonnter Umgang mit den Inhaltsstoffen der Doldenblütler

Vitamine, Geschmacksstoffe für Mensch und Tier, tödliche Gifte – hier sollte man sich wirklich gut auskennen

Inhaltsverzeichnis

© Springer-Verlag GmbH Deutschland, ein Teil von Springer Nature 2021
L. Jäkel, *Faszination der Vielfalt des Lebendigen – Didaktik des Draußen-Lernens*,
https://doi.org/10.1007/978-3-662-62383-1_10

Trailer

Manche Tiere könnten in unserer Umwelt gar nicht ohne Doldenblütler überleben. Hier ist nicht vorrangig der Feldhase gemeint, den man im Alltag ja gern mit Karotten assoziiert, sondern Schmetterlinge wie der Schwalbenschwanz *(Papilio machaon)* oder die wunderschön gezeichnete rot-schwarze Streifenwanze *(Graphosoma lineatum)*.

Andererseits sind Doldenblütler natürlich auch vom Menschen wegen ihrer Inhaltsstoffe wertgeschätzt: Wir sehen Farbstoffe wie Beta-Carotin oder Anthocyan, wir riechen würzige Aromen.

Mit soliden Kenntnissen über Doldenblütler kann man einen fundierten Beitrag zur Pflege von artenreichen Biotopen leisten, die köstlichen Inhaltsstoffe gesundheitsförderlich nutzen und sich selbst dabei vor hässlichen Verbrennungen und Vergiftungen schützen.

10.1 Einführung über die Nase, die Zunge und die Küche

Die Doldenblütler sind wie kaum eine andere Pflanzenfamilie durch Kontexte geprägt. Kontexte gelten als lernförderlich. Wir finden Kontexte der tödlichen Gefahr, Kontexte der Genießbarkeit und gar der Gesundheitswirkung (Arnold et al. 2019), Kontexte ökologischer Passungen zu auffälligen Tieren und physiologische Effekte, die sich präzise dingfest machen lassen.

Selten ist die Kenntnis konkreter Arten in unserer Gesellschaft überlebenswichtig, weil das Nahrungsangebot im Handel völlig gefahrlos konsumiert werden kann. Dies Harmlosigkeit ist ein wesentlicher Grund für Desinteresse an der heimischen Natur und insbesondere den Pflanzen. Bei den Doldenblütlern aber kommt es auf genaue Kenntnis an, sonst wird es unangenehm. Man kann sich verbrennen oder sogar tödlich vergiften, wenn man harmlose und gefährliche Doldenblütler verwechselt.

10.1.1 Würzige Vielfalt hilft bei der Verdauung

Ein Blick in den Suppentopf (◘ Abb. 10.1) zeigt: Fast die Hälfte aller würzigen Zutaten gehört in die altbekannte Familie der Doldenblütler. Wir Menschen nutzen heute die Knollen und die Laubblätter von Sellerie, die Blätter vom Liebstöckel, die Wurzeln der Karotten, die Blätter und die Wurzeln der Petersilie.

In der asiatischen Küche schwört man auf Koriander, dem nachgesagt wird, Verdauungsbeschwerden im Darm vorzubeugen. In Mitteleuropa ist dagegen Kümmel als Brotgewürz und Zutat zum Kohl dafür tradiert, die beschwerdefreie Verdauung zu erleichtern. Im arabischen Raum ist eine ordentliche Kichererbsensuppe ohne Kreuzkümmel kaum denkbar.

Die Bezeichnung „Wanzensame" für den Koriander *(Coriandrum sativum)* bringt aber zum Ausdruck, dass sein Geruch nicht von allen Menschen wertgeschätzt wird. Denn Gerüche sind eng mit dem limbischen System assoziiert; über Abneigungen und Vorlieben gegen bekannte Gerüche denken wir eigentlich nicht mehr nach. Doch nur mit einem differenzierten Wahrnehmungsvermögen ist eine abwechslungsreiche Ernährung denkbar, so wie sie von der Deutschen Gesellschaft für Ernährung (DGE) angeraten wird. Schließlich ist der Mensch evolutiv ein Gemischtköstler. Durch Verkostungen von würzigen Pflanzen, insbesondere an außerschulischen Lernorten, kann dazu beigetragen werden, sich auch auf neue Gewürze positiv gestimmt einzulassen und Vielfalt schätzen zu lernen (◘ Abb. 10.2). Das Kosten und das Riechen sind wichtige Möglichkeiten, um differenzierte Sinnesschulungen im Zuge einer vernünftigen Ernährung anzubahnen (Frings und Müller 2019) (vgl. auch Storch in Methfessel 1999 und Kiefer et al. 2008). Doldenblütler bieten dafür gute Lerngelegenheiten. Er-

◪ **Abb. 10.1**   Ohne Doldenblütler ist eine würzige Suppe kaum denkbar

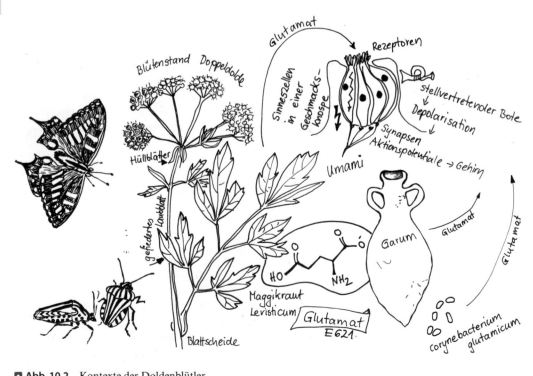

◪ **Abb. 10.2**   Kontexte der Doldenblütler

nährungswissenschaftlerinnen und Wissenschaftler betonen, dass man nicht als Feinschmecker geboren wird, sondern sich zum Feinschmecker bilden kann.

Aromen der Doldenblütler werden auch von Tieren erkannt (▶ Abschn. 10.2.4).

10.1.2 Es gibt kein Superfood

Bei abwechslungsreicher Zusammenstellung von Zutaten können die verschiedenen wertvollen Inhaltsstoffe von Lebensmitteln kombiniert werden – keine Speise allein enthält (abgesehen von Muttermilch im Säuglingsalter) alle notwendigen Vitamine, Mineralstoffe und Nährstoffe der menschlichen Nahrung. Es gibt nicht *das* eine „Superfood". Zwiebeln beispielsweise enthalten Allicin und Vitamin C, aber kein Vitamin A; gelbe Paprika enthält Flavone (B2), rote Paprika nicht. Milch und Honig enthalten so gut wie gar kein Vitamin C, Milch punktet aber mit Kalziumionen etc. und Vollkornmehl mit Ballaststoffen. Cobalamin wiederum (B12), Coenzym bei Synthesen von Aminosäuren, verdanken wir eher Bakterien und nicht dem bunten Gemüse. Auch Sellerie, dem eine vitalisierende Wirkung nachgesagt wird, ist natürlich ein köstliches Gewürz mit Vitaminen, aber auch kein Superfood.

10.1.3 Begriffliche Klarheit und Stringenz

■ **Den Nährstoffbegriff klären**
Aus didaktischen Gründen ist es sinnvoll, Ballaststoffe und Vitamine sowie Mineralstoffe als solche zu benennen und sie von den energieliefernden Nährstoffen, also den Kohlenhydraten, Fetten und Eiweißen, begrifflich klar und deutlich abzugrenzen. Ernährungswissenschaftlerinnen und Wissenschaftler wie Leitzmann verwenden für solche Wirkstoffe manchmal auch den Begriff „Nährstoffe" oder „Mikronährstoffe"

(Körber et al. 2012; Leitzmann und Keller 2019; Leitzmann 2011). Die hinreichend belegten Verstehenshürden (Gerhard-Diercksen und ihr Team haben dazu bereits zu Beginn des Jahrhunderts umfangreich publiziert) bei der autotrophen Ernährung der Pflanzen sollten Anlass genug sein, hier verschiedene Begriffsnamen für physiologisch so unterschiedliche Dinge zu benutzen (Gerhardt 1994; Gerhardt et al. 1997; Gerhardt und Burger 1997; Burger 2001). Nur Kohlenhydrate, Fette und zum Teil die Eiweiße nähren uns; es sind energiereiche organische Stoffe. Andere Bestandteile der Nahrung sind Wirkstoffe: Vitamine, Mineralstoffe, Ballaststoffe, Wasser, Aromen und Farbstoffe liefern keine Energie und nähren uns nicht. Ganz verwirrt werden Lernende, wenn dann auch noch Landwirte von nährstoffreichen Böden sprechen. Denn wenn die Nährstoffe schon im Boden lägen, wäre die autotrophe Ernährung der Pflanzen ja wirklich unnötig. Begriffsnamen sollten stringent verwendet werden; und falls dies nicht der Fall ist, dann muss deutlich erklärt werden, was genau gemeint ist.

■ **Den Geschmack schulen**
Um Gerüche und Geschmack von Speisen wertschätzen zu lernen, sind wiederholte sinnliche Erfahrungen in angenehmem sozialem Kontext erforderlich. Also lohnt die Schulung der Sinne im Garten oder Feld draußen, exemplarisch an Doldenblütlern.

Historische Bezüge sind für Schülerinnen und Schüler ebenso lernförderlich. Liebstöckel wurde bereits im ersten überlieferten Kochbuch von Apicius an prominenter Stelle erwähnt; schließlich kannten die Römer vor etwa 2000 Jahren weder die Paprika noch die Tomate. Trotzdem wurde sicher köstlich gewürzt.

10.1.4 Bunte Karotten

Die Vielfalt der Doldenblütler kann man abrunden mit bunten Karotten (◘ Abb. 10.3).

◘ Abb. 10.3 Farbige Karotten und andere Doldenblütler bieten Lernanlässe im Bunten Klassenzimmer im Freien

Die dunkle Einzelblüte in der Mitte der meisten Doppeldolden der Wilden Möhre offenbart, dass Karotten genetisch in der Lage sind, Anthocyan herzustellen. Außerdem können Karotten bekanntlich Karotin (oder Carotin, man findet beide Schreibweisen) bilden. Im Zuge menschlicher Züchtung wurden solche Karotten selektiert, die viel Karotin in den Wurzeln bilden. Vitamin C ist in normalen Karotten übrigens nur in sehr geringer Menge enthalten, was sich durch Messen mit einfachen Teststreifen vor Ort überprüfen lässt.

Manche Züchter hatten aber auch das Anthocyan im Fokus. Sie züchteten Sorten wie Purple Haze. Diese prächtige farbige Sorte ist ein Ergebnis moderner Züchtung unter Nutzung der Gene alter Sorten. Spannend ist ein Blick durch das Mikroskop: Die Zellen haben violette Vakuolen, die Karotinkrümelchen findet man dagegen im Zellplasma. Durch einfache Schulversuche (pH-Indikatorwirkung) kann abgeklärt

werden, dass es sich bei der lila Farbe der Karotten wirklich um das wasserlösliche Anthocyan handelt. Wie den Carotinoiden wird auch den Anthocyanen eine Funktion als Oxidationsschutz menschlicher Körperzellen zugeschrieben. Karotin ist fettlöslich und für die Bildung von Retinol bzw. Retinal unverzichtbar (Heseker und Stahl 2010). Karotin, das Provitamin A, wird demnach für den Sehvorgang, die Reproduktion und die Embryonalentwicklung, die Zell- und Gewebedifferenzierung sowie für Immunfunktionen benötigt.

Die Untersuchung der bunten Karotten kann unter der Fragestellung geschehen, wie man Flecken des Karottengrüns, der orangefarbenen Wurzeln oder des Violett aus einem T-Shirt herauslösen kann. Dies kann in den Kontext „Tatort Garten" eingeordnet werden. ◘ Abb. 10.3 zeigt eine Lernstation zu diesem Thema auf der Bundesgartenschau (BUGA) in Heilbronn im Jahr 2019.

10.2 Beispiele der Nutzung von Doldenblütlern seit römischer Zeit

10.2.1 Beispiel: Liebstöckel – vom römischen Zickleinbraten bis zur Gemüsesuppe

Liebstöckel ist eine mehrjährige Pflanze und wünscht gut gedüngten Gartenboden. Jedes Frühjahr freut sie sich über eine Kompostgabe. Aber warum trägt die Pflanze den Beinamen Maggikraut?

Das Schild „Maggi" direkt am Bahnhof der Stadt Singen am Hohentwiel ist größer als das Namenschild der Stadt selbst. Vor allem nach der Ansiedlung von Maggi im Jahr 1887 vergrößerte sich der Ort Singen zu einer Industriegemeinde. Aber der Speisewürze aus Singen am Hohentwiel wird kein Liebstöckel zugesetzt, auch wenn sie ähnlich schmeckt wie Liebstöckel. Der wesentliche gemeinsame Inhaltsstoff ist eine Aminosäure, also ein Eiweißbaustein (◘ Abb. 10.2).

Glutamat, das Salz der Aminosäure Glutaminsäure, ist als Geschmacksträger bekannt und löst auf unserer Zunge die Wahrnehmung von würzig aus. Diese Geschmacksqualität ist als umami benannt und ergänzt die vier Qualitäten süß, salzig, sauer und bitter. Ebenso wie Süßes und wie Bitterstoffe wird auch Umami auf der Zunge unter Beteiligung sogenannter Second Messenger registriert und an das Gehirn gemeldet (◘ Abb. 10.2). Wenn man umami schmeckt, steht also proteinreiche Kost für den Körper in Aussicht. Wenn die Moleküle selbst zu groß sind, um in die Zelle einzudringen, docken sie an Rezeptoren der Oberfläche der Geschmackssinneszellen an und aktivieren so bestimmte Enzyme (zum Beispiel eine Adenylatcyclase), die stellvertretende Botenstoffe in der Zelle auf den Weg schicken. Im Ergebnis dieser Information werden Ladungsträger umverteilt, und die Depolarisation der Sinneszelle führt zu einem Signal – über eine

◘ **Abb. 10.4** Römische Amphore mit Würzsauce

Synapse – zur nachfolgen Nervenzelle bis ins Gehirn (Frings und Müller 2019).

Es wird diskutiert, ob übermäßige Zugabe von Glutamat zu Fertiggerichten oder anderen Speisen physiologische Folgen haben kann. Unstrittig ist Glutamat eine der 20 proteinbildenden Aminosäuren aller Lebewesen und im Körper jedes Lebewesens unverzichtbar.

Während moderne Speisewürze vorrangig durch Fermentierung (also enzymatischen Verdau) proteinreicher Lebensmittel wie Soja oder Weizen hergestellt wird, fermentierten viele Kulturen der Welt Fische zu einer an Glutamat reichen Sauce. In vielen Museen in Europa und Nordafrika zeugen Amphoren (◘ Abb. 10.4) von riesigen Mengen dieses „Garum" (auch Liquamen genannt) in Zeiten römischer Besiedlung. Liebstöckel dagegen kann unfermentiert, am besten frisch, und sehr sparsam eingesetzt werden. Die Würzkraft ist hoch. Liebstöckel tauchte in Rezepten der römischen Küche auf, ebenso wie Petersilie.

Auch Tomaten enthalten auf natürliche Weise anteilig viel würziges Glutamat; sie gehören zu dem Gemüse mit dem größten Handelsvolumen in Deutschland.

Durch Biotechnologie mit dem Bakterium *Corynebacterium glutamicum* kann Glutamat heute in großen Mengen biotechnologisch gewonnen werden (◘ Abb. 10.2).

10.2.2 Zusammenhänge herstellen

Es bietet sich an, humanbiologische Inhalte mit gartenpflegerischen und botanisch-zoologischen Aspekten zu verknüpfen. So können Kenntnisse über Organismen immanent weiterentwickelt werden, auch wenn andere Themen die Überschrift der Stoffverteilungspläne bilden.

Die assoziativen Verknüpfungen bereichern das Verständnis von Fachbegriffen. Zu jedem Begriff gehören inhaltlicher Kern, passender Begriffsname und assoziatives Umfeld (▶ Kap. 9).

Durch Anwendungskontexte kann Interessiertheit für Themen gefördert werden, die eher nicht prioritär für die meisten Jugendliche sind. So kann dem schleichenden Verlust von Naturkenntnis entgegengewirkt werden.

In dem von Apicius verfassten Kochbuch *De re coquinaria,* überliefert aus dem dritten Jahrhundert unserer Zeit, sind Rezepte aus römischer Zeit zu finden. Da werden Zickleinbraten oder Lammfleisch mit Liebstöckel gewürzt und mit Linsen kombiniert.

Liebstöckel gibt aber auch jeder modernen Gemüsesuppe den letzten Schliff. Eine würzige Suppe kann auch draußen zubereitet werden, gewürzt mit Karotten, Sellerie, Liebstöckel und Petersilie (◘ Abb. 10.5). Ebenso geht das natürlich in der Schulküche unter Verwendung von Gartenprodukten (◘ Abb. 10.6).

◘ **Abb. 10.5** Eine würzige Suppe wird im Freien gegart und verzehrt

10.2.3 Weitere Beispiele: Von Petersilie bis Sellerie und Dill

Von der Petersilie (*Petroselinum crispum;* ◘ Abb. 10.7 und 10.8) haben die Formen mit glatten Laubblättern eine intensivere Würze als die krausblättrige Petersilie. Aber Vorsicht vor Verwechslungen mit der giftigen wilden Hundspetersilie! Nach der Blüte ist die Petersilie zum Verzehr ebenfalls tabu. Sehr köstlich schmecken Petersilienwurzeln,

◘ **Abb. 10.6**   Gartenkräuter der Familie der Doldenblütler live

◘ **Abb. 10.7**   Krause Petersilie und glatte Petersilie nebeneinander im Pflanzkasten

die als Gartenform gezüchtet wurden. Sie ähneln Pastinakenwurzeln, dies sind ebenfalls Doldenblütler.

Beim Fenchel (*Foeniculum vulgare;* ◘ Abb. 10.9) sieht man besonders gut, dass Doldenblütler Laubblätter mit auffällig verbreitertem Blattgrund besitzen, die sogenannten Blattscheiden.

Sellerie (*Apium graveolens;* ◘ Abb. 10.10) wurde in der Antike (neben Lorbeer) wahrscheinlich benutzt, um Kränze zu winden und damit heldenhafte Taten zu würdigen.

■ **Abb. 10.8**   Petersilie *(Petroselinum crispum)*

■ **Abb. 10.10**   Sellerie *(Apium graveolens)*

10

■ **Abb. 10.9**   Fenchel *(Foeniculum vulgare)*

■ **Abb. 10.11**   Dill *(Anethum graveolens)*

Der Dill *(Anethum graveolens;* ■ Abb. 10.11) hat ähnlich filigran gefiederte Laubblätter wie der Fenchel *(Foeniculum vulgare;* ■ Abb. 10.9), duftet aber anders und würzt Gurken oder Fisch.

Liebstöckel *(Levisticum officinale;* ■ Abb. 10.12) hat Laubblätter, die denen des

Heute schätzen wir an Sellerie eher die Würze der Knolle, gebildet aus den Sprossabschnitten Epikotyl und Hypokotyl sowie dem Wurzelansatz. Auch die Laubblätter selbst sind eine gute Suppenwürze.

◘ **Abb. 10.12**   Liebstöckel *(Levisticum officinale)*

◘ **Abb. 10.13**   Wilde Möhre *(Daucus carota)*

Sellerie *(Apium graveolens;* ◘ Abb. 10.10) ähneln, aber kräftiger würzen.

Von der Wilden Möhre *(Daucus carota;* ◘ Abb. 10.13) wurden Gartenfarmen gezüchtet, deren Wurzeln viel Carotin enthalten.

Die Doldenblütler in ◘ Abb. 10.8, 10.9, 10.10, 10.11, 10.12 und 10.13 haben alle essbare Pflanzenteile: entweder die Früchte (Fenchel), die Laubblätter (Petersilie, Liebstöckel, Dill, Sellerie), die Knollen aus Epikotyl und Hypokotyl (Sellerie), die Wurzeln (Wurzelpetersilie, Karotte) oder die Blütenstände (Dill). Allen diesen Doldenblütlern ist der Blütenstand der Doppeldolde gemeinsam. Die vielen kleinen Einzelblüten sind fünfzählig und offerieren recht freizügig köstlichen Nektar auf sogenannten Griffelpolstern (Diskusnektarien).

10.2.4 Streifenwanze als Indikator für Doldenblütler

Kennt man sich mit Doldenblütlern gar nicht aus, dann gibt es Tiere, die als Indikatoren taugen. Sitzen auf einer Gartenpflanze Streifenwanzen *(Graphosoma lineatum)*, handelt es sich um einen Doldenblütler. Man findet die Streifenwanzen z. B. auf Liebstöckel (◘ Abb. 10.14) auf Möhren, auf Sellerie und Giersch, an deren reifenden Früchten sie saugen.

Wenn man Streifenwanzen sieht, ist wirklich Sommer: Die Paarung der Wanzen findet ab Ende Mai und insbesondere im Juni statt. Das kann man im Garten an exponierten Doldenblütlern sehr gut beobachten (◘ Abb. 10.15). Die Weibchen legen dann über den Zeitraum von Juni bis Juli ihre Eier ab. Wanzen durchlaufen einen unvollständigen Gestaltwandel (hemimetabole Metamorphose). Geschlechtsreife Tiere der neuen Generation treten Ende Juli oder im August auf. Die Larvenstadien kann man aber bis in den Oktober beobachten. Pro Jahr wird nur eine Generation ausgebildet. Sowohl die Larvenstadien als auch die geschlechtsreifen Erwachsenen sitzen meist auf ihren Nahrungspflanzen. Sie saugen dort an den reifenden Früchten. Man findet die Tiere also bevorzugt auf den Doppeldolden, den Blütenständen. Erwachsene Tiere überwintern in trockener Bodenstreu oder in Bodennähe an Pflanzenpolstern.

◘ **Abb. 10.14**   Liebstöckel mit Streifenwanze *(Graphosoma lineatum)*

10

◘ **Abb. 10.15**   Streifenwanzen auf der Doppeldolde vom blühenden Liebstöckel

Die Streifenwanzen *(Graphosoma lineatum)* haben übrigens eine gepunktete Bauchseite. Nur entfernt erinnern sie an die gelblicheren Kartoffelkäfer (vgl. ◘ Tab. 10.1 zu Merkmalen von Käfern im Ver- gleich zu Wanzen). Am Vergleich zwischen Wanzen und Käfern muss immer wieder gearbeitet werden, da Kinder oder Laien diese beiden Gruppen häufig verwechseln (◘ Tab. 10.1):

❑ **Tab. 10.1**	Käfer und Wanzen im Vergleich
Käfer (❑ Abb. 10.16)	**Wanzen (❑** Abb. 10.17)
Vorderflügel sind häufig farbig und fest, Hinterflügel sind durchsichtig und haben Adern, holometabole Entwicklung mit Puppenstadium, häufig kauende Mundwerkzeuge	Vorderflügel nur zum Teil verhärtet, Hinterflügel häutig, dreieckiges Schildchen am unteren Rand des Thorax bedeckt Teile des Hinterleibs, saugende Mundwerkzeuge, hemimetabole Entwicklung ohne Puppenstadium, Jungtiere sind den Erwachsenen vom Habitus oft ähnlich
Beispiele: Kartoffelkäfer, Marienkäfer	Beispiele: Streifenwanze, Feuerwanze

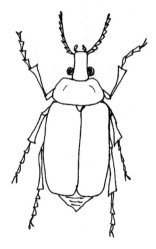

❑ **Abb. 10.16** Käfer schematisch

❑ **Abb. 10.17** Wanze schematisch

10.2.5 Immer seltener – früher alltäglich: Schwalbenschwanz

Die Raupen vom Schwalbenschwanz nutzen verschiedene Doldenblütler als Futterpflanzen. Sie werden von Naturkundlern als alltäglich und unspektakulär wahrgenommen. Aber die Bezugslinien verschieben sich: Man spricht von *Shifting Baselines,* wenn früher häufige Phänomene heute gar nicht vermisst werden, weil die jüngeren Menschen solche Organismen nicht mehr kennenlernen (können). Nach einem Schwalbenschwanz muss man in der heutigen Kulturlandschaft gründlich Ausschau halten.

Auf einjährigem Straßenbegleitgrün finden die Raupen kein Auskommen. Es gilt daher als Maßnahme der Erhaltung der Biodiversität, artenreiches Grünland zu ermöglichen. Schulumfeld und Schulgarten bieten dafür gute Möglichkeiten. Schwalbenschwanzschmetterlinge brauchen Doldenblütler und Standorte mit *mehrjährigen* Pflanzen. Daher sollte auch im Schulgarten nicht jede Fläche im Herbst umgebrochen werden. Denn die Raupen der im August entstehenden Generation überwintern als Puppe. Bis zu drei Generation können sich innerhalb eines Jahres entwickeln.

Der Schwalbenschwanz (*Papilio machaon;* ❑ Abb. 10.18) gehört in die Familie der

◻ Abb. 10.18   Eine Raupe vom Schwalbenschwanz *(Papilio machaon)* speist an einer Dillpflanze

10

Ritterfalter. Seine Flügelspannweite kann über 5 cm betragen. Während die Raupen sich im frühen Stadium als Vogelkot tarnen (Mimese), sind große Raupen farbenprächtig grün, gelb, orange mit Streifenmuster und vielen schwarzen Flecken. So eine Raupe ist eigentlich unverwechselbar.

Neben den Doldenblütlern taugen aber auch andere mehrjährige Pflanzen mit gleichen chemischen Inhaltsstoffen (wie die Weinraute und der Diptam) als Eiablageplatz für den Schwalbenschwanz.

10.3 Ein Teebeutel als Erkundungsobjekt

Doldenblütler füllen nicht nur den Gewürzschrank, sondern gelten auch als magenfreundliche Zutat zu einem Tee. Insbesondere Früchte von Fenchel, Kümmel und Anis findet man in einem Teebeutel (◻ Abb. 10.19).

Die genaue Untersuchung der Früchte der Doldenblütler zeigt, dass die Früchte zwar alle Längsrippen tragen, sich im Bau

◻ Abb. 10.19   Im Teebeutel stecken Samen bzw. Teilfrüchte von Doldenblütlern

dieser Rippen aber voneinander unterscheiden. Während die Wilde Möhre Widerhaken auf den Längsrippen zur Verbreitung nutzt, haben viele andere Gartenpflanzen

◻ **Abb. 10.20** Herkules – antiker Held am Fuße einer Jupitersäulen aus der Römerzeit

◻ **Abb. 10.21** Riesenbärenklau (*Heracleum mantegazzianum*)

glatte Rippen, die mehr oder weniger erhaben sind. Auch die Form der Früchte (Spaltfürchte, Achänen) variiert – von sichelförmig wie eine Banane bis zu kugelrund oder abgeflacht wie eine Münze.

An den Samen kann lupisches Betrachten bzw. Mikroskopieren mit schwacher Vergrößerung geübt werden – eine in den nationalen Bildungsstandards geforderte Kompetenz des Erkenntnisgewinns.

Der anfallende Teebeutel (aus Fasern von Abacá = *Musa textilis*) taugt dann noch für die unterhaltsame Teebeutelrakete (Papierschlauch auf feuerfester Unterlage aufrecht hinstellen, anzünden, fliegen lassen).

10.4 Recherchen auf dem Markt und im Garten

10.4.1 Namen erzählen Geschichte(n) – historische Bezüge bei Doldenblütlern

Herakles ist eigentlich dieselbe Person wie Herkules (◻ Abb. 10.20). Der eine Name kommt aus dem griechischen, der andere aus dem lateinischen Kontext. Der Herkules auf dem Kasseler Berg Wilhelmshöhe ist inzwischen sogar Weltkulturerbe. Die Viergöttersteine am Fuße der Jupitersäulen der Römerzeit im süddeutschen Raum (z. B. bei Ladenburg) tragen ein Abbild des Herkules. Herkules galt als ambivalenter Held der Antike von besonderen körperlichen Ausmaßen. Sein Name wurde von den Menschen auch zu einer Pflanze assoziiert, der Herkulesstaude. Dieser Riesenbärenklau (*Heracleum mantegazzianum*; ◻ Abb. 10.21) scheint so imposant zu sein wie der antike Held Herkules, möglicherweise ein Sohn des Zeus mit zahlreichen Verwandten in antiker Mythologie. Oder war Herakles mit dem Beinamen *Idaios* gar der Begründer der Olympischen Spiele?

Helden oder Sportler in antiker Zeit wurden nicht nur mit Lorbeer oder Blumen bekränzt, sondern anscheinend auch mit Kränzen aus Selleriesprossen und -blättern. Das Wort „Corona" hatte in antiker Zeit eine völlig andere Schwerpunktsetzung als heute.

Der Riesenbärenklau *(Heracleum mantegazzianum)* als Neophyt ist wegen seiner phytotoxischen Effekte recht problematisch. Zudem erweist er sich als invasiv und verdrängt andere Organismen, auch wenn seine duftenden Blüten für Honigbienen attraktiv sind.

10.4.2 Vitamingehalt messen und vergleichen

Die potente Wirkung des Sellerie scheint vor allem auf seinen Gehalt unter anderem an Vitamin C zurückzuführen zu sein. Die Ascorbinsäure (Vitamin C) stärkt bekanntlich das Bindegewebe, indem sie als Coenzym die Übertragung von Hydroxylgruppen auf Aminosäuren fördert. Deren Verbund in der Dreifachspirale (Tripelhelix) gibt dann ein stabileres Kollagen – Protein als ohne diese Hydroxylgruppen. Es lohnt sich, an Doldenblütlern draußen die Gehalte an Vitamin C mit Teststreifen zu messen. Hierfür reichen wenige Tropfen von dem Pflanzensaft aus. Auch Petersilie ist bekanntlich ein gehaltvolles Pflänzchen im Hinblick auf Vitamin C.

Das Aroma der glatten Petersilie ist viel stärker als das der krausen Petersilie. Es wird diskutiert, ob die krause Petersilie in Deutschland bevorzugt wird, um Verwechslungen der glatten Petersilie mit giftigen Doldenblütlern zu reduzieren. Andererseits sollte man annehmen dürfen, dass sich Gärtner und Landwirte mit den Pflanzen auskennen und nur sichere Ware auf den Markt bringen. Vielleicht hat die Bevorzugung der krausen Sorten in Deutschland auch einfach nur eine kulturelle Tradition.

10.4.3 Vielfalt mit Bedacht nutzen

Neben Echtem Sellerie *(Apium graveolens)* gibt es viele weitere wilde Arten. Vom Echten Sellerie wurden aus der Wildform Sumpfsellerie mehrere Varietäten wie Knollen-, Stauden- oder Schnittsellerie gezüchtet. Aber was steckt botanisch dahinter? Was ist eigentlich die „Knolle"? Am Speicherkörper Knolle der Gartensellerie sind die Hauptwurzel, das Hypokotyl und die gestauchte Sprossachse zu je einem Drittel beteiligt. Das Hypokotyl stellt, wie der Name selbst ja verrät, den Sprossabschnitt unter den Keimblättern (Kotyledonen) bis zum Wurzelhals dar.

Immer wenn in der Biologie der Begriff „Knolle" genutzt wird, sollte man klären, was wirklich gemeint ist: Sprossknollen der Kartoffel, Wurzelknollen des Scharbockskrautes oder Hypokotylknollen bei Radieschen oder Roter Bete.

Bei Doldenblütlern werden, wie oben erwähnt, nahezu alle Pflanzenteile genutzt: Blätter, Früchte, Knollen mit Hypokotyl und viele Wurzeln (wie bei der allgemein bekannten Karotte). Aber auch von Petersilie oder Pastinak können die Wurzeln zubereitet werden. Pastinaken kann man von den farblich ganz ähnlichen Petersilienwurzeln nicht nur am Geschmack unterscheiden. Der Übergang von der Wurzel zu den Laubblättern ist bei der Petersilienwurzel erhaben, bei der Pastinake leicht eingesenkt.

In die Kultur der Lebensmittelverwendung hat sich eingeprägt, dass manche Pflanzteile aber auch weniger bekömmlich sind; das betrifft insbesondere die Blätter der Möhre oder Petersilienblätter nach Beginn der Blüte. Auch der Giersch *(Aegopodium podagraria)* – eine vitale Ackerwildpflanze – ist als Gemüse in Mode gekommen. Hier gilt: Mäßigung beim Verzehr als Spinatersatz, da Doldenblütler und insbesondere züchterisch nicht selektierte Arten wie der Giersch einen wahren Chemikaliencocktail aus Cumarinderivanten und Terpenoiden enthalten. Bekanntlich entscheidet die Dosis, ob ein Stoff als Gift wirkt. Die Inhaltsstoffe des Giersch wurden als Heilmittel gegen Gicht (Podagra) genutzt. Die Blätter erinnern entfernt an einen Ziegenfuß; Giersch wird auch Geißfuß genannt.

Aufgabe:
Welche Pflanzennamen haben sich hier versteckt?
Nenne die Namen dieser Pflanzen aus der Familie der Doldenblütler!

Abb. 10.22 Forscherblatt „Namen bekannter Doldenblütler"

Das Ergebnis der Recherche zu den würzigen Doldenblütlern kann, wie oben bereits erwähnt, eine köstliche Gemüsesuppe sein, die je nach Jahreszeit mit Kürbis, Kartoffeln, Tomaten oder Bohnen ergänzt wird.

Durch Nachfragen bei regionalen Anbietern kann auch hier den *Shifting Baselines* und dem Vergessen alter Gemüsesorten entgegengewirkt werden. Auch im Schulgarten kann man Anbauversuche für Pastinaken oder Wurzelpetersilie starten.

- **Forscherblatt „Namen bekannter Doldenblütler"**

Das Forscherblatt „Namen bekannter Doldenblütler" (■ Abb. 10.22) besteht aus einem Bilderrätsel zu Doldenblütlern wie Giersch (Geißfuß), Herkulesstaude (Riesenbärenklau) oder Sellerie (Heldenkranz) und Liebstöckel (Maggikraut), um zum Wiederholen der Artnamen und Merkmale der Pflanzen Anlass zu geben. Ausführliche Darstellungen zu Forscherblättern findet man in ▶ Kap. 16.

10.5 Achtung: Verbrennungsgefahr

10.5.1 Phototoxische Effekte bei Bärenklau und Engelwurz

Dass der Riesenbärenklau *(Heracleum mantegazzianum)* phototoxische Risiken birgt, ist als Erkenntnis in der gesellschaftlichen Öffentlichkeit weitgehend angekommen. Solche phototoxisch relevanten Inhaltsstoffe haben aber auch Doldenblütler, die als Heilpflanzen gelten. Die Engelwurz *(Angelica archangelica)* als Gartenpflanze entwickelt eine imposante Gestalt – dem Riesenbärenklau ganz ähnlich. Inhaltsstoffe aus ihren Wurzeln gelten als Heilmittel oder werden alkoholischen Getränken *(Chartreuse Verte)* zugesetzt.

Berührt man jedoch ihre Sprosse oder Laubblätter mit bloßer Haut, sind hässliche Verbrennungen die Folge. Die pflanzlichen Furanocumarine rufen in Kombination mit Licht Schäden auf der Haut hervor. Sie sollen eigentlich Fraßfeinde abwehren.

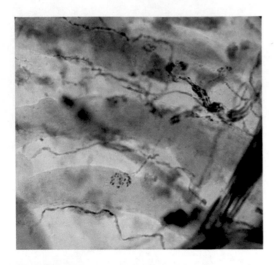

◘ Abb. 10.23 Neuromuskuläre Endplatte unter dem Mikroskop

Bei Doldenblütlern gilt im Freiland: Finger weg, wenn man sich nicht völlig sicher mit der Bestimmung ist. Der Gefleckte Schierling *(Conicum maculatum)* ist beispielsweise eine Pflanze der Gewässerufer mit hohler Stängelbasis, die man erst beim Ausgraben erkennt. Bekanntlich ist dieser Wasserschierling eine tödlich giftige Pflanze, da sein Inhaltsstoff Coniin Synapsen hemmt, an denen normalerweise der Neurotransmitter Acetylcholin andockt. Alkaloide können über die Schleimhäute und auch über unverletzte Hautpartien rasch aufgenommen werden (Lieberei und Reisdorff 2012). Bekanntlich kam Sokrates (470–399 v. u. Z.) durch den Schierlingsbecher ums Leben. Eine Mikroskopie der neuromuskulären Endplatte mit Acetylcholin in den synaptischen Vesikeln könnte die Zusammenhänge zwischen der Physiologie von Menschen und Pflanzen bekräftigen (◘ Abb. 10.23).

In ◘ Abb. 10.23 sieht man eine Synapse mit Acetylcholin an der neuromuskulären Endplatte unter dem Mikroskop in 400-facher Vergrößerung. Die dünnen Nervenfasern mit umhüllenden Myelinscheiden sind dunkel violett gefärbt, die dicken Muskelfasern hellviolett. Die für quer gestreifte Skelettmuskulatur typischen Z-Streifen sind bei dieser Färbung nicht erkennbar. Die Endplatte erscheint hier als Wolke von Punkten von Endknöpfchen.

Humanbiologische Kontexte sollten beim Lernen also gezielt genutzt werden, um Interesse für Pflanzen zu steigern.

10.5.2 Doldenblütler sicher bestimmen oder nicht anfassen

Für eine sichere Bestimmung der Doldenblütler sind oft auch unterirdische Pflanzenteile erforderlich. Zudem kann man die gefiederten Laubblätter verschiedener Arten leicht verwechseln. Für eine solide Bestimmung braucht man Blüten und Früchte gleichermaßen; diese sind natürlich nicht immer gleichzeitig verfügbar.

Die Färbung und die Behaarung der Stängel sowie der Blattscheiden sind ebenfalls wichtige Hinweise bei der Bestimmung der Doldenblütler, die ja eigentlich Doppeldoldenblütler heißen müssten. Wie auffällig die Blattscheide und ihr Ansatz am Stängel sein können, zeigt die Wildpflanze Kälberkropf in der Gattung *Chaerophyllum* (◘ Abb. 10.24).

Bei Doldenblütlern sind Gärten für das Pflücken von Gewürzen oder Gemüse der freien Wildnis vorzuziehen. So sind glatte und krause Petersilie im Garten (◘ Abb. 10.7) gefahrlos genießbar, eine Wilde Hundspetersilie dagegen bekäme uns schlecht. Die weißblütige Hundspetersilie *(Aethusa cynapium)* wird als stark giftige Acker- und Wiesenpflanze eingeschätzt. Chemisch ist bemerkenswert, dass die Giftstoffe Polyine organische Verbindungen mit mehreren Kohlenstoff-Kohlenstoff-Dreifachbindungen sind.

Ein wichtiges Bestimmungsmerkmal der Doldenblütler ist an den Blütenständen zu finden. Am Grund der Doppeldolde können Hüllblätter zu finden sein – oder feh-

◨ Abb. 10.24 Verdickte Blattscheide beim Kälberkropf *(Chaerophyllum)*

◨ Abb. 10.25 Doppeldolde der wilden Möhre *(Daucus carota)* mit Hüllblättern und Hüllchen

len. Auch am Grund der Döldchen können Blätter zu finden sein – oder fehlen. Diese Blätter heißen Hüllchen. Die Karotte weist sowohl Hüllblätter am Grund der Doppeldolde als auch Hüllchen am Grund der Döldchen auf (◨ Abb. 10.25). Doppeldolden vom Dill beispielsweise haben weder Hüllblätter noch Hüllchen (◨ Abb. 10.18).

10.6 Louche-Effekt: Anrüchig oder undurchsichtig?

10.6.1 Warum sieht Anisschnaps milchig aus?

Ätherische Öle der Doldenblütler sind in Wasser schlecht löslich, in Alkohol (oder in unpolaren organischen Lösungsmitteln) jedoch gut.

Daher trüben sich Mischungen von Destillaten der Doldenblütler mit Wasser. Dies wird als Louche-Effekt bezeichnet. Solche Effekte treten beispielsweise auf, wenn alkoholische Auszüge oder Destillate aus Anis *(Pimpinella anisum)* mit Wasser verdünnt werden. Im Handel heißen solche Mischungen Absinth, Pastis, Sambuca, Ouzo oder Arak. Ursache des Louche-Effekts ist der Gehalt an ätherischen Ölen vor allem aus den Anissamen sowie gegebenenfalls weiterer Gewürzpflanzen wie Minze, Koriander und Melisse. Diese Öle, die bei Anisschnäpsen vor allem Anethol enthalten, lösen sich in Alkohol, aber nicht oder nur kaum in Wasser (weil es ein polares Molekül ist). Die hydrophoben ätherischen Öle bilden eine Öl-in-Wasser-Emulsion, in der hydrophobe Ölteilchen von Wasser umgeben sind. Der Durchmesser der Tröpfchen liegt bei ungefähr 1 μm. An den Grenzflächen zwischen Wasser und Öltröpfchen wird das Licht gestreut; dies ruft eine milchig-weiße Trübung hervor. Sie beruht also nicht auf einer chemischen Reaktion, sondern ist physikalischer Natur (◨ Abb. 10.26).

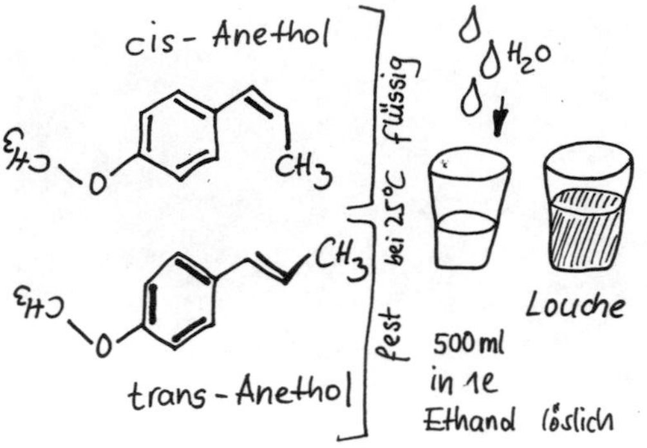

■ **Abb. 10.26**   Louche-Effekt

10.6.2 Löslichkeitseigenschaften von sekundären Pflanzenstoffen

Dieser Zugang ist natürlich nur für ältere Jugendliche oder Erwachsene geeignet.

Als Louche-Effekt bezeichnet man also die milchige Trübung klarer anishaltiger Spirituosen, wenn sie mit Wasser verdünnt oder sehr stark gekühlt werden. Die Trübung beruht auf der Bildung von Öltröpfchen. Das französische *louche* bedeutet „undurchsichtig", „verdächtig" oder „anrüchig" – das passt hier prima.

Bei tiefen Temperaturen sinkt das Lösungsvermögen von Alkohol, und es bilden sich ebenfalls Öltröpfchen.

Durch vergleichende Versuche kann man mithilfe des Louche-Effekts ermitteln, in welchen Flüssigkeiten (bei gleichem Wassergehalt) der Gehalt ätherischer Öle am größten ist. Je mehr Anisöl vorhanden ist, umso stärker wird die Trübung. Dies könnte man mit einem Densitometer aus der Physiksammlung sogar messen.

Der Duft von Anethol ist sehr typisch. Anisöl (Anethol) kommt nicht nur in Anis, sondern auch im Fenchel *(Foeniculum vulgare)* sowie im nicht verwandten Echten Sternanis *(Illicium verum)* vor.

Die handelsüblichen oder im Garten geernteten Früchte (Achänen) verschiedener

■ **Abb. 10.27**   Früchte der Doldenblütler mit ätherischen Ölen

Doldenblütler kann man auf ihren möglichen Geruch nach Anethol untersuchen. Werden die Früchte mit Mörser und Stößel zerkleinert, tritt der Duft stärker hervor. ■ Abb. 10.27 zeigt Früchte von Anis, Fenchel, Kümmel, Koriander, Möhren, Dill und Petersilie.

❓ Fragen

— Zu welchem Familie gehören die Pflanzen mit klangvollen Namen wie Kälberkropf, Wanzensame, Geißfuß oder Herkulespflanze?

— Welche wasserlöslichen Farbstoffe kann man in Karottenpflanzen finden?

— Welche physiologischen Effekte hat Carotin im Zusammenhang mit dem Sehvorgang?

— Welchen Blütenstand weisen Karotten, Fenchel oder Liebstöckel auf?

— Wie lautet der Fachbegriff für die Geschmacksqualität würzig-fleischig? Auf welchen Stoff reagieren die Rezeptoren der Zunge hier?

- Welche physiologische Wirkung hat Coniin, der Inhaltsstoff des Gefleckten Schierling bzw. Wasserschierling?

Literatur

Arnold, J., Dannemann, S., Gropengießer, I., Heuckmann, B., Kahl, L., Schaal, S., Schaal, S., Schlüter, K., Schwanewedel, J., Simon, U., & Spörhase, U. (2019). Ein Modell der reflexiven gesundheitsbezogenen Handlungsfähigkeit aus biologiedidaktischer Perspektive. *BiuZ, 4*(49), 243–244.

Burger, J. (2001). Schülervorstellungen zu „Energie im biologischen Kontext" Ermittlungen, Analysen und Schlussfolgerungen, Universität Bielefeld, Dissertation.

Frings, S., & Müller, F. (2019). *Biologie der Sinne. Vom Molekül zur Wahrnehmung*. Berlin: Springer.

Gerhardt, A. (1994). Analyse von Schülervorstellungen im Bereich der Biologie und ihre Bedeutung für den Biologieunterricht. In L. Jäkel, et al. (IIrsg), *Der Wandel im Lehren und Lernen von Mathematik und Naturwissenschaften* (S. 122–132). Weinheim: Dt. Studienverlag.

Gerhardt, A., & Burger, J. (1997). Ausgangssituation, Methoden und Praxiserfahrungen zu „konstruktivistischer Unterrichtsgestaltung" - Beispiel Photosynthese. In H. Bayrhuber et al. (Hrsg.), *Biologieunterricht und Lebenswirklichkeit* (S. 384–388). Kiel: IPN.

Gerhardt, A., & Burger, J. (1997). Students' conceptions concerning the topic „energy in the biological context". In H. Bayrhuber, & F. Brinkmann (Hrsg.), What – Why – How? Research in Didactic of Biology. Proceedings of the 1st. Conference of European Researchers in Didactic of Biology (ERIDOB). IPN, Kiel.

Heseker, H., & Stahl, A. (2010). Vitamin A. Physiologie, Funktionen, Vorkommen, Referenzwerte und Versorgung in Deutschland. *Ernährungsumschau, 9*, 481ff.

Kiefer, M., et al. (2008). The sound of concepts: Four markers for a link between auditory and conceptual brain systems. *Journal of Neuroscience 19*, 28 (47), 12224–12230.

Leitzmann, C. (2011). Vegetarismus – Mehr als ein Ernährungsstil. *Biologie in unserer Zeit, 41*(2), 124–131.

Leitzmann, C. & Keller, M. (2019). *Vegetarische und vegane Ernährung* (4. Aufl.), UTB.: UTB sitzt auch in Stuttgart

Lieberei, R., & Reisdorff, C. (2012). *Nutzpflanzen, begründet von Franke* (8. Aufl.), Thieme: Thieme sitzt in Stuttgart.

Methfessel, B. (1999). *Essen lehren, essen lernen. Beiträge zur Diskussion und Praxis der Ernährungsbildung*. Hohengehren: Schneider.

Von Körber, K.; Männle, T. & Leitzmann, C. (2012). *Vollwert-Ernährung. Konzeption einer zeitgemäßen und nachhaltigen Ernährung* (11. Aufl.), Haug: Damals könnte das noch Heidelberg gewesen sein, jetzt gehört Haug ja auch zu Thieme.

Natur im Jahreslauf – jahreszeitliche Rhythmen beim Draußen-Lernen

Identifikation mit Raum und Zeit im jahreszeitlichen Rhythmus

Inhaltsverzeichnis

© Springer-Verlag GmbH Deutschland, ein Teil von Springer Nature 2021
L. Jäkel, *Faszination der Vielfalt des Lebendigen – Didaktik des Draußen-Lernens*,
https://doi.org/10.1007/978-3-662-62383-1_11

Trailer

Outdoor Education ist definiert als der regelmäßige Aufenthalt zum Lernen draußen, bei dem die spezifischen Gegebenheiten des Umfeldes zum fachlichen und gegebenenfalls fachübergreifenden Lernen genutzt werden.

Aber werden wirklich alle Jahreszeiten gleichermaßen zum Draußen-Lernen genutzt? Oder erlischt das Naturinteresse nach den überschäumenden Frühlingsgefühlen?

Wie können die Potenziale naturbezogener außerschulischer Lernorte über das ganze Jahr ausgeschöpft werden?

Wie kann durch die Nutzung solcher Lernorte das Alltagswissen erweitert und auf konzeptionelles Niveau gehoben werden?

11.1 Fächerübergreifend, fächerverbindend oder integrativ?

Einige Fachdidaktikerinnen und -didaktiker legen großen Wert auf eine Unterscheidung zwischen den Begriffen „überfachlich", „fächerverbindend", „fachübergreifend" oder „interdisziplinär", „mehrperspektivisch" oder „vielperspektivisch" (z. B. beim sogenannten Perspektivrahmen Sachunterricht, Gesellschaft für die Didaktik des Sachunterrichts 2013). Diese Diskussion zwischen den Begriffsnamen und ihren Inhalten wurde zu Beginn unseres Jahrtausends intensiv geführt.

Während der Fachunterricht und hier insbesondere der Biologieunterricht dem *systematischen* Aufbau grundlegender fachlicher Kompetenzen verpflichtet ist, wird das Überschreiten der Fachgrenzen zugleich als integraler Bestandteil des Unterrichts erachtet (Gerhard-Dircksen und Müller 2000). So sollen übergreifende Einsichten und Lernstrategien entwickelt werden. Die unterschiedlichen Perspektiven sollen für die gemeinsame Klärung komplexer Probleme der Gegenwart beitragen.

Gerhard-Diercksen und Müller (Gerhard-Dircksen und Müller 2000) unterscheiden zwischen

- fachorientiertem Herangehen mit dem „Blick über den Tellerrand",
- problemorientiertem Herangehen in gesellschaftlich relevanten Anwendungszusammenhängen sowie
- beobachterorientiertem Vorgehen zur Reflexion von Fachsystematiken.

Auf die Komplexität der Mensch-Umwelt-Beziehungen wurde auch bei Wilfried Probst (Probst 2000) fundiert verwiesen (▶ Kap. 15).

Insbesondere die Thematik der nachhaltigen Gestaltung zukunftsfähiger Mensch-Umwelt-Beziehungen (Bildung für nachhaltige Entwicklung, BNE) setzt Überschreitungen der Fachgrenzen voraus (Benk 2019). Nachhaltigkeit ist die große gesellschaftliche Herausforderung, um derzeitigen und nachfolgenden Generationen die Lebensgrundlagen zu erhalten. Theoretiker der BNE fordern eine Berücksichtigung ökologischer, ökonomischer sowie kultureller und sozialer Perspektiven (ausführlich in ▶ Kap. 17 und 18), um die Lebens- und Wirtschaftsweisen auf unserem Planeten zu transformieren.

Auch bei Benk et al. (Benk et al. 2002) wurde herausgestellt, dass für die Lösung von konkreten komplexen Problemen die Hinzuziehung von Expertisen jeweils verschiedener Fächer erforderlich sei – man mag dies jeweils nun interdisziplinär oder fächerverbindend nennen.

Defila und Di Giulio (Defila und Di Giulio 2002) definieren Interdisziplinarität als integrationsorientiertes Zusammenwirken von Personen aus mindestens zwei Disziplinen im Hinblick auf gemeinsame Ziele. So werden disziplinäre Sichtweisen zu einer Gesamtsicht zusammengeführt.

Neben der Diskussion über die Begriffsnamen sollten vor allem Kriterien der Qualität des Draußen-Lernens in den Fokus geraten (Benk et al. 2002).

11

◘ **Abb. 11.1**   Die Apfelernte erfolgt naturgemäß zum Schuljahrersbeginn im Herbst

Für fächerverbindendes und fächerübergreifendes bzw. interdisziplinäres Arbeiten ist der Ausgangspunkt also ein Problem, zu dessen Analyse und gegebenenfalls zur Lösung die Beiträge verschiedener Fächer als notwendig erachtet werden (vgl. auch Gerhard-Dircksen und Müller 2000).

11.2 Frühlingsgefühle oder Erntezeit

Entgegen der oben erwähnten Definition des regelmäßigen Draußen-Lernens bei Outdoor Education gehen Lehrkräfte allgemein nicht zu allen Jahreszeiten gleichermaßen häufig mit ihren Schülerinnen und Schülern ins Freie.

Bei Untersuchungen zur Pflanzenkenntnis überrascht beispielsweise, dass unter den wenigen genannten Arten (neben Rosen natürlich) viele Blütenpflanzen des Frühjahres aufgelistet werden (Lindemann-Matthies 2002; Jäkel 2014). Da gibt es Narzissen *und* Osterglocken und auch überproportional viele Tulpennennungen, also Häufungen von in Kultur genommenen Frühblühern (vgl. auch Hesse 2000).

Daher kann man vermuten, dass das Frühjahr ein geeigneter Zeitpunkt ist, um zumindest Interessiertheit an der Natur auszulösen. Der Kundenandrang in Gartencentern zum Frühjahrsbeginn weist in die gleiche Richtung.

Dagegen wird bei anspruchsvoller Outdoor Education eigentlich das ganze Schuljahr über draußen gelernt – nicht nur bei Schönwetterlage oder kurz vor den Ferien (Gade und Au 2016; Jäkel 2015; Jäkel et al. 2019).

Es bietet sich an, die jahreszeitlichen Gegebenheiten gezielt für die Auslösung von Interessiertheit und effektive Lernprozesse zu nutzen. Auch in der Didaktik des Sachunterrichts (Jäkel und Schrenk 2019) versucht man genau dies. Beispielsweise für eine saisonale und regionale Ernährung, die einen konkreten Beitrag zu nachhaltigen Entwicklungen leistet, sind die Kenntnis und Wahrnehmung jahreszeitlicher Wandlungen unverzichtbar (▶ Abschn. 11.5). Nach dem Frühjahr als Hotspot der Interessiertheit kann die Herbstzeit, also der Schuljahresbeginn, als weitere intensive Phase für Lernprozesse draußen genutzt werden. Die Zeit der Reife und Ernte ist auch im gesellschaftlichen Bewusstsein durchaus präsent und wird vielfältig mit Erntefesten gefeiert. Apfelernte (◘ Abb. 11.1), Apfelsaftpressen, Kartoffellerntefeste etc. stimulieren Lernbegegnungen (▶ Kap. 5).

Abb. 11.2   Der Aronstab *(Arum maculatum)* ist ein heimischer giftiger Frühblüher, hier neben Bärlauch *(Allium ursinum)*

■ **An Alltagswissen anknüpfen – aber darüber hinaus gehen!**

Nun wäre es schön, wenn durch Schulunterricht nicht nur Alltagswissen bekräftigt würde, sondern tatsächlich hinzugelernt werden könnte. So ist es zwar nett, die Tulpe noch einmal zum Lerngegenstand zu machen, um die Teile einer Pflanze gemäß Bildungsplan zu erarbeiten. Die Tulpe kennen die Kinder aber bereits. Danach sollte der Unterricht noch weitere Kompetenzzuwächse ermöglichen und heimische Frühblüher wie den Gefingerten Lerchensporn, weiße und gelbe Anemone, Scharbockskraut, Gefleckten Aronstab, Sumpfdotterblume oder Bärlauch zum Thema zu machen (■ Abb. 11.2). Speziell für den Aronstab beklagt Hesse schon 2002 mangelnde Kenntnisse der Lernenden (Hesse 2002). Im Idealfall werden im Ergebnis von Unterricht über den Aronstab und seine ökologischen Begleiter die Lebensbedingungen für diese wilden Frühblüher gezielt erhalten und vor Überbauung bewahrt, gemäß nationaler Strategie zur Erhaltung der biologischen Vielfalt.

■ Abb. 11.3 zeigt heimische Frühblüher mit Speicherorganen unter der Erde in folgender Reihenfolge: Hohler Lerchensporn (Sprossknolle), Huflattich (Rhizom), Krokus (Knolle), Gefingerter Lerchensporn (Wurzelknolle), Anemone (Rhizom), Bärlauch (Zwiebel), Scharbockskraut (Wurzelknollen), Aronstab (Sprossknolle) unter den noch nicht entfalteten Blattknospen einer Rotbuche. Außerdem wird auf die Geschmacksstoffe der Gattung *Allium* verwiesen.

Die Abbildung kann für die Gestaltung eines Forscherblattes genutzt werden (▶ Kap. 16).

11.3 Erkenntniszuwächse bei Frühblühern

■ **Der Bärlauch – Wildpflanze oder Kulturpflanze?**

Der Bärlauch *(Allium ursinum)* durchläuft derzeit eine Wandlung von einer fast unbekannten Wildpflanze zu einer Kulturpflanze. Die Zwiebelpflanze wächst an anspruchsvollen Standorten im Laub- oder Mischwald,

⬥ Abb. 11.3 Frühjahrsgeophyten eröffnen jahreszeitliche Kontexte

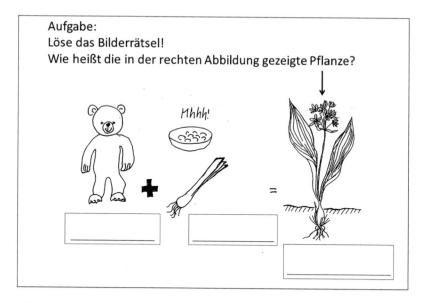

⬥ Abb. 11.4 Forscherblatt „Bärlauch"

zum Beispiel auf Lößboden. Immer öfter wird der Bärlauch nun in Gartenzentren zum Kauf angeboten oder gar als frisches Blattgemüse im Discounter offeriert.

Ob der Bärlauch tatsächlich, gemäß der Legende, den Bären nach dem Winter beim Auffüllen der Vitamindepots half, ist nicht belegt. Aber beim Bärlauch wirkt der schwefelhaltige Inhaltsstoff Allicin, ebenso wie bei Knoblauch und anderen Zwiebelgewächsen der Gattung *Allium,* antibakteriell (⬥ Abb. 11.4). Allerdings führt der

Aufgabe zum Aronstab: Ergänze das fehlende Laubblatt!

Vorsicht giftig!

☐ Abb. 11.5 Forscherblatt „Aronstab"

Zwiebelgenuss zu unangenehmen Mund- und Körpergeruch. Gegen Zwiebelgeruch wiederum sollen Petersilie oder andere Doldenblütler helfen (► Kap. 10). Es macht also Sinn, in einen Frühlingsquark nicht nur Bärlauch, sondern auch andere Kräuter einzurühren. Gegen die „Knoblauchfahne" helfen auch Minze, Salbei (beides Lippenblütler mit ätherischen Ölen; ► Kap. 1) und Kardamomsamen oder Ingwerrhizome (beides Ingwergewächse).

Mit der Kultivierung von Wildpflanzen geht eine Optimierung der Anbaubedingungen einher. Die Erträge werden größer und stabiler, die Pflanzen wachsen schneller und bilden weniger Abwehrstoffe gegen Fraßfeinde. Irgendwann sind dann üppige Erträge das Wichtigste – „auf Kosten des Sekundärstoffwechsels" (Kronberg 2020). Ist der Bärlauch dann noch eine Wildpflanze?

Der Bärlauch ist ein gutes Lernobjekt, weil man ihn mit den Kindern pflücken und dabei viel über Merkmale der Laubblätter von krautigen Pflanzen lernen kann. So üben die Kinder, auf Details zu achten und den Bärlauch an den Laubblättern von denen des Maiglöckchens, der wilden Tulpen oder des Aronstabs (☐ Abb. 11.5) klar zu unterscheiden, um Vergiftungen zu vermeiden.

Die Samen des Bärlauchs und anderer Frühblüher werden mithilfe von Ameisen verbreitet. Aus Bärlauchsamen wachsen aber erst zwei Jahre später neue Pflanzen, andere Pflanzen sind da schneller.

Elaiosomen (☐ Abb. 11.6) als kleine Leckerli locken Ameisen zur Verbreitung der Samen an. Diesen Trick wenden nicht nur Frühblüher, sondern auch manche andere der Erde nahe Pflanzen an, zum Beispiel Taubnesseln (► Kap. 1).

■ **Stellenweise recht häufig, aber im Alltag oft übersehen – der Lerchensporn**

Auch der Lerchensporn (*Corydalis*; ☐ Abb. 11.7) lockt Ameisen zur Verbreitung seiner Samen mit sogenannten Elaiosomen an. Die Samen stehen in Schoten. Es gibt zwei oberirdisch einander sehr ähnliche heimische Arten innerhalb der Frühblüher, den Gefingerten Lerchensporn (*Corydalis solida*) mit kompakter kleiner Knolle und

■ Abb. 11.6 Köstliche Elaiosomen verlocken Ameisen zur Samenverbreitung

■ Abb. 11.7 Gefingerter Lerchensporn *(Corydalis solida)*

den Hohlen Lerchensporn *(Corydalis cava)* mit größerer hohler Knolle. Beide Arten kann man an den kleinen grünen Tragblättern der Einzelblüten jedoch sicher unterscheiden. Beim Gefingerten Lerchensporn sind diese Tragblätter eben gefingert, beim Hohlen Lerchensporn oval und ganzrandig. Die Arten der Lerchensporne kennen Laien aus dem Alltag in der Regel kaum (■ Abb. 11.8), die Schule kann daran etwas ändern, wenn die Originale draußen einbezogen werden.

Aufgabe: Löse das Bilderrätsel!
Wie heißt die in der rechten Abbildung gezeigte Pflanze?

Suche die Pflanze im Wald. Sie
hat weiße oder lila Blüten.

Abb. 11.8   Forscherblatt „Lerchensporn"

Abb. 11.9   Gelbes Windröschen *(Anemone ranunculoides)*

- **Artenwissen zu Hahnenfußgewächsen
aufbauen**

Viele Frühblüher gehören zu den Hahnenfußgewächsen *(Ranunculaceae)*: Anemonen, Leberblümchen *(Hepatica nobilis)* oder Scharbockskraut *(Ranunculus ficaria)*, sowie die Sumpfdotterblume *(Caltha palustris)* oder der eingebürgerte Winterling *(Eranthis hyemalis)*.

Während man früher das Scharbockskraut sogar als Heilmittel gegen Mangel an Vitamin C einsetzte, ist dies heute nicht mehr üblich. Denn Hahnenfußgewächse enthalten sekundäre Pflanzenstoffe, die nicht gesundheitsförderlich sind, zum Beispiel giftiges Protoanemonin.

Die gelb blühende *Anemone ranunculoides* (**Abb. 11.9**) sieht dem

■ **Abb. 11.10**   Leberblümchen *(Hepatica nobilis)*

Buschwindröschen *(Anemone nemorosa)* –
bis auf die Blütenfarbe – sehr ähnlich.

Das Leberblümchen (*Hepatica nobilis;*
■ Abb. 11.10) mit den blauen Blüten hat spezielle Standortansprüche und kommt in Mi-
schwäldern mit Eichen und Hainbuchen vor.
Seine Laubblätter erinnern an Leberlappen.

- **Nährstoffspeicherung in unterirdischen
  Organen bei Frühblühern erforschen**

Bei den Frühjahrsgeophyten werden die
Nährstoffe in unterirdischen Organen gespeichert und ermöglichen den Pflanzen einen Austrieb vor dem Schließen des Blätter-
daches der Bäume und Sträucher. Will man
solche Nährstoffe nachweisen, kann man
überraschend feststellen, dass der Stärketest gar nicht immer Stärke anzeigt. Dies ist
natürlich ein perfekter Gesprächsanlass für
pflanzliche Entwicklungsprozesse, an deren
Verständnis es häufig mangelt (Benkowitz
und Lehnert 2009). Wenn die Frühblüher
ihre eigene Speicherstärke gerade selbst ver-
naschen, um Blüten zu bilden, sind die Speicher leer. Durch flinke Fotosynthese, eben
bevor die Blätter der Laubbäume das Licht
wegfangen, werden aber neue Speicher angelegt. Misst man also im Abstand von

■ **Abb. 11.11**   Stärketest am Hohlen Lerchensporn
(Corydalis cava)

ein paar Wochen den Stärkegehalt erneut,
treten Änderungen auf.

Ein Stärketest (■ Abb. 11.11 und 11.12)
an Rhizomen oder Knollen ermöglicht ein

◘ Abb. 11.12 Stärketest am Scharbockskraut *(Ranunculus ficaria)*

besseres Verständnis für pflanzliche Entwicklungsprozesse. Mal sind die Speicher durch Fotosynthese gefüllt, mal wegen der eigenen Blütenbildung und Fortpflanzung aufgebraucht.

Wichtig für Lernprozesse ist eben nicht nur, durch die Natur zu schreiten und Artnamen zu benennen, sondern ein Grundverständnis für Lebensprozesse zu entwickeln. Dazu gehören neben den Originalbegegnungen auch Handlungsangebote.

Nach dem Kennenlernen solcher Organismen kann zumindest die Sensibilität ihnen gegenüber steigen. Im Idealfall mündet dies in Maßnahmen zur Erhaltung von Biotopen.

Neben den Wurzel- oder Sprossknollen gibt es auch Rhizome als Speicherorgane. Da sie Blattnarben aufweisen, sind die keine Wurzeln, sondern kriechende Sprosse. Solche Rhizome besitzen neben dem bekannten Buschwindröschen *(Anemone nemorosa)* auch andere Frühblüher wie das Zwiebeltragende Schaumkraut (*Cardamine bulbifera;* ◘ Abb. 11.13). Das Schaumkraut ist ein Kreuzblütler (▶ Kap. 4). Es kann seine Verbreitung steigern, indem es in den Blattachseln Zwiebelchen bildet, die abfallen und neu Pflanzen hervorbringen können.

Ein bekannter Frühblüher mit Rhizom ist auch der Huflattich *(Tussilago farfara)*. Seine gelben Blütenköpfe erscheinen lange vor den großen pelzig behaarten, fast kreisförmigen Laubblättern. Der Huflattich ist neben dem Gänseblümchen einer der ersten blühenden Korbblütler im Jahreslauf (▶ Kap. 9).

11.4 Erkundungen im Winterhalbjahr

■ **Tierspuren**

Spurensuche im Schnee (◘ Abb. 11.14) – das wird in unseren Breiten immer unwahrscheinlicher. Gelegentlich findet man Spuren der Hasenartigen oder der Prädatoren (Beutegreifer) im Schnee, manchmal aber auch im Sand (▶ Kap. 2). Man kann insbesondere am frühen Morgen interessante Beobachtungen machen. An kalten Wintertagen findet man Spuren im Reif. Und gelegentlich wird offenbar, dass sich Fuchs und Hase tatsächlich begegnet sein müssten. Dazwischen agieren Mäuse, Marder und

◧ **Abb. 11.13**   Zwiebeltragendes Schaumkraut *(Cardamine bulbifera)*

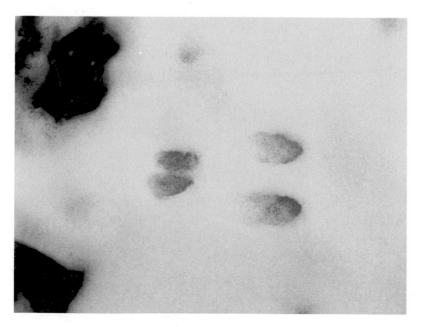

◧ **Abb. 11.14**   Hasenspur im Schnee

gelegentlich ein Eichhörnchen sowie Vögel. Die Formen der Überwinterung von Tieren sind klassische Lehrplanthemen in Grundschule oder weiterführender Schule. Man kann draußen nachschauen, welche Tiere aktiv überwintern und durch sinnvolle Gestaltung der Schulumgebung für Unterschlupf und Verstecke auch im Winter sorgen.

- **Steckhölzer**

Das Untersuchen von Knospen ist zwar ein „Klassiker" in der kalten Jahreszeit, aber nicht sonderlich motivierend für Kinder oder Jugendliche. Reizvoller ist ein handelnder Umgang mit Knospen und Ästen. Neben dem Baumschnitt auf der Streuobstwiese fallen noch andere produktive Tätigkeiten an. Im Winter werden Steckhölzer geschnitten, um damit im Garten die Beerensträucher oder den Feigenbaum zu vermehren. Das geht wunderbar im Winter, *bevor* die ersten Knospen schießen und sich die Laubblätter entfalten, und wird nicht nur im Schulgarten praktiziert, sondern auch im Erwerbsgartenbau.

Steckhölzer werden beispielsweise aus den hellen Trieben der Johannisbeeren gewonnen. Es sind somit die vegetativen Vermehrungseinheiten – die Stecklinge.

Sollte man vergessen haben, welches die roten oder die schwarzen Johannisbeeren waren, reibt man an den Knospen. Die Knospen der schwarzen Johannisbeersträucher riechen sehr intensiv, die Knospen der roten Johannisbeeren gar nicht.

Nun wird oberhalb der ersten Knospe – auch Auge genannt – der Trieb abgeschnitten. Eine Länge der Gartenschere markiert das Ende des Steckholzes, also ca. 20 cm. Unterhalb der dortigen Knospe wird der Trieb abgeschnitten. So können aus einem Trieb mehrere Steckhölzer hergestellt werden.

Diese Aststücke tragen dann etwa vier Knospen. Die Aststücke werden in vorbereitete Erdkisten gesetzt. Dabei sollte eine

Knospe aus der Erde herausschauen. Die Steckhölzer werden vorsichtig angegossen. Etwa 20 Steckhölzer passen in eine ausgekleidete und mit lockerer Gartenerde gefüllte Obstkiste.

Man kann die Steckhölzer aber auch in Töpfe setzen. Die Pflanztöpfe werden so mit Erde befüllt, dass oben ein kleiner Berg entsteht. Der Topf wird auf den Tisch geklopft, so entweicht die Luft, und die Erde fällt in sich zusammen. Die nun noch überschüssige Erde wird abgestrichen. Immer zu dritt werden die Steckhölzer bei Johannisbeeren in einen Topf gesteckt (◨ Abb. 11.15).

Wenn im Frühling Blätter und Wurzeln auftreten, ist der Versuch erfolgreich. Ab ins Beerenobstbeet mit den jungen Pflanzen!

Als weitere Möglichkeiten der Nutzung außerschulischer naturbezogener Lernorte bieten sich auch im Winter botanische Gärten mit einem Gewächshaus (► Kap. 13), zoologische Gärten sowie Museen (► Kap. 14) oder Beobachtungen von Stadttieren (► Kap. 2) an.

11.5 Lernen draußen: Normalfall oder doch etwas Besonderes?

In manchen Darstellungen wird der Widerspruch offenbar, dass man sich spezielle Lerneffekte erhofft, weil das Lernen draußen etwas Besonderes sei. Dabei besteht die Intention der verstärkten Nutzung außerschulischer Lernorte doch genau darin, Lernen draußen zum Normalfall zu machen. Die Entscheidung für oder gegen das jeweilige Lernen draußen sollte davon abhängen, wo sich die intendierten Ziele und Kompetenzen inhaltsabhängig am besten entwickeln lassen.

Als Kriterium nachhaltiger Ernährung wird beispielsweise die Nutzung regi-

□ Abb. 11.15 Steckhölzer werden zur vegetativen Vermehrung genutzt

onaler und saisonaler Lebensmittel propagiert. Solche Produkte haben keinen langen Transport hinter sich. Die Produkte wurden reif geerntet, schmecken daher besser und erhalten bei gutem Anbau anteilig mehr gesundheitsförderliche sekundäre Inhaltsstoffe. Es musste keine Energie zum Beheizen von Gewächshäusern investiert werden.

Um diese saisonale und regionale Ernährung nach Möglichkeit in eigene Handlungsmuster überführen zu können, ist die Schulung der Wahrnehmung jahreszeitlichen Wandels unverzichtbar. Dazu zählt der regelmäßige Besuch außerschulischer Lernorte.

Die Wahrnehmung der Besonderheiten der Jahreszeiten unseres gemäßigten Klimas trägt auch zur Identifikation mit dem Naturraum bei und erhöht die Bereitschaft zu dessen Erhaltung. Dies ist ein wichtiger Teil der Umsetzung der Ziele der nachhaltigen Entwicklung, der 17 sogenannten Sustainability Development Goals (SDG). Bei einigen dieser Ziele ist die Relevanz zu regionaler und saisonaler Ernährung offensichtlich (nachhaltige Landwirtschaft

fördern, nachhaltige Konsum- und Produktionsweisen sicherstellen; Landökosysteme schützen, Sofortmaßnahmen ergreifen, um den Klimawandel und seine Auswirkungen zu bekämpfen). Bei anderen dieser Ziele (Armut beenden, Ernährung sichern, gesundes Leben für alle etc.) sollte gerade durch Bildung der Zusammenhang erkennbar werden.

? Fragen

- Welche Lernanlässe bieten sich für Naturbegegnungen im Herbst?
- Warum sind Frühjahrsgeophyten besonders geeignet, sich dem Verständnis pflanzlicher Lebensprozesse vertieft zuzuwenden?
- Welche Frühjahrsgeophyten zählen zu den Hahnenfußgewächsen?
- Welche Frühjahrsgeophyten bilden Zwiebeln als Speicherorgane?
- Welches Korbblütengewächs bildet Rhizome und gehört zu den Frühblühern?
- Was unterscheidet Wildpflanzen von Kulturpflanzen?

- Welche Frühjahrsgeophyten sind ernsthaft giftig?
- Zu welcher Pflanzenfamilie gehört das Rhizome bildende Zwiebeltragende Schaumkraut *(Cardamine bulbifera)*?
- Mit welchen internationalen Zielen der nachhaltigen Entwicklung (SDG) ist die Förderung saisonaler und regionaler Ernährung assoziiert?

Literatur

Benk, A. (Hrsg.) (2019). *Globales Lernen. Bildung unter dem Leitbild weltweiter Gerechtigkeit.* Mainz, Ostfildern: Matthias-Grünewald Verlag.

Benk, A., Jäkel, L., Petermann, H.-B., Rohrmann, S., Scheler, K., & Thierfelder, J. (2002). Die Seminare „Natur und Mensch" – Erfahrungen aus vier Semestern Zusammenarbeit der Fächer Biologie, Physik, Philosophie und Theologie. In A. Wellensiek & H.-B. Petermann (Hrsg.), *Interdisziplinäres Lehren und Lernen in der Lehrerbildung. Perspektiven für innovative Ausbildungskonzepte* (S. 201–214). Weinheim: Beltz.

Benkowitz, D., & Lehnert, H. J. (2009). Denken in Kreisläufen Lernerperspektiven zum Entwicklungszyklus von Blütenpflanzen. *Berichte des Institutes für Didaktik der Biologie Münster IDB, 17,* 31–40.

Defila, R., & Giulio Di, A. (2002). Interdisziplinarität in der wissenschaftlichen Diskussion und Konsequenzen für die Lehrerbildung. In A. Wellensiek & H.-B. Petermann (Hrsg.), *Interdisziplinäres Lehren und Lernen in der Lehrerbildung* (S. 17–29). Weinheim: Perspektiven für innovative Ausbildungskonzepte.

Gade, U., & von Au, J. (Hrsg.). (2016). *Raus aus dem Klassenzimmer.* Weinheim: Beltz.

Gesellschaft für die Didaktik des Sachunterrichts (Hrsg.). (2013). *Perspektivrahmen Sachunterricht.* Bad Heilbrunn: Klinkhardt.

Gerhard-Dircksen, A., & Müller, S. (2000). Fächerübergreifender und fächerverbindender Unterricht. In Biologieunterricht fächerübergreifend fächerverbindend. *Praxis der Naturwissenschaften – Biologie in der Schule, 8*(49), 1–2.

Hesse, M. (2000). Erinnerungen an die Schulzeit. Ein Rückblick auf den erlebten Biologieunterricht junger Erwachsener. *Zeitschrift für Didaktik der Naturwissenschaften, 6,* 187–201.

Hesse, M. (2002). Eine neue Methode zur Überprüfung von Artenkenntnissen bei Schülern. Frühblüher: Benennen - Selbsteinschätzen - Wiedererkennen. *Zeitschrift für Didaktik der Naturwissenschaften, 8,* 53–67.

Jäkel, L. (2014). Interest and Learning in Botanics, as Influenced by Teaching Contexts. In. C. P. Constantinou, N. Papadouris, & A. Hadjigeorgiou (Hrsg.), *E-Book Proceedings of the ESERA 2013 Conference: Science Education Research For Evidence-based Teaching and Coherence in Learning.* Part 13, S. 12, Nicosia, Cyprus: ESERA.

Jäkel, L. (2015). Der Bildungswert der originalen Begegnung mit Natur in der ersten Phase der Lehrerbildung. In H.-J. Fischer, H. Giest, & K. Michalik (Hrsg.), *Bildung im und durch Sachunterricht* (S. 151–158). Klinkhardt: Bad Heilbrunn.

Jäkel, L. et al. (2019). Heimische Vielfalt kennen, schützen, erhalten – Outdoor Teaching - Kompetenzen fördern und messen. In S. Schumann, P. Favre, & A. Mollenkopf (Hrsg), *Green, Outdoor and Environmental Education" in Forschung und Praxis* (S. 109–141). Düren: Shaker.

Jäkel, L., & Schrenk, M. (2019). *Die Sache lebt. Biologische Grundlagen im Jahreslauf* (4. Aufl.). Hohengehren: Schneider.

Kronberg, I. (2020). Warum ist Hybridsaatgut oft besonders ertragreich? *Biologie in unserer Zeit, 2*(50), 87–88.

Lindemann-Matthies, P. (2002). The influence of an educational program on children's perception of biodiversity. *Journal of Environmental Education, 33*(2), 22–31.

Probst, W. (2000). Hängt alles mit allem zusammen? Chancen und Risiken biologischer Bildung. *Biologie in der Schule, 49,* 1–5.

11

Mit Farben experimentieren

Das ABC der Farben der Natur kennen und nutzen: Anthocyan, Betalaine, Carotinoide & Co.

Inhaltsverzeichnis

© Springer-Verlag GmbH Deutschland, ein Teil von Springer Nature 2021
L. Jäkel, *Faszination der Vielfalt des Lebendigen – Didaktik des Draußen-Lernens*,
https://doi.org/10.1007/978-3-662-62383-1_12

Trailer

Biologie hat sehr viel mit Farben zu tun. Da wird mithilfe von Farben gelockt, gewarnt, abgeschreckt, getarnt, gebalzt u.v. a.

Manche Farben gehen von Pflanzen auf Tiere über, beispielsweise Carotinoide der Krebstiere auf Flamingos. Andere Farben werden von Tieren gesehen und Informationen daraus gezogen. Primaten beispielsweise können rote Farben sehen und so die Reife von Früchten und somit den Gehalt an Nährstoffen und Vitaminen beurteilen. Wasserlebende Säugetiere wie Seehunde kommen dagegen mit Zapfen für Blau und Grün gut zurecht.

Wie aber kann man Naturfarben gezielt für Lernprozesse nutzen? Mir purpurfarbener Kleidung kann man um Respekt buhlen. Ob es wirklich schön ist – darüber kann man streiten. Unbestreitbar aber ist, dass Farben in der zwischenmenschlichen Kommunikation und auch über Artgrenzen hinweg Signale setzen und Informationen senden.

Farben erhöhen die Wertschätzung – für Dinge wie für Menschen. Dafür verwenden die Menschen Naturstoffe aus Pflanzen oder Tieren. Dies ist kein rein biologisches Thema. Viel häufiger als in der Biologie wird mit Pflanzenfarben in der Chemie gearbeitet. Technische Aspekte sind dabei ebenfalls von Bedeutung. Bevor eine Färbung richtig gut funktioniert, muss man Experimentieren und dabei Schritt für Schritt immer genau einen Faktor variieren. Neben den fachlichen Aspekten der Farben geht es also auch um eine zentrale Kompetenz des Erkenntnisgewinns, das Experimentieren.

12.1 Sind Naturfarben überhaupt ein Schulthema?

12.1.1 Interdisziplinäre Zugänge

Die Nutzung von Farben kann technische Aspekte ebenso tangieren wie geografische, geschichtliche, chemische oder biologische.

So gibt es in vielen Orten eine Färbergasse, sicher assoziiert mit der Nähe zu einem Fließgewässer oder Bach. Der Anbau von Färbepflanzen war ein wichtiger Wirtschaftsfaktor, zumindest vor der Dominanz synthetischer Farbstoffe, so wie der Krappanbau in Nähe des Oberrheins. Und die Farben selbst sind natürlich als Licht bestimmter Wellenlänge auch physikalisch zu erklären. Wie kompliziert dies sein kann, zeigt das Scheitern von Johann Wolfgang von Goethe trotz hoher naturwissenschaftlicher Kompetenz bei der Aufstellung einer Farbtheorie.

Erst die um 1850 formulierte trichromatische Theorie von Hermann von Helmholtz (1821–1894) bzw. von Thomas Young (1773–1829) konnte als tragfähig akzeptiert werden. Der Bezug zu Helmholtz dürfte für zahlreiche Schulen, die nach Helmholtz benannt sind, besonders relevant sein. Diese Würdigung von Helmholtz erfolgte natürlich nicht nur wegen der Theorie der Farben, sondern auch wegen anderer physikalischer und physiologischer sowie anatomischer Erkenntnisse.

Im Zusammenhang mit naturwissenschaftlichem Unterricht und Outdoor Education sind Naturfarben sehr lernwirksam, weil man mit ihnen praktisch arbeiten kann. Es bietet sich an, die experimentelle Methode anzuwenden, um bestimmte Färbeeffekte zu erkennen und Prozeduren abzusichern (◘ Abb. 12.1).

Unterschiedliche Stoffe können mit Naturfarben gefärbt werden. So können beispielsweise Krapp, Saflor, Holunder, Goldrute, Isatis und Zwiebelschalen im Schulgarten gewonnen und auf Färbeeigenschaften hin erforscht werden. Andere Farbstoffe sind eher mediterranen Ursprungs, wie das Karminrot der Cochenilleläuse.

Pflanzenfarben eröffnen nicht nur zahlreiche historische oder geographische Lernkontexte, sondern (◘ Abb. 12.1) eignen sich hervorragend zum Experimentieren. Hier können Hypothesen entwickelt,

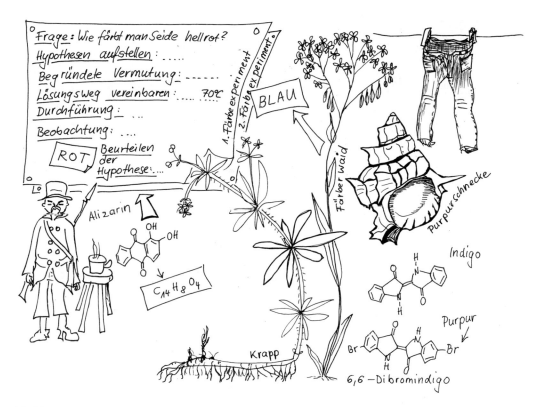

◻ Abb. 12.1 Pflanzenfarben eröffnen Lernkontexte und eignen sich zur Anwendung des experimentellen Methode

Vorhersagen generiert und anhand der Beobachtungen geprüft werden. Dazu gleich mehr (▶ Abschn. 12.1.2). Aber beginnen wir mit einem konkreten Beispiel, dem Krapp.

■ **Färberröte**

Krapp ist die namengebende Pflanze der Familie der Rötegewächse, zu der neben der Färberröte Krapp (*Rubia tinctorium;* ◻ Abb. 12.2) auch die Labkräuter, Waldmeister oder Kaffee gehören. Ihre Wurzeln enthalten Alizarin.

Auch die Wurzeln vom Kaffee (*Coffea arabica;* ◻ Abb. 12.3) duften nach Alizarin, aber zum Färben ist die Menge zu gering, wie man experimentell nachprüfen kann.

Die dreijährigen Rhizome und Wurzeln des Krapps enthalten so viel Alizarin, dass eine Färbung lohnt. Die getrockneten un-

terirdischen Pflanzenteile werden zermahlen. Reste einer solchen Krappmühle findet man z. B. in Ladenburg nahe dem Oberrhein. Die Rezepturen möglicher Färbungen mit Krapp sind vielfältig (Prinz 2014) und lohnen Experimente. Dabei spielt die Temperatur der Färbeflotte eine wichtige Rolle. Statt nur das gemahlene Pulver vom Krapp käuflich zu erwerben, sollte man die Pflanzen selbst in Augenschein nehmen und Zusammenhänge herstellen.

Die Traditionen des Krappanbaus werden auch heute noch im Elsass gepflegt und jährlich gefeiert. Selbst öffentliche Gebäude tragen das typische Krapprot in der Fassade. Der französische Name von „Krapp" lautet *garance*. Ein Schlaglicht auf das Fest „Haguenau et la garance" wirft ◻ Abb. 12.4.

12

■ **Abb. 12.2**   Krapp *(Rubia tinctorium)*

■ **Abb. 12.3**   Kaffee *(Coffea arabica)*

■ **Abb. 12.4.**   „Haguenau et la garance" – Krappfest im Elsass

◻ Abb. 12.5   Krappernte aus dem Schulgarten

Bevor die Wurzeln und Rhizome des Krapps geerntet werden könnten, sollten sie drei Jahre gewachsen sein (◻ Abb. 12.5). Bei der Ernte im Schulgarten ist natürlich darauf zu achten, dass Pflanzen für die Folgejahre übrigbleiben.

Die Krapppflanze ähnelt auch im Pflanzenaufbau ihren Verwandten – den Labkräutern bzw. dem Waldmeister aus der Gattung *Galium*. Das Klettenlabkraut (*Galium aparine;* ◻ Abb. 12.6), auch Klebkraut genannt, ist mit dem Krapp nah verwandt. Es haftet ebenso gut wie Krapp an der Kleidung und eignet sich zum Spielen. Es ist eine typische Pflanze der Waldränder.

12.1.2 Chance zum Experimentieren

■ **Hypothetisch-deduktives Vorgehen beim Experimentieren**

Zu den Färbeprozeduren lassen sich in idealer Weise theoriebasiert Hypothesen aufstellen und diese durch gezielte Variation jeweils einer Variable auf Gültigkeit überprüfen. So kann das *Experimentieren* als

Kompetenz des Erkenntnisgewinns nicht nur simuliert, sondern tatsächlich trainiert werden.

Unter Experimentieren verstehen wir eine Kompetenz des Erkenntnisgewinns, bei der hypothetisch-deduktiv gearbeitet wird. Experimentell überprüfbare Vorhersagen werden praktisch geprüft und die Ergebnisse im Hinblick auf die Vorhersagen gedeutet. So können Hypothesen verifiziert oder falsifiziert werden und als Ausgangspunkt für weitere Erkenntnisprozesse dienen (Jäkel und Rohrmann 2020).

■ **Versuche und Experimente unterscheiden sich**

Hartinger (2019) unterscheidet Experimente von Versuchen: Während Versuche der Veranschaulichung von bereits Erkanntem dienen können, arbeiten Experimente hypothesenprüfend. Vor dem Griff zu den Reagenzien und Gefäßen stehe also das Nachdenken. Hartinger fordert, dass ein Experiment immer eine Hypothese oder Erkenntnis voraussetzt, sonst sollte man lieber von Versuch sprechen (Jäkel und Rohrmann 2020; Scheler et al. 2008; Grygier et al. 2007).

◘ Abb. 12.6   Kleblabkraut bzw. Klettenlabkraut *(Galium aparine)*

Hammann et al. (2007) spricht beim Experimentieren von der Suche im Hypothesensuchraum und der Suche im Experimentiersuchraum, also einer doppelten Suche. Es lehnt sich damit an das SDDS-Modell (SDDS = *Scientific Discovery as Dual Search*) von Klahr (2000) an. Die drei Hauptkomponenten nach diesem Modell sind:
- Die Suche im Hypothesenraum *(search hypothesis space)*
- Das Testen von Hypothesen *(test hypothesis)*
- Die Analyse von Evidenzen *(evaluate evidence)*

■ **Reflexion der Beobachtungen**
Hammann verweist im Hinblick auf naturwissenschaftlichen Unterricht auf Defizite im Überdenken der Hypothesen bzw. deren Beurteilung nach den Beobachtungen. Die Reflexionen der eigenen Ergebnisse im Hinblick auf die zuvor selbst aufgestellten Hypothesen können in neuen Experimenten münden, je nachdem ob die Hypothesen falsifiziert oder verifiziert wurden:
- Spielt der pH-Wert für das Färbeergebnis eine Rolle?
- Fördert das Beizen mit Alaun (Kaliumaluminiumsulfat, also ein kombiniertes Metallsulfat, ein schwefelhaltiges

Doppelsalz) vor dem eigentlichen Färben die Bindung des Farbstoffes an die Textilien?
- Reagieren Proteinfasern (Seide oder Wolle) anders als Zellulosefasern (Baumwolle, Leinen, Flachs)?
- Welche Rolle spielt die Temperatur der Färbeflotte?

■ **Umweltbelastungen beim Färben minimieren**
Dabei sind jedoch die jahrhundertealten Erfahrungswerte zu berücksichtigen, denn schließlich ist das Färben eine alte Kulturtechnik (Prinz 2014). Andererseits muss beachtet werden, dass Abfallstoffe die Natur nicht belasten sollten. Färbeviertel oder Färbergassen in den Städten haben viele Jahrhunderte lang in Unkenntnis der Giftwirkungen mancher Beizen oder im Vertrauen auf die Wirkung der Verdünnung in den Flüssen die Umwelt massiv belastet.

Es bietet sich an, die Arbeit draußen gezielt mit dem Lernen im Fachraum zu verknüpfen, wenn es um giftige Stoffe und deren fachgerechte Entsorgung geht. Auch verfügt nicht jeder Schulgarten über eine Stromversorgung. Mit Kartuschenbrennern kann man auch draußen arbeiten, aber auf Standsicherheit ist zu achten.

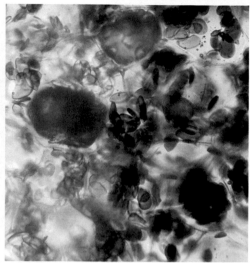

◻ **Abb. 12.8** Zellen des Rhizoms der Gelbwurz *(Curcuma longa)* mit gefärbten Stärkekörnern

◻ **Abb. 12.7** Solarfärbung nutzt die Energie des Sonnenlichts, dauert aber länger

Außerdem kann das sogenannte *Solarfärben* (◻ Abb. 12.7) eingesetzt werden. Hier wird die Strahlungsenergie der Sonne genutzt und auf Erwärmen mit Heizplatten etc. verzichtet. Der zu färbende Stoff sowie die Naturfarbstoffe werden mit geringer Menge der Beize Alaun in ein durchsichtiges Glasgefäß gegeben und mehrere Wochen lang dem Tageslicht ausgesetzt.

Auch die Erkenntnismethode *Explorieren,* also ein von Erkenntnisdrang getriebenes Probieren von Varianten ohne klare Hypothese, dürfte bei den ersten Versuchen zum Färben eine wichtige Rolle spielen. So kann der eine oder andere unerwartete Effekt auftreten und zum weiteren Nachdenken und Experimentieren Anlass geben.

■ **Farben aus Pflanzen**

Natürlich lassen sich auch mit Früchten wie Brombeeren oder anderen essbaren Pflanzenteilen wie Rhizomen der

Gelbwurz *(Curcuma longa)* effektvolle Färbungen erzielen. Bei der Darstellung in ◻ Abb. 12.8 sind im Rhizom der Gelbwurz *(Curcuma longa)* die Stärkekörner mit Iodkaliumiodidlösung gefärbt. Dieses Nachweismittel für Stärke ist auch unter dem Namen Lugolsche Lösung bekannt. Die gelben Farbstoffe sind in anderen Kompartimenten der Zellen des Rhizoms „verpackt". Curcuma eignet sich wunderbar zum Färben von Textilien oder Speisen (◻ Abb. 12.9).

Aber die gesellschaftlich breit geführte Diskussion „Tank oder Teller" um Konkurrenz von Nahrungs- und Energiepflanzen hat schon deutlich gemacht, dass die Verwendung von Naturstoffen für technische Zwecke die Ernährungssicherheit nicht gefährden sollte. Also sollten möglichst keine essbaren Pflanzenteile oder Tierprodukte für technische Färbungen verwendet werden. Beim Experimentieren mit Rotkohl oder bunten Karotten wird gegen diese Regel allerdings tatsächlich verstoßen, jedoch in wirtschaftlich unbedeutendem Maße. Bei der Abwägung von verschiedenen Handlungsoptionen (kompensatorisches

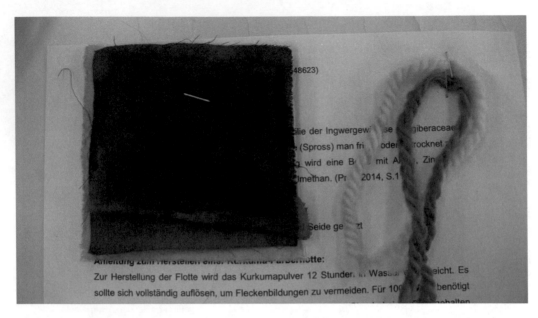

48623)

...ilie der Ingwergew... ...se ...iberaceae...
...(Spross) man fri... ...oder ...rocknet...
...g wird eine B... ...mit A..., Zin...
...lmethan. (Pr... 2014, S.1...

...Seide ge... ...zt

...Anleitung zum Herstellen eine... ...Kurkuma-Farbenotte:

Zur Herstellung der Flotte wird das Kurkumapulver 12 Stunden... ...Wass... ...eicht. Es
sollte sich vollständig auflösen, um Fleckenbildungen zu vermeiden. Für 100... ...benötigt

◘ Abb. 12.9   Färbeexperimente mit Curcuma, dem Farbstoff der Gelbwurz *(Curcuma longa)*

12

◘ Abb. 12.10   Rote Bete *(Beta vulgaris subsp. vulgarisis)*

Schließen) lassen sich Färbeexperimente mit Lebensmitteln zum Erkenntnisgewinn rechtfertigen.

Zu solchen Experimenten gehört auch die Erkenntnis, dass die Farben des Rotkohls, die Anthocyane, pH-abhängige Veränderungen zeigen (▸ Kap. 4). Der Farbstoff Betalain der Roten Bete (◘ Abb. 12.10) jedoch ist farbstabil in den Bereichen zwischen sauer und neutral und wird deshalb auch zum Färben von Lebensmitteln wie „Frucht"-Joghurt verwendet.

◨ **Abb. 12.11**   Rote Bete *(Beta vulgaris subsp. vulgarisis)* im biologischen Landbau

◨ **Abb. 12.12**   Purpurschnecke der Art Stumpfe Stachelschnecke *(Hexaplex trunculus)*

Diese Stabilität der Färbung mit Betalain bei unterschiedlichen Säuregraden kann experimentell sehr gut abgesichert werden, am besten draußen in Beziehung zu den Pflanzen selbst. Aber nur alle drei Jahre kann man die Rote Bete auf derselben Fläche anbauen (◨ Abb. 12.11). Zwischendurch muss sich der Boden erholen. Die Rote Bete gehört zu den Fuchsschwanzgewächsen *Amaranthaceae* und ist eine Kulturform der Rübe *Beta vulgaris*.

■ **Farben aus Tieren**

Purpurschnecken gelten als kostbar. In Marokko wurde beispielsweise auf einer Insel im Atlantik vor der Küstenstadt Essaouira eine Purpurschneckenzucht betrieben. Heute ist dies nicht mehr üblich, da sich synthetische Farbstoffe mit geringerem Arbeitsaufwand produzieren lassen. Für das Färben eines Gewandes mit Purpur mussten Tausende Schnecken ihr Leben lassen. Kein Wunder, dass man bisweilen große

Schalenhaufenreste findet. Auch in Mexiko werden ähnliche Färbetechniken bisweilen heute noch angewandt.

Als Purpurschnecke bezeichnet man verschiedene marine Schnecken aus der Familie der Stachelschnecken *(Muricidae)*. Der zunächst gelbliche Rohstoff zum Purpurfärben wird aus einem Sekret einer Drüse in der Mantelhöhle gewonnen. Chemisch handelt es sich um 6,6′-Dibromindigo, das mit dem Indigo (◨ Abb. 12.1) eng verwandt ist. Diese Färbetechniken mit Schneckensekret sind am Mittelmeer – von Griechenland über Syrien bis nach Italien oder Marokko – lange bekannt.

Ein Beispiel für eine Purpurschnecke ist *Hexaplex trunculus* (früher *Murex trunculus* genannt; ◨ Abb. 12.12). Auch Sekrete des Brandhorns *Haustellum brandaris* (◨ Abb. 12.13) oder *Bolinus brandaris* werden zum Färben genutzt.

◘ **Abb. 12.13**   Gehäuse der Purpurschnecke Brandhorn *(Haustellum brandaris)* neben einer kleineren Stumpfen Stachelschnecke

12

Bei Studienfahrten ans Meer kann man Gehäuse von Purpurschnecken und lebende Schnecken heute noch finden (▶ Kap. 14 und ▶ Kap. 15). Solche Fundstücke einer Studienfahrt an den Atlantik zeigt ◘ Abb. 12.13.

■ **Karminrot**

Sowohl in Europa als auch in Südamerika wurde der Farbe Rot seit langer Zeit besondere Bedeutung beigemessen. Die Azteken benutzten den Farbstoff einer Pflanzenlaus. Dieses Karminrot wurde aus weiblichen Cochenilleläusen *(Dactylopius coccus;* ◘ Abb. 12.14) extrahiert. Der Hauptbestandteil ist die Karminsäure. Die Cochenillelaus gehört systematisch zu den Pflanzenläusen und insbesondere zu den Schildläusen *(Coccoidea)*. Manchmal wird der Begriff Karmin auch für Farbstoffe verwendet, die aus anderen Schildläusen gewonnen werden.

Diese Kulturtechnik des Abschabens von Cochenilleläusen von den Opuntien wurde inzwischen auch auf anderen Kontinenten übernommen. Denn Karmin ist auch heute noch ein geschätzter Naturfarbstoff. Er wird nicht nur für Karminessigsäure zum Färben von DNA, sondern auch für Lippenstifte und Lebensmittel verwendet. Diese Zucht von Schildläusen auf Opuntien, also Kakteengewächsen, gelingt inzwischen auch auf den Kanaren und hat dort wirtschaftliche Bedeutung. Dabei sind sowohl die Opuntien (Feigenkakteen), als auch die Cochenilleläuse vom Menschen eingeführte Arten auf den Kanaren. Auch andere Läuse als die wirtschaftlich interessanten Cochenilleläuse können auf den Opuntien parasitieren und den vitalen Kakteen auf den Leib rücken.

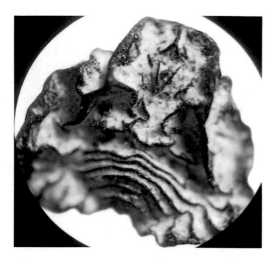

■ **Abb. 12.14**   Getrocknete Cochenillelaus *(Dactylopius coccus)*

Ist das Karmin nun ein pflanzliches oder ein tierisches Produkt? Darüber kann man ebenso philosophieren wie über die Einordnung von Honig als tierisches oder pflanzliches Erzeugnis.

Nach all den Experimenten und Färbungen kann auch die Orientierung in der Biodiversität der Organismen gefördert werden. Bei biologischer Perspektive sind die Färbepflanzen und die zum Färben benutzten Tiere ein Ansatz, um Pflanzenfamilien bzw. Tiergruppen zu wiederholen.

12.2 Breite Verwendung von Naturfarben – nicht nur für Stoffe

Mit Naturfarben wurden nicht nur Stoffe, sondern auch Holz und andere Materialien gefärbt. So kann man in Stockholm Farbreste an den Gallionsfiguren einer über 300 Jahre alten Kogge, der Wasa, bewundern. Das prachtvolle schwedische Kriegsschiff kenterte 1628 beim Stapellauf im Hafenbecken von Stockholm. Es wurde ab 1960 geborgen und ist nun zur Besichtigung ausgestellt. Dabei kann man

Holzfiguren des Rumpfes (bis zu 1200 Figuren schmückten das Schiff) im Original in Augenschein nehmen, deren Anstrich mit Naturfarben wie Krapp oder Indigo sich über mehrere Jahrhunderte in Farbresten erhalten hat. Das Museum offenbart eine Meisterleistung der Konservierung und Rekonstruktion von Holz und Fasern.

Aus der Fachdidaktik wissen wir, dass die Authentizität von Objekten oder Zusammenhängen ein förderlicher Faktor für das Lernen ist. Daher sind Museen, in denen Originale präsentiert werden, geeignete Lernorte für Outdoor Education (▶ Kap. 14). Das Beispiel Wasa wurde nicht zufällig gewählt, denn Outdoor Education hat in den skandinavischen Ländern eine große Tradition (Gade und Au 2016).

Aus einem Museum stammt auch das Bild der gefärbten Wolle in ■ Abb. 12.18. Es wurde in Marrakesch aufgenommen. Anscheinend gehören im arabischen Raum ganz ähnliche Naturfarben zum Repertoire wie in Europa, u. a. Indigo und Krapp. Auch in Asien werden Krapppflanzen benutzt, beispielsweise in Bhutan am östlichen Rand des Himalayas.

▪ **Blaufärben**

Indigo ist ein schon lange bekannter blauer Farbstoff. Details seiner Gewinnung aus Blättern der Färberwaid *(Isatis tinctoria)* findet man in ▶ Kap. 4. Die Pflanze ist ein Kreuzblütengewächs mit gelben Blüten, hellgrünen Blättern (■ Abb. 12.15) und bei Reife dunklen Schötchen. Ein Zentrum der Waidproduktion war beispielsweise bei Erfurt in Thüringen. Die getrockneten Blätter wurden zu Waidballen gepresst (■ Abb. 12.16).

Der Farbstoff kann aber auch aus der tropischen Indigopflanze *(Indigofera tinctoria)* aus der Familie der Schmetterlingsblütler gewonnen werden (■ Abb. 12.17) (Prinz 2014). Da sie eine tropische Pflanze ist, muss man ein Gewächshaus aufsuchen,

Abb. 12.15 Färberwaid *(Isatis tinctoria)* im Schulgarten

um sie mit Schülerinnen und Schülern live zu sehen (▶ Kap. 13).

Beide Färbepflanzen, *Isatis* und *Indigofera,* wurden durch synthetische Farben wirtschaftlich verdrängt, nachdem A. v. Bayer die Struktur und Synthese des Farbstoffs Indigo aufklärte und dafür 1905 den Nobelpreis erhielt. Naturfarben durchleben derzeit jedoch eine Renaissance.

■ **Beizen mit Alaun**

Und noch ein Fund aus der Natur kann das Färben beeinflussen: Alaun – das Doppelsalz Kalium-Aluminiumsulfat mit zwölf Molekülen Kristallwasser (◻ Abb. 12.18).

Alaun wurde von Vulkankegeln gewonnen, zum Beispiel vom Vesuv. In arabischen Ländern wird das aluminiumhaltige Alaun in großen farblosen Kristallen als Deodorant verwendet. Alaun wird benutzt, um Stoffe vor bestimmten Färbungen zu beizen, damit die Farbstoffe besser haften. Natürlich kann man Alaun im Chemieunterricht im Labor unter Einhaltung der Regeln der Sicherheit auch selbst herstellen, ohne an Vulkankegeln zu kratzen. Es ist aber auch im Handel erhältlich.

Abb. 12.16 Waidballen aus Blättern der Färberwaid *(Isatis tinctoria)*

Abb. 12.17 Färbepflanze Indigo (Gattung *Indigofera*) im Gewächshaus

12.3 Farben für Tiere – Farbsehen bei Menschen und anderen Tieren

Farben haben im Tierreich vielfältige Funktionen: Saftmale und Farben veranlassen Insekten beispielsweise zum gezielten Aufsuchen von Blüten. Manche Insekten können sogar erkennen, ob die Blüte bereits von anderen Nektarschlürfern besucht wurde. Landwirte wiederum orientieren sich an solchen dezenten Zeichen der Natur, so zum Beispiel im Biolandbau bei Tomatenpflanzen. Die Landwirte können erkennen, ob die Pflanzen bereits bestäubt wurden oder nicht.

Natürlich können auch Wirbeltiere Farben wahrnehmen und interpretieren. Wenn Tiere über Farbwahrnehmungen verfügen, muss dies evolutiv von Vorteil und genetisch verankert sein.

Innerhalb der Säugetiere können wir Menschen als Primaten Farben besser erkennen als manch andere nah verwandte Säugetiere. Menschen verfügen über drei farbempfindliche Pigmenttypen mit den Absorptionsmaxima von 430 nm, 530 nm bzw. 560 nm und zusätzlich das Rhodopsin für das Hell-Dunkel-Sehen. Die meisten anderen Säugetiere haben nur zwei Pigmentsorten für das Farbsehen. Manche nachtaktiven Säuger bilden gar nur eine Pigmentsorte. Wir Menschen aber, und auch die Altweltaffen, können im Rot-Grün-Bereich differenzieren, zusätzlich zum blauen kurzwelligeren Lichtbereich.

Reife Früchte heben sich für uns optisch vom Hintergrund ab, sofern man nicht Rot-Grün-blind ist. Dieser Vorteil könnte der Grund sein, warum sich unter Primaten die Mutation zweier Gene für Sehpigmente auf einem X-Chromosom schnell durchsetzte (Jacobs und Nathans 2010). Von den 364 Aminosäuren dieser zwei Pigmente stimmen bis auf drei alle anderen überein. Farbsehen ist also auch genetisch spannend.

Die Gene für das Farbsehen liegen beim Menschen auf den Chromosomen 7 und 23. Das Gen für das Pigment für kurze Wellenlängen liegt auf Chromosom 7, also einem doppelt vorhandenen Körperchromosom, einem Autosom. Die beiden anderen Anlagen für die längeren Wellenlängen liegen auf dem X-Chromosom, also einem Gonosom, einem Geschlechtschromosom. Bekanntlich haben daher Männer (mit nur einem X-Chromosom) weniger Chancen, Genfehler zu kompensieren und anteilig häufiger die Rot-Grün-Blindheit.

Alle diese Details sind klassische Themen der Humanbiologie und in jedem Biologie-Schulbuch ausgeführt. Wir setzen sie gezielt in Verbindung mit den Phänomenen zu den Farben beim Draußen-Lernen.

Zu einer Lernstation im Garten zum Thema Farben passt daher als Ergänzung wunderbar das Modell eines menschlichen Auges. So können assoziative Verknüpfungen

☐ Abb. 12.18   Mit Naturfarben gefärbte Wolle sowie farbloses Alaunkristall im Museum in Marrakesch

12

zwischen humanbiologischen, verhaltensbiologischen und ökologischen Aspekten verankert werden.

Viele Vögel, Reptilien und Fische übertreffen uns Menschen übrigens beim Farbsehen. Sie verfügen über vier Farbsehpigmente, darunter auch im UV-Bereich.

12.4 Farben und Vitamine

Wenn denn die Primaten die Reife von Früchten oder anderen genießbaren Pflanzenteilen an der Farbe erkennen können, dann müssen bei Reife der Früchte Inhaltsstoffe vorzufinden sein, die schmecken oder der Gesundheit förderlich sind (Jacobs und Nathans 2010). Das können gesundheitsförderliche Vitamine oder nahrhafte Stoffe sein.

Carotinoide (bekanntlich auch Provitamin A genannt) sind einen genauen Blick wert. Im Unterschied zu Anthocyanen sind sie in der Regel unpolar und somit nicht in Wasser (Dipol Wasser) löslich. Zur Klä-

rung der Löslichkeitseigenschaften hilft ein einfacher Versuch. Ein Gemisch aus Wasser und hellem Öl wird mit zerkleinerten Lebensmitteln geschüttelt, welche Carotin enthalten sollten. Die Carotinoide lösen sich ganz deutlich in der Fettphase, wenn sich die zwei Phasen aufgrund unterschiedlicher Dichte und Polarität wieder voneinander trennen (☐ Abb. 12.19). Das kann man im Garten beispielsweise sehr gut mit geraspelten Karotten oder Tomaten ausprobieren. Und wenn wirklich einmal bunte Spritzer auf den Boden kommen, ist das unproblematisch. Wird zuvor eine Hypothese über die Löslichkeit und eine experimentell überprüfbare Vorhersage aufgestellt, kann man sogar von einem Experiment sprechen.

Spannend wird das Löslichkeitsverhalten der Inhaltsstoffe bei lilafarbenen Karotten. Im Wasser lösen sich die Anthocyane. Das Fett enthält die Carotinoide. Die beiden Farben findet man in getrennten Phasen. Fett schwimmt natürlich oben wegen der geringeren Dichte. Hier dürfte der Begleitdia-

■ **Abb. 12.19** Carotinoide lösen sich in der Fettphase, Anthocyan in Wasser

■ **Abb. 12.20** Lernstation mit bunten Karotten auf der BUGA 2019

log mit der Lehrkraft spannend werden, insbesondere, wenn die Lernenden ihre eigenen Vermutungen einbringen dürfen (rekonstruktionslogisches oder analoges Schließen; ▶ Kap. 14) (■ Abb. 12.19, 12.20 und 12.21).

Die Wasserunlöslichkeit der Carotinoide kann man auch mithilfe der Mikroskopie prüfen. Wasserlösliche Farbstoffe sollten sich in der Vakuole erkennen lassen. Dies trifft für Carotin nicht zu (■ Abb. 12.22).

Zum Thema Farben finden Sie zahlreiche Hinweise in den Handreichungen für Lehrkräfte aus der Aktion „Komm in Form am Lernort Schulgarten" Umwelterziehung und NachhaltigkeitHeft (▶ https://mlr.baden-wuerttemberg.de/fileadmin/redaktion/m-mlr/intern/dateien/publikationen/Bro_Umwelterziehung_Heft1.pdf, ▶ https://mlr.baden-wuerttemberg.de/fileadmin/redaktion/m-mlr/intern/dateien/publikationen/Schulgarten_Sek_heft2.pdf).

12

◘ **Abb. 12.21**   Bunte Karotten *(Daucus carota)*

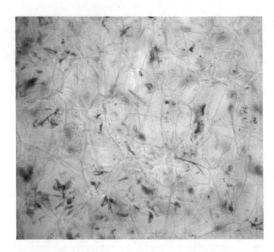

◘ **Abb. 12.22**   Beta-Carotin der Möhrenwurzel unter dem Mikroskop

- Grundregeln des Explorierens und Experimentierens draußen (zum Beispiel im Schulgarten)
  - So einfach wie möglich, aber so genau wie nötig.
  - Auf komplizierte Gerätschaften kann man verzichten, das geht besser im Fachraum.
  - Die Gefäße sollten bruchsicher sein. Dabei sind wiederverwendbare durchsichtige Plastikgefäße von Vorteil gegenüber Glasgefäßen
  - Um Vorschläge der Lernenden aufgreifen zu können, sollten ausreichende Gefäße vorhanden sein. Denn jeweils nur ein Faktor wird variiert.
  - Es sollten nur ungiftige Substanzen verwendet werden, denn eine Entsorgung ist draußen schwierig.
  - Das Beispiel Rotkohlsaft als Indikator zeigt: Kaltes Wasser ist völlig ausreichend, frische Blattschnipsel können sofort verwendet werden, auf Kochen kann verzichtet werden.
  - Je größer die Gefäße sind, umso klarer werden die Phänomene für alle Beteiligten.
  - Es sollten nur ungiftige Substanzen aus dem Lebensmittelbereich eingesetzt werden; Reste landen auf dem Kompost oder werden verdünnt.
  - Gefäße mit Flüssigkeiten brauchen eine standsichere Abstellfläche. Aus vier Holzklötzen und einer leichten Holzplatte kann schnell ein Tisch improvisiert werden.
  - Zeitnahes Dokumentieren im Forscherheft nicht vergessen!

- **Tarnung bei Tieren**

Farben bei Tieren kann man auch unter dem Aspekt der Tarnung nachspüren. Während ein Tiger im Zoo vor einfarbigem Hintergrund auffällig wirkt, lassen sein Muster und seine Farben ihn in der Natur optisch verschwinden. Aber findet man auch

◻ Abb. 12.23   Eine gut getarnte Krabbenspinne erbeutet eine Honigbiene

im Garten und bei heimischen Organismen solche Tricks der Tarnung? Wenn man genau hinschaut, dann ja: Hier sind Krabbenspinnen in großen Blüten oder Blütenständen wahre Meister (◻ Abb. 12.23). Die Spinne passt ihre Farbe der Pflanze an, auf der sie Tiere erbeutet.

Mimikry bezeichnet in der Biologie eine Form der Nachahmung, auch von optischen Signalen, die zu Vorteilen führen. So wirken harmlose Schwebfliegen wie Wespen und warnen potenzielle Beutegreifer. Mimese dagegen geht mit einer farblichen oder strukturellen Anpassung eines Organismus an seine Umwelt zum Zwecke der Tarnung einher. Auch hier spielen Farben eine große Rolle.

❓ Fragen

— Zu welcher Tiergruppe gehören Cochenilleläuse?

— Welche Tiere wurden zum Färben von Purpur verwendet?

— Warum werden Stoffe mit Alaun gebeizt?

— Zu welcher Pflanzenfamilie gehört *Isatis tinctoria,* der Färberwaid?

— Welche Schritte müssen durchlaufen werden, damit der Anspruch der Anwendung der experimentellen Methode erfüllt ist?

— In den Naturwissenschaften werden Kompetenzen des Fachwissens, der Erkenntnisgewinnung, der Kommunikation und der Bewertung unterschieden. Zu welchem Kompetenzbereich gehört das Experimentieren?

Literatur

Gade, U. & von Au, J. (2016). Raus aus dem Klassenzimmer. Weinheim: Beltz.

Grygier, P., Günther, J., & Kircher, E. (2007). *Über Naturwissenschaften lernen.* Hohengehren: Schneider.

Hammann, M. (2007). Das scientific discovery as dual search-modell. In D. Krüger & H. Vogt (Hrsg.), *Theorien in der biologiedidaktischen Forschung* (S. 187–196). Berlin: Springer.

Hartinger, A. (2019). Experimente und Versuche. In D. v. Reeken (Hrsg.), *Handbuch Methoden im Sachunterricht* (S. 73–80). Hohengehren: Schneider.

Jacobs, G. H., & Nathans, J. (2010). Der merkwürdige Farbensinn der Primaten. *Spektrum der Wissenschaft, 5,* 44–51.

Jäkel, L., & Rohrmann, S. (2020). *Versuchs mal mit Pflanzen* (2. Aufl.). Hohengehren: Schneider.

Klahr, D. (2000). *Exploring science: The cognition and development of discovery processes.* Massachusetts: MIT Press.

Prinz, E. (2014). Färbepflanzen. Anleitung zum Färben. Verwendung in Kultur und Medizin (2. Aufl.). Stuttgart: Schweizerbart.

Scheler, K. (2008). Experimentieren als Erkenntnismethode im Sachunterricht. In E. Gläser, L. Jäkel, & H. Weidmann (Hrsg.), *Sachunterricht planen und reflektieren* (S. 41–50). Hohengehren: Schneider.

Umwelterziehung und Nachhaltigkeit Heft 1: ► https://mlr.baden-wuerttemberg.de/fileadmin/redaktion/m-mlr/intern/dateien/publikationen/Bro_Umwelterziehung_Heft1.pdf

Umwelterziehung und Nachhaltigkeit Heft 2: ► https://mlr.baden-wuerttemberg.de/fileadmin/redaktion/m-mlr/intern/dateien/publikationen/Schulgarten_Sek_heft2.pdf

12

Botanische Gärten als Lernorte nutzen

Immer ein warmes Plätzchen – der botanische Garten als Lernort zu jeder Jahreszeit

Inhaltsverzeichnis

© Springer-Verlag GmbH Deutschland, ein Teil von Springer Nature 2021
L. Jäkel, *Faszination der Vielfalt des Lebendigen – Didaktik des Draußen-Lernens,*
https://doi.org/10.1007/978-3-662-62383-1_13

Trailer

Einen Zoo als Lernort zu nutzen, das kennt man ja. Aber überraschender und daher noch lernförderlicher ist das Aufsuchen eines botanischen Gartens, in dem am besten auch ein Gewächshaus steht. Der botanische Garten eignet sich nicht nur zum biologischen, sondern auch zum politischen Lernen und natürlich für die Bildung für nachhaltige Entwicklung.

13.1 Positive Überraschungen

Wenn etwas besser ist als erwartet, dann sind Lerneffekte besonders groß. Im Hirn wird Dopamin ausgeschüttet, die Aufmerksamkeit steigt, der präfrontale Cortex der Großhirnrinde wird aktiviert, die emotionale Bewertung ist positiv und man ist interessiert bei der Sache. Diese bekannte Weisheit der Hirnforscher zu positiven Bewertungen von Situationen wird beim Lernen im botanischen Garten offenkundig.

Bekanntlich müssen Lehrkräfte bei botanischen Themen von geringerer Zuwendungsbereitschaft als bei zoologischen Themen ausgehen (Holstermann und Bögeholz 2007; Löwe 1998; Jäkel 2014; Bögeholz 1999). Der botanische Garten als Lernort wird jedoch mit hoher Wahrscheinlichkeit Interessiertheit hervorrufen, wenn er sinnvoll genutzt wird. Es kommt auf die positiven Überraschungen sowie auf die Einbindung von aus dem Alltag bekannten Produkten an.

13.2 Wie wächst eigentlich der Kakao? Globale und politische Dimensionen des Lernens zu tropischen Nutzpflanzen

Der botanische Garten als Lernort kann den Unterricht bereichern, insbesondere im Winter. Beispielsweise kann man Bildungs-planvorgaben zur Bildung für nachhaltige Entwicklung (BNE) umsetzen und sich mit dem Kakaobaum *(Theobroma cacao)* unter dem Aspekt des globalen Lernens befassen. Zum politischen Lernen in botanischen Gärten im Kontext von BNE findet man Fürsprache bei Overwien (Hethke et al. 2010) und anderen Didaktikerinnen (Hethke und Roscher 2008; Löhne und Kiefer 2009).

Natürlich kann man auch „Eine-Welt-Zentren" als Lernorte für Themen wie Kakaoherstellung, Kinderarbeit, Palmölproduktion und andere Aspekte der Genussmittelherstellung nutzen. Solche Lernorte sind allemal besser, als tropische Nutzpflanzen von globaler Bedeutung nur im Klassenraum oder theoretisch zu unterrichten. Die ergänzende Nutzung digitaler Angebote ist natürlich ebenfalls möglich, zumal Bildungsserver zu diesem Thema des globalen Lernens im Kontext von Nachhaltigkeit gut aufgestellt sind.

Für die Sinne am eindrücklichsten dürften Realbegegnungen mit Kakaopflanzen sein. Erst in der Hitze des Tropenhauses wird spürbar, wie hart die Ernte auf den Plantagen an der Elfenbeinküste oder in Ghana ist, insbesondere, wenn sie von Minderjährigen geleistet wird.

Wie hoch die Rate der Kinderarbeit beim Kakaoanbau ist, dazu sind immer wieder aktuelle Zahlen erforderlich. Die Zahl der Kinder in Zwangsarbeit weltweit wird in den offiziellen Zahlen der Internationalen Arbeitsorganisation (ILO) von 2018 auf 4,3 Mio. geschätzt. Auch in Ghana und an der Elfenbeinküste arbeiten Kinder in der Kakaoproduktion für mit Deutschland assoziierte Firmen, obwohl die Bundesregierung Deutschlands die ILO bei ihrem globalen Aktionsplan gegen Zwangs- und Kinderarbeit bereits unterstützt.

Ein Entwicklungsziel der Agenda 2030 der Vereinten Nationen ist die Abschaffung von Zwangs- und Kinderarbeit.

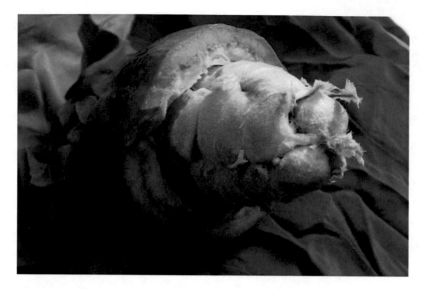

☐ **Abb. 13.1**   Frisch geöffnete Frucht vom Kakaobaum *(Theobroma cacao)*

13.3 Den Begriffen mehrere „Sinne" geben

Welche Vorteile bietet also der Gang zu einem botanischen Garten im Rahmen von dessen Öffnungszeiten? Neben der originalen Begegnung mit der Kulturpflanze kann das assoziative Umfeld bereichert und positiv besetzt werden. Beispielsweise kann direkt unter der Kakaopflanze eine kleine Kostprobe fair gehandelter Schokolade verkostet werden. Für Kombinationen kognitiver Zugewinne mit Sinneseindrücken sprechen Ergebnisse der Hirnforschung. Durch Messen von Gehirnströmen beim Lesen wurde erforscht, dass dingliche Begriffe nur dann inhaltliche Fülle bekommen, wenn sinnliche Kontakte mit dem zu erlernenden Begriff während des Lernprozesses möglich waren. Beim Gebrauch erzeugt unser Gehirn die Begriffsbedeutung durch die Wiederherstellung der beim Lernen erlebten Sinneswahrnehmungen (Kiefer et al. 2008). Daher haben Begriffe wie „Kakao", „Zitrone" oder „Vanille" einen subjektiven Klang, Duft oder Geschmack.

Wo sonst – wenn nicht in einem botanischen Garten – kann man in Anwesenheit einer pädagogischen Fachkraft eine frische Frucht vom Kakaobaum *(Theobroma cacao)* öffnen? ☐ Abb. 13.1 zeigt eine frische Kakaofrucht im Hamburger botanischen Garten. Die frisch geöffnete Frucht offenbart ein weißes saftig-süßes Fruchtfleisch und noch unfermentierte Samen.

13.4 Aufwand und Nutzen

Bei allen Vorzügen des Lernens im botanischen Garten muss natürlich der organisatorische Aufwand in Betracht gezogen werden, der mit dem Besuch einhergeht. Daher wäre es sinnvoll, mehrere Lernthemen zu koppeln und dem Besuch inhaltliche Fülle zu verleihen. So wäre es durchaus angemessen, nicht nur Kakao, sondern auch Bananen und Vanille oder andere ausgewählte essbare Tropenpflanzen in den Blick zu nehmen. Man bliebe so im Kontext der tropischen Nutzpflanzen und des fairen Handels, würde aber Gemeinsamkeiten mehrerer Pflanzen herausstellen.

Eine inhaltliche Fokussierung im Tropengewächshaus ist in jedem Falle sehr anzuraten, um sich in der Fülle des Gebotenen nicht zu verlieren. Die Theorie der

◘ **Abb. 13.2**   Blütenzapfen eines Palmfarns *(Cycadee)*

kognitiven Ladung ist zu beachten (Castro-Alonso und Sweller 2020). Der Lernkapazität sind je nach Bedingungen Grenzen gesetzt. Bis zu acht kognitive Portionen sind aber durchaus denkbar. Durch gute Strukturierung und Vorbereitung ist die kognitive Ladung zu begrenzen. Sind organisatorische Fragen vorab geklärt, bleibt mehr Kapazität für das inhaltliche Lernen.

Der Besuch botanischer Gärten ist erschwinglich, in vielen Universitätsstädten, beispielsweise in Heidelberg, sogar kostenlos. Andere Gärten erheben einen mäßigen Beitrag, denn schließlich sind Temperatur und Luftfeuchtigkeit gerade im Winter nur unter großem Aufwand für die tropischen und subtropischen Bewohner optimal zu halten. Die Universitäten Potsdam oder München beispielsweise erheben Eintritt. Manche Städte verfügen aber auch unabhängig von Hochschulen über Tropenhäuser, z. B. Mannheim im Luisenpark oder die Biosphäre Potsdam, beide mit begleitendem Bildungsangebot. Für so eine „Weltreise" in die Tropen und Subtropen ist der Obolus wirklich angemessen.

13.5 Internationaler Artenschutz – Cycadeen oder Orchideen

Jeder botanische Garten mit seinen Gewächshäusern ist geeignet, um das Thema des internationalen Artenschutzes zu erschließen. So wie zoologische Gärten sich als Orte der Erhaltung von Arten oder Nutztierrassen verstehen, so leisten botanische Gärten dies für Pflanzen.

Das spontane Pflücken reifer Samen oder Früchte ist daher unerwünscht, weil diese gegebenenfalls für Nachzuchten benötigt werden.

Durch Übernutzung und rücksichtslose Liebhaberei sind einige Wildpflanzen heute vom Aussterben bedroht. Dies trifft beispielweise für Orchideen oder Cycadeen zu. Diese Cycadeen (Palmfarne) sind ein anschauliches und greifbares Beispiel für Pflanzen unter internationalem Artenschutz. Sie sind in freier Wildbahn bis auf wenige Arten ausgerottet (◘ Abb. 13.2 und 13.3).

Nicht selten hatten Interessen am Exotischen, am Ungewöhnlichen, am zuvor

Abb. 13.3 Aus den männlicher Blütenzapfenschuppen werden die Pollen freigesetzt

Abb. 13.4 Vanillepflanze (*Vanilla planifolia*) im Gewächshaus

Unbekannten, die Ausrottung von Wildbeständen von Organismen zur Folge. Aktivitäten der Pflanzenjäger sind beispielsweise bei Hielscher und Hücking (2004) aufgearbeitet oder im Neuen Botanischen Garten der Universität Hamburg im Loki-Schmidt-Haus dokumentiert. Hier findet man u. a. Sammlungsobjekte der berühmten ehrgeizigen und skrupellosen Pflanzenjägerin Amalie Dietrich.

13.5.1 DNA-Barcoding

Andererseits ist es heute möglich, die Einhaltung internationaler Artenschutzabkommen mit genetischen Diagnosen zu überwachen. Wie man mithilfe von DNA-Barcoding beispielsweise Vanille (*Vanilla planifolia;* Abb. 13.4) von anderen Orchideen und insbesondere bedrohten Arten unterscheiden kann, ist als Realexperiment ein Angebot des Lernortes Teutolab der Universität Bielfeld (Röllke 2017; Röllke und Grotjohann 2015). Hier werden Sequenzvergleiche eines wichtigen Gens vorgenommen, das alle Blütenpflanzen zum Leben brauchen, dessen DNA sich aber arttypisch minimal unterscheidet. Dies ist beispielsweise das Fotosynthese-Enzym RuBisCo (Ribulose-1,5-bisphosphat-carboxylase/-oxygenase).

Schülerinnen und Schüler der Oberstufe haben im Lernlabor die Möglichkeit der Unterscheidung verschiedener Orchideenarten anhand eines solchen Markergens. Nach DNA-Isolierung aus Orchideen, PCR und Gelelektrophorese erfolgt eine bioinformatische Auswertung von Sequenzierergebnissen. Das Testen von Individuen auf Zugehörigkeit zu bedrohten Arten ist also bereits in die Schulpraxis transferiert.

Solches DNA-Barcoding gibt es natürlich auch für Tiere oder andere Organismen. Bei Tieren wird z. B. die DNA für das Atmungsenzym Cytochrom-c-Oxidase betrachtet.

DNA-Barcoding ist eine wesentliche Bereicherung der modernen Systematik und des internationalen Artenschutzes. Das internationale „Barcode of Live Programm" wurde 2003 begründet. Es dient der Umsetzung der 1992 von 168 Ländern in Rio de Janeiro unterzeichneten Konvention über biologische Vielfalt (*Convention of Biological Diversity,* CBD). 2020 wird unter dem Motto „Leben im Einklang mit der Natur" international ein neuer Vertragsrahmen ausgehandelt, um Ziele bis 2050 zu vereinbaren.

Besuche im botanischen Garten lassen sich also bestens mit Lerninhalten der Molekularbiologie in der Oberstufe verknüpfen.

13.5.2 Gattungen der Cycadeen

In botanischen Gärten werden in der Regel einige der kostbaren Cycadeen kultiviert, die man als Wildpflanzen keinesfalls mehr handeln darf. Erschwerend für die Nachzucht kommt hinzu, dass diese ursprünglichen Nacktsamer getrenntgeschlechtlich sind. Männliche Blüten können in Zapfen wachsen – Cycadeen gehören deshalb eigentlich zu den Koniferen, den

Zapfentragenden (◙ Abb. 13.2 und 13.3). Insbesondere die männlichen Blüten stehen in der Regel in sehr großen Zapfen. Weibliche Blüten offenbaren flauschige Blätter mit seitlich darauf sitzenden Samenanlagen. Fruchtwände fehlen, Cycadeen sind Nacktsamer.

Bei einem Besuch im Gewächshaus lohnt es sich, nach Vertretern der Gattungen *Dioon, Zamia, Ceratozamia, Encephalartos* oder *Cycas* Ausschau zu halten.

Als Ersatz für diese sensiblen Pflanzen werden im Bereich der Zimmerpflanzen gern Vertreter der Gattung *Zamiaculcas* benutzt. Diese Aronstabgewächse erinnern im Habitus an einen Palmfarn. Erstaunlicherweise haben Vertreter der Gattung *Cycas* auf einigen Vulkaninseln eine neue Nische gefunden: Auf den Azoren wachsen Cycadeen der Art *Cycas revoluta* ganz wunderbar und vermehren sich.

13.5.3 Vanille – Orchidee mit Wirtschaftspotenzial

Politisches Lernen und globales Denken sind auch am Beispiel der Vanille möglich. Von den weltweit etwa 120 bekannten Arten der Vanille werden nur drei Arten kommerziell angebaut. Dies sind die Tahiti-Vanille *(Vanilla tahitensis),* die Gewürzvanille *(Vanilla planifolia)* und die Guadeloupe-Vanille *(Vanilla pompona).* Die bekannteste, die Gewürzvanille, macht beispielsweise 95 % der Weltproduktion aus. Sie stammt eigentlich aus Mexiko, wird heute aber auch wesentlich auf Madagaskar und anderen Inseln des Indischen Ozeans angebaut.

Die Vanille schleppt, wie andere tropische Nutzpflanzen auch, einen Schweif kolonialer Traditionen mit sich einher. Spanische Eroberer lernten die Vanille im 16. Jahrhundert zu schätzen und trugen zu ihrer globalen Verbreitung bei. So wurde die Vanille auf der Insel Île de la Réunion (früher Île Bourbon genannt) kultiviert. Auch der Name Bourbon-Vanille ist heute noch gebräuchlich. Weil aber die Bestäuber dieser tropischen bzw. subtropischen mexikanischen Orchidee nicht auf die Insel im Indischen Ozean mitgenommen wurden, waren Anbau und insbesondere Bestäubung enorm aufwendig. Die nur wenige Stunden geöffneten Blüten müssen einzeln und von Hand bestäubt werden. Dies gelang außerhalb von Mexiko erstmals 1841 dem Sklaven Edmund Albius mit einem Bambus- oder Kaktusstachel.

Das künstliche Bestäuben der Vanille ist kein Zuckerschlecken, obwohl auf der der Île de la Réunion auch Zuckerrohr angebaut wurde. Lange wurde Sklaverei praktiziert (Marimoutou 1998), auch auf der Île de la Réunion. Heute gehört diese Insel zu Frankreich und ist damit Teil der Europäischen Union. Wie oben bereits erwähnt, hat das Lernen zu tropischen Nutzpflanzen immer auch eine politische Dimension und trägt zu einer Bildung für nachhaltige Entwicklung bei. Ein fairer Handel sollte auch mit Vanille möglich sein.

Der Anbau der Vanille auf der Ostseite der Insel erfordert eine hohe Luftfeuchtigkeit, jährliche Niederschlagsmengen von mindestens 1500 mm und Tagestemperaturen von 25–28 °C (Eitel 2005). Die Früchte der Vanille werden noch immer von Hand gepflückt. Nach der Ernte werden die Früchte in 60–70 °C heißem Wasser kurz blanchiert. Nun folgen Fermentation und langwierige Trocknung. Dann haben die Früchte nur noch 1/6 der Masse im Vergleich zu frisch geernteten Früchten. Der hohe Preis echter Vanille ist also völlig berechtigt. Der ursprüngliche Markenname Bourbon-Vanille darf auch auf Madagaskar und den Komoren verwendet werden.

Die Vanillepflanze klettert mit ihren immergrünen Sprossen und Blättern an Bäumen hinauf und hält sich dabei mit kleinen Wurzeln um Untergrund fest (◘ Abb. 13.4). Wie für Orchideen allgemein typisch, steht der Fruchtknoten dieser einkeimblättrigen Pflanzen unterhalb der Blütenhüllblätter; er ist also unterständig. Auch typisch ist die enorm große Zahl winziger Samen, die jeder für sich natürlich nur wenig Nährgewebe enthalten können. Pro Frucht findet man bis zu 100.000 Samen. Orchideen gehen deshalb in der Startphase ihres Lebens in der Regel eine Symbiose mit Pilzen ein, um sich mit Nährstoffen zu versorgen.

Viele Samen in saftigem Fruchtfleisch nennt man Beere. Der umgangssprachliche Name Schote ist völlig irreführend, denn diese Frucht der Orchidee Vanille ist keine Öffnungsfrucht.

Die Vanille auf den Inseln im Indischen Ozean wird aber durch Stecklinge vermehrt.

Die Vielfalt der Aromen Echter Vanille überwiegt bei Weitem die Duftnote von Vanillin. Die Gewürzvanille beispielsweise vereint holzige, fruchtige, rauchige, würzige oder Karamellnoten mit dem Vanilleduft. Die Tahiti-Vanille duftet sogar noch intensiver nach Vanille.

Die Azteken benutzten Vanille in Kombination mit Kakao.

Vanillin dagegen wird mithilfe von Holzspänen hergestellt. Hierzu werden Pilze kultiviert, die aus dem Holzstoff Lignin heraus das Vanillin herstellen. Holzabbauende Pilze kennen wir natürlich auch aus dem Wald als Destruenten, denn zahlreiche Pilze bauen Lignin ab. Vanillin wird heute industriell massenhaft hergestellt und zum Aromatisieren von Speisen sowie für Kosmetik verwendet.

In Holland wird inzwischen versucht, Vanille im Gewächshaus auch kommerziell anzubauen.

13.6 Ohne Fermentation keine Gewürze

Ein botanischer Garten eignet sich als Lernort für Aspekte der Enzymwirkung, also für Erkenntnisse zur Physiologie in höheren Klassenstufen. Beispielsweise werden

13

◘ **Abb. 13.5**   Tee *(Camellia sinensis)*

sowohl Vanille als auch echter Tee und Kakao fermentiert, bevor sie als Genussmittel Verwendung finden. In der Schulpraxis
werden häufig Enzyme wie Urease oder Ka-
talase sowie Peroxidase eingesetzt, weil sie
für physiologische Versuche effektvoll sind.
Andererseits wäre es reizvoll, einen Transfer
auf weitere alltagsrelevante Bereiche zu ermöglichen.

Enzymatische Effekte oder synonym
Fermentierungen bei Nutzpflanzen gehen
auf lange Traditionen zurück. In Mittel-
amerika ist die Vanille bereits 4000 Jahre
lang in Nutzung, Kakao hat eine ähnlich
lange Tradition in Mittel- und Südamerika. Andererseits sind gerade beim Tee
durchaus auch unfermentierte Varietäten
im Handel. Je nach Feuchtigkeit, Temperatur oder gar Anwesenheit von Mikroorganismen entstehen mithilfe von Enzymen als
Biokatalysatoren neue Stoffe mit würzigen
Eigenschaften.

Die frischen Blätter von Teepflanzen
(Camellia sinensis) sind grün-glänzend und
leicht gesägt am Blattrand (◘ Abb. 13.5).
So verschieden die köstlichen Genussmittel
aus Laubblättern vom Tee, aus Samen von

Kakao oder Kaffee bzw. ganzen Früchten
der Vanille auch schmecken, an ihrer Herstellung sind immer enzymatische Prozesse
beteiligt, die man auch Fermentation nennen kann. Die Produkte durchlaufen folgende Schritte der Verarbeitung:

- Schwarzer Tee: Welken, Rollen, *Fermentieren,* Trocknen, Sortieren
- Vanille: Heißwasserbehandlung   oder
trockene Hitze, vier Wochen *Fermentieren,* Schwitzen, Trocknen
- Kakao: *Fermentieren,* Trocknen, Rösten,
Brechen, Mahlen
- Kaffee: Entfleischen, *Fermentieren,* Waschen, Trocknen, Schälen, Rösten

Es lohnt sich im Gewächshaus ein Vergleich der fermentierten Produkte mit den
nativen, also lebenden Erscheinungsbil-
dern. Botanische Gärten sind hier ideale
Lernorte. Ihnen werden in wissenschaftlichen Studien sehr gute Voraussetzungen als
Lernorte im Outdoor-Setting bescheinigt
(Hethke und Roscher 2008; Hethke et al.
2010; Löhne und Kiefer. 2009), auch als
Lernorte der BNE und der politischen Bildung.

◘ Abb. 13.6 Frucht eines Kakaobaumes (*Theobroma cacao*)

13.7 Exotische Pflanzen selbst wachsen lassen

Die exotischen Pflanzen kann man als Erkenntnisobjekte benutzen, um die klimatische Bedürfnisse von subtropischen oder tropischen Nutzpflanzen zu erforschen. Pflanzen von Avocado, Litschi, Chirimoya oder Mango kann man aus Samen selbst anziehen. Noch einfacher gelingt dies bei Rhizomen von Ingwer oder Taro, und auch die Knollen der Süßkartoffel Batate treiben bei guter Pflege aus und bilden Sprosse und Blätter. All diese global bedeutsamen Lebensmittel sind auch bei uns im Handel und werden als von unseren Mitbürgern aus aller Welt als kulinarische Erinnerungen ihrer jeweiligen Herkunftsländer wertgeschätzt. Oder sie wecken Urlaubserinnerungen.

Bei den Samen der tropischen Pflanzen dürfen die Samen weder trockenfallen noch zu kalt aufbewahrt werden. Will man einen Kakaosamen aus einem botanischen Garten zur Keimung bringen, darf dieser nicht unter 30 °C abkühlen, bevor er in die feuchte Erde kommt. Er muss gewissermaßen bei Körpertemperatur gehalten werden. Will man also einen solchen Samen, den man bei einem Besuch im Gewächshaus erhalten hat, nach Hause mitnehmen, kann man ihn in die Hosentasche stecken und bald aussäen. Kakaobäume weisen noch eine botanische Besonderheit auf: Kauliflorie, d. h., die Blüten und Früchte wachsen direkt am Stamm (◘ Abb. 13.6).

13.8 Können wir in Zeiten des Klimawandels bald auf botanische Gärten mit Gewächshäusern verzichten?

So dicht beieinander wie in einem botanischen Garten mit Gewächshaus findet man die verschiedenen Klimazonen sonst natürlich nicht. Zur Ausbildung verantwortlichen Handeln sollte jedoch auch gehören, exotische Pflanzen, Tiere oder Pilze nicht unkontrolliert auszuwildern. Dies widerspricht auch dem Naturschutzgesetz. Dort ist formuliert, dass man gebietsfremde Arten nicht ohne vernünftigen Grund ausbreiten darf. Wie oft solche „harmlosen" Exoten ökologische Probleme nach sich ziehen, sieht man beispielsweise an dem Riesenbärenklau *(Heracleum mantegazzianum)*, am Sachalin-Knöterich *(Reynoutria sachalinensis)*, am Indischen Springkraut *(Impatiens glandulifera)*, am Chinesischen Marienkäfer *(Harmonia axyridis)* oder der Pazifischen Auster „Sylter Royal" *(Crassostrea gigas)*.

Kurioserweise soll sich auch Goethe in seinem Gartenhaus in Weimar an dem Erblühen eines sehr großen Exemplars vom Bärenklau erfreut haben. Ob dies die Herkulesstaude oder ein anderer großer Bärenklau war, ist umstritten. Es ist überliefert, dass die Herkulesstaude im späten 19. Jahrhundert importiert und verbreitet wurde, u. a. als Trachtpflanze für Honigbienen. Die Herkulesstaude (auch Riesenbärenklau oder Kaukasischer Bärenklau genannt) enthält Furanocumarine. Auf der Haut können diese in Verbindung mit Sonnenlicht zu Verbrennungen führen. Man nennt solche Stoffe phototoxisch. Die Benennung

der Herkulesstaude wiederum baut Brücken, um über die griechische und römische Geschichte zu lernen. Herkules ist ja derselbe wie Herakles und durch seine ihm zugeschriebenen Verhaltensweisen ein ambivalenter „Held". Von ihm gibt es auch bildhauerische Überlieferung auf römischen Viergöttersteinen im süddeutschen Raum. Hier kommen auch Museen als Lernorte in Betracht (▶ Kap. 14).

Aus der Schweiz gibt es neuerdings Hinweise, das sich auch *Washingtonia*-Palmen invasiv verhalten, denn sie gelten ja als winterhart. Man darf gespannt sein, wann sich diese Exoten auch aus deutschen Vorgärten auswildern.

13.9 Garten als Lernort – gute Tradition auch in anderen Ländern

Botanische Gärten sind geeignete Lernorte – dies gilt auch für Parks und Gärten in anderen Ländern. Recht bekannt sind die Bemühungen in Großbritannien, um Gärten auch den nachwachsenden Generationen nahezu-

□ **Abb. 13.7** Kindergruppen im *Jardin Majorelle* beim Lerngang in der Großstadt Marrakesch (Marokko)

bringen, denn England ist bekannt für seine kunstvollen Gärten.

Aber auch in anderen Ländern und Kontinenten ist dies üblich. Liebevoll werden kleine Gruppen jüngerer Schulkinder durch den schattigen Jardin Majorelle, den „Garten der Welt" in Marrakesch (Marokko), geführt (◘ Abb. 13.7).

❷ Fragen

Welche tropische Nutzpflanze zeichnet sich durch Kauliflorie aus?

Welche tropische Nutzpflanze gehört zu den Orchideen?

Warum werden Vanillepflanzen auf Madagaskar von Hand bestäubt und sind sehr teuer?

Welcher Naturstoff wird für die Herstellung von Vanillin in Massenproduktion verwendet?

Welches Gen für ein überlebenswichtiges Enzym dient als international vergleichbarer Marker für DNA-Barcoding bei Pflanzen?

Welche politischen Dimensionen hat das Lernen zu tropischen Nutzpflanzen im Kontext von BNE?

Literatur

Bögeholz, S. (1999). *Qualitäten primärer Naturerfahrungen und ihr Zusammenhang mit Umweltwissen und Umwelthandeln*. Opladen: Leske und Budrich.

Castro-Alonso, J. C. & Sweller, J. (2020). The modality effect of cognitive load theory. Advances in human factors in training. *Education, and Learning Sciences*, 75–84.

Eitel, B. (2005). La Réunion – Insel der Extreme. *Geographische Rundschau, 57*(4), 58–64.

Hethke, M., Menzel, S., & Overwien, B. (2010). Das Potenzial von botanischen Gärten als Lernorte zum Globalen lernen. *Zeitschrift für internationale Bildungsforschung und Entwicklungspädagogik, 33*(2), 16–20.

Hethke, & Roscher. . (2008). Erkenntnisse, Erfahrungen, Erlebnisse für viele Menschen – Stand und Zukunft der Bildungsarbeit in Botanischen Gärten. *Osnabrücker Naturwissenschaftliche Mitteilungen, 33*(34), 147–155.

Hielscher, K., & Hücking, R. (2004). *Pflanzenjäger In fernen Welten auf der Suche nach dem Paradies*. München: Piper.

Holstermann, N., & Bögeholz, S. (2007). Interesse von Jungen und Mädchen an naturwissenschaftlichen Themen am Ende der Sekundarstufe I. Gender-Specific Interests of Adolescent Learners in Science Topics. *Zeitschrift für Didaktik der Naturwissenschaften, 13*, 71–86.

Jäkel, L. (2014). Interest and learning in botanics, as influenced by teaching contexts. In C.P. Constantinou, N. Papadouris & Hadjigeorgius (Eds.), *E-Book Proceedings of the ESERA 2013 Conference: Science Education Research For Evidence-based Teaching and Coherence in Learning*. Part 13 (co-ed. L. Avraamidou & M. Michelini), (S. 12) Nicosia, Cyprus: ESERA.

Kiefer, M., Sim, E.-J., Herrnberger, B., Grothe, J., & Hoenig, K. (2008). The sound of concepts for markers for a link between auditory and conceptual brain systems. *The Journal of Neuroscience, 28*, 12224–12230.

Löhne, Friedrich, & Kiefer. (2009). Natur und Nachhaltigkeit – Innovative Bildungsangebote in Botanischen Gärten, Zoos und Freilichtmuseen. *Naturschutz und Biologische Vielfalt, 78*, 172.

Löwe, B. (1998). *Biologieunterricht und Schülerinteressen an Biologie*. Dt. Studienverlag.

Marimoutou, M. (1998). L'engagisme à La Réunion: Continuité ou rupture avec l'esclavage. In: *As sociation Les Cahiers de notre histoire*, Hrsg., Île de La Réunion: Regards croisés sur l'esclavage. Paris, St. Denis : Somogy, 238–243.

Overwien, B. (2005). Stichwort: Informelles Lernen. *Zeitschrift für Erziehungswissenschaft*, (4), 337–353.

Röllke, K. (2017). DNA-Barcoding. Artenvielfalt erkennen und erhalten. *MNU-Bundeskongress* 2017 Aachen.

Röllke, K., & Grotjohann, N. (2015). DNA-Barcoding – Anwendung neuer Technologie zur Erfassung der Biodiversität. *PdN-B, 3*(64), 12–21.

Lernort Museum

Echte oder künstliche Welt: Zeitreisen und Welterkundungen mit überschaubarem Aufwand

Inhaltsverzeichnis

© Springer-Verlag GmbH Deutschland, ein Teil von Springer Nature 2021
L. Jäkel, *Faszination der Vielfalt des Lebendigen – Didaktik des Draußen-Lernens*,
https://doi.org/10.1007/978-3-662-62383-1_14

Trailer

Museen haben in den letzten Jahrzehnten den Umgang mit ihren Besucherinnen und Besuchern gravierend verändert. So mag man bedauern, dass einige Schätze in Archiven verschwunden sind, riesige Dioramen wie im Berliner Naturkundemuseum nicht mehr zugänglich sind und digitale Tools allenthalben Originalbegegnungen ersetzen. Andererseits ist es in den letzten Jahren gelungen, insbesondere jüngere Menschen verstärkt in Museen zu locken und den Staub alter Vitrinen gehörig aufzuwirbeln. Viele Museen bieten ein spezielles pädagogisches Programm an. Aber ist das Museum nur ein Ort zum Wohlfühlen? Wird im Museum auch gelernt? Bedingt das eine das andere?

14.1 Wertschätzung für Museen als außerschulische Lernorte

14.1.1 Drei Faktoren des Lernens im Museum

Museen werden als außerschulische Lernorte in der Regel häufig wertgeschätzt. Darauf weist ein solider Bestand fachdidaktischer Studien hin. So haben beispielsweise Wilde oder Urhahne zu den Effekten des Lernens in Museen maßgebliche fachdidaktische Forschungen durchgeführt (Bätz et al. 2010; Wilde et al. 2003; Wilde und Bätz 2006; Wilde und Urhahne 2008). Die Arbeitsgruppen vertreten in Publikationen das *Contextual Model of Learning* (Falk und Dierking 2000; Wilde et al. 2007) und fanden beispielsweise heraus, wie in naturkundlichen Museen zoologisches Schulwissen erworben werden kann.

Das *Contextual Model of Learning* beschreibt drei wesentliche Faktoren, die für gelingendes Lernen im Museum gegeben sein müssen. Individuelles Vorwissen, also ein individueller Kontext, ist von einem soziokulturellen Kontext, also Gruppenstrukturen und begleitenden Expertin-

nen und Experten zu unterscheiden. Den dritten wichtigen Einflussbereich bilden gegenständliche und organisatorische Bedingungen. Falk und Dierking (2000) identifizierten diese drei zentralen Einflussbereiche des Lernens in Untersuchungen in Naturkundemuseen, in Aquarien, in zoologischen Gärten, im Science Center oder in anderen Museen.

Beispielsweise können Lernende individuell vom Thema Saurier fasziniert sein, den Urvogel oder Bennettiten als Cycadeen des Erdmittelalters und auch das Museum selbst aber bisher nicht kennen. Individueller Kontext oder gegenständliche und soziale Kontexte sind also nicht deckungsgleich.

14.1.2 Strukturierung des Lernprozesses zum Museum

Wie aber muss der Lernprozess strukturiert sein, damit Neues gelernt wird?

Schon 2003 wird darauf hingewiesen, dass Mischformen aus Konstruktion und Instruktion zumindest für Kurzzeiteffekte am lernwirksamsten seien (Wilde et al. 2003).

Wilde und Bätz (2006) kommen zu der Einschätzung, dass „konzeptionell unvorbereitete Besuche des außerschulischen Lernortes Naturkundemuseum eher zu unverbundenem Wissen führen, das schlecht erinnert wird", dagegen nütze „entsprechende Vorbereitung dabei, erinnerbares und verfügbares Wissen zu erwerben".

Diese übergreifende Erkenntnis, dass Vorbereitung und Nachbereitung essenziell sind, trifft nicht nur für Museen, sondern auch für andere außerschulische Lernorte zu.

Bei ihrer Studie im Berliner Naturkundemuseum konnten Wilde und Bätz (Wilde und Bätz 2006) mit Fünftklässlern zeigen, dass der Museumsbesuch zum Thema Vögel zwar für alle Schülerinnen und Schüler bedeutsame Wissenszuwächse erbrachte. Besonders lernwirksam war jedoch der Besuch des Museums für die Schülergruppe mit vorbereitendem Unterricht. Allerdings ist bekanntlich das Interesse für Tiere generell höher als für andere Organismengruppen (Holstermann und Bögeholz 2007), und Interesse ist nachweislich förderlich für Lernerfolge.

14.2 Rolle der Lehrkraft beim Lernen im Museum

Beim Lernen im Museum kommt den Lehrkräften als Bildungsexperten eine besondere Rolle zu, aber auch den Museumspädagoginnen und -pädagogen. Nach solider Ausbildung können sie an Museen angestellt sein oder ihre Lehrtätigkeit als freie Mitarbeiterinnen und Mitarbeiter ausüben. Der individuelle Kontext der einzelnen Besuchergruppen ist dann natürlich schwer einzuschätzen. Deshalb sind vor dem Museumsbesuch Absprachen mit den Lehrkräften sinnvoll. Auch dies zählt zu der oben erwähnten unverzichtbaren Vorbereitung.

Eine den Kindern bisher nicht vertraute Person kann durch die gegenüber der normalen Lehrkraft veränderte Perspektive besondere Lerneffekte hervorrufen. Sie zeichnet sich außerdem durch vertieftes Fachwissen und Zugriff auf besondere Exponate aus.

Nachteile fremder Pädagoginnen oder Pädagogen können darin liegen, dass das Vorwissen der Lernenden gegebenenfalls nicht richtig eingeschätzt wird und Über- oder Unterforderungen auftreten, dass didaktische Spannungsbögen abreißen oder gar nicht aufgebaut werden, sondern Darbietungen dominieren.

14.2.1 Interaktionen zwischen Kindern und Erwachsenen

Einen sehr genauen Blick wirft Svantje Schumann (2019) auf den Verlauf von Lernprozessen in Museen, bisweilen in Interaktion zwischen Kindern und Eltern.

Sie untersuchte u. a., wie Stimuli von Museumsobjekten bzw. verbale Impulse von Eltern die inhaltsbezogene Zuwendung und Verarbeitung befördern. Schumann stellt die Forderung auf, als Lernbegleiter selbst als „geduldiger, authentischer und interessierter Beobachter" aufzutreten. Diese Lernbegleiter sollten im Idealfall die Kinder anregen, „Fragen durch Beobachtung selbst zu beantworten" und selbstständige Erschließungsprozesse zu fördern.

14.2.2 Offenheit zulassen

Zu genau fixierte Ablaufschemata (Schumann 2019, S. 43) können, beispielsweise bei Berufseinsteigerinnen, die für individuelle Denkansätze nötige Offenheit und das Explorieren der Kinder gefährden. Dieser Fehler kann aber auch erfahrenen Museumspädagoginnen und -pädagogen unterlaufen. Dies kann sogar die monotone Sprachmelodie verraten.

Bei aller inhaltlichen Fülle von Dauerausstellungen in Museen ist es daher von Vorteil, dass immer wieder aktuelle Sonderausstellungen angeboten werden, um aus Routinen auszubrechen.

14.2.3 Lernmaterialien als Strukturierungshilfen

Von einem Lernaufenthalt ohne Führung raten Museumspädagoginnen und -pädagogen ab, da hier Reflexionsmöglichkeiten verschenkt würden. Die Geheimnisse der unscheinbareren Exponate entgehen leicht der Wahrnehmung.

Manchmal übernehmen aber vorbereitete Materialien für eine thematische Museumsrallye so eine Leitfunktion beim Lernen und Entdecken bzw. beim Dokumentieren des Entdeckten. Solche Materialien gibt es beispielsweise beim Museum am Löwentor in Stuttgart oder beim Naturkundemuseum in Potsdam. Auch wenn gute Lernmaterialien schlicht erscheinen, ist die Erstellung in hoher Qualität sehr aufwendig.

Die Qualität der Lernmaterialien zeigt sich darin, dass sie

- die Hinwendung zu den Objekten und das eigene Erkennen fördern,
- Strukturierungsangebote unterbreiten,
- ästhetisch ansprechend sind,
- das eigene Präsentieren und Reflektieren des Erlernten provozieren, ohne vom Umfang her zu überfordern,
- bei der Nachbereitung mit positiven Emotionen verknüpft sind.

14.3 Den Lernenden über die Schulter schauen

14.3.1 Freiräume zum Kennenlernen der Lernenden

Schauen wir anderen Lehrenden und Lernenden doch einmal zu und verfolgen die unmittelbaren spontanen Dialoge. Das ist forschungsmethodisch spannender als nachträgliche Interviews (Schumann 2019). Die Situation im Museum, insbesondere bei Anwesenheit von mit dem Haus vertrauten Museumspädagoginnen und -pädagogen, bietet Lehrkräften dazu nötige Gelegenheiten und Freiräume. So bleibt Zeit für einzelne Fallanalysen. Man kann eine spannende Situation distanziert betrachten, ohne unter der Spannung zu stehen, gleich eingreifen zu müssen. So kann man auf viele Faktoren unvoreingenommen aufmerksam werden, die im Lernprozess eine Rolle spielen.

Schumann (2019) weist nach Fallanalysen darauf hin, dass „primäre Naturerfahrungen bei Kindern umso intensiver" seinen, je „authentischer das Phänomen" oder die sich daraus stellenden Fragen seien. Sie bekennt aber auch, dass wir bisher nur vermuten können, solche intensiven Erfahrungen seien eindrücklicher oder nachhaltiger.

Der Zusammenhang von Naturverbundenheit und Wohlbefinden ist besonders bei solchen Menschen ausgeprägt, die ein Gefühl für die Schönheit der Natur haben (Zhang et al. 2014). Die mit der Naturverbindung einhergehende soziale Werteorientierung ist nicht nur ein Element des Wohlbefindens, sondern auch für Ansätze im Hinblick von Bildung für nachhaltige Entwicklung (BNE) von Bedeutung (Gebhard 2018).

14.3.2 Welche Erkenntnisse können an Originalen gewonnen werden?

Welche *Funktionen* haben beispielsweise die Bewegungen von Ameisen in einem echten Ameisenhaufen? Die Bewegungen kann man sehen, aber die Funktion muss erschlossen werden. Differenziertes Argumentieren und die Konfrontation mit Deutungen anderer können helfen, plausible Erklärungen für bisher Ungeklärtes zu finden. Schumann (2019) nennt das „rekonstruktionslogisch".

„Rekonstruktionslogisches Schließen bedeutet, dass Kinder ausgehend von den auf sie wirkenden Sinneseindrücken zu Vorstellungen über die Bedeutung des Wahrgenommenen kommen" (Schumann 2019, S. 50). Durch Dialoge jedoch werden auch Aspekte angesprochen, die nicht direkt erfahrbar werden können. Den Dialogen wird deshalb eine begünstigende Rolle beim kindlichen Erschließen zuerkannt.

Schumann unterscheidet zwischen rekonstruktionslogischem Erschließen und konkret-logischem Schließen, welches Kinder über lange Zeit anwenden. Beim sinnlich-ästhetischen Erkunden auf der konkret-logischen Ebene können beispielsweise Analogieschlüsse auftreten, die aber nicht immer zutreffen müssen. So stellen Kinder beispielsweise Analogien zwischen menschlichen Familienstrukturen und Sozialstrukturen von Tieren her, die insbesondere bei Tieren mit Metamorphosen nicht stimmig sind. Bei pflanzlichen Strukturen wird oft vermutet, die Rinde diene den Bäumen zum Schutz, ihre Hauptfunktion als Transportsystem der wertvollen Nährstoffe wird jedoch durch sinnliches Betrachten nicht erschlossen. Hier sind Impulse als Denkanstöße auf der Suche nach sinnvollen Deutungen unverzichtbar.

Auf die besondere Rolle der Erfahrungen im Umgang mit Natur für die kindliche Entwicklung verweist (Gebhard 2018, 2020). Naturerfahrungen haben ihm zufolge eine positive Wirkung auf die Naturverbundenheit (Mayer et al. 2009) und auch ein entsprechendes Verhalten (Gebhard 2020).

14.4 Lebende Organismen im Museum?

Viele Museen präsentieren tote, präparierte oder modellierte Naturobjekte erfreulicherweise in Kombination mit einzelnen lebenden Objekten im nachgeahmten Wirklichkeitszusammenhang. In einigen Naturkundemuseen gibt es beispielsweise Terrarien, Insektarien und Aquarien – nicht nur totes Material. So zeigt das Potsdamer Naturkundemuseum Aquarien mit heimischen Fischen und Krebsen, das Karlsruher Naturkundliche Museum präsentiert zahlreiche Meerestiere und Terrarien mit Reptilien oder exotischen Insekten und anderen Gliederfüßern. Spannend sind dort beispielsweise die Blattschneideameisen, die ja nicht die geschnittenen Blätter selbst fressen, sondern die darauf gezüchteten Pilzkulturen. Auf diese Erklärung kommen Lernende besser im Dialog mit anderen als allein. Analogien können hier in die Irre führen.

Zudem betont Schumann (2019), die sich auch mit lebenden Ameisen im Museum befasst hat, die „Muße" als Vor-

aussetzung beim Ausleben der eigenen Neugier. „Jede test- oder prüfungsmäßige Vernutzung von originalen Begegnungen steht einem Bildungsprozess im Weg" (Schumann 2019). Genau dieses Argument widerspricht aber beispielsweise Forderungen nach dem konsequenten Führen von Protokollen (Staeck 2010) bei „Fields Trips" oder Exkursionen, auch in Situationen des Hochschulstudiums. Das eine oder andere Biotop wurde Studierenden geradezu verleidet, da es kartiert werden musste und dies hinterher bewertet wurde.

Durch eigene Beobachtungsleistungen sollen sich komplexe Sachverhalte sukzessive erschießen lassen. Schumann zeigt dies an einem Ameisenvolk in einer trickreichen Schauvitrine. Das Exponat soll die Aufmerksamkeit sofort hervorrufen, ist aber aus dem natürlichen Kontext eines Waldes herausgehoben. Der Erschließungsprozess kann durch Fragen geleitet sein.

14.5 Science Center

Die Untersuchungen von Klaes (2008) kennzeichnen 2008 ein frühes Stadium der Erforschung außerschulischer Lernorte, die innerhalb der Didaktik der Naturwissenschaften schwerpunktmäßig auf Physik und Chemie bezogen waren. Science Center galten demnach als Orte der Wissensvermittlung, der Motivation für Naturwissenschaften, an denen informelles Lernen den Vorrang habe. Es sei freiwillig, nicht bewertet, nicht unmittelbar einem Lehrplanziel folgend. Sind informelles Lernen und außerschulische Lernorte nicht eigentlich ein Widerspruch?

Nach Overwien (2005) hat sich der Begriff des informellen Lernens eher für nichtstrukturierte Prozesse der Erwachsenenbildung im Arbeitsleben, in der Freizeit und der Familie durchgesetzt (Overwien 2005). „Lernprozesse, die informell, oft auch beiläufig sind, werden vielfach gar nicht als Lernen wahrgenommen" (Overwien 2005).

Klaes (2008) merkt im Ergebnis ihrer Untersuchungen insbesondere kritisch an, dass in der Praxis viele Exkursionen in Science Center kaum in den aktuellen Unterricht eingebunden seien und wenig Vor- und Nachbereitung stattfinden.

Werden Museen wie das Technoseum Mannheim also nur besucht, um z. B. eine Zeit zwischen Notengebung und Schuljahresende mit Ausflügen zu überbrücken, verpuffen wertvolle Phänomene, die eigentlich Auslöser für Lernprozesse sein könnten. Hier sind wunderbare Phänomene zur Optik, zum Farbsehen, zu Mechanik u. a. aufbereitet. Werden Sie mit konzeptuellem Verstehen in Beziehung gebracht? Dies hängt von der Lehrkraft und von vorbereitendem oder nachbereitendem Unterricht ab.

Wir orientieren deshalb bei der Nutzung von Museen und Science Centern in der Schulzeit auf zielklare Lernprozesse zur Umsetzung von Vorgaben des Bildungsplanes sowie eine absichtsvolle Vor- und Nachbereitung. Es ist natürlich trotzdem möglich, dass sich informelles Lernen ereignet. Wer eine große Chemiefabrik besucht, um sich eigentlich über die Biotechnologie von Blutdruckmessgeräten oder die Herstellung anderer Medizintechnik zu informieren, kann viel über Hierarchien, Arbeitssicherheit, Marketing, Mobilität und Logistik oder über die Qualität der Speisen in der Cafeteria lernen – dies ganz unbeabsichtigt.

Schumann (2019) ordnet Science Center didaktisch ein: Die Exponate in Science Centern sollen […] in ihrer sinnlichen Präsenz […] so sein, dass die Neugierde der Besucher geweckt wird und dass ein Erschließungsprozess erfolgreich ablaufen kann. Sie erhofft sich für die Kinder durch die erfolgreiche Bewältigung einer Konfrontation mit einem Phänomen den Erwerb eines Modells „für die Strukturerschließung."

14.6 Ist das echt?

Während manche Didaktiker die Museen als dekontextualisierte Lernorte bezeichnen, vertreten wir die Auffassung, dass Museen als Orte des Sammelns und Bewahrens von Natur- und Kulturgut zugleich einen eigenen Kontext eröffnen. Den besonderen Kontext eines Museums kann man in der Herausgehobenheit eines Exponates, seiner Bewahrenswürdigkeit und seiner Ordnung mit anderen Exponaten sehen.

Museen sind Orte des Wohlfühlens, der Besinnung, des Entdeckens, der Würdigung von Natur in all ihrer schützenswerten Vielfalt sowie der Wertschätzung und des Zelebrierens von menschlicher Kultur.

Die entscheidende Frage, die Kinder manchmal beim Anblick eines Exponates im Museum laut stellen, lautet: Ist das echt?

Manche Museen koppeln digitale und analoge Angebote, zum Beispiel das überregional bedeutsame Städel Museum in Frankfurt am Main. Darüber berichtete Chantal Eschenfelder (Jungwirth et al. 2020) auf einer Tagung zu außerschulischen Lernorten an der Universität Münster im September 2019. Ihrer Meinung nach kann man gar nicht allein in Worte fassen, was digitale Welten eröffnen. Manche Museen schaffen so eine tatsächlich erweiterte Realität der archivierten oder ausgestellten Kunstwerke, ohne sich in digitalen Spielereien zu verlieren.

Die Augmented Reality erhebt den Anspruch der Erweiterung der Realität mit Unterstützung von Computern oder digitalen Hilfsmitteln. Beispielsweise werden bei Betrachtung einer Person mit einem speziellen T-Shirt innere Organe des Menschen digital auf die Körperoberfläche projiziert. Es sind uns bisher keine wissenschaftlichen Untersuchungen bekannt, ob diese mediale Aufbereitung Lernvorteile bietet, das animierte T-Shirt beispielsweise gegenüber einem Torso in Originalgröße. Andererseits kann Augmented Reality am richtigen Platz

Proportionen verständlich machen und Informationen erweitern, so die Projektion eines Gegenstandes im potenziellen zukünftigen Umfeld. Einen Eindruck von den Visionen zur erweiterten Realität erhält man in dem Roman von Frank Schätzing *Die Tyrannei des Schmetterlings.*

Wir orientieren also auf eine Kombination von authentischen Begegnungen mit ergänzenden Medien. Im didaktischen Kontext wird von *Blended Learning* gesprochen. Denn Authentizität verursacht Neugier, ruft situationale Interessiertheit hervor und animiert zu Erkundungen.

Filme können ergänzend und hilfreich sein. So können Filme von Organismen unter Wasser, von Tiergeburten, Zeitraffer pflanzlicher Keimungen oder nachtaktiver Tiere Situationen erschließen helfen, die original kaum zugänglich sind. Hummel (2011) hat die Wirksamkeit von Tierfilmen im Unterricht belegt. Hier arbeiten Kinder experimentell zu Lebenserscheinungen von Weinbergschnecken oder Kellerasseln im Vergleich zur Diskussion experimenteller Setting in Projektion von Filmen.

Ein Film verhindere jedoch eigenes rekonstruktionslogisches Erschließen (Schumann 2019), wenn die Bilder laufend kommentiert und erklärt wären, meint Schumann (Schumann 2019). Filme im Museum selbst können deshalb unterschiedlich effektiv für den Lernfortschritt sein.

Für die Studie Jugend, Information und Medien 2018 wurden 1200 zwölf- bis 19-jährige Jugendliche telefonisch zu ihrer Mediennutzung befragt (Feierabend et al. 2019). Danach sind Jugendliche statistisch täglich 214 min online, also 3,5 h. WhatsApp (87 %), Instagram (48 %) und YouTube (37 %) sind die wichtigsten Applikationen der befragten Jugendlichen für 2018. Bewegte Bilder werden konsumiert oder selbst öffentlich gemacht. Welche Rolle dabei Naturbeobachtungen spielen, ist nicht ersichtlich.

Die Mediennutzungen sind einem steten Wandel unterzogen. Für das zweite Jahrzehnt unseres Jahrhunderts erhobene Daten zum Zusammenhang von Fernsehkonsum und Lernerfolg (Krimmel 2019) in den Naturwissenschaften legen einen Lernerfolg guten Filmmaterials nahe, werden aber vermutlich bald von neuen technologischen Entwicklungen überholt.

14.7 Unterschiedliche Erwartungen

Die Sinus-Jugendstudien in Deutschland liefern Schlüsselinformationen zum Umgang mit unterschiedlichen sozialen Gruppen im Hinblick auf Umweltbildung, BNE und Naturschutz, den sogenannten Sinus-Milieus. Der Begriff des „sozialen Milieus" beschreibt gesellschaftliche Gruppen mit ähnlichen Werthaltungen, Mentalitäten und Prinzipien der Lebensführung. In Deutschland werden beispielsweise Konservativ-Etablierte, Traditionelle, Prekäre, Sozioökologische und Liberal-Intellektuelle von einer bürgerlichen Mitte unterschieden sowie von Performern, Hedonisten, Adaptiv-Pragmatischen oder Expeditiven (▶ https://www.sinus-institut.de/sinus-loesungen/sinus-jugendmilieus/). Fast alle dieser Typen wurden auch speziell für Jugendliche nachgewiesen.

Auch im Museum müssen verschiedene Interessensprofile bedient werden, so gehen Vertreterinnen eines „hedonistischen" Milieus vermutlich anders vor als „Expeditive" oder „Konservativ-Etablierte". Die variable Kombination digitaler und originaler Angebote kann daher hilfreich sein. Jeder sollte seine Vorlieben für bestimmte Formen der Präsentation behalten dürfen. Während das Museum für moderne Kunst in Straßburg, das Überseemuseum in Hamburg oder das Kunstmuseum in Mannheim oder gar das Textilmuseum in Heidelberg-Ziegelhausen sicher nicht jeden gleichermaßen ansprechen, tragen sie doch zu kultureller Vielfalt und Bildung bei.

14.8 Museen als ökologische Zeitzeugen

In einem Kunstmuseum kann man neben Kunst auch allerlei andere Dinge untersuchen. Denn schließlich hängt das Lernen ja auch vom Vorwissen und von den Fragen ab, die man klären möchte.

Im Städel-Museum findet man Stillleben mit Geflügel und Meeresgetier, Gemälde mit Wald oder anderen Landschaften. Schon Giuseppe Arcimboldo, dessen Gemälde aus dem 16. Jahrhundert zu den vier Jahreszeiten im Musée d'Orsay in Paris hängen, mochte es, Gemälde mit Lebensmitteln so zu gestalten, dass dabei noch Gesichter und Jahreszeiten erkennbar sind. Dürers Blick für zoologische und botanische Details ist weltberühmt; ein Teil seiner Werke wird in Wien in der Albertina bewahrt oder gezeigt. Vom Vogelflügel über den Feldhasen bis zum kleinen Wiesenstück ist da allerlei zu entdecken. Auch das Schöllkraut, eigentlich eine mediterrane Wildpflanze, bildete er detailgetreu ab; es muss sich also in unserer Flora etabliert haben. Dass Landschaften von Moritz von Schwindt wie „Der Brautzug" ökologische Zeugnisse früher Waldschäden dokumentieren, ist ebenfalls bereits didaktisch aufgegriffen worden.

Museen zeugen aber auch vom Stand der Wissenschaften in bestimmten gesellschaftlichen Epochen. Sich die Erde untertan zu machen, ist mit dem heutigen Leitbild der Nachhaltigkeit nicht mehr vereinbar.

Auch die Kunst der Präparation hat sich gewandelt. Viele Museen machen diese konservatorischen Aspekte selbst zum Gegenstand musealer Präsentationen, beispielsweise das Naturkundemuseum

Berlin oder das Naturkundliche Museum in Bredstedt (Schleswig–Holstein).

Konservatorische Aspekte, also die möglichst informationstragende Art der Bewahrung der Naturschätze, spiegeln sich auch in fachdidaktischer Literatur (Chlad und Řezníček 2020). Emotionale Aspekte kommen ins Spiel, wenn der getötete Problembär Bruno in München oder der im Tierpark Berlin verstorbene Eisbär Knut präsentiert werden.

Neben der Präparation im Museum können Funde auch selbst präpariert werden – ein Angebot für Arbeitsgemeinschaften (◨ Abb. 14.1). Der Schweinswal ist einer kleinsten Wale weltweit, aber einheimisch. Die Größe eines echten Walskeletts von Nordkaper, Pottwal oder Seiwal in einem Museum ist in jedem Falle beeindruckend.

14.9 Evolutionsbiologie im Museum

14.9.1 Adaptive Radiation

Beim Thema Evolutionsbiologie ist die Nutzung von Museen als Lernorte geradezu unverzichtbar. Die erforderliche Vielfalt von Fossilien u. a. authentischen Erkenntnisobjekten kann eine Schule gar nicht in ihrem eigenen Bestand haben. Und es macht einen Unterschied, ob ein Fossil echt oder nachgebildet ist. Den Unterricht über die Entwicklung in den Erdzeitaltern könnte man natürlich auch mit eigenen Fossilien bestreiten, so zum Beispiel mit Ammoniten, mit Geradhörnern *(Orthoceras),* Donnerkeilen von Belemniten sowie anderen Kopffüßern.

Die adaptive Radiation der Säugetiere – und insbesondere die der Elefanten – kann aber nur im Museum in prachtvoller Größe erkannt werden. Ein anderer Hingucker mit hohem emotionalen Potenzial für die Auslösung von Interessiertheit sind die Wale

Abb. 14.1 Skelett eines heimischen Schweinswals *(Phocoena phocoena)*

(▶ Abschn. 14.8). Beide Gruppen von Säugetieren haben in der Erdneuzeit eine vielfältige Entwicklung hingelegt, die Auffächerung in eine große Zahl spezialisierter Arten aus einem gemeinsamen Ursprung.

Die Rüsseltiere umfassen eine große Zahl von Formen, u. a. Deinotherien, Mastodonten, Waldelefanten, Steppenelefanten, Wollhaarmammuts.

Elefanten sind in unserer Region in Mitteleuropa fossil hervorragend belegt (◘ Abb. 14.2). So lohnen beispielsweise Wald- und Steppenelefanten unterrichtliche Erkundungen, zumal Elefanten durch Größe beeindrucken, aber auch den Hauch des Exotischen verströmen und so Interesse hervorrufen.

Originalskelette von amerikanischen Mastodonten sind in zahlreichen Museen ausgestellt, u. a. im Naturmuseum Senckenberg in Frankfurt am Main. Die Wolle eines im sibirischen Eis gefundenen Jungtiers vom Wollhaarmammut liegt im Original im Moskauer Paläontologischen Museum, Nachbildungen der anrührenden Szene des Untergangs des Tieres im Schlamm vor 42.000 Jahren kann man in Stuttgart im Museum am Löwentor bewundern.

Das klassische Schulthema der Evolution der Pferde hatte sogar im internationalen PISA-Test eine Aufgabe zur Folge, insbesondere im Hinblick auf die Reduktion der Zahl der Zehen pro Fuß (◘ Abb. 14.3). Die Abbildung zeigt Mittelfuß- und Zehenknochen eines pleistozänen, mehrere Millionen alten „Urpferdes". Die Zahl der Zehen ist schon von fünf Zehen auf einen Zeh pro Fuß reduziert, genau wie beim rezenten Pferd. Die Pferdeevolution wird zwar allgemein mit der Grube Messel bei Darmstadt assoziiert. Die Grube hat inzwischen auch „Karriere gemacht", von einer Bauschutthalde zum Weltkulturerbe. Damit steht sie seit 1995 unter dem Schutz der UNESCO. Aber im Hinblick auf die Evolution der Pferde stellt sie nur einen Nebenschauplatz dar. Die meisten großen „Urpferde" mit reduzierter Zahl der Zehen stammen aus Nordamerika.

Neben einem Blick auf ein paar „kleine Pferdchen" (z. B. *Propalaeotherium hassiacum*) öffnet sich in der Grube Messel

◘ Abb. 14.2   Fossiler Elefantenzahn neben fossilem Pferdezahn

jedoch ein üppiges und präzises Zeitfenster in eine 48 Mio. Jahre zurückliegende Epoche der Erdgeschichte. Vor 47 Mio. Jahren war dieser Maar-Vulkan-See vermutlich schon wieder verschüttet (▶ https://www.grube-messel.de/ueber-uns/die-idee-kein-museum.html). In Messel sind Funde von Fledermäusen, Krokodilen, Schildkröten, blauschimmernden Käfern, Laubbäumen u.v. a. dokumentiert. Mehrere 10.000 Fossilien aus der Zeit des Eozäns wurden nach Aussage des Museums bisher in dem vor 48 Mio. Jahren entstandenen See geborgen, und jährlich kommen ca. 3000 neue Funde in dem Tonstein (manchmal auch „Ölschiefer" genannt) hinzu. Ohne eine Führung würde man hier kaum etwas entdecken, und verboten wäre es auch. Das Betreten der Grube Messel ist ausschließlich im Rahmen geführter Touren möglich. Eine Führung verändert die Sichtweise auf diesen doch „allgemein bekannten" weltberühmten Fundort gravierend: Die mühevolle Arbeit zum Bergen und Erhalten von Fossilien wird verständlich, die Konsistenz

des Fundmaterials wird tatsächlich begreifbar, die Relationen der verschiedenen Organismengruppen verschieben sich, ein ökologisches Bild der Organismenvielfalt entsteht, der Blick weitet sich, der Fundort wird „merk-würdig".

Zu der Grube Messel gehört auch ein Besucherzentrum, das ausdrücklich nicht Museum genannt werden möchte. Stattdessen soll das „geologische Naturerbe eine Basis für nachhaltige Entwicklung in Verbindung mit sozioökonomischen und kulturellen Aspekten und Geotourismus" sein. Leider ist dieser Fundort, wie manche andere, nicht mit öffentlichen Verkehrsmitteln zu erreichen. Dies unterscheidet Fossilfundorte von den meisten Museen, die gut an den öffentlichen Verkehr angebunden sind.

14.9.2 Humanevolution

Besondere Authentizität haben Fossilien aus der Evolution des Menschen. Hier sollten Lehrkräfte keine Sonderausstellung ver-

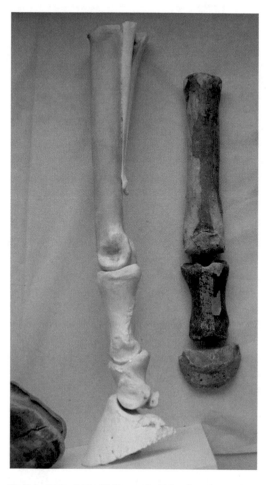

☐ **Abb. 14.3** Mittelfuß- und Zehenknochen eines pleistozänen mehrere Millionen alten „Urpferdes" sowie eines rezenten Pferdes

passen, denn die Schätze werden höchst selten aus den Archiven geholt und zu Ausstellungen angeordnet. Anlässlich des 100. und des 105. Jahrestages der Auffindung des Unterkiefers von Mauer (2007, 2013) wurde das kostbare Fundstück im Original in Mauer der Öffentlichkeit präsentiert, dann erst wieder Jahre später (2015) in der *Homo*-Sonderausstellung im Darmstädter Landesmuseum. Ähnlich ergeht es den Funden der Neandertaler oder anderer Menschenarten. Modelle und Stammbäume zur Humanevolution sowie Skelette von Primaten sind in Museen jedoch stets verfügbar.

14.9.3 Wie interaktiv darf ein Museum sein?

Was also ist eine gute Führung durch ein Museum oder ein Besucherzentrum? Die Führung gestaltet sich zu einem Dialog, der das Vorwissen der Anwesenden mit in das Gespräch einbindet. Es geht also nicht darum, zu dozieren oder einen Vortrag zu halten.

Sucht man als Lehrkraft nach einem bestimmten Organismus zu Lernzwecken, zum Beispiel nach einem Beuteltier, sind die in klassischer Systematik angeordneten hölzernen verglasten Schauvitrinen mit präparierten Tieren durchaus hilfreich und von Wert, wie beispielsweise im Naturkundemuseum in Wien oder im Senckenberg-Museum in Frankfurt am Main.

Geht es aber um moderne und ästhetisch sehr ansprechende Begegnungsmöglichkeiten, haben die frischen Anordnungen des Systems im Naturkundemuseum Berlin oder im Landesmuseum in Darmstadt durchaus ihre Vorteile. Sehr überzeugend ist auch das Karlsruher Museum gestaltet, ohne alle alten Schätze in Archive zu verbannen.

Dioramen sind leider in manchen Museen als nicht mehr zeitgemäß angesehen, da sie ja handelnde Interaktion vermeintlich nicht direkt zulassen. M. E. haben sie einen hohen Identifikationswert mit Organismen in Andeutung ihres Lebensumfeldes. Ein Beispiel war eine sehr dunkle Vitrine, ehemals im Naturkundemuseum Berlin zugänglich, in die man zunächst eher ratlos hineinschauen konnte. Hatte sich der Blick an die Dunkelheit gewöhnt, stellte man mit Überraschung fest, dass man unmittelbar in die Augen eines Luchses schaute, eines nachtaktiven Jägers der heimischen Fauna. Eindrucksvoll sind auch Dioramen, die selten in freier Wildbahn wahrnehmbare Organismen zum Greifen nah präsentieren.

Jedoch wäre es durchaus eine reizvolle didaktische Aufgabe für Schülerinnen und

Schüler, beispielsweise für ausgestorbene Tier wie Dinosaurier stimmige Dioramen in der Größe eines Schuhkartons herzustellen. Von den Sauriern gibt es ja zahlreiche kleine Nachbildungen. Welche Pflanzen passen hier, Magnolien, Ginkgo oder Süßgräser? Welche Saurier waren Zeitgenossen? Auch das Herstellen von schnellen „Fossilien" als Gipsabdrücke von Schalen der Weichtiere (insbesondere Muschelschalen), das Rekonstruieren von Skeletten aus Tierknochenfunden und das Aufstellen und Begründen von Stammbäumen anhand von Fossilfunden können sinnvolle Lernaktivitäten sein.

Welche interaktiven Angebote gibt es im Museum? Darf ein Museum zu einem Spielplatz werden? Gelegentlich werden naturkundlich-technische Museen ja von sehr kleinen Kindern besucht. Manchmal wird angeboten, künstlich versteckte „Fossilien" selbst freizulegen.

Hier gilt es, zwischen Interaktionsmöglichkeiten und Verfälschung abzuwägen, zwischen früher Bindung junger Menschen und ihrer Eltern an das Museum und der Verwendung als Schlechtwetter-Spielplatz. Jedoch wird der Kontext des eigenen Forschens als „Nachahmung" des möglicherweise spannenden Alltags moderner Forschender gern als Gestaltungsinstrument in Museen genutzt. Für das Interesse vieler Menschen an Forschung und an Museen scheint dieser authentische Kontext förderlich. Denn naturwissenschaftlich ausgerichtete Museen bewahren nicht nur Schätze der Evolution, sondern betreiben oft selbst intensive Forschungsarbeiten. Je besser Bürgerinnen und Bürger über die Arbeit von Forschern informiert sind, umso eher machen sie selbst auf bemerkenswerte Entdeckungen aufmerksam. Bekanntlich wurde der „Heidelberger Unterkiefer" von dem Sandgrubenbenarbeiter Daniel Hartmann gesichtet und als bemerkenswert erkannt, er ist heute eine Weltsensation. Auch Saurierfährten wurden kürzlich durch Laien entdeckt. Diesen Zweig der Wissenschaft zur Einbeziehung der Bevölkerung in die Datengewinnung bezeichnet man als *Citizen Science*. An dem Aufbau solcher Forscherlust sind Museen als außerschulische Lernorte ursächlich beteiligt.

Nun gehört sicher nicht gleich jeder Fund in einem Museum. Diese 30 Mio. Jahre alte Spinne in Bernstein (◻ Abb. 14.4) ist ein Fundstück, dass man mit etwas Glück beim Bernsteinschleifen am Meer auch selbst entdecken kann (▶ Kap. 15) und das zum Forschen anregt. Und genau darum geht es doch bei *Citizen Science:* Neugier und Interesse wecken und Expertise auch von Laien wertschätzen.

14

◻ **Abb. 14.4** Bernstein mit Fossil einer Spinne

❓ Fragen

- Welche drei Faktoren sind nach dem *Contextual Model of Learning* für das Lernen im Museum entscheidend?
- Welche Effekte lösen Begegnungen mit Originalen aus?
- Welche Schritte gehören zur Vorbereitung eines Museumsbesuchs?
- Braucht man für einen Museumsbesuch ein Arbeitsblatt? Was spricht dafür, was dagegen?
- Welche Tiergruppe erlebte in der Erdneuzeit ihre größte Ausdehnung (adaptive Radiation)?
- Welche Tiergruppen sind in Museen durch die Größe der originalen Präparate besonders faszinierend?

Literatur

► https://www.sinus-institut.de/sinus-loesungen/sinus-jugendmilieus/. Zugegriffen: 4. Juni. 2020.

► https://www.grube-messel.de/ueber-uns/die-idee-kein-museum.html. Zugegriffen: 30. Mar. 2020.

Bätz, K., Wittler, S., & Wilde, M. (2010). Differences between boys and girls in Extracurricular Learning Settings. *International Journal of Environmental and Science Education, 5*(1), 51–64.

Bögeholz, S. (1999). *Qualitäten primärer Naturerfahrungen und ihr Zusammenhang mit Umweltwissen und Umwelthandeln.* Opladen: Leske und Budrich.

Chlad, M. & Řezníček, J. (2020). Taxidermal mounts of the fish body. *BIOLOGIE-CHEMIE-ZEMĚPIS Biology-Chemistry-Geography Journal*, Praha, 1, 29. 2–21.

Falk, J. H., & Dierking, L. D. (2000). *Learning from museums: Visitor experiences and the making of meaning.* Walnut creek: Altamira-Press.

Feierabend, S., Rathgeb, T., & Reutter, T. (2019). Jugendliche und Social Media. Ergebnisse der JIM-Studie 2018. *BZgA Forum Sexualaufklärung und Familienplanung* Heft 1-2019, 3–7.

Gebhard, U. (2018). Naturerfahrung und seelische Gesundheit. *E & L, 3*(4), 10–14.

Gebhard, U. (2020). *Kind und Natur. Die Bedeutung der Natur für die psychische Entwicklung, 5. erweiterte und* (aktualisierte). Wiesbaden: VS-Verlag.

Holstermann, N., & Bögeholz, S. (2007). Interesse von Jungen und Mädchen an naturwissenschaftlichen Themen am Ende der Sekundarstufe I. Gender-Specific Interests of Adolescent Learners in Science Topics. *Zeitschrift für Didaktik der Naturwissenschaften, 13,* 71–86.

Hummel, E. (2011). Experimente mit lebenden Tieren. Auswirkungen auf Lernerfolg, Experimentierkompetenz und emotional-motivationale Variablen. Hamburg: Verlag Kovač, Didaktik in Forschung und Praxis, Band 57.

Jungwirth, M.; Harsch, N. & Korflür, Y. & Stein, M. (2020). Forschen. Lernen. Lehren an öffentlichen Orten – The Wider View. Münster: WTM.

Klaes, E. (2008). *Außerschulische Lernorte im naturwissenschaftlichen Unterricht Die Perspektive der Lehrkraft.* Berlin: Logos .

Krimmel, D. (2019). *Einflüsse des Konsums von naturwissenschaftlichen Wissensmagazinen auf Motivation, biologische Interessen und Vorstellungen über die Natur der Naturwissenschaften.* Hamburg: Verlag Dr. Kovač.

Mayer, F.S., Mc Pherson Frantz, C., Bruelman-Senecal, E., & Dolliver, K. (2009). Why is nature beneficial? The role of connectedness to nature. *Journal of Environment and Behavior, 41*(5), 607–643.

Overwien, B. (2005). Stichwort: Informelles Lernen. *Zeitschrift für Erziehungswissenschaft,* Heft 4, 337–353.

Schumann, S. (2019). Die Erforschung primärer Naturerfahrung. In S. Schumann, P. Favre, & A. Mollenkopf (Hrsg.), *„Green, Outdoor and Environmental Education"* in Forschung und Praxis (S. 29–57). Shaker: Düren.

Staeck, L. (2010). *Zeitgemäßer Biologieunterricht (6. Aufl.).* Hohengehren: Schneider.

Wilde, M. (2007). Das "Contextual Model of Learning" – ein Theorierahmen zur Erfassung von Lernprozessen in Museen. In H. Vogt & D. Krüger (Hrsg.), *Theorien in der biologiedidaktischen Forschung* (S. 165–175). Heidelberg: Springer.

Wilde, M., & Bätz, K. (2006). Einfluss unterrichtlicher Vorbereitung auf das Lernen im Naturkundemuseum. *Zeitschrift für Didaktik der Naturwissenschaften, 12,* 77–89.

Wilde, M., & Urhahne, D. (2008). Museum learning with differently structured tasks: a study on motivation and achievement. *Journal of Biological Education, 42*(1), 78–83.

Wilde, M., Urhahne, D., & Klautke, S. (2003). Unterricht im Naturkundemuseum: Untersuchung über das „richtige" Maß an Instruktion. *Zeitschrift für Didaktik der Naturwissenschaften, 9,* 125–134.

Zhang, J. W., Howell, R. T., & Iyer, R. (2014). Engagement with natural beauty moderates the positive relation between connectedness with nature and psychological well-being. *Journal of Environmental Psychology, 38,* 55–63.

Die Nähe zum Meer

Grenzerfahrungen – zwischen Land und Meer

Inhaltsverzeichnis

© Springer-Verlag GmbH Deutschland, ein Teil von Springer Nature 2021
L. Jäkel, *Faszination der Vielfalt des Lebendigen – Didaktik des Draußen-Lernens*,
https://doi.org/10.1007/978-3-662-62383-1_15

Trailer

Nur wenige deutsche Bundesländer grenzen direkt an Nord- oder Ostsee. Ist es trotzdem sinnvoll, auch vom Binnenland aus eine Studienfahrt an das Meer zu organisieren?

Die natürlichen Ressourcen von Land- und Wasserökosystemen lassen sich an den Küsten besonders gut nutzen. Durch klimatische Veränderungen werden aber gerade diese attraktiven Bereiche in Küstennähe durch Überflutung bedroht. Nach derzeitigen Schätzungen lebt etwa 1/5 der Menschheit weniger als 30 km vom Meer entfernt. Sieben Megastädte (also Städte mit jeweils über 10 Mio. Einwohnern) befinden sich direkt an einer Küste.

An den Küsten prallen nicht nur Naturgewalten auf die Uferbereiche ein, sondern aus dem Binnenland – und das ganz wörtlich – fließen auch ungebremste Ströme in die Weltmeere und tragen unkontrollierbare Stoffmengen in die Meere ein.

Schließlich hat die Flexibilität der Menschheit zum Nutzen der Ressourcen des Meeres, auch zur Ernährung, zu ihrem Überleben bisher beigetragen. Damit das so bleibt, ist eine nachhaltige Entwicklung erforderlich, die auch vom Binnenland aus beeinflusst wird. Lernorte an der Küste sind für BNE geradezu prädestiniert.

Das Lernen im Sinne der BNE braucht Qualitätskriterien. Hier kann man von küstennahen Lernorten selbst sehr viel lernen. „Norddeutsch und nachhaltig" beispielsweise entwickelte hilfreiche Kriterien für BNE.

15.1 Was geht uns das Meer an?

Ein Siedlungspunkt aus der ersten Hälfte des 7. Jahrtausends vor unserer Zeit im westlichen Mittelmeer liegt heute 8–12 m tief unter dem Meeresspiegel; das belegen archäologische Funde. Schon damals hatte man versucht, sich mit Mauern gegen den Anstieg der Meeresoberfläche zu verteidigen – anscheinend vergeblich. Um bis zu 70 cm stieg der Meeresspiegel innerhalb eines Jahrhunderts in der Nacheiszeit. Antike Klimaflüchtlinge wanderten in höher gelegene Gebiete ab.

Derzeit steigt der Meeresspiegel um 1,7–3,1 mm pro Jahr. Das ist zwar weniger schnell als in den Nacheiszeiten, aber die Klimaphänomene und Starkwetterereignisse werden immer überraschender und betreffen eine viel größere Zahl von Menschen.

Zugleich liefern Offshore-Anlagen Strom ins Binnenland, sorgt Fischerei für gesunde Lebensmittel mit Proteinen, Iod oder Omega-3-Fettsäuren und ist der Tourismus ein gewichtiger Wirtschaftsfaktor.

Studienfahrten an das Meer können auch tief aus dem Binnenland heraus organisiert werden. Sie können beeindruckende Lernerlebnisse mit sich bringen, wenn sie gut geplant sind.

Einerseits gibt es sogar Fahrten mitten in den Atlantik. So berichtet eine Schülergruppe aus Baden-Württemberg über eine Fahrt auf die Azoren zur Studienvorbereitung (Dirschl 2019). Andererseits ist es fraglich, ob spektakuläre und vom Lebensmittelpunkt weit entfernte Orte dieser Erde bereits im Schulalter erobert werden müssen. Diese Weltreisen verursachen ja große Kosten und belasten die Umwelt selbst. Meereserlebnisse sind auch im Inland möglich.

Bewährte und für nachhaltiges Lernen bzw. BNE zertifizierte Lernorte an der Nordsee wie die Schutzstationen Wattenmeer werden statistisch am häufigsten von Gruppen aus demselben Bundesland, also aus Schleswig–Holstein bzw. Niedersachsen, aufgesucht. Daher ergibt sich die Frage, welche Bildungsinhalte Gegenstand aufwändig organisierter Studienfahrten ans Meer sein sollen.

Und wenn man dann am Meer ist, kann man viele Aspekte unter anderer Perspektive betrachten als aus dem Binnenland heraus. Dazu zählen auch Windkraftanlagen. Windräder am Meer, offshore oder im Fjord (◻ Abb. 15.1), sind Anlass zum Entwickeln von differenzierter Bewertungskompe-

Abb. 15.1 Windrad an der Nordsee

tenz. Ihr Bau ist eine Umweltbelastung, ihre Fundamente sind Chancen für Meerestiere (wie Hummer), ihre Effizienz der Energiebereitstellung ist je nach Bautyp hoch, die von Fernleitungen jedoch wiederum nicht, etc.

15.2 Lerneffekte nachprüfen

Kann an solchen maritimen Lernorten effektiv zu BNE gelernt werden? Jorge Groß (2011) erforschte, dass bei eintägigen Besuchen der Schutzstation Niedersächsisches Wattenmeer Lernerfolge im Hinblick auf Tierkenntnis zu verzeichnen waren, das Bildungsziel bezüglich BNE jedoch nicht wie gewünscht erreicht wurde. Andererseits berichten Teilnehmende von einwöchigen Nordsee-Studienfahrten aus Süddeutschland noch Jahre nach der Reise fasziniert von den Erlebnissen. Auch Plätze für Bundesfreiwilligendienste sowie ein Freiwilliges Ökologisches Jahr (FÖJ) sind bei der Schutzstation Wattenmeer vielfach stärker nachgefragt als im Binnenland, obwohl diese Dienste hohe Anforderungen an die Einsatzbereitschaft und Genügsamkeit stellen. Also muss die Qualität des Lernens an

diesen Orten hinterfragt werden. Diese Befunde weisen auf die Notwendigkeit mehrtätiger Aufenthalte hin. Allerdings sind die Aufwendungen für die Anreise aus südlicheren Bundesländern natürlich beträchtlich. In der Bildung für Nachhaltigkeit wird diese Relation unter dem Leitbild gebündelt: Rechtes Maß für Raum und Zeit.

Gruppenreisen innerhalb Deutschlands über weite Entfernungen geben Anlass, die Verlässlichkeit und den Komfort der öffentlichen Verkehrsmittel in Deutschland kritisch zu hinterfragen. Andererseits sollten Reisen im schulischen Kontext bei der Wahl der Verkehrsmittel Vorbildcharakter haben.

15.3 Umgang mit Komplexität

Meeresküsten als Lernorte ermöglichen in besonderer Weise die Erfassung der Komplexität des Lebendigen. Wilfried Probst, ein Wegbereiter und Vordenker von Lernen an außerschulischen Lernorten und Mitautor des Buchklassikers „Biologie im Freien", erkennt der Biologie beim Umgang mit Komplexität eine Schlüsselrolle zu (Probst 2000; Weber 2018;

Wittich und Niekisch 2014). Andererseits wird derzeit stark auf moderne Geomedien orientiert, um globale Zusammenhänge zu erfassen (Lude et al. 2013; Schaal et al. 2012). Sicher kommen den Geodaten besondere Erkenntnispotenziale zu, zumal Alexander Gerst von der internationalen Raumstation ISS aus diesen Blick aus dem All bildungsrelevant erschlossen hat. Aber die Authentizität der Nahbegegnung hat auch ihren Stellenwert. Handlungsaktive Angebote, ob mithilfe digitaler Geräte oder konventionell, können die Interessiertheit Jugendlicher am Naturschutz steigern (Schaal et al. 2012; Hergesell und Jäkel 2014).

Der Autor des Buches *Das Meer,* der Konferenzdolmetscher Wolfram Fleischhauer (Fleischhauer 2018), fordert im Nachwort seines Romans dazu auf, „Demut vor der Komplexität der Dinge" zu erzeugen „und vielleicht sogar Mut zu machen, sich genauer damit auseinanderzusetzen und nicht davor zu resignieren", also vor der Komplexität menschlichen Handelns in globalen Zusammenhängen. Und noch ein weiteres Buch bietet Anlass zum Verständnis globaler Zusammenhänge, in diesem Fall das Buch des Naturwissenschaftlers Andreas Fath (2016) mit dem Titel *Rheines Wasser.* Hier wird offenbar, wie der Rhein als mächtiger europäischer Fluss von seiner Quelle in den Alpen bis zur Mündung in die Nordsee über 1231 km vielfältige menschliche Fracht trägt: Frachtschiffe, Industrieabfälle, Plastik, Medikamentenrückstände und viele andere Stoffströme verbinden das Binnenland also auch unmittelbar mit dem Meer.

15.4 Qualitätskriterien außerschulischer Lernorte zu BNE

15.4.1 Wodurch zeichnen sich gute Lernorte der BNE aus?

Die normativen Setzungen der Bildungspläne sind noch keine Garantie für gute Qualität. Viele Bildungsinitiativen führen Kriterien auf, nach denen Lernorte selbst prüfen können, wie gut ihre Lernangebote sind.

Solche Bildungsinitiativen sind sich zudem über die Domänen einig, an denen man die Qualität von BNE an außerschulischen Lernorten beurteilen kann.

Im norddeutschen Raum hat sich ein System der Zertifizierung etabliert, dass unter dem Kürzel NUN (Norddeutsch und Nachhaltig) bekannt ist. Die Qualitätskriterien sind denen von Nordrhein-Westfalen recht ähnlich.

Die Kriterien liegen beispielsweise bei NUN in folgenden Bereichen:
1. Identifikation mit einem Leitbild, also Klarheit über Visionen, leitende Prinzipien, Zielsetzungen und Strategien
2. Qualifizierung der beteiligten Menschen, deren Fortbildung sowie Austausch mit Externen
3. Berücksichtigung der BNE als Querschnittsthema des Bildungsangebotes, die Kompetenzorientierung auf Handlungsfelder der Nachhaltigkeit, die Perspektiven- und Methodenvielfalt
4. Medien und Materialien für die Öffentlichkeitsarbeit
5. Organisation von Verantwortlichkeiten, interner Kommunikation, von Personalführung und -entwicklung sowie Evaluation
6. Infrastruktur der Räume und deren Ausstattung sowie Ressourceneinsatz

Die Natur- und Umweltschutzakademie NRW verwendet ganz ähnliche Kriterien und prüft das Vorliegen folgender Merkmale:
- Konzeption mit Inhalten und Perspektiven (von ökologisch über sozial bis ökonomisch und global)
- Kooperation und Management (personale Ebene der eigenen Einrichtung und Einbeziehung von Partnern)
- Partizipationsstrukturen für Lernende
- Öffentlichkeitsarbeit
- Qualität und Quantität der Bildungsangebote

Vergleichbare Systeme der Selbstprüfung sind auch bei Schulgartenaktiven in Baden-Württemberg üblich, die sich BNE auf ihre Fahnen geschrieben haben und Selbstbeurteilungsbögen im Rahmen von Schulgarteninitiativen im Land als Instrumente der eigenen Prüfung verwenden. BNE an der Küste unterliegt also ähnlichen Kriterien wie in anderen Bildungseinrichtungen.

15.4.2 Viel hilft viel? Eher nicht!

Ist die Zahl der Veranstaltungen ein Qualitätskriterium? Einige Bildungsexperten sehen eine hohe Anzahl als förderlich an, um viele Menschen zu erreichen oder Angebote zu verstetigen. Wenn viele Schulklassen eine Wattführung absolviert oder ein Besucherzentrum genutzt haben, wird dies als Erfolg gewertet. Andererseits kann eine Orientierung auf hohen Durchlauf mit einer Routine einhergehen, die den Interessen der Anbieter oder der Zielgruppe nicht mehr gerecht wird. Es sollte daher weitere Kriterien neben der Anzahl der Teilnehmenden geben, um gute Arbeit an einem außerschulischen Lernort zu charakterisieren. Insbesondere sollten die Vorkenntnisse der Lernenden in den Blick genommen und berücksichtigt werden, die personalen und sozialen Bedingungen am Lernort sowie die Bedingungen des (Natur-)Raumes (▶ Kap. 14 zum *Contextual Model of Learning*).

Große Beachtung kommt einer Verankerung von BNE als Struktur zu, im Unterschied zu beispielhaften Einzelprojekten. Insbesondere geht es nicht allein um Zuwachs fachlicher Kompetenzen der Biologie, sondern um Entwicklung von Bewertungs- und Handlungskompetenz zur möglichst nachhaltigen Gestaltung von Mensch-Umwelt-Beziehungen. An den Küsten werden die Menschen unmittelbarer als im Binnenland mit möglichen Folgen klimatischer Veränderungen konfrontiert. Müll wird an den Küsten unübersehbar angespült, der Meeresspiegel steigt und die Schutzsysteme sind

häufigeren Starkwetterereignissen ggf. nicht gewachsen (◨ Abb. 15.2). Halten die Deiche den Sturmfluten und dem steigenden Meeresspiegel stand? Die Hallig Hooge in Schleswig–Holstein hat sich für eine Erhöhung ihrer Warften entschieden – ein aufwendiges Unterfangen.

Obwohl es erfreulicherweise immer mehr Bildungseinrichtungen gibt, die sich den Herausforderungen guter BNE stellen, haben einige davon schon gute Traditionen. Beispielhaft an der Schutzstation Wattenmeer als außerschulischer Lernort ist insbesondere, dass Alltagsroutinen im Hinblick auf ihre Umweltauswirkungen hinterfragt werden:

- Welche Spülmittel und Waschmittel werden eingesetzt und wie viel davon?
- Sind Baumwollhandtücher praktikabler als Papierhandtücher oder gar elektrische Händetrockner?
- Welche Variante der Erhitzung von Teewasser ist am effektivsten: Mikrowelle, Wasserkocher oder Kochtopf?
- Ist gemeinschaftliches Kochen mit regionalen Lebensmitteln möglich? Welche Produkte regionaler Erzeuger sind verfügbar?
- Wie gelingen Mülltrennung und Müllvermeidung auf einer Insel oder Hallig?
- Helfen Spülmaschinen beim Wassersparen?
- Wie kann eine Insel oder Hallig ohne motorisierten Individualverkehr funktionieren?
- Welche Erwerbsmöglichkeiten haben die Bewohnerinnen und Bewohner der Halligen an der Nordsee?
- Wie wirkt sich moderate Beweidung auf die Salzwiesen aus?
- Ist eine Fähre ökologischer als ein Katamaran?
- Wie funktioniert die Benutzung der allgemein als umweltfreundlich benannten Eisenbahn mit Gruppen von Jugendlichen?
- Funktioniert Geothermie ganz ohne Stromzufuhr? Wie kann ein sinnvoller

◻ Abb. 15.2 Aufwartung auf Hallig Hooge 2019

Mix zur Stromversorgung aussehen? Wie kann effizient dezentral Strom bereitgestellt werden?

— Sind die Warften, also die Gebäude auf aufgeworfenem Grund, dem Anstieg des Meeresspiegels gewachsen. Sind die Deiche hoch genug?

— Welche Fische kann man noch bedenkenlos verzehren, und wo erhält man sie?

— Sind Nordseekrabben eigentlich guten Gewissens zu verzehren, wenn sie in Marokko gepuhlt wurden?

— Können Algen zur Welternährung sinnvoll beitragen?

— Fördern Nationalparks mit ihren Einrichtungen die Bereitschaft zur Erhaltung von Biodiversität und Landschaft?

Eine Woche auf einer Schutzstation Wattenmeer bietet nicht nur unvergessliche Naturerlebnisse und einen im wahren Sinne des Wortes weiten und unverstellten Blick. Gemeinschaftliches Wohnen und Leben sind auch eine Woche gelebter Nachhaltigkeit und Reflexion des eigenen ökologischen Fußabdrucks.

Die Anreise mit öffentlichen Verkehrsmitteln wird auch deshalb immer schwieriger, weil bei stürmischen Wetterlagen der Fährbetrieb aus Sicherheitsgründen eingestellt wird. Die klimatischen Veränderungen gehen mit häufigeren stürmischen Wetterlagen einher. Umso wichtiger ist endlich ein ernst gemeinter Klimaschutz. Auch die nationale Naturbewusstseinsstudie von 2017 legt besonderes Augenmerk auf den Schutz der Meere BMU (2018).

15.5 Der Aal – ein Problemfisch?

Die Verknüpfung von Binnenland und Ozean zeigt sich exemplarisch bei Fischarten wie dem Europäischen Aal *(Anguilla anguilla)*. Der Aal ist ein Beispiel für Tiere mit Wechsel zwischen ozeanischer Lebensphase (durchsichtiger Glasaal) und kontinentaler Lebensphase (Gelbaal mit gelber Bauchseite; ◻ Abb. 15.3) sowie erneuter ozeanischer Phase (Blankaal mit silbriger Bauchseite). Der Aal verbringt im Binnengewässer über ein Jahrzehnt seines Lebens. Vor allem beim Aufenthalt in den

Abb. 15.3 Europäischer Aal *(Anguilla anguilla)*, hier ein Gelbaal

Flussmündungen ist die Nahrung des Aals mit anthropogenen organischen Verbindungen belastet, wie Bremerhavener Forscher dokumentieren (Hille-Rehfeld 2020). Dazu gehören Pestizide, Dioxin, polychlorierte Biphenyle (PCB). Aber auch Ionen von Schwermetallen wie Kadmium, Kupfer und Quecksilber sind vorfindlich, lagern sich in die Fettdepots der Aale und später folgerichtig in die Geschlechtsorgane ein. Von Knochen und Fettgewebe ausgehende Belastungen verursachen erschwerte Startbedingungen für die Larven der Aale in der Sargassosee, einer tropischen Region des Atlantischen Ozeans. Der Europäische Aal wird von der Weltnaturschutzunion IUCN als vom Ausserben bedrohte Art geführt. Die Schmutzfracht der Flüsse gehört ebenso zu den Stressoren der Fische wie durch den Fischhandel verbreitete Parasiten.

Damit ist der Aal ein Fisch, der globale Dimensionen menschlicher Handlungen exemplarisch aufzeigt.

15.6 Das Seegras – eine Pflanze mit globaler Bedeutung

Das Seegras *(Zostera)* ist eine Pflanze des ozeanischen Florenreiches. In der Nordsee wurden nach Rückgang der Bestände des Gewöhnlichen Seegrases *(Zostera marina)* vermehrt Vorkommen des Zwerg-Seegrases *(Zostera nana)* festgestellt. Beide Arten sind Vertreter einer eigenen Familie der *Zosteraceae* in der Ordnung der Froschlöffelartigen (Alismatales). *Zostara nana* ist deutlich kleiner als *Zostera marina*. Seegras kann Blüten bilden, vermehrt sich aber meist über Ableger. Dabei sind diese Ableger gar nicht so genetisch identisch, wie man bei einem Klon eigentlich vermuten müsste. Trotzdem sind viele Seegrasbestände Pilzen bzw. vermutlich auch Umweltverschmutzung zum Opfer gefallen.

Seegraswiesen bilden jedoch die Lebensgrundlagen für vielfaltige Ökosysteme unter Wasser (Abb. 15.4).

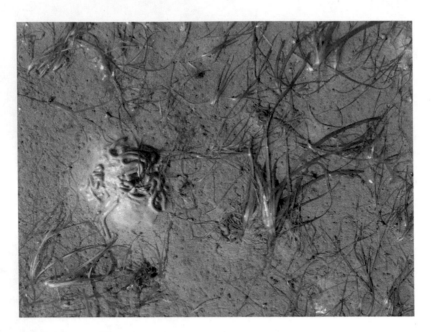

�‣ Abb. 15.4   Zwerg-Seegras *(Zostera nana)*

Seegraswiesen sind ökologisch unverzichtbar für die Meere. Seegraswiesen sind Kinderstube für Lebewesen des Wattenmeers und Futterplatz für globale Wanderer. Beispielsweise überwintert die Ringelgans in Südwesteuropa am Atlantik, rastet, grast und balzt bis zum 20. Mai im Wattenmeer und tankt Energie für den Flug und für die Brut auf der Halbinsel Taimyr auf Sibirien am Polarmeer. Bevor die Vögel sich auf den weiten Weg machen, finden sie sich zu Gruppen zusammen, sie rotten sich zusammen und grummeln dabei untereinander leise „rott, rott". Die Ringelgans ist die kleinste Meeresgans, die in Deutschland zu beobachten ist (◼ Abb. 15.5).

Im Herbst wiederholt sich die Rast in entgegengesetzter Richtung. Deutschland kann seiner besonderen Verantwortung für bestimmte Organismen, wie beispielsweise für die Ringelgans, nur gerecht werden, wenn die Bedingungen zum Grasen gegeben sind. Um diesem Schutzgedanken Nachdruck zu verleihen, veranstaltet die schleswig-holsteinische Schutzstation Wattenmeer Ringelganstage auf der Hallig Hooge, denn dort – und nur dort – rastet der Großteil der Tiere auf seinem Zug an das Polarmeer.

Die Gänse weiden auf Seegras- und Salzwiesen. Der Ausfall der Weidefläche kann je nach Belastung (man zählt die Hinterlassenschaften pro Fläche) ausgeglichen werden. ◼ Abb. 15.6 zeigt eine typische Salzwiesenpflanze, das Milchkraut *(Glaux maritima),* denn bei Flut grast die Ringelgans natürlich an Land.

Die Ringelgans zeigt exemplarisch auf, wie einzelne Orte globale Verantwortung tragen und ein vernünftiges Management die wirtschaftlichen Interessen der Landwirte mit den ökologischen Erfordernissen der Erhaltung einer Art in Einklang bringen kann. Dies ist der Kerngedanke der Bildung für nachhaltige Entwicklung: soziale, kulturelle, ökonomische und ökologische Zusammenhänge durchdenken und Handlungsalternativen wählen, die das System noch möglichst lange erhalten.

15

◘ Abb. 15.5 Ringelganspaar *(Branta bernicla)* auf Hallig Hooge

◘ Abb. 15.6 Ringelganskot neben Milchkraut *(Glaux maritima)*

15.7 Tiere genau beobachten

Der Aufenthalt an der Küste bietet gute Möglichkeiten der Beobachtung von Wildtieren, insbesondere auch von Vögeln (◘ Abb. 15.7). Die Ursprünge vieler Naturschutzstationen gingen daher zunächst auch vom Vogelschutz aus, und die Flora-Fauna-Habitate (FFH) legen ebenfalls auf Vogelschutz großen Wert.

◘ Abb. 15.7   Vogelbeobachtung lernen auf Hallig Hooge

Neben den Zugvögeln wie der eben erwähnten Ringelgans gibt es auch Brutvögel an den Küsten unseres Landes. Ihr Überleben zu ermöglichen, das ist trotz bestehender Schutzbestimmungen weiter vom konkreten Verhalten der Menschen abhängig. Die genaue Beobachtung der Bestände, das Monitoring, ist eine wichtige Voraussetzung für ihren Schutz. Um Expertise in diesem Gebiet auszubilden, können Studienfahrten eine große (motivationale) Rolle spielen (◘ Abb. 15.7).

Der Austernfischer (*Haematopus ostralegus;* ◘ Abb. 15.8) ist ein Charaktervogel der Küsten, frisst jedoch keine Austern, sondern Wattwürmer *(Arenicola marina)* und junge Herzmuscheln *(Cerastoderma edule)*.

Der Basstölpel (*Morus bassanus;* ◘ Abb. 15.9) brütet auf der Hochseeinsel Helgoland, wird aber an der Küste aus deutlich erkennbarem Grund auch tot angespült. Das Thema der Verschmutzung unserer Meere mit Plastik ist inzwischen auch in der Öffentlichkeit angekommen.

Neben den Vögeln können bei einem Aufenthalt an der Küste auch andere Organismen in kleinen Wasserbecken lebend beobachtet und danach wieder freigelassen werden, beispielsweise Ringelwürmer mit vielen Borsten und Außenkiemen, mit Augen oder von Natur aus blind, lebende Herzmuscheln mit ihren Siphonen, Miesmuscheln mit dem mobilen Fuß und der Byssusdrüse und die zu den Krebstieren gehörenden Seepocken mit ihren pulsierenden Armbewegungen. Mit ungiftigen Farbstoffen wie dem leuchtend grünen Uranin können Stoffströme live sichtbar gemacht werden. Unter der Stereolupe eröffnen sich wahre Wunderwelten. So wird während der Studienfahrten an die Küste nicht nur „Schietwetter" überbrückt, sondern häufig auch noch bis weit in die Nacht hinein geforscht.

15.8   Natur ist im steten Wandel

Vor 115.000 bis 117.000 Jahren lag der Meeresspiegel zwischen Eurasien und Nordamerika etwa 120 m tiefer als heute. Grund waren Vereisungen, die große Wassermassen fixierten. Heute liegt die Doggerbank als Sandbank 13–30 m unter Wasser, und küstennahe Bereiche fallen täglich

◻ **Abb. 15.8**   Austernfischer *(Haematopus ostralegus)*

◻ **Abb. 15.9**   Basstölpel *(Morus bassanus)*

bei Niedrigwasser trocken. Dieses Wattenmeer der Nordsee ist weltweit einmalig und erstreckt sich von den Niederlanden über Deutschland bis nach Dänemark (◻ Abb. 15.10). Das Wattenmeer ist so besonders einzigartig, dass es zum Weltnaturerbe erklärt wurde. Nach Angaben der Deutschen UNESCO-Kommission umfasst die Welterbestätte Wattenmeer eine Fläche von etwa 11.500 km2.

Der Nationalpark ist ein Instrument, um Kunden zu informieren und Möglichkeiten für eigene nachhaltige Verhaltensweisen aufzuzeigen. Er ist damit Instrument der Wirtschaftsförderung und des Naturschutzes sowie der Bildungsarbeit.

◨ **Abb. 15.10** Das Wattenmeer ist ein grenzüber-schreitendes Schutzgebiet

Lernorte an der Küste bieten gute Bedingungen, um sich mit verschiedenen Kategorien des Schutzes und des Landschaftserhalts vertraut zu machen. Es gibt Naturschutzgebiete, Landschaftsschutzgebiete, grenzüberschreitende Flora-Fauna-Habitate, Nationalparks (◨ Abb. 15.10) und eben das Welterbe sowie grenzüberschreitende Bildungsangebote, z. B. die Internationale Wattenmeer-Schule. Diese *International Wadden Sea School,* IWSS arrangiert über ein Netzwerk von Partnereinrichtungen internationale Studienfahrten und Begegnungen im Raum des Wattenmeeres. So wird deutlich: Meeresschutz und Naturschutz allgemein gelingen nur grenzüberschreitend.

Eine Wattwanderung (◨ Abb. 15.11 und 15.12) ist ein unvergessliches Naturerlebnis. Zur Gewährleistung der Sicherheit ist ein geprüfter Wattführer vorgeschrieben. Während das Laufen in Ufernähe durch den abgelagerten Schlick mühsam ist, wird der

◨ **Abb. 15.11** Wattwanderung auf Sandwatt

Abb. 15.12 Wattwanderung zur Insel Pellworm

Untergrund zum offenen Meer hin immer sandiger. Jedoch durchschneiden wasserge-füllte Priele mehrfach den Weg. Bei unver-hofft aufziehendem Nebel wird ein Kom-pass benutzt. Die Gezeiten müssen genau berücksichtigt werden. Ob trotz des Nied-rigwassers eine kniehohe Wasserschicht durchwatet werden muss, hängt auch von Wind und Wetter ab (■ Abb. 15.12). Kei-nesfalls wird eine Wattwanderung bei Ge-witter durchgeführt.

Die Schutzbestimmungen differen-ziert zu kennen und zu respektieren, dies ist Teil der Bildungsarbeit für Jugendli-che wie für Erwachsene. Die Schutzzone 1 (■ Abb. 15.13) des Nationalparks darf in der Brutzeit nicht gestört werden. Die Schutzstation Wattenmeer (■ Abb. 15.14) ist ein bewährter Bildungspartner für Um-weltbildung und BNE.

? Fragen

– Welche inhaltlichen Kriterien, neben der Zahl der Besucherinnen und Besu-cher, kennzeichnen gute Lernorte der Bildung für nachhaltige Entwicklung?

Abb. 15.13 Schutzzone 1 des Nationalparks

 **Abb. 15.14**   Schutzstation Wattenmeer, Seminarhaus auf Hooge

- Welchen Schutzstatus haben das Niedersächsische, das Schleswig-Holsteinische sowie das Hamburger Wattenmeer mit ihren dänischen Nachbarn gemeinsam ( Abb. 15.10)?
- Zu welcher Pflanzenfamilie gehört das Seegras?
- Ist die Ringelgans eher eine kleine oder eine große Meeresgans?
- Wie nennt man Jungtiere der Aale, die aus der Sargassosee in die Nordsee schwimmen?
- Welche Vor- und Nachteile haben Windräder an der Küste?

Literatur

BMU (Hrsg.) (2018). Naturbewusstsein 2017. Bevölkerungsumfrage zu Natur und biologischer Vielfalt. ▶ https://www.bmu.de/publikation/naturbewusstsein-2017/

Dirschl, S. (2019). Jungforscher auf Walexpedition-Linzer Schüler erforscht Wale und Delfine auf den Azoren. Graz. *Young Science*, 7 Jg.8, 12–19.

Fath, A. (2016). *Rheines Wasser*. München: Hanser.

Fleischhauer, W. (2018). *Das Meer Roman*. München: Droemer.

Groß, J. (2011). „Orte zum Lernen – Ein kritischer Blick auf außerschulische Lehr/Lernprozesse" In K. Messmer (Hrsg.), *„Außerschulische Lernorte – Positionen aus Geographie, Geschichte und Naturwissenschaften"*. Zürich: LIT.

Hergesell, D., & Jäkel. L. u.a. (2014). Helfen moderne Geomedien (GPS, GIS), die Interessiertheit Jugendlicher für Naturbegegnung und Umweltschutz zu steigern? In M. Müller, I. Hemmer, & M. Trappe, (Hrsg.), *Nachhaltigkeit neu denken Rio+X: Impulse für Bildung und Wissenschaft* (S. 243–249). München: oecom.

Hille-Rehfeld, A. (2020). Fortpflanzung als Knochenarbeit. *Spektrum der Wissenschaft, 3,* 20–21.

Lude, A., Schaal, S., Bullinger, M., & Bleck, S. (2013). *Mobiles ortbezogenes Lernen in der Umweltbildung und Bildung für nachhaltige Entwicklung*. Hohengehren: Schneider.

Probst, W. (2000). Hängt alles mit allem zusammen? Chancen und Risiken biologischer Bildung. *Biologie in der Schule, 49,* 1–5.

Schaal, S., Grübmeyer, S., & Matt, M. (2012). Outdoors and Online – Inquiry with mobile devices in pre-service science teacher education. *World Journal on Educational Technology, 4,* (2), 113–125.

Weber, E. (2018). *Biodiversität – Warum wir ohne Vielfalt nicht leben können*. Berlin: Springer.

Wittich, R., & Niekisch, M. (2014). *Biodiversität: Grundlagen, Gefährdung, Schutz*. Berlin: Springer

15

Lernerfolge dokumentieren – Forscherhefte

Zum Verhältnis von Sprechen, Schreiben und Erkunden

Inhaltsverzeichnis

© Springer-Verlag GmbH Deutschland, ein Teil von Springer Nature 2021
L. Jäkel, *Faszination der Vielfalt des Lebendigen – Didaktik des Draußen-Lernens*,
https://doi.org/10.1007/978-3-662-62383-1_16

Trailer

„Denn was man schwarz auf weiß besitzt, kann man getrost nach Hause tragen", lässt Johann Wolfgang von Goethe seine Protagonisten 1808 im *Faust* fachsimpeln. Ist dies auch für das Lernen an außerschulischen Lernorten maßgeblich?

Braucht jede Lernhandlung ein schriftliches Zeugnis, jede Lernstation ein Arbeitsblatt? Welche Formen der Dokumentation und Präsentation des Erlernten und Erlebten sind denkbar?

Wie können Aufwand und Nutzen so in Einklang gebracht werden, dass die Zuwendung der Lernenden zu den Lebewesen den Vorrang hat und das Verstehen gefördert wird?

16.1 Hinführung: Tierrätsel als Einstieg in den Lernort

■ **Willkommen am Lernort**

Zur Begrüßung an einem zuvor nicht bekannten naturnahen Lernort selbst auf Entdeckungskurs zu gehen, das ist für Kinder und Jugendliche viel spannender als eine „Führung". Bei älteren Menschen ist dies anders, sie lassen sich gerne erst einmal etwas erzählen. Kinder brauchen in der Regel Angebote mit eigenen Bewegungsräumen oder Handlungsmöglichkeiten.

Jedoch muss der Lernraum zum Erkunden ein umgrenzter Raum sein, der keine Angst einflößt. So darf nicht die Gefahr bestehen, sich zu verlaufen. Die Biologiedidaktikerin Petra Lindemann-Matthies hat schon zu Beginn unseres Jahrhunderts auf Fachdidaktik-Tagungen im Ergebnis der Erforschung von Lernorten (Lindemann-Matthies 2002) dazu geraten, statt eines unbekannten Waldstückes auch die schulnahe Umgebung zu erkunden. Andererseits ist gerade etwas Unbekanntes anregend für Neugier und Aufmerksamkeit, wie der Neurobiologe Manfred Spitzer (2002, 2005) an zahlreichen Beispielen erläutert hat.

■ **Klare Regeln**

Auch die wesentlichen Regeln als „Gast" am Lernort sind zu klären, bevor die Erkundungen von Kindern und Jugendlichen beginnen: Warum sind manche Verhaltensweisen erlaubt? Was ist zu unterlassen, und warum? Der metallene Schneckenzaun um die Beete herum beispielsweise ist nur eine Stolperfalle für Nacktschnecken, nicht für Kinder. Der Weg direkt am Einflugloch der Honigbienen ist tabu, zum Vorteil für die Bienen wie für die Menschen. Auch die Lage der Sanitäreinrichtungen, die Sammelbehälter für gebrauchtes Geschirr und Trinkbecher, der Kompostplatz und die Sammelstelle für Restmüll müssen geklärt sein. Das Erklären von Regeln mit Begründungen mindert die kognitive Belastung, so werden Kapazitäten für das Lernen frei.

■ **Gezielt auf Erkundung gehen**

Und nun geht es endlich los: Damit Tiere und Pflanzen zu allen Jahreszeiten, auch im Winter, „gesehen" werden können, wurden Nachbildungen aus Sperrholz gefertigt (◘ Abb. 16.1, 16.2 und 16.3). Sie zeigen hölzerne Nachbildungen von Tieren oder Pflanzen, die zumindest zeitweise real vorkommen, sich der Beobachtung aber gegebenenfalls entziehen.

Diese Silhouetten wurden durch historische Vorbilder inspiriert: Lassen die natürlichen Gegebenheiten (noch) keine Auffälligkeiten zu, kann man nachhelfen. Diese Methode ist dem Park Sanssouci entlehnt, seit 1990 Weltkulturerbe der UNESCO. Dort setzte man in den Gartenanlagen vor dem Schloss Sanssouci optische Akzente mit Plastiken (◘ Abb. 16.4), bevor die Bäume im Park groß genug gewachsen waren und die Strukturierung übernehmen konnten.

Unser Blickfang sind vergrößerte Abbilder der Organismen aus Holz, die vielfach und flexibel als Lernmaterialien dienen können. Unsere Holztiere und Holzpflanzen tragen auf der Rückseite Buchstaben (◘ Abb. 16.3). Aus den Buchstaben wird

◪ **Abb. 16.1**   Nachbildungen aus Holz von Zilpzalp, Zitronenfalter und Weinbergschnecke

◪ **Abb. 16.2**   Fuchs und Eichelhäher gehören in das Waldareal – hier als Holztiere

ein Lösungswort zusammengesetzt, das zum Thema des Lernens hinführt. Wer alle Buchstaben entdeckt und das Lösungswort gefunden hat, trägt es in das Forscherheft ein. Für jeden Lerntag werden die Buchstaben passend gewählt und auch die Holzmodelle modifiziert (◪ Abb. 16.3). Dies kann den Auftakt für den Lernprozess bilden. Das Kennenlernen des Geländes wird mit einer thematischen Orientierung kombiniert.

Auch Cornell'sche Übungen der Naturerlebnispädagogik können durchgeführt werden (Cornell 2006). So einen riesigen Eichelhäher, ein Eichhörnchen, einen Zilpzalp im Gebüsch oder einen stark vergrößerten Regenwurm am Kompostplatz zu entdecken, ist gar nicht so einfach, wie man erwarten könnte. Cornells Methode des *Flow Learning* führt klassisch in vier Stufen zu einem vertieften Verständnis und

◘ Abb. 16.3   Lösungsbuchstaben führen zum Thema des Unterrichts hin

◘ Abb. 16.4   Säulen mit Plastiken als Blickfang im Weltkulturerbe Park Sanssouci

Wahrnehmen von Natur: Vom Wecken der Begeisterung für die Natur über das konzentrierte Wahrnehmen von Natur über unmittelbare Erfahrungen werden diese Erfahrungen mit anderen geteilt. Dabei müssen wir ja nicht stehen bleiben, sondern können dies als Ausgangspunkt für fundiertes weiteres Lernen verstehen (Cornell 2006).

Zudem wissen wir von Carolin Retzlaff-Fürst (2008), dass Vergrößerungen insbesondere von Tieren außerordentlich

16

◨ **Abb. 16.5**   Eichhörnchen

lernwirksam sind, wenn es um kleine wirbellose Tiere geht.

Manchmal klappt es, dass die Tiere während des Lernaufenthaltes auch live auftauchen, zum Beispiel Eichhörnchen (◨ Abb. 16.5; ▶ Kap. 2).

▪ **Forscherblatt mit Tierrätsel als Auftakt**

Nun kommt das erste Forscherblatt zum Einsatz. Die Schülerinnen und Schüler erhalten Schreibunterlagen, wasserfeste Holzstifte und die Aufgabe, die Lebewesen mit den Buchstaben zu finden und in die richtige Reihenfolge zu bringen. Fuchs, Fledermaus, Bergmolch, Zilpzalp, Maulwurf, Eichhörnchen, Feldhase, Regenwurm, Zitronenfalter, Weinbergschnecke ergeben beispielsweise das Lösungswort und zugleich Thema der Unterrichtsstunde, hier Jahreszeit (◨ Abb. 16.6).

Das Tierrätsel ist meist die erste Seite des Forscherheftes. Jüngere Schülerinnen und Schüler bis zur Orientierungsstufe bearbeiten solche Rätsel sehr gern und reflektieren dies auch bei Evaluationen.

16.2 Wie erstellt man schnell und kreativ Forscherhefte?

Lothar Staeck (1982) plädierte in den ersten Ausgaben seines Buches zum zeitgemäßen Biologieunterricht dafür, das Lernen an außerschulischen Lernorten stets durch ein Arbeitsblatt zu flankieren. Dem könnte man entgegenhalten, dass so die Freude am Erkunden, Entdecken und eigenen Forschen gebremst werden könnte. Andererseits fordern Eltern (nach unserer Erfahrung vorrangig bei Grundschulkindern) völlig berechtigt, nach einem Schultag an einem ungewohnten Lernort Zeugnisse des Lerngewinns ihrer Kinder in Augenschein nehmen zu können.

Als Ausweg aus diesem Dilemma bietet sich eine Variante der Verschriftlichung an, mit der im Lernort Ökogarten Heidelberg seit mehreren Jahren sehr gute Erfahrungen gemacht werden. Für das Lernen draußen am naturbezogenen außerschulischen Lernort werden sogenannte Forscherhefte oder Forscherblätter erstellt. Diese Forscherblätter

Tierrätsel

Buchstabe:				

Buchstabe:				

Lösung: ___ ___ ___ ___ ___ ___ ___ ___ ___ ___

☐ **Abb. 16.6**   Forscherblatt mit Tierrätsel zur Begrüßung einer Lerngruppe

werden nach den folgenden Kriterien gestaltet:

- Forscherblätter enthalten wenig Text. Aber: Wesentliche Begriffe des Lernprozesses werden deutlich fixiert (Kiefer 2008; Schaefer et al. 1992).
- Sie sind durch Comics oder altersgerechte Bilder so gestaltet, dass die Grundstimmung positiv beeinflusst wird.
- Sie animieren zur Bearbeitung von Sachverhalten. Sie brauchen also einen Blickfang (Eyecatcher).
- Sie bieten Halt und gegebenenfalls einen Rahmen für Kinder, die schriftbasiertes Arbeiten gewohnt sind.
- Für den Namen jedes Kindes bzw. Jugendlichen ist Platz vorgesehen, die Beschriftung erfolgt unmittelbar nach dem Austeilen des Lernmaterials.
- Für Schreibunterlagen ist zu sorgen. Es wird mit Bleistiften oder Buntstiften gearbeitet, die wasserfest sind.
- Es wird auf sorgfältigen Umgang mit dem Forscherheft orientiert und Wertschätzung angebahnt.

- Das A5-Format wird bevorzugt. So kann die Schreibunterlage kleiner sein, das Heft wird outdoor weniger geknickt und kann besser mitgenommen werden.
- Das Forscherheft ist so sparsam wie möglich gestaltet, sollte aber alle wesentlichen Lernthemen dokumentieren, insbesondere bei Stationenarbeit.
- Das Forscherheft sollte im nachfolgenden Schulunterricht gezielt wieder eingesetzt werden.
- Die Forscherblätter enthalten offene Aufgabenformate und in jedem Fall die Option, eigene Darstellungsformen zu finden.
- Die Forscherblätter bzw. das Forscherheft sind Instrumente des sprachsensiblen Fachunterrichts durch Hinführung zur Fachsprache und zu einer adressatengerechten Wortwahl sowie zu einem durchdachten Satzbau.

Die Forscherhefte werden zum jeweiligen Lerngegenstand passend gestaltet. Jedoch können durch die Lehrkräfte natürlich gängige Themen des Bildungsplanes nach

☑ **Abb. 16.7**   Kinder arbeiten mit Material und dem Forscherheft

einem Baukastenprinzip mehrfach kombiniert oder „recycelt" werden. Es gibt so viele Varianten, es richtig zu machen.

Forscherblätter können Dinge abbilden, die man nicht so schnell selbst zeichnen kann. Sie können bei höheren Klassenstufen auch chemische Formeln enthalten.

Lernmaterial für die Schülerinnen und Schüler sollte von den *Lehrenden* selbst als authentisch empfunden werden. Die Übernahme eines Materials, das von anderen (durchaus mit Herzblut) erstellt wurde, kann in die Irre führen, selbst wenn der Autor oder die Autorin des Materials damit sehr gute Erfahrungen reflektiert. Die Hauptsache beim Aufenthalt am Lernort ist eben nicht das „Ausfüllen" eines Arbeitsblattes, sondern die subjektiv als sinnvoll erlebte Hinwendung zu Aspekten der Natur. Es sollte kein „fertiges" Programm abgespult werden. Die Konzeption sollte den Lehrenden Sicherheit geben, um dann flexibel gemäß den Gegebenheiten reagieren zu können. Das Forscherheft kann als „doppelter Boden" dienen, notfalls aber auch erst nachträglich vervollständigt werden. Sind einzelne Gruppen von Kindern

noch beim Erkunden, können Wartezeiten durch pfiffige Aufgaben im Forscherheft überbrückt werden.

☑ Abb. 16.7 und 16.8 zeigen Kinder bei der Arbeit mit Material und Forscherheft.

16.3 Verschriftlichungen mit Originalen kombinieren

Gern kleben Lernende trockene Samen oder Früchte von Pflanzen auf, die sie erkundet haben. So gehört neben den Namen des Getreides auch ein trockenes Früchtchen, also ein Getreidekorn (▶ Kap. 8). Auch reife Früchte der Doldenblütler (▶ Kap. 10) oder Korbblütler (▶ Kap. 9) kann man gut aufkleben. Hierfür braucht man eine ausreichende Anzahl von Abrollern mit Klebeband für die Lerngruppen. Das Herbarisieren, also das Trocknen von Pflanzen zur Dokumentation, sollte dann aber im Raum fachgerecht erledigt werden.

Wichtig ist das Nutzen von Sprachgelegenheiten. Werden beispielsweise Lippenblütler (▶ Kap. 1) zu einem würzigen Quark oder Tee zugefügt, sollten die

▣ Abb. 16.8   Arbeit am Material mithilfe des Forscherheftes

16   **▣ Abb. 16.9**   Mit einem Blattabrieb können Laubblätter merkmalsaffin abgebildet werden

verwendeten Pflanzen mit ihren Namen mehrfach wiederholt werden.

Die Forscherhefte sollten aber auch Platz für eigene Zeichnungen geben, gegebenenfalls für Farbspielereien und Explorationen zum Beispiel mit Färberwaid, Rotkohl (► Kap. 4) oder Ringelblumen (► Kap. 9).

Auch „Rubbelbilder" sind sinnvoll (▣ Abb. 16.9). Auf einfache Weise lassen sich so beispielsweise Unterschiede zwischen den so ähnlichen Laubblättern von Minze oder Melisse mit einem einfachen Trick abbilden (► Kap. 1). Hierfür wird über jedes Laubblatt ein weißes Blatt Papier gelegt. Mit einem Holzbuntstift fährt man

◘ **Abb. 16.10** Schnirkelschnecken *(Cepaea)*

sanft über die Unebenheiten und hebt sie so hervor.

16.4 Beispiele zur Gestaltung von Forscherblättern

Die nachfolgenden Beispiele sind aus ganz verschiedenen Themenbereichen gewählt. Die Palette reicht von organismischer Biologie bis zur Physiologie oder Genetik der Oberstufe. Es werden sehr theoretische Lerninhalte mit originalen Formen der Begegnung kombiniert, um ein reicheres assoziatives Umfeld für Begriffe zu ermöglichen und Behaltenseffekte zu fördern Kiefer 2008). Weitere Beispiele für Forscherblätter findet man in ▶ Kap. 1, 9, 10 und 11.

- **Forscherblätter „Mendel'sche Regeln bei Schnirkelschnecken"**

Häufig findet man im Garten leere Gehäuse von Schnirkelschnecken (◘ Abb. 16.10). Man kann sie gut in der Biologiesammlung aufbewahren und durch neue Funde ergänzen. Umso größer wird die „Stichprobe",

die hier im Hinblick auf die Mendel'schen Regeln untersucht werden kann.

Die in ◘ Abb. 16.11 und 16.12 gezeigten Forscherblätter können die Erarbeitung der Mendel'schen Regeln im Freiland unterstützen. Ebenso könnte im Freiland auch mit Erbsen gearbeitet werden, die sich in Blütenfarbe, Blütenanordnung oder Samenfarben unterscheiden (▶ Kap. 3).

- **Erkenntnisse zu den Forscherblättern im Gespräch vertiefen**

Es gibt viele Möglichkeiten, die Erforschung der Schnecken im Garten in verschiedene Kontexte zu setzen. Denn schließlich sind Schnecken im Gartenalltag wahre „Problemtiere".

Die Formenvielfalt von Bänderschnecken (Schnirkelschnecken) kann wesentlich auf die Mendel'schen Regeln mit dominanten und rezessiven Allelen zurückgeführt werden. Dies wurde bereits zu Beginn des 19. Jhd. nachgewiesen, kurz nach der Wiederentdeckung der Mendel'schen Regeln – einer sehr aktiven Zeit genetischer Forschung. Seitdem gelten Färbung und

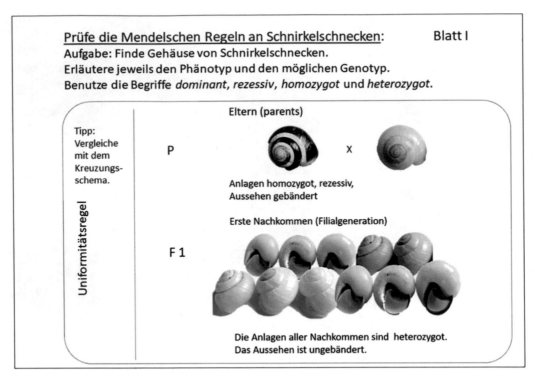

Prüfe die Mendelschen Regeln an Schnirkelschnecken: Blatt I
Aufgabe: Finde Gehäuse von Schnirkelschnecken.
Erläutere jeweils den Phänotyp und den möglichen Genotyp.
Benutze die Begriffe *dominant, rezessiv, homozygot* und *heterozygot*.

Tipp:
Vergleiche
mit dem
Kreuzungs-
schema.

Uniformitätsregel

Eltern (parents)

P   X

Anlagen homozygot, rezessiv,
Aussehen gebändert

Erste Nachkommen (Filialgeneration)

F 1

Die Anlagen aller Nachkommen sind heterozygot.
Das Aussehen ist ungebändert.

◨ **Abb. 16.11**   Forscherblatt I zu Mendel'schen Regeln bei Schnirkelschnecken

Musterung der Gehäuse von Bänderschnecken als eines der ersten Beispiele für Mendel'sche Genetik bei Tieren.

Die zwei häufigsten Arten der Bänderschnecken in Mitteleuropa sind leicht zu unterscheiden. Hainschnirkelschnecken *(Cepaea nemoralis)* tragen einen braunen Rand am Mantel, Gartenschnirkelschnecken *(Cepaea hortensis)* haben eine helle Mündung. Beide Arten weisen eine große Vielfalt der Gehäusefärbungen auf. Die Anlagen des Merkmals Bänderung bei Schnirkelschnecken sind rezessiv. Gebänderte Schnecken sind also homozygot im Hinblick auf die Allele für das Merkmal Bänderung.

Manche Schnirkelschnecken sind ungebändert. Die Anlagen für dieses Merkmal werden dominant vererbt. Trotzdem gibt es relativ wenige völlig ungebänderte Schnirkelschnecken.

Vermutlich sind helle Schnecken für Vögel besser sichtbar, natürlich abhängig vom Untergrund. Besonders Singdrosseln wählen einzelne Steine, um dort Schneckenhäuser zu knacken. Auch Amseln (also Schwarzdrosseln) verzehren den Inhalt von Schneckengehäusen. Ist eine Vielzahl beschädigter Schneckenhäuser um einen Stein vorfindlich, spricht man von einer Drosselschmiede.

Die Drosselschmiede in ◨ Abb. 16.13 zeigt in diesem Fall zahlreiche Schnecken vom Teichufer (▶ Kap. 6). Posthornschnecken *(Planorbarius corneus)* und Spitzschlammschnecken *(Lymnaea stagnalis)* scheinen für Drosseln die nötige Größe für einen Snack zu haben.

Es ist also wichtig herauszustellen, dass die Allelhäufigkeit nicht gleichzusetzen ist mit Dominanz.

16

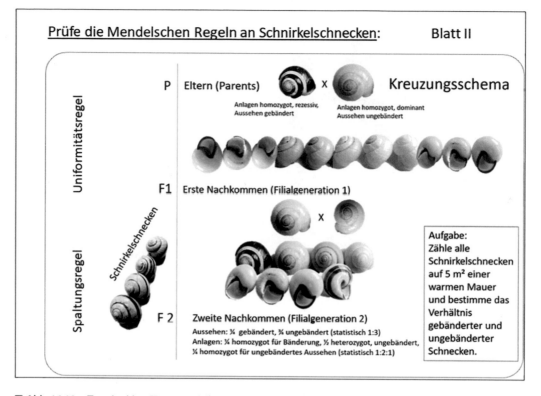

Abb. 16.12 Forscherblatt II zu Mendel'schen Regeln bei Schnirkelschnecken

Abb. 16.13 Drosselschmiede mit zahlreichen Gehäusen von Posthornschnecken

◻ Abb. 16.14 Lernstation zum ökologischen Umgang mit Schnecken auf BUGA in Heilbronn

■ **Umgang mit Schneckenarten im Siedlungsbereich**

Neben dem Kontext der Mendel'schen Regeln gibt es die Herausforderung, mit Schnecken im Garten kompetent umzugehen – und dabei die Oberhand zu behalten.

In einer Lernstation auf der Bundesgartenschau (BUGA) 2019 (◻ Abb. 16.14) in Heilbronn im Bunten Klassenzimmer konnten zahlreiche Schulklassen erleben und erlernen, wie bestimmte Pflanzen, z. B. Koriander, Schnecken als Fraßfeinde des Gemüses vergrämen und wie ein Schneckenzaun aus Metall als mechanische Sperre wirkt. Es konnten sogar Fütterungsversuche unternommen werden.

Die Weinbergschnecken (*Helix pomatia;* ◻ Abb. 16.15) und andere Arten können nach den Untersuchungen und Experimenten wieder freigelassen werden.

Wie fressen Schnecken? Fühlt oder hört man das? Schließlich ist die Radula (Raspelzunge) der Schnecken eine effektive Gemüsereibe. Mutige Kinder können sich Mehlbrei auf einen Finger streichen und die Schnecken daran kosten lassen. So können sie die Raspelzunge direkt spüren. Das Erforschen der Radula ist sowohl im Klassenraum als auch draußen möglich. Die Schnecken schmatzen ganz leise. Auch an den Glaswänden von Aquarien sind die

16

◻ Abb. 16.15 Weinbergschnecke *(Helix pomatia)*

Spuren der Radula der Schnecken beobachtbar.

Manche Lehrkräfte leihen sich Achatschnecken aus, um die Weichtiere unterrichtlich zu erforschen. Es ist ebenso möglich, Schnecken der Natur zu entleihen. Wie diese Versuche mit Weinbergschnecken bereits in der Grundschule ablaufen können, findet man bei Markus Schrenk (Jäkel und Schrenk 2019).

Petra Lindemann-Matthies (2002) hat sich bereits zur Jahrtausendwende bei dem Schweizer Programm zur Erforschung der Natur auf dem Schulweg mit den „gierigen Schleimern" befasst und dabei respektvolle Wertschätzung intendiert.

Die Pflanzen im Garten kann man durch ein Maßnahmenpaket vor Schneckenfraß schützen:

— Man pflanzt vitale, keine schwächelnden Keimpflanzen.
— Der Schneckenzaun muss konsequent von Überwuchs freigehalten werden.
— Schnecken können abgesammelt werden.
— Um die Jungpflanzen herum kreisförmig ausgebrachte trockene Substrate (Steinmehl, trockene Holzspäne) können Schneckenbesuche erschweren.
— Vorrangig sollten im Schulgarten Pflanzen angebaut werden, die den Schnecken nicht so gut schmecken.

Trotzdem wird man sich mit Pflanzenverlusten arrangieren müssen. Schnecken wiederum sind ja eine köstliche Speise für Igel.

■ **Forscherblatt zu tropischen Nutzpflanzen**

Gerade in höheren Klassenstufen überwiegen nach Bildungsplan abstraktere allgemeinbiologische Zusammenhänge und physiologische Sachverhalte. Um dieses Lernen aufzulockern und mit Alltagskontexten zu verknüpfen, bietet sich ein Besuch im Botanischen Garten an (▶ Kap. 13).

Hier können Enzymwirkungen (also Fermentationen) mit realen Pflanzen und deren Produkten assoziiert werden (◙ Abb. 16.16).

Enzyme sind zur Verarbeitung von Nutzpflanzen zu Lebens- und Genussmitteln unverzichtbar. Die Pflanzen sind in

◙ **Abb. 16.16** Forscherblatt zu tropischen Nutzpflanzen am Lernort Gewächshaus

botanischen Gärten in der Regel mit wissenschaftlichen Namen beschriftet, es geht also um Kaffee *(Coffea arabica)*, Kakao *(Theobroma cacao)*, Tee *(Camellia sinensis)* sowie Vanille *(Vanilla planifolia)* (◘ Abb. 16.16).

16.5 Lernprozesse draußen strukturieren

Beim Draußen-Unterrichten trainiert man Offenheit, schätzt eine bewährte Lernbegleiterin ein, die jahrelang im Rahmen eines Hochschulgartens Kinder draußen im Garten unterrichtete.

Trotz aller Offenheit brauchen Lernprozesse an außerschulischen Lernorten Strukturierung und insbesondere einen Wechsel zwischen Offenheit und Strukturierung. Diese Position wurde von der Arbeitsgruppe aus Bildungswissenschaft und Physikdidaktik um Kornelia Möller und Elsbeth Stern (Stern et al. 2002; Möller et al. 2002) vielfach mit Daten unterlegt. Bevor beispielsweise Versuche unternommen werden, um die Schwimmeigenschaften von Holz, Plastik oder Metall bestimmter Formen zu untersuchen, sollten Vermutungen artikuliert, Versuchsanordnungen diskutiert und das weitere Vorgehen abgesprochen sein (► Kap. 12). Sogar das Schwimmbad wird als Lernort zum Verstehen von Schwimmen und Sinken gezielt genutzt.

Zur Strukturierung der Lernprozesse draußen gehört auch die Orientierung über den Zeitplan und über etwaige andere Arbeitsgruppen, die unterschiedlich vorgehen.

In inklusiven Settings oder Lernsituationen mit dem Förderschwerpunkt Lernen wird dem „gelenkt-strukturierten Unterricht" gegenüber dem freien Explorieren der Vorzug gegeben.

Neben der Zeit zum eigenen Erkunden und Entdecken gilt für außerschulische Lernorte, was auch im Klassenzimmer gelten sollte. Es kommt darauf an, gemeinsam das weitere Vorgehen auszuhandeln,

Erkanntes zu dokumentieren und zu präsentieren. Die Zeit zur Aufnahme neuer Informationen ist ebenso wichtig wie die Zeit zur Kommunikation mit der Lerngruppe. Wenn im Garten beispielsweise durch eine Gruppe am Bärlauch gearbeitet und ein Kräuterquark zubereitet wurde, sollten die anderen Gruppen erfahren, was man zum Bärlauch wissen sollte, auch wenn sie selbst am Aronstab geforscht haben (► Kap. 11).

Erfahrungen bekommen also dann eine besondere Qualität, wenn sie auch reflektiert und Zusammenhänge zwischen sinnlicher Begegnung und kognitiver Durchdringung geknüpft werden können (Kiefer 2008). Dafür muss Zeit eingeplant werden.

? Fragen
- Welche Vorteile bietet ein Wechsel von Offenheit und Strukturierung gegenüber dem freien Explorieren am außerschulischen Lernort?
- Welche Formen der Dokumentation des Gelernten gibt es neben dem Aufschreiben?
- Welche Konsequenzen lassen sich aus der Theorie der kognitiven Ladung (Sweller und Mayer 2005) für die Organisation von Lernprozessen am außerschulischen Lernort ziehen?
- Welche Rückschlüsse auf genetische Regeln lassen die in der Natur gesammelten Schneckenhäuser der Schnirkelschnecken zu?
- Welche weiteren Beispiele für Mendel'sche Regeln lassen sich an Originalen draußen überprüfen? Denken Sie auch an Schmetterlingsblütler!

Literatur

Cornell, J. (2006). *Mit Cornell die Natur erleben: Naturerfahrungsspiele für Kinder und Jugendliche – Der Sammelband*. Taschenbuch: Verlag an der Ruhr.

Jäkel, L., & Schrenk, M. (2019). *Die Sache lebt. Biologische Grundlagen im Jahreslauf*. Hohengehren: Schneider.

16

Kiefer, M., et al. (2008). The sound of concepts: Four markers for a link between auditory and conceptual brain systems. *Journal of Neuroscience, 28*(47), 12224–12230.

Lindemann-Matthies, P. (2002). The influence of an educational program on children's perception of biodiversity. *Journal of Environmental Education, 33*(2), 22–31.

Möller, K., Jonen, A., Hardy, I., & Stern, E. (2002). Die Förderung von naturwissenschaftlichem Verständnis bei Grundschulkindern durch Strukturierung der Lernumgebung. In M. Prenzel & J. Doll (Hrsg.), *Bildungsqualität von Schule: Schulische und außerschulische Bedingungen mathematischer, naturwissenschaftlicher und überfachlicher Kompetenzen* (S. 176–191). Weinheim: Beltz (Zeitschrift für Pädagogik, Beiheft; 45).

Retzlaff-Fürst, C. (2008). *Das lebende Tier im Schülerurteil. Bodenlebewesen im Biologieunterricht – Eine empirische Studie.* Habilitationsschrift. Universität Rostock.

Schaefer, G. (1992). Begriffsforschung als Mittel der Unterrichtsgestaltung. In H. Entrich & L. Staeck (Hrsg.), *Sprache und Verstehen im Biologieunterricht* (S. 128–139). Bad Zwischenahn: Leuchtturm.

Spitzer, M. (2002). *Lernen: Gehirnforschung und die Schule des Lebens.* Heidelberg: Spektrum.

Spitzer, M. (2005). *Geschichten vom Gehirn.* Frankfurt a. M.: Suhrkamp.

Staeck, L. (1982). *Zeitgemäßer Biologieunterricht* (3. Aufl.). Stuttgart: Metzler.

Stern, E., Möller, K., Hardy, I., & Jonen, A. (2002). Warum schwimmt ein Baumstamm? *Physik Journal, 1*(3), 63–67.

Sweller, J. (2005). Implications of cognitive load theory for multimedia learning. In R. E. Mayer (Hrsg.), *The Cambridge Handbook of multimedia learning* (S. 19–30). New York: Cambridge University Press.

Schulgarten als Motor der Bildung für nachhaltige Entwicklung

Mehr als nur abgezirkelte Beete – ein Garten ist ein Raum für BNE mit Mehrfachnutzen

Inhaltsverzeichnis

© Springer-Verlag GmbH Deutschland, ein Teil von Springer Nature 2021
L. Jäkel, *Faszination der Vielfalt des Lebendigen – Didaktik des Draußen-Lernens*,
https://doi.org/10.1007/978-3-662-62383-1_17

Trailer

Viele Menschen betrachten einen Garten als Möglichkeit der persönlichen Verwirklichung von Gestaltungsvorstellungen, als Ort der Erholung oder der Produktion von Nahrungsmitteln. Allein in Baden-Württemberg gibt es über zwei Millionen Freizeitgärtner. Sie stellen einen beachtlichen Wirtschaftsfaktor dar. Der Grundstein für spätere Gartenaktivität wird in der Schulzeit gelegt.

Sportwissenschaftliche Studien bezeugen, dass moderate und abwechselnde körperliche Aktivitäten im Garten überdies auch gesundheitsförderlich sein können.

Jedoch sind die Vorstellungen von einem guten Garten durchaus verschieden. In einem gemeinschaftlichen Prozess wurden Kriterien eines guten Gartens als Lernort entwickelt.

17.1 Kurze Wege zum außerschulischen Lernort

Beginnen wir das theoretische Kapitel zu außerschulischem Lernen mit dem Schulgarten. Hierbei handelt es sich um keinen Kleingarten für Freizeitgärtnerinnen und -gärtner und auch keinen Schrebergarten in einer Gartenkolonie, sondern in der Regel um einen Garten im unmittelbaren Umfeld des Schulgebäudes. Der Besuch des Schulgartens und seine kontinuierliche selbstverständliche Nutzung erfordern also keinen organisatorischen Mehraufwand beim Verlassen des Schulgebäudes – außer einen Blick auf das Wetter sowie angemessene Kleidung und Schuhe.

Nach dem Blick auf Kriterien guter Bildungsarbeit im Schulgarten wird der Fokus erweitert auf andere theoretische Aspekte des außerschulischen Lernens und der Bildung für nachhaltige Entwicklung (▶ Kap. 18).

17.2 Was erwarten Menschen von einem Garten im Kontext von Bildung?

In einer Retrospektivbefragung von Mitgliedern von Gartenvereinen konnten wir im Rhein-Neckar-Raum zu Beginn zur Jahrhundertwende erkennen, dass Engagement im Garten mit persönlichen Entwicklungszielen im Einklang stehen muss und Motive wie eine „grüne Umgebung" für aufwachsende Kinder oder Erholungsmöglichkeiten neben dem beruflichen Alltag handlungsleitend wirken. Dabei kann die Phase der persönlichen beruflichen Orientierung auch mit zeitweise verminderter Gartenaktivität einhergehen. Eine Initialzündung zum Gärtnern kann aber in der Kindheit und Jugend erfolgen, wenn mehrfache faszinierende Begegnungen stattgefunden haben. Dies bestätigen auch Berck und Klee (1992) mit ihrem Siebenschrittmodell von der Faszination zum Handeln für Erwachsene mit Aktivitäten im Naturschutz.

17.3 Ein mühsames Geschäft, so ein Schulgarten

Bildung für nachhaltige Entwicklung (BNE) ist ein Schwerpunkt der Schulgartenarbeit, zum Beispiel in Baden-Württemberg. Wie dies praxisnah und adressatengerecht im Sinne der Transformation unserer Gesellschaft weiter umgesetzt werden kann, darüber verständigen sich nicht nur regelmäßig Pädagogische Hochschulen, Universitäten und Lehrkräfte, sondern Expertinnen und Experten aus dem Erwerbsgartenbau, den Regierungspräsidien oder der Gartenakademie Baden-Württemberg innerhalb der Landearbeitsgemeinschaft

Schulgarten. In anderen deutschen Bundesländern gibt es ähnliche Aktivitäten, ebenso in Österreich, der Schweiz und anderen Ländern. Die Strukturen vertiefen wir an dieser Stelle am Beispiel eines Bundeslandes in der Kenntnis darüber, dass man beispielsweise in Niedersachsen, Berlin oder Brandenburg auf ähnliche Angebote stößt.

17.3.1 Netzwerkarbeit ist das A und O

Jährliche Foren „Schulgarten und Schulumfeld" mit interaktiven Workshops haben in Baden-Württemberg beste Tradition. Sie werden von Kooperationspartnerinnen und -partnern (z. B. Erwerbsgärtnern, Freizeitaktiven, Berufsbildnern) ebenso stark nachgefragt wie von Lehrkräften aus Schulen. Eine Vernetzung mit der Bundesarbeitsgemeinschaft Schulgarten liegt auf der Hand.

Aber auch durch die Mitgestaltung von Bundes- oder Landesgartenschauen ergreift die Schulgartenbewegung die Chance,

über Gestaltungskompetenzen unserer Mensch-Natur-Beziehungen nicht nur zu kommunizieren, sondern diese auch exemplarisch auszubilden und zu erproben.

Wir halten das Aufzeigen von Vernetzungsmöglichkeiten unter engagierten Schulgärtnerinnen und Schulgärtnern für noch wichtiger als die Benennung von zweifellos vorhandenen Defiziten (Fölling-Albers et al. 2015); diese Balance findet man auch bei Klingenberg (2020).

Angebote zum Unterricht im „Grünen Klassenzimmer" oder im „Bunten Klassenzimmer" von Landes- oder Bundesgartenschauen (◐ Abb. 17.1) sind niederschwellige Angebote, um auf einen eigenen Schulgarten Lust zu bekommen oder für einen bestehenden Schulgarten neue Ideen aufzugreifen.

17.3.2 Kriterien guter Schulgartenarbeit

Vom Arbeitskreis Schulgarten in Baden-Württemberg (und sicher auch anderen Bundesländern) wurden immer wieder

◻ **Abb. 17.1** Das Bunte Klassenzimmer auf der BUGA 2019 bot vielfältige Lernmöglichkeiten

Kriterien entwickelt und überprüft, die einen guten Schulgarten auszeichnen (Alisch et al. 2005). In der Startphase orientierte man sich an den reichen Erfahrungen erfolgreicher Gartenarbeit auf den Britischen Inseln (insbesondere der Royal Horticultural Society in Großbritannien). In den letzten Jahren sind Aspekte hinzugekommen, die der BNE stärker Rechnung tragen als konventionelle Gärten. Ein konkreter Beitrag zur Nachhaltigkeit ist beispielsweise der Schutz von Mooren und Klima durch Vermeidung von importierten Torfsubstraten. Moore mit dem typischen Torfmoos *Sphagnum* binden Kohlenstoff, speichern Wasser und enthalten unvergleichlich faszinierende Tier- und Pflanzenarten wie fleischfressende Pflanzen oder zur Paarung blaue Moorfrösche. Als Lebensräume sind Moore in Deutschland fast ausgerottet und stehen unter Naturschutz.

In Deutschland und Österreich engagieren sich z. B. Naturgartenvereine oder auf ökologischen Gartenbau orientierte Praktiker für einen Wandel des konventionellen Gärtnerns hin zu einer nachhaltigeren Naturnutzung. In jedem Fall sollten Gärten einen wesentlichen Beitrag gegen Überbauung und Versiegelung von Böden und für ein angenehmeres Stadtklima leisten. Sie sollten auf Stoffkreisläufe und die Erhaltung einer guten Bodenstruktur Wert legen (Kultusministerium Baden-Württemberg).

- **Mögliche Kriterien eines gelungenen Schulgartens bzw. Schulumfeldes**

Ökologische Kriterien:
- Das Gelände weist unterschiedliche Gestaltungselemente und eine große biologische Vielfalt von Lebensräumen (Biotopen) auf.
- Es lässt neben den Nutzpflanzen eine Vielfalt von Wildpflanzen und Wildtieren (z. B. Insekten, Vögeln) zu.
- Die Qualität des Bodens wird durch sinnvolle Nutzungsabläufe und „Fruchtfolgen" sowie die Berücksichtigung

mikrobiologischer Aspekte gefördert, z. B. durch Leguminosen in Symbiose mit stickstoffbindenden Bodenbakterien.
- Es werden umweltverträgliche und nachhaltige Methoden (z. B. Kompostierung, ökologischer Pflanzenschutz, Wassermanagement, Kreislaufwirtschaft) der Kultivierung von Nutzpflanzen angewandt.
- Es wird konsequent auf torffreie Substrate geachtet, um Moore und Klima zu schützen.

Soziale und didaktische Kriterien:
- Der Garten bzw. das Schulgelände werden in mehreren Fachbereichen unterrichtlich genutzt.
- Auch eigenständiges Lernen und Entdecken sind interessierten Schülerinnen und Schülern möglich.
- Die Ernte aus dem Garten wird z. B. für die Weiterverarbeitung in der Schulküche oder für den Produktverkauf genutzt, um die ökonomische Dimension der BNE zu operationalisieren.
- Die Lernenden kennen die Vorteile des ökologischen Kultivierens von Pflanzen.
- Die Beteiligten kennen und schätzen den Zusammenhang von bewusster Ernährung und frischen Lebensmitteln.
- Die Nutzung von Schulgarten und Schulgelände bereichern das Angebot der Ganztages- bzw. Gemeinschaftsschulen.
- Die Beteiligten haben Fertigkeiten in der Planung und Konstruktion von Garten- und Geländeelementen wie Hochbeeten, Kräuterspiralen oder Nisthilfen.
- Es werden Erfahrungen mit anderen Einrichtungen oder Firmen ausgetauscht und kommunale Kooperationen gepflegt.
- Die BNE erweitert bei allen Gestaltungen im Gelände und im Schulgarten die Perspektiven der Lehrenden und Lernenden mit klaren Bildungsplanbezügen.

— Neue Kolleginnen und Kollegen werden motiviert, um ihnen die notwendigen Fähigkeiten zu ermöglichen.

— Die Schülerinnen und Schüler haben vertiefte Kenntnisse in gärtnerischen Tätigkeiten, können mit Gartengeräten umgehen und diese sachgerecht pflegen.

— Gelegentlich oder regelmäßig leiten ältere Schülerinnen und Schüler jüngere bei der Arbeit an.

— Schülerinnen und Schüler präsentieren den Verlauf und die Ergebnisse ihrer Tätigkeit vor der Öffentlichkeit, den Eltern und Lehrkräften oder der Kommune.

— Im Ergebnis der Arbeit in Schulgarten und Schulumfeld entwickeln die Schülerinnen und Schüler Selbstvertrauen, Geduld und Respekt untereinander und gegenüber der Umwelt.

— Gartenaktive praktizieren Teamwork und kooperative Arbeitsformen, können aber auch selbstständig sinnvoll tätig sein.

Organisatorische Rahmenbedingungen:

— Die Betreuung des Schulgartens und des naturnahen Schulumfeldes ist kontinuierlich geregelt, in der Schulzeit und auch in den Ferien.

— Das für den Schulgarten bzw. das Gelände verantwortliche Team koordiniert die Aktivitäten, nicht nur eine Einzelperson.

Von all diesen Elementen scheinen Teamwork sowie die ökologische Vielschichtigkeit des Gartens die wesentlichen zu sein. Jedoch sollten alle Fäden bei einem Kernteam zusammenlaufen und Regeln und Verantwortlichkeiten mit der Schulleitung koordiniert sein.

Die Erarbeitung dieser Kriterien war ein partizipativer Prozess, an dem staatliche Strukturen ebenso mitwirkten wie Schulen und Hochschulen in Baden-Württemberg.

17.4 Gesundheit und Frischluft

17.4.1 Schulgärten haben Tradition

Bereits bei Salzmann (1806) und GutsMuths findet Bewegung in frischer Luft besondere Aufmerksamkeit als Faktor erfolgreichen Lernens. Darüber hat Johann Gotthilf Salzmann beispielsweise ein Ameisenbüchlein (1806) und ein Krebsbüchlcin (1780) verfasst, in dem seine pädagogischen Konzepte begründet sind. Als Reprint sind einzelne dieser Schriften heute noch erhältlich. Auf Johann Christoph GutsMuths (1759–1839) geht die Einführung sportlicher Wettbewerbe in das schulische Leben zurück. Sein Zeitgenosse Friedrich Ludwig Jahn (1778–1852) gilt als der „Vater" des Turnens. Die vermutlich erste Turnhalle steht noch heute in Schnepfenthal/Waltershausen in Thüringen (◖ Abb. 17.2), gleich neben den Gebäuden der Lehranstalt von Christian Gotthilf Salzmann.

Ein historischer Schulgarten ist in den Franckeschen Stiftungen in Halle an der Saale (◖ Abb. 17.3 und 17.4) erhalten und wird heute wieder aktiv genutzt. Der Pflanzgarten in den Stiftungen entstand 1698 mit der Gründung der Stiftung. Im Jahre 1727 umfasste und verpflegte die Schulstadt mehr als 3000 Personen, die auch in die Produktion von Lebensmitteln einbezogen waren.

Dass August Hermann Francke, der Gründer dieser Stiftungen, vor rund 275 Jahren Seidenraupen nach Halle an die Saale holen ließ, um Seide aus ihnen zu gewinnen, wird in ▶ Kap. 7 aufgegriffen.

Auch auf dem Gelände des heutigen Potsdamer Platzes in Berlin befand sich einer der ältesten deutschen Schulgärten, gegründet von Johann Julius Hecker (1707–1768). Dort ist heute leider kein Garten mehr. Aber die ökologischen Bestände

◨ **Abb. 17.2**   Erziehungsanstalt Schnepfenthal in Thüringen, gegründet von Christian Gotthilf Salzmann

17

◨ **Abb. 17.3**   Franckesche Stiftungen Halle an der Saale, Hauptgebäude mit Naturalienkabinett

■ **Abb. 17.4** Ausgedehnte Schulstadt der Franckeschen Stiftungen in Halle an der Saale

■ **Abb. 17.5** Lederhülsenbaum *(Gleditsia triacanthos)*,
benannt nach dem Botaniker Johann Gottlieb Gleditsch

müssen so reichhaltig gewesen sein, dass
sich der berühmte Botaniker Johann Gottlieb Gleditsch (1714–1786) die Mühe der
Kartierung machte. Nach Gleditsch ist
der als Straßenbaum allgegenwärtige Lederhülsenbaum (*Gleditsia triacanthos;*
■ Abb. 17.5) benannt. Und Maulbeeren für
die Seidenraupenzucht wurden auch in diesem Berliner Schulgarten durch die Lernenden kultiviert.

17.4.2 Welche Belege gibt es für die gesundheits- oder lernförderliche Wirkung von Schulgartenarbeit?

Moderate und abwechslungsreiche Bewegung draußen ist förderlich für die Gesundheit – das haben Sportwissenschaftler (z. B.
Wank et al. 2011), durch Messungen herausgefunden. Somit ist Gartenarbeit (bzw.
Biotoppflege nach der Begriffsfassung von
Blessing und Hutter (2004)) eine sehr geeignete Aktivität. Dabei kommt es auf abwechslungsreiche Tätigkeiten an, nicht auf
lang andauernde monotone Bewegungs-
muster (■ Abb. 17.6).

Das Rausgehen ist auch förderlich für
die geistige Leistungsfähigkeit. Das wurde
zumindest für 2600 Grundschulkinder in einer repräsentativen Studie in Spanien nachgewiesen. Konzentration und Aufmerksamkeit steigen an, und danach gehen die
Denk- und Schreibarbeit besser weiter.
Nach Messungen des Forschungszentrums
für Umweltepidemiologie Barcelona im
Jahr 2015 (Dadvand et al. 2015) mit Kogni-
tionstests alle drei Monate über ein ganzes
Jahr sowie durch Abgleich mit Satelliten-
bildern wurde Folgendes herausgefunden:
Liegt eine Grundschule in der Nähe von
Grünflächen, entwickeln sich die Kinder
auch kognitiv besser. Es ist eine Zunahme
des Arbeitsgedächtnisses um durchschnittlich 20 % messbar, die Aufmerksamkeit
steigt. Vermutlich beruht der Effekt auf
verringerter Luftverschmutzung, weniger

■ Abb. 17.6   Der Schulgarten wird beim Lernen als Raum aktiv erlebt

Lärm, mehr Bewegung und angeregter Stimulation durch Umweltreize.

Die physiologischen Wirkungen des Draußen-Lernens in Outdoor-Situationen haben auch Becker et al. (2017) und Dettweiler et al. (2017) durch Messungen belegt. Dabei war eine wesentliche Schwierigkeit, in Deutschland Probandinnen und Probanden zu finden, die regelmäßig Outdoor Education betreiben. Bei einem Heidelberger Gymnasium ist dies exemplarisch gelungen (Dettweiler und Becker 2016).

Zudem argumentieren Bucksch und Wallmann-Sperlich (2016), dass unser Alltag häufig von vielen sitzenden Tätigkeiten geprägt sei. Dies kann die Entstehung von Erkrankungen begünstigen. Körperliche Aktivitäten, die die Sitzzeiten im Alltag unterbrechen oder reduzieren, lassen eine positive Wirkung bei der Prävention vieler chronisch-degenerativer und kardiovaskulärer Erkrankungen erkennen (Bucksch und Wallmann-Sperlich 2016). Geringe bis mittlere Belastungsintensität bei geringer bis mittlerer Belastungsdauer bei Gartentätigkeiten sind positiv für das Herz-Kreislauf-System, weist eine Studie der Universität Tübingen nach (Wank et al. 2011).

Nach elektromyografischen Untersuchungen wird jedoch angeraten, beim Heben, Tragen oder Bücken Einseitigkeit zu vermeiden.

Auch auf unseren psychischen Zustand wirkt sich Bewegung positiv aus.

Naturerfahrungen haben nach Gebhard (Gebhard 2018, 2020) zudem eine positive Wirkung auf die Naturverbundenheit und auch ein entsprechendes Verhalten. Der Zusammenhang von Naturverbundenheit und Wohlbefinden ist nämlich besonders bei solchen Menschen ausgeprägt, die ein Gefühl für die Schönheit der Natur haben (Zhang et al. 2014). So ist das Gefühl der Naturverbundenheit ein wichtiges Element des Selbstkonzepts und hängt mit der Fähigkeit zur Perspektivenübernahme, mit dem Umweltbewusstsein und auch dem Umweltverhalten zusammen. Das Eintauchen in eine naturnahe Umgebung führt zu einem Anstieg prosozialer Orientierungen und im Gegenzug zu einer Abnahme selbstbezogener Bestrebungen (Weinstein et al. 2009). Vor dem Hintergrund der Selbstbestimmungstheorie der Motivation gibt das mit dem Eintauchen in die Natur verbundene Erleben von Autonomie die nötige

Sicherheit, um dann von sich selbst abzusehen, argumentiert Gebhard (2020).

Was also könnte günstiger sein als ein Gang in den Schulgarten – mitten am Schulvormittag oder während des Unterrichts am Nachmittag? Je regelmäßiger und selbstverständlicher, umso besser.

17.4.3 Gründliche Abwägung vor dem Start

Die Anlage eines Schulgartens ist eine enorme Herausforderung. Nach einer Studie von Alisch et al. (2005) wagten sich etwa 40 % aller Schulen bisher zum Beispiel in Baden-Württemberg an diese Gestaltungsaufgabe. Der Erfolg ist wesentlich vom Engagement einzelner Personen abhängig, wenn diese es schaffen, auch andere für dieses lohnenswerte Experiment zu interessieren oder gar zu begeistern. Positive Verstärkungen durch andere Aktive können helfen, mit Niederlagen (von Vandalismus bis Schneckenkahlfraß) umzugehen und Resilienz auszubilden. Und dies ist dann wieder ein Kriterium gelingender Persönlichkeitsbildung im Rahmen von BNE.

Langeheine und Lehmann (1986, S. 236) verweisen darauf, dass die „Verfügbarkeit eines Gartens in der Jugend" positiven Einfluss auf ökologisches Handeln habe. Auch wenn Schulgärten viel Arbeit und Mühe machen – sie sind eine sehr lohnenswerte Investition in die Zukunft.

Literatur

Alisch, J., Zabler, E., Bay, F., Köhler, K., & Lehnert, H.-J. (2005). Schulgärten und naturnah gestaltetes Schulgelände in Baden-Württemberg – Eine empirische Untersuchung. In: H.-J. Lehnert & K. Köhler (Hrsg.), *Schulgelände zum Leben und Lernen. Karlsruhe Pädagogische Studien* (Bd. 4, S. 7–37). Norderstedt: PH Karlsruhe/BOD-Verlag.

Becker, C., Lauterbach, G., Spengler, S., Dettweiler, U., & Mess, F. (2017). Effects of regular classes in outdoor education settings: A systematic review on students' learning, social and health dimensions. *International Journal of Environmental Research and Public Health, 5*(14), 485.

Berck, K.-H., & Klee, R. (1992). *Interesse an Tier- und Pflanzenarten und Handeln im Natur-Umweltschutz: Eine empirische Untersuchung an Erwachsenen und ihre Konsequenzen für die Umwelterziehung.* Frankfurt a. M.: Lang.

Blessing, K., & Hutter, C. P. (2004). *Umweltbildung und nachhaltige Entwicklung. Naturwissenschaftliche Rundschau, 57*(12), 670–673.

Bucksch, J., & Wallmann-Sperlich, B. (2016). Aufstehen, Hingehen, Treppensteigen – Die gesundheitliche Relevanz von Alltagsaktivitäten. *Public Health Forum, 24*(2), 73–75.

Dadvand, P., Nieuwenhuijsen, M. J., Esnaola, M., et al. (2015). Green spaces and cognitive development in primary school children. *PNAS, 112*(26), 7937–7942.

Dettweiler, U., & Becker, C. (2016). Aspekte der Lernmotivation und Bewegungsaktivität bei Kindern im Draußenunterricht. In J. von Au & U. Gade (Hrsg.), *Raus aus dem Klassenzimmer. Outdoor Education als Unterrichtskonzept* (S. 101–110). Weinheim: Beltz.

Dettweiler, U., Becker, C., Auestad, B. H., Simon, P., & Kirsch, P. (2017). Stress in school. Some empirical hints on the circadian cortisol rhythm of children in outdoor and indoor classes. *International Journal of Environmental Research and Public Health, 14,* 475.

Fölling-Albers, M., Götz, M., Hartinger, A., Kahlert, J., Miller, S., & Wittkowske, S. (2015). *Handbuch Didaktik des Sachunterrichts.* Bad Heilbrunn: Klinkhard.

Gebhard, U. (2018). Naturerfahrung und seelische Gesundheit. *E & L, 3*(4), 10–14.

Gebhard, U. (2020). *Kind und Natur. Die Bedeutung der Natur für die psychische Entwicklung* (5. erweiterte und aktualisierte Aufl.). Wiesbaden: VS-Verlag.

Klingenberg, K. (2020). Biodiversität schaffen und vermitteln durch mobiles Schulgärtnern. Möglichkeiten und Perspektiven. In L. Jäkel, S. Frieß, & U. Kiehne (Hrsg.), *2020, Biologische Vielfalt erleben, wertschätzen, nachhaltig nutzen, durch Bildung stärken* (S. 105–124). Düren: Shaker.

Kultusministerium Baden-Württemberg (Hrsg.) Komm in Form am Lernort Schulgarten. Umwelterziehung und Nachhaltigkeit. Mehrere Ausgaben. Heft 1: ▶ https://mlr.baden-wuerttemberg.de/fileadmin/redaktion/m-mlr/intern/dateien/publikationen/Bro_Umwelterziehung_Heft1.pdf. Heft 2: ▶ https://mlr.baden-wuerttemberg.de/fileadmin/redaktion/m-mlr/intern/dateien/publikationen/Schulgarten_Sek_heft2.pdf.

Langeheine, R., & Lehmann, J. (1986). *Die Bedeutung der Erziehung für das Umweltbewusstsein.* Kiel: IPN.

Salzmann, J. G. (1806). *Ameisenbüchlein. Anweisung zu einer vernünftigen Erziehung der Erzieher.* Schnepfenthal: Buchhandlung der Erziehungsanstalt.

Wank, V., Heger, H., & Schwarz, M. (2011). Früchte, Fitness, frische Luft. Abschlussbericht des Forschungsprojektes „Natürlich sportlich: Obstwiesen- und Gartenarbeiten als Raum und Katalysator für bewegungsorientierte Landschaftspflege sowie Naturerleben". In C.-P. Hutter & F.-G. Link (Hrsg.), *Akademie für Natur- und Umweltschutz Baden-Württemberg (Umweltakademie),* Reihe Tagungsführer und Forschungsberichte der Akademie, Heft 22.

Weinstein, N., Przybylski, A. N., & Ryan, R. M. (2009). Can nature make us more caring? Effects of immersion in nature on intrinsic aspirations and generosity. *Personality and Social Psychology Bulletin, 35*(10), 1315–1329.

Zhang, J. W., Howell, R. T., & Iyer, R. (2014). Engagement with natural beauty moderates the positive relation between connectedness with nature and psychological well-being. *Journal of Environmental Psychology, 38,* 55–63.

17

Theorien und Untersuchungen zum Lernen an naturbezogenen außerschulischen Lernorten – Outdoor Learning

Inhaltsverzeichnis

© Springer-Verlag GmbH Deutschland, ein Teil von Springer Nature 2021
L. Jäkel, *Faszination der Vielfalt des Lebendigen – Didaktik des Draußen-Lernens*,
https://doi.org/10.1007/978-3-662-62383-1_18

Trailer

Bemüht man sich um die Verbreitung fachdidaktischer Positionen im internationalen Dialog, gibt es bei der Übersetzung didaktischer Begriffe in die englische Sprache und umgekehrt gelegentlich Probleme. Dies betrifft u. a. den Begriff der Interessiertheit, der für außerschulisches Lernen eine zentrale Rolle spielt. Was unterscheidet Interessiertheit von Interesse? Wie kann beides gefördert werden oder gar ineinander übergehen? Was wissen wir verlässlich über die spezifischen Interessen von Kindern oder Jugendlichen? Gibt es geschlechtsspezifische Unterschiede? Ähnlich schwierig wird es bei den Begriffen zu Outdoor Learning bzw. dem Draußen-Lernen. Auch hier ringt man um begriffliche Klarheit. Letztlich geht es beim Lernen außerhalb oder innerhalb des Fachraumes oder Klassenzimmers stets darum, für die jeweiligen Lernziele die geeigneten Orte zu wählen. Zum naturbezogenen Lernen wird dies vermutlich häufig draußen sein.

Außerschulische Lernorte scheinen in Zeiten gesellschaftlicher Wandlungen moderne Lernangebote zu unterbreiten. Was aber genau ist der theoretische Hintergrund, und welche empirischen Belege gibt es für die Effizienz des Lernens draußen? Zumindest den Forderungen des professionellen Naturschutzes und der Nationalen Strategie zur Erhaltung der biologischen Vielfalt würde diese Zuwendung zu konkreten Organismen draußen durchaus entsprechen.

Ist es für die didaktischen Entscheidungen wichtig, außerschulische Lernorte in verschiedene Kategorien zu ordnen?

Und wie gelingt es uns, das intendierte Lernen an außerschulischen Lernorten nach ähnlich hohen Kriterien zu beurteilen wie das Lernen im Klassen- oder Fachraum?

18

18.1 Interesse an Natur

18.1.1 Interessiertheit und Interesse

Brade und Krull (2016) verweisen in ihrem gehaltvollen Buch zur Nutzung unterschiedlicher außerschulischer Lernorte als *primäres* Argument auf deren Potenziale zur Interessenentwicklung von Kindern. Auch bei anderen Autorinnen und Autoren begegnet man diesem Argument der Interessenförderung wieder. Groß (2007) fordert als ein Ergebnis seiner ernüchternden empirischen Studien zum Lernen von BNE in Stationen im Nationalpark Niedersächsisches Wattenmeer eine stärkere Berücksichtigung der Alltagsvorstellungen der Lernenden. Deren Interessen sollten also für außerschulisches Lernen durchaus von besonderer Bedeutung sein. Dies beginnt manchmal schon bei missverständlichen Begriffsnamen: Groß et al. (2011) weist beispielsweise aufgrund von Interviews an Lernorten beim Niedersächsischen Wattenmeer darauf hin, dass der Begriff „Nationalpark" wegen der Alltagsvorstellungen zu den Wörtern „national" und „Park" zu falschen Assoziationen bei den Besucherinnen und Besuchern führte.

Während Interessen als übergreifende Relationen zwischen Personen und Gegenständen und damit als recht stabile Personeneigenschaften gelten (vgl. mehrere Schriften unter Beteiligung von Krapp; Prenzel und Schiefele (Krapp 1998; Krapp und Prenzel 1992; Schiefele 1996; Schiefele 2008; Schiefele et al. 1993), sind im didaktischen Zusammenhang *situationale Zustände* ebenfalls von Interesse.

In der Fachdidaktik wird zwischen einer *situationalen* Interessiertheit an einem Lerngegenstand und überdauernden Interessen unterschieden. Jedoch selbst die Rechtschreibkorrektur stolpert über den Begriff der *situationalen Interessiertheit.* Didaktische Begriffe finden bisweilen keinen Eingang in andere Domänen der Wissenschaften oder in die Alltagssprache. Dabei können bei *situationaler Interessiertheit,* den Kontexten des Unterrichts oder des Lernortes geschuldet oder durch *situationale* Faktoren bedingt, mit hoher Aufmerksamkeit Gegenstände in den Fokus genommen werden und so vermutlich lernwirksam sein, die nicht der *allgemeinen* Interessenlage einer Person entsprechen (Bayrhuber et al. 2007a, b; Elster 2007).

Schließlich geht es unter dem Anspruch der Allgemeinbildung nach Klafki (1992, 1996) darum, allen Individuen durch *Bildung* die Teilhabe an Kultur und Gesellschaft als Ganzem zu ermöglichen. So muss es gelingen, alle Lernenden unabhängig von ihrem individuellen Interessenprofil oder ihrer geschlechtlichen Identifikation zu elementaren allgemeinbildenden Themen zu unterrichten. Zumindest ist dies erforderlich, wenn man die Relevanz naturwissenschaftlicher Grundbildung für die Bewältigung der Herausforderungen von Gegenwart und Zukunft annimmt, also dem Verständnis grundlegender biologischer Konzepte einen Bildungswert zuerkennt.

Als allgemeinbildungsrelevante epochaltypische Schlüsselprobleme identifiziert Klafki (1996, S. 56 ff.) u. a. die Umweltfrage, die Friedensfrage, die gesellschaftlich produzierte Ungleichheit, Gefahren und Möglichkeiten der neuen technischen Steuerungs-, Informations- und Kommunikationsmedien, die Subjektivität des Einzelnen und das Phänomen der Ich-Du-Beziehungen. Zwischen diesen klassischen epochaltypischen Schlüsselproblemen nach Klafki und den Zielen einer BNE bestehen große Übereinstimmungen.

Diese Berücksichtigung naturwissenschaftlicher Erkenntnisse bei der allgemeinen Bildung widerspricht den Positionen von Schwanitz (2002), der Naturwissenschaften und Biologie von essenziellen Teilen der Bildung ausschließt. Schwanitz scheint sich also auch nicht dafür *zu interessieren.* Wie prekär Nichtwissen im naturwissenschaftlichen Bereich ist, zeigen die internationalen Studien über die planetaren Belastungsgrenzen (Steffen et al. 2015) sowie globale Pandemien oder lokale Umweltkatastrophen. Nicht alle Menschen interessieren sich gleichermaßen für Natur, konkrete Organismen oder für Ökologie. Sie brennen vielleicht eher für moderne computergestützte Medien, für Technik, für Mode, für moderne oder klassische Musik u. v. a.

Es ist ein Glück, dass sich nicht alle Menschen die gleichen Schwerpunkte setzen und die gleichen Interessen haben. Trotzdem sollte es insbesondere mithilfe von Schule gelingen, jedes Mitglied unserer menschlichen Gemeinschaft in die Transformation der Gesellschaft einzubeziehen, zugunsten noch lange durchhaltbarer Lebens- und Wirtschaftsweisen (Ekardt 2016).

Fischer (2003) hat diese naturwissenschaftliche Bildung für alle Mitglieder der menschlichen Gesellschaft als „die andere Bildung" bezeichnet und ausgeführt, dass die Gesellschaft von den Erkenntnisweisen und der Bewältigung der Komplexität in den Naturwissenschaften für breite gesellschaftliche Anwendungsfelder lernen kann. Der Mensch nutzt die Natur – und dies seit seiner Entstehung (Jäkel et al. 2007; Langeheine und Lehmann 1986; Spörhase 2013

u. v. a.). Dann sollte der Mensch die Natur besser als bisher kennen und behandeln. Nennen wir dies doch einfach: Nachhaltigkeit (Rost 2002).

Mithilfe seines „Index für Inklusion" zeigt Hinz (in Giest et al. 2011) auch Möglichkeiten auf, den Inklusionsgedanken in die schulische Praxis zu übertragen, insbesondere im Hinblick auf die Umsetzung eines inklusiven Sachunterrichts (vgl. auch Offen 2014). Dabei wird auf das Schaffen inklusiver Kulturen orientiert, auf das Erarbeiten inklusiver Strukturen sowie das Entwickeln inklusiver Praktiken. Andererseits stellen inklusive Prozesse in der realen Schulpraxis immer wieder enorme Herausforderungen dar. Dies betrifft natürlich auch außerschulische Lernorte. Insbesondere artikulieren Lehrkräfte in Gesprächen und Interviews, dass sie auf Entlastung durch personale Unterstützung hoffen.

18.1.2 Genese von Interesse

Spezielle Interessen von Personen entwickeln sich unterschiedlich, spätestens beim Absolvieren des Schulabschlusses sollten jedoch persönliche Zuwendungen und Präferenzen grob abgesteckt sein und die Berufswahl beeinflussen.

Aber schon der Naturwissenschaftsdidaktiker Martin Wagenschein (2013) meinte in seinem Buch zum Verstehen-Lernen Wagenschein 1965): „Der Laie ist zuständig." Wir erwarten bei allen Mitgliedern der Gesellschaft Fähigkeiten und Bereitschaften, vernünftige Entscheidungen zu treffen und Gelerntes sinnvoll einzubeziehen, also möglichst nachhaltig zu handeln. Dies konfrontiert Schule mit dem Anspruch, Lernende zumindest zeit-

weise für Gegenstände zu interessieren, die nicht ihrem alterstypischen Interessenprofil entsprechen (vgl. Internationale vergleichende ROSE-Studie [ROSE = The Relevance of Science Education Study] zu Interessen 15-jähriger Europäerinnen und Europäer Holstermann und Bögeholz 2007); ▶ Kap. 1 und 4). Außerschulische Lernorte können dabei eine große Rolle spielen und sollten gezielt genutzt werden (Pütz und Wittkowske 2012).

Natürlich stehen die *Genese* von Interessen durch Lernen – und umgekehrt – das erfolgreiche *Lernen* im Ergebnis starker Interessen in einem dialektischen Verhältnis.

Schiefele et al. (2008) bzw. Schiefele et al. (1993, 2012) bezeichnen Interesse als mehrdimensionales Konstrukt (vgl. auch Todt und Hetzer 1990). Sie verstehen unter Interesse die emotionalen, motivationalen und kognitiven Beziehungen einer Person zu Gegenständen des schulischen und akademischen Lernens. Interesse gilt als Bedingungsfaktor der Schul- und Studienleistungen. Eine motivierte Haltung führt demnach zu tieferer Verarbeitung und Bewältigung des Lernstoffs, ist aber keine hinreichende Bedingung. Für Jungen bestehen höhere Interesse-Leistungs-Korrelationen als für Mädchen.

> **Interesse**
>
> Interesse wird nach Krapp (1998) als ein Konstrukt definiert, das die besondere Beziehung einer Person zu einem Gegenstand (Inhalt, Thema, Fachgebiet, Objektbereich) kennzeichnet. Interessen sind gegenstandsspezifisch.

Das Zustandekommen einer Beziehung zwischen Person und Gegenstand, wie auch deren Aufrechterhaltung, setzt Aktivitäten der Person voraus. Außerschulische Lernorte als konkrete Ausschnitte von Realität können dabei eine besondere Rolle spielen.

18.1.3 Was wissen wir über Interessen von Jungen oder Mädchen an Naturwissenschaft?

In einer Retrospektivbefragung über erlebten Biologieunterricht geben junge Erwachsene nach Hesse (2000, S. 187) an: „dem Erlernen einfacher Tier- und auch Pflanzenkenntnisse wird der Vorzug gegeben gegenüber dem Bearbeiten abstrakter und komplexer Sachverhalte." Mit diesem Wunsch bringen die Schulabsolventinnen und -absolventen Defizite von Biologieunterricht zum Ausdruck: Zwei Drittel der Befragten gaben an, dass nie oder nur ausnahmsweise die Schulumgebung erkundet wurde. Dieses starke Interesse an solchen naturnahen Inhalten wird aber erst nach der Schule geäußert Hesse (2000) Interessenprofile sind also altersabhängig Hesse und Lumer (2000).

In einer Nachfolgestudie zu Hesse und Lumer (2000) durch Klingenberg und Brönnecke Klingenberg und Brönnecke (2011) zeigten sich ähnliche Ergebnisse: Die biologischen Basiskenntnisse Erwachsener sind mangelhaft. Die Erwachsenen geben zu Kennzeichen des Lebendigen „humanzentrierte Falschantworten". Immerhin stehen bei einem Drittel der Erwachsenen, also Schulabsolventinnen und -absolventen, Gärten beim privatem Bezug zu biologischen Sachverhalten an erster Stelle. Aber: „Insgesamt scheinen eine Vernetzung bzw. ein kumulativer Aufbau von Wissen kaum stattzufinden."

Ganz ähnlich bescheinigt die nationale Naturbewusstseinsstudie 2020 BMU und BfU (2020): „Das Meinungsbild der Bevölkerung belegt, dass Menschen den direkten Kontakt mit der Natur wünschen, um sich Kenntnisse über Arten anzueignen." Jedoch wird darauf verwiesen, dass der Wunsch nach Führungen durch Naturschutzgebiete oder ähnliche Attraktionspunkte vor Ort bei älteren Menschen anteilig stärker ausgeprägt sei. Andererseits wird auf die Dringlichkeit der Stärkung organismischer Biologie in Schulen und Hochschulen deutlich hingewiesen (BMU und BfU 2020, S. 7).

Die Interessenforschung zeigte, dass sich Grundschülerinnen und Grundschüler auf das Fach Biologie in der weiterführenden Schule, vor allem auf den Unterricht zu Tieren und Pflanzen, freuen Kögel et al. (2000).

Jedoch sinkt das Interesse am Fach Biologie von Klasse 5 zu Klasse 6 hin ab (Löwe 1987). Dies ereignet sich aber bei allen neu eingeführten Schulfächern fast gleichermaßen, wie Löwe (1992) herausfand und daher bereinigte Darstellungen des Fachinteresses errechnet sowie differenzierte Betrachtungen zu konkreten Unterrichtsthemen angestellt hat. So wird Unterricht über Pflanzen von Kindern der Klasse 6 nicht nur weniger interessant als „Tierkunde" empfunden. Botanische Inhalte gelten allgemein bei Schülerinnen und Schülern der Klassen 6 bis 8 durchschnittlich als uninteressant (Löwe 1992; Vogt et al. 1999). Diese Erkenntnisse sind gewichtig, obwohl solche Verallgemeinerungen einen in Einzelfällen durchaus gelingenden Unterricht verwischen. Wenngleich die repräsentativen Untersuchungen von Löwe und Vogt bereits zum Ende des ausgehenden 20. Jahrhunderts veröffentlich wurden, sind sie keinesfalls veraltet, sondern auch 20 Jahre später in der Tendenz reproduzierbar. Die Deutsche Naturbewusstseinsstudie von 2019/2020 BMU und BfU 2020) zeigt eine ähnliche Datenlage (vgl. auch Jäkel 2014; Starzer-Eidenberger 2020).

Für einen effektiven Unterricht könnte es also insgesamt förderlich sein, diese erkannten Tendenzen der Interessenausprägung gezielt zu berücksichtigen und insbesondere in botanische Themen didaktisch zu „investieren". Dabei könnten erfolgreiche schulische Beispiele, die besser sind als der allgemeine Trend, sehr hilfreich sein. Die Berücksichtigung der Interessen an Organismen bedeutet aber auch, altersspezifische Aspekte zu bedenken und bei 15-Jährigen andere Kontexte zu setzen als bei Zehnjährigen, die durchaus noch an Tieren und Pflanzen als solchen ein Interesse haben (Elster 2007).

Es wurde für naturwissenschaftliche Schulfächer durch eine Physik-Interessenstudie des Kieler Instituts für die Pädagogik der Naturwissenschaften (IPN) festgestellt (z. B. Hofmann et al. 1998; Engeln 2004), dass ein Unterricht, in dem ein Bezug zur Lebens- und Erfahrungswelt der Schülerinnen und Schüler hergestellt wird, insbesondere bei den Mädchen auf ein größeres Interesse hoffen darf (z. B. Kessels 2002), den Jungen aber nicht schade (vgl. auch Möller 2007 zu anspruchsvollem naturwissenschaftlichen Lernen in der Grundschule). Die PISA-Studie bescheinigte insgesamt im Bereich naturwissenschaftlichen Lernens eine Ausgeglichenheit beider Geschlechter.

Im Biologieunterricht zeigte sich jedoch gegen Ende der Sekundarstufe I ein Interessenvorsprung der Mädchen auf insgesamt hohem Interessenniveau (Vogt et al. 1999). Bei solchen allgemeinen Einschätzungen sollten aber nicht die Verschiedenheiten der Interessen innerhalb von Geschlechtergruppen übersehen werden. Völlig berechtigt wird von Unterricht erwartet, der die Einzigartigkeit aller Lernenden gerecht zu werden.

Innerhalb der Geschlechtergruppen gibt es große Unterschiede. Darum haben Jungen mit botanischen Interessen ebenso Berücksichtigung verdient wie technisch interessierte Mädchen oder Kinder, die noch auf der Suche nach ihrer eigenen Identität sind. Wichtig sind die individuellen Interessen, auch wenn wir durch eine solide Studienlage allgemeine Interessenstendenzen gut beschreiben können (Holstermann und Bögeholz 2007; Hummel et al. 2012; Jäkel 2014).

18.1.4 Theory of Plant Blindness

Das Interesse an Tieren ist allgemein größer als das Interesse an Pflanzen. Mit Tieren sind dabei weniger Nematoden, Bryozoen oder Anneliden gemeint (also Rundwürmer, Moostierchen oder Ringelwürmer), sondern eher Organismen, die uns Säugetieren ähnlich sind oder durch bestimmte Aktivitäten auffallen, vom flauschigen Schaf bis zum munteren Papagei oder zur putzigen Hummel. Dies ist vielfach durch Forschungen belegt (Löwe 1992; Jäkel 2014; Lindemann-Matthies et al. 2002; Lindemann-Matthies 2005). Andererseits wird auf diese gesicherten Erkenntnisse oftmals wenig geachtet, wenn es um Unterrichtsplanung geht. Manche Lehrkräfte bekunden, häufig sogar ungefragt, dass sie sich ja für botanische Themen weniger interessierten und sich auf nachfolgende Unterrichtsgegenstände wie Humanbiologie oder Zoologie freuten. Solche Einstellungen bleiben Lernenden nicht verborgen. Dabei kann man unter ökologischem Blick auch bei den „starren" Pflanzen interessefördernde Kontexte eröffnen. In den Programmen „Biologie im Kontext" bzw. „Botanik im Kontext" (Jäkel und Schaer 2004) wurden dazu erfolgreiche Settings in den Unterrichtsalltag implementiert 2007 (Bayrhuber et al. 2007a, b).

Wandersee et al. (Wandersee und Schussler 1999; Wandersee 2001) begründeten wahrnehmungsphysiologisch, warum die starren und wenig interaktiven Pflanzen durch ihr anonymes Grün, zudem ohne Augen oder vermeintlich ohne gefährliche Aspekte, unsere Aufmerksamkeit wenig fordern. Will man also Pflanzen in den Fokus rücken, sollte man gefährliche Gesichtspunkte, Giftwirkungen, Handlungsangebote oder auch Wirkungen auf den menschlichen Körper in Betracht ziehen. Ein giftiger Aronstab, ein pharmazeutisch interessanter Mönchspfeffer oder ein Schöllkraut mit giftigem gelben Milchsaft sind schon spannend – mehr als Pflanzen „ohne Haupt- und Nebenwirkung". Eine pralle Frucht vom Springkraut kann ebenso Interessiertheit hervorrufen wie der selbst ausgelöste Schlagbaummechanismus des Wiesensalbei oder die mit der Stereolupe selbst erkannten Öldrüsen des Pfefferminzblattes (▶ Kap. 1).

Die Auswahl der Organsimen als Lerngegenstände und der zugehörigen Kontexte spielt am außerschulischen Lernort bzw. Schulgarten also eine zentrale Rolle für die Interessiertheit der Lernenden und damit den Lernerfolg.

18.1.5 Interessiertheit herbeiführen – Interessen berücksichtigen

In jedem Fall ist Interessiertheit ein positiver emotionaler Zustand. Diesen kann man relativ gut messen. Der Kurzfragebogen zur intrinsischen Motivation *(Short Scale of Intrinsic Motivation)* nach Deci und Ryan (1993) ist zusammen mit der Theorie der intrinsischen Motivation eines der am häufigsten eingesetzten und immer wieder ausgefeilten Instrumente fachdidaktischer Forschung seit der Jahrhundertwende (Wilde et al. 2009). Deci und Ryan (1993) bezeichnen die psychologischen Grundbedürfnisse nach Kompetenzerleben, Autonomieerleben

und sozialer Eingebundenheit als wesentlich für das Lernen; diese spiegeln sich in der Theorie der intrinsischen Motivation.

Lernende im Schulgarten brauchen beispielsweise das Gefühl, wirklich etwas Neues zu lernen und nicht nur vorher Bekanntes zu wiederholen. Sie sollten sich in der Lerngruppe wohlfühlen und das Gefühl entwickeln, den Lernweg mitzubestimmen. Für Lernende im Grundschulalter sind andere Kontexte hilfreich als für pubertierende Jugendliche, deren Gehirnstrukturen ja gerade umgekrempelt und anders vernetzt werden als im Kindheitsalter.

Nach Mitchell werden bei der Interessiertheit eine „catch"- und eine „hold"- Komponente unterschieden, also ein Auslösen von Interessiertheit und – etwas schwieriger – ein Motivieren zum Dranbleiben. Dies kann durch Anforderungspassung gestellter Aufgaben (Rheinberg 2006) gefördert werden.

Nach Starzer-Eidenberger (2020, S. 185) kommt der „situativen Anreizqualität der Lernumgebung" eine besondere Rolle zu, wenn das Interesse schwach ausgeprägt ist, wie beispielsweise am Lernen von botanischen Inhalten. Mayer (1995) sowie Jäkel (2005) verweisen auf die Notwendigkeit des Aufbaus von subjektiver Bedeutsamkeit von Pflanzen für die Lernenden (Starzer-Eidenberger 2020, S. 38).

Berck und Klee (1992) verdanken wir die bahnbrechende Erkenntnis, dass mehrfache positive faszinierende Begegnungen mit Natur unverzichtbar sind für das Entstehen von Interesse an Naturschutzaktivitäten. Sie nennen es Siebenschrittmodell von der Faszination zum Handeln (▶ Abschn. 18.3.8).

18.1.6 Einstellungen und Wissen

Schulbildung sollte zu vernünftigem Handeln befähigen. Zum nachhaltigen Handeln ist neben dem Interesse auch das Konstrukt der Einstellungen relevant.

Einstellungen

Unter Einstellungen kann man Tendenzen der Bewertung von Objekten, Personen oder Verhalten auf einem bewertenden Kontinuum verstehen, das von Zustimmung bis Ablehnung reicht (Krosnick und Petty 1995).

Das Dreikomponentenmodell der Einstellungen definiert diese als Verknüpfung affektiver, kognitiver und verhaltensbezogener Reaktionen auf ein Objekt.

Während sich nach Upmeier und Christen (2004) durch erteilten Unterricht die Einstellungsausprägungen verändern lassen, konnten Studien bei Lehramtsstudierenden (Jäkel et al. 2016) der Biologie bzw. des Sachunterrichts zeigen, dass sich die allgemeinen Natureinstellungen im Verlauf eines Semesters nicht (mehr) änderten, zumal sie schon recht hoch ausgeprägt waren.

Im Verlaufe der letzten Jahre veränderten sich die Einstellungen zur Natur statistisch innerhalb der Bevölkerung Deutschland, wie die nationale Naturbewusstseinsstudie (2019/2020) (BMU und BfU 2020) aufzeigt. Jedoch hakt es mit der Umsetzung in konkretes Handeln:

» Insgesamt ist das Verhältnis des Menschen zur Natur jedoch ein Paradoxon: Besonders deutlich wird das daran, dass Angehörige der gehobenen Milieus regelmäßig ein deutlich höheres Naturbewusstsein äußern als Angehörige der gesellschaftlichen Mitte oder sozial schwächer gestellter Milieus. Im Gegensatz zu diesen haben gesellschaftlich besser gestellte Personenkreise aber auch eine deutlich schlechtere Ökobilanz und einen ressourcenintensiveren Lebensstil (zum Beispiel durch Energieverbrauch, Fernreisen etc.). Naturschutzkommunikation muss diesen Bruch direkt adressieren: Sozial gehobenen Personenkreisen ist die fehlende Passung zwischen ihren Überzeugungen, ihren Handlungen und ihrem Lebensstil transparent zu machen, und sie sind auch stärker in die Pflicht zu nehmen (BMU & BfU 2020, S. 9).

Wissen, Einstellungen und Intentionen sind also bedeutsam für Handlungen. Jedoch belegt neben anderen Quellen auch die Naturbewusstseinsstudie 2019/2020 (BMU & BfU 2020, S. 8): „Doch zwischen einer positiven Einstellung zur Natur, ihrem Schutz und einem entsprechenden individuellen Handeln besteht weiterhin eine große Lücke."

Preisendörfer und Diekmann (2001, 1998) stellten zudem die *Low-Cost*-Hypothese auf, die besagt, dass umweltmoralische Verhaltensweisen für den Durchschnitt der deutschen Gesellschaft erst verhaltenswirksam werden, wenn die Kosten umweltgerechter Aktivitäten relativ niedrig sind.

Nach wie vor werden Aspekte des Erhalts der belebten Umgebung gegenüber anderen Interessen nachrangig behandelt, trotz vorhandener Gesetze zum Schutz der natürlichen Ressourcen. Beispielsweise ist die zunehmende Versiegelung Deutschlands bei den statistischen Landesämtern durch Zahlen belegt. In Heidelberg, einer Stadt mit weniger als 200.000 Einwohnern, beträgt die Versiegelungsrate über 9 ha pro Jahr.

In der nationalen Naturbewusstseinsstudie wird in Deutschland alle zwei Jahre untersucht, inwieweit die Einstellungen, das Wissen und die Bereitschaften innerhalb der Bevölkerung geeignet sind, die nationale Strategie zur Erhaltung der biologischen Vielfalt umzusetzen. Auch wenn Wissen allein nicht ausreicht, um nachhaltig zu handeln, so ist doch von Rädiker und Kuckartz (2012) das Wissen als *Nadelöhr* identifiziert worden, um Biodiversität in Deutschland effektiver als bisher zu erhalten. Nur etwa ein Viertel der deutschen Bevölkerung erfüllt mit Wissen,

18

Einstellungen und Verhalten die notwendigen Voraussetzungen zur Umsetzung der Strategie der Erhaltung der Biodiversität. 2009 lag der Anteil bei 22 % und 2019 bei 28 % (BMU und BfU 2020). Die Steigerungen betreffen vor allem die unter 30-Jährigen. Zur qualitativen Erforschung von Aspekten des Umweltbewusstseins- und -handelns vergleiche auch Kuckartz (2012).

Nach Clausen (2015) wird Wissen auch als „fundamentaler Baustein zur Entwicklung der Fähigkeit des Systemdenkens angesehen" und Systemdenken wiederum als Grundlage nachhaltigen Handelns. Clausen untersuchte Effekte kurzzeitiger Interventionen am außerschulischen Lernort Wattforum auf das Systemdenken von Schülerinnen und Schülern.

Auch im Hinblick auf Bewertungskompetenz fordern Eggert et al. (2014, S. 243): „Ohne fachliche Grundlagen können keine begründeten Entscheidungen in Fragen moderner Naturwissenschaften getroffen werden."

18.1.7 Intentionen als Schlüsselelemente zwischen Motivation und Handlung

Knoblich (2020b) entwickelte im Bundesland Thüringen ein Modell kompetenzorientierter Umweltbildung unter Rückgriff auf andere Studien. Darin ordnet sie die Umweltbildung in das Zentrum eines Systems angezielter Kompetenzen, situationaler Bedingungen sowie umweltbezogener Persönlichkeitseigenschaften (Wissen, Einstellungen, Handeln) ein.

Über das Verhältnis von Wissen, Einstellungen und Verhalten wurde in den vergangenen Jahrzehnten intensiv geforscht. Jürgen Rost führte schon zur letzten Jahrhundertwende die *Intention* als Bindeglied zwischen Wissen, Einstellungen und Handlung ein, also das „wirklich wollen". Auch zu der bekannten Definition vom Kompetenz als Problemlösefähigkeit gehört nach

Weinert (2001) eine volitionale Komponente (siehe unten). Das Interesse an einem grünen Wohnumfeld mag beispielsweise vorhanden sein. Erst wenn man wirklich beschließt, Saatgut zu beschaffen und eine öde Fläche zu renaturieren, ist die Intention zu erkennen.

Jedoch wurde kontrovers diskutiert, welche Rolle eine wahrgenommene *Bedrohung* bei der Ausprägung von Handlungsintentionen zum Schutz der Natur haben können. Bolscho und Seybold meinen (Bolscho und Seybold 1996), man müsse intakte und zerstörte Natur individuell erlebt haben, um Verhaltensänderungen anzustoßen.

Schahn und Giesinger (1993) haben schon vor mehreren Jahrzehnten herausgearbeitet, dass umweltgerechtes Handeln dann leichter fällt, wenn dies neben dem Umwelthandeln selbst noch weiteren Zielen dient. Das wirkt zum Beispiel bei der Mülltrennung (Schahn 2010; Gerber 2014) oder bei der Steigerung der sozialen Akzeptanz durch vermeintlich umweltgerechtes Verhalten. In ihrer Studie bei einer Siedlung einer Gastnation in Heidelberg konnte Gerber (2014) belegen, „dass der Umgang mit Siedlungsabfällen unter Einsatz strukturbasierter Interventionssequenz aus Rückmeldung, sozialer Kontrolle und Beratung positiv beeinflusst" und die Menge des Restmülls beachtlich reduziert werden konnte (Matthies et al. 2004).

Andererseits ist der inflationäre Gebrauch des Wortes „Nachhaltigkeit" noch kein Garant für tatsächlich umweltgerechtes Verhalten, wie die Studien von Steffen et al. (2015) oder die nationalen Naturbewusstseinsstudien (BMU und BfN 2018; BMU und BfU 2020) in Deutschland bzw. das Statement von Springer (2020) zeigen.

Es werden in der Literatur zahlreiche Handlungsbarrieren beschrieben, die dazu führen, dass sich Menschen *nicht* für den Schutz der Natur bzw. Umwelt einsetzen: Geringe Selbstwirksamkeitserwartung, ungünstige Kosten-Nutzen-Abwägung sowie sozialer und personaler Rechtfertigungsdruck können nach Blöbaum und Matthies (2014) dabei unter anderem eine Rolle spielen.

Dagegen weist die repräsentative nationale Naturbewusstseinsstudie (BMU und BfN 2018; BMU und BfU 2020) darauf hin, dass es verstärkt gelingen muss, Personen mit guter finanzieller Ausstattung und Bildungsstand wegen des hohen Verbrauchs von Ressourcen zu umweltschonenderem Verhalten zu veranlassen.

Dabei wird in Anlehnung an die Sinus-Milieus (2016) eine differenzierte Sicherweise auf unterschiedliche soziale Gruppen innerhalb der Gesamtbevölkerung angemahnt. Eine „nach einzelnen Zielgruppen differenzierten Kommunikationsstrategie für die Naturschutzarbeit" in Deutschland wird als dringend notwendig erachtet.

18.1.8 Shifting Baselines

Niemand von uns kann verlässliche Aussagen zur Zukunft machen, Vorstellungen kann man aber äußern Unterbruner (2012). Aus der bisherigen und der derzeitigen Entwicklung sollten sich bei genauem Blick solide Modelle ableiten lassen, die gewisse Erklärungsmächtigkeit für zukünftige Entwicklungsmöglichkeiten haben. Manche Forscher diagnostizieren im begonnenen 21. Jahrhundert einen Verlust von Naturwissen – aus Sicht der jeweils älteren, gebildeten und lebenserfahreneren Menschen. Der US-Amerikaner Louv (2011) spricht gar von „Nature-Deficit Disorder" und bezeichnet damit die Tendenz verringerter Sinneserfahrungen der Menschen, Aufmerksamkeitsprobleme und körperliche oder emotionale Defizite bzw. Flucht in virtuelle Welten als Folge der Entfremdung von der Natur. Bei der Verdrängung originaler Begegnungen durch digitale Lernformate wird darauf in Zeiten von Pandemien verstärkt zu achten sein.

Andererseits ist bei Ament (1901) eine ähnliche Kritik am mangelnden Wissen zu Lebewesen (und hier insbesondere zu Pflanzen) bei der damals jungen Generation durch Daten unterfüttert. Also ist diese Tendenz vermeintlich über die Generationen nachlassender Naturkenntnis gar nicht so neu. Jedoch sind sich verschiebende Bezugsrahmen *(shifting baselines)* zu bedenken: Wenn es wirklich weniger Fischarten gibt als vor 100 Jahren, weniger Flechten wegen der Luftverschmutzung wachsen, weniger Schmetterlingsarten auf den reduzierten Flächen mit Wildpflanzen vom Ei zum Falter reifen, dann kann man das Fehlen bestimmter Arten subjektiv gar nicht wahrnehmen. Wenn man die Fülle nicht selbst erlebt hat, dann verschieben sich die Referenzrahmen der Wahrnehmung. Hierzu ist weitere Forschungsarbeit erforderlich.

Ein Beispiel: Der derzeit aus der Nordsee verdrängte Nagelrochen (ein Knorpelfisch; ◧ Abb. 18.1) wird bei der Prüfung der MSC-Kriterien (eigentlich ein auf Nachhaltigkeit verweisendes Zertifikat) für Krabbenfang nicht berücksichtigt. Der MSC (Marine Stewardship Council) sei blind für bereits regional ausgerottete Arten wie Stör, Europäische Auster oder Sandkoralle und sehe keine Rückkehroptionen vor, kritisiert die Schleswig-Holsteinische Naturschutzgesellschaft Schutzstation Wattenmeer 2020 und fordert Nachbesserungen.

18.1.9 Flow-Erleben

Trotz Belastung intensiv in einer Tätigkeit aufgehen – und gar kein Ende finden –, das kann man als Flow bezeichnen. Auf einer Studienfahrt kann man in der Beobachtung eines Tieres versunken sein, weil das Verhalten einer Vogelgruppe grade so fesselnd ist. Eine reizvolle unbekannte Pflanze soll unbedingt noch bestimmt werden, oder die Färbung mit Pflanzenfarben will noch auf die Variation eines weiteren Faktors

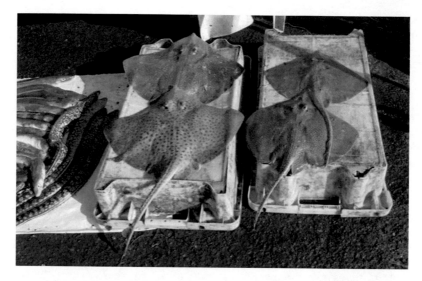

■ **Abb. 18.1**   Den Nagelrochen *(Raja clavata)* findet man noch am Atlantik, aber kaum noch in der Nordsee

■ **Abb. 18.2**   Beim Flow ist man in einer Tätigkeit ganz versunken und konzentriert

hin untersucht sein. Nach Csikszentmihalyi und Schiefele (1993) gehen dem Flow-Erleben einige Bedingungen voraus: Eindeutigkeit der Handlungsstruktur und Passung von Fähigkeit und Anforderung vgl. auch (Rheinberg et al. 2003).

Merkmale des Flow sind die eigene Kontrolle über die Handlung und die Umwelt, aber das Zentrieren der Aufmerksamkeit auf einen begrenzten Umweltausschnitt, das Verschmelzen von Handlung und Bewusstheit sowie eine gewisse Selbstvergessenheit.

Wenn Flow (■ Abb. 18.2) beim Draußen-Lernen auftritt, ist dies ein großer Erfolg. Unter anderem ist dies deutlich erkennbar daran, dass Pausen oder das Unterrichtsende aus dem Blick verloren werden.

18.1.10 Zwischen intrinsisch und introjiziert

Der Besuch außerschulischer Lernorte sollte eigentlich intrinsisch motiviert sein.

Unter *intrinsisch* versteht man, dass etwa aus eigenem Antrieb der handelnden Person geschieht. Etwas geschieht um seiner selbst willen, ohne äußeren Druck. Es geschieht freudig, freiwillig, zielstrebig, in Übereinstimmung mit eigenen Wünschen und Zielen. Will man also beispielsweise mit seinen Schülerinnen und Schülern eine Exkursion antreten, wäre dies der ideale Fall; dann lassen sich auch organisatorische Hürden überwinden.

Schwieriger wird es, wenn eine Studienfahrt beispielsweise durch Wünsche der Eltern oder von Kolleginnen und Kollegen auf den Weg gebracht wird, das Schuljahresende naht und der Lernstoff bewältigt scheint. Häufig ist dann auch von einem Ausflug statt von einem Lerngang die Rede. Ein Verhalten wird dann als *extrinsisch* motiviert bezeichnet, wenn der Beweggrund außerhalb der eigentlichen Handlung liegt, wenn die Person von außen gesteuert scheint (Rheinberg 2006). Es werden verschiedene Stufen der extrinsischen Motivation unterschieden – und extrinsische Motivation kann in intrinsische übergehen.

Diese Stufen werden, wenn man es genauer differenzieren möchte, als *external* (fremdbestimmt durch Erwartungen anderer Personen, Belohnung, Bestrafungsvermeidung), *introjiziert* (durch innere Kräfte wie Selbstachtung kontrolliert und erzwungen (Deci und Ryan 1993)), als *identifizierte* Regulation (akzeptierte Wichtigkeit) oder *integrierte* Regulation (Identifikation mit von außen gesetzten Normen, Handlungsmustern oder Zielen) bezeichnet.

Nach Rheinberg (2006) ist Motivation eine aktivierende Ausrichtung des momentanen Lebensvollzugs auf einen positiv bewerteten Zielzustand. Nach Schiefele (1996) und auch Rheinberg (2006) kann die Person entweder mehr durch die Eigenschaften der Handlung oder mehr durch die Eigenschaften des Gegenstandes der Handlung motiviert sein.

Also: Der momentane Zustand ist durchaus durch äußere Bedingungen beeinflussbar, wird aber auch von der Person geprägt. Die drei grundlegenden Bedürfnisse sind Kompetenz (Wirksamkeit), Selbstbestimmung (Autonomie) und soziale Eingebundenheit (soziale Zugehörigkeit). Außerschulische Lernorte können den Erwartungen entsprechen oder diese sogar übertreffen.

Durch eine Vorexkursion kann man sich selbst Gewissheit verschaffen, dass die Entscheidung für den Lernort richtig war – ob man nun extrinsisch oder intrinsisch motiviert war. So kann man hoffentlich dem Interessenverfall in eigentlich spannenden Schulfächern während der Schullaufbahn entgegenwirken (Löwe 1987).

Wenn Sie selbst keine Lust mehr verspüren, beispielsweise die konkreten Ergebnisse Ihrer Schülerinnen und Schüler zur Prüfung von Lebensmitteln auf Hühnerproteine mithilfe einer ELISA im Lernort Science-Lab abzuwarten, sollten Sie einen anderen Kontext für die ELISA wählen. Wenn Sie nicht erneut den Schülerinnen und Schülern zur Hand gehen wollen, um Wasserskorpion und Rückenschwimmer am Teich mithilfe einer Stereolupe zu unterscheiden, sollten Sie den Lernort wechseln. Wenn Sie Überdruss verspüren, um erneut abzuwarten, welche ihrer Schülerinnen und Schüler den Pfefferminztee und den Salbeitee am Geschmack unterscheiden können – planen Sie neue Lernabläufe!

18.1.11 Fazit – Interessen im Blick behalten

Da Interesse das Lernen fördert, ergibt sich die Herausforderung, das Lernen so zu gestalten, dass es aus Sicht der Lernenden

18

interessant ist (Vogt et al. 1999). Interessen haben wir als überdauernde Zuwendungen von Personen zu einem Gegenstandbereich definiert. Dagegen verstehen wir unter Interessiertheit das situationale Interesse, also eine zunächst kurzzeitige Zuwendung. Diese kann in Interesse übergehen.

Unterricht sollte zumindest Interessiertheit hervorrufen, nicht alle Lernenden werden sich dauerhaft für Naturwissenschaften interessieren. Dabei liegen bei außerschulischen Lernorten besondere Potenziale, wenn man die Interessenlage der Teilnehmenden berücksichtigt und spannende Kontexte wählt. Dies ist ein wesentlicher Teil der Lehrkunst und kein Selbstläufer.

Das Interesse der Lernenden zu schaffen, setzt zunächst einmal voraus, sich selbst zu motivieren. Setzen Sie neue Akzente! Fühlen Sie sich beispielsweise durch einen routinierten Besuch in einem bestimmten Lernlabor gelangweilt – ändern Sie Ihren Unterricht! Wählen Sie aktuelle Kontexte!

Kontexte

Mit Kontexten sind Themen oder Aspekte gemeint, mit deren Hilfe bedeutsame Teile eines strukturierten Wissenschaftsgebietes in Lernprozessen erschließbar sind. Sie werden von Lehrkräften in Kenntnis der Interessen der Lernenden so gewählt, dass mit ihrer Hilfe ausgewählte repräsentative Teile des naturwissenschaftlichen Erkenntnisgebäudes erschlossen werden können (Elster 2007; Bayrhuber et al. 2007a, b).

Während Fünftklässler mit Tierbeobachtungen oder dem Sammeln von Salbei, Minze und Melisse für Tee oder Bärlauch für Kräuterquark zu begeistern sein können, erfordern ältere Jugendliche andere Kontexte. So sind sie beispielsweise über den Mönchspfeffer und die Zusammenhänge zwischen Sexualhormonen und Pflanzeninhaltsstoffen zu interessieren. Ob bei Teepflanzen oder beim Mönchspfeffer, in beiden Fällen geht es um die wichtige Pflanzenfamilie der Lippenblütler (▶ Kap. 1), aber eben in unterschiedlichen Kontexten.

Während Grundschulkinder beispielsweise für Kartoffeln und deren realen Anbau im Schulgarten zu interessieren sind, wollen ältere Jugendliche die besonderen Wirkungen der als Superfood beworbenen Pflanze Bocksdorn mit ihren als Goji-Beeren bekannten Früchten hinterfragen – beides sind Nachtschattengewächse. Drogenwirkungen der Nachtschattengewächse sind für höhere Schulklassen spannende Kontexte, zumal der Schule hier im staatlichen Auftrag Aufgaben bei der Prävention von Missbrauch zukommen.

Es liegen Erfahrungen aus dem Forschungsgarten an der Universität Vechta vor, wie Aspekte einer BNE (▶ Abschn. 18.4) im Kontext der universitären Lehramtsausbildung umgesetzt werden können. In diesem Bericht bezeichnet Pütz (2012) die Botanik in der Sekundarstufe I als ungeliebten Themenbereich. Daran wollen wir mithilfe der außerschulischen Lernorte etwas ändern, auch weil Pflanzen als Produzenten von unersetzbarer Bedeutung sind.

18.2 Lange Tradition, aber noch kein Trend: Draußen-Unterricht

Sind denn all diese Hinweise zum Draußen-Lernen nun völlig neu? Versteht man unter Unterricht die möglichst geeignete Form, um Bildung meist junger Menschen zu ermöglichen, dann hat sich in den letzten Jahrhunderten die Auffassung durchgesetzt, dies gelänge optimal in Gebäuden mit klaren Klassenstrukturen und Zeitplänen des Unterrichts nach gesetzlich verankerten Bildungsplänen.

Das Verlassen des Klassenraumes wird in der Geschichte des naturwissenschaftlichen Unterrichts immer wieder forciert. Da fordern Salzmann und GuthMuts (▶ Kap. 17) zum aktiven Aufenthalt draußen auf. Salzmann hat seine Vorstellungen der Verknüpfung von körperlicher Aktivität und Lernen in dem Ameisenbüchlein oder dem Krebsbüchlein formuliert, in denen es nicht um zoologische Inhalte geht, sondern um pädagogische Konzepte. Friedrich Junge (1832–1905) bietet den Ansatz des ökologischen Lernens in unmittelbarer Schulnähe mit dem Klassiker bereits 1885 erstmals erschienenen Buch *Der Dorfteich als Lebensgemeinschaft* (Junge 1885). Und auch Otto Schmeil (1860–1943), der bekannteste Biologiedidaktiker in unserem Land, hat die Wahrnehmung der Realitäten des Lebendigen und das Rausgehen durchaus im Fokus (Schmeil 1916, 1925).

Betrachtet man Bücher von Otto Schmeil im Original (Schmeil 1916, 1925), ist man erstaunt, wie viele Wissensbestände über Lebewesen dort aufzufinden sind, die man selbst in der Schule und im Studium gelernt hat. Die Schmeil'schen Bücher kondensieren geradezu das biologische Weltwissen des 20. Jahrhunderts und enthalten Anregungen zum genauen Schauen, zum Sich-Einlassen, zum Kennenlernen, also Merk-Würdiges. Sie eröffnen Handlungsbezüge, stellen Zusammenhänge zwischen Strukturen und Merkmalen dar und regen zum biologischen Denken an.

18.3 Begriffsfassungen zu außerschulischen Lernorten

In didaktischen Lehrbüchern zu außerschulischen Lernorten werden Definitionen zum außerschulischen Lernen angeboten, so beispielsweise die von Messmer et al. (2011), nach denen außerschulische Lernorte Orte außerhalb des Schulgebäudes wären, an denen Menschen unterschiedlichen Alters im Rahmen *formaler,* nonformaler oder *informeller* Bildung lernen könnten.

Hier werden, und das ist gegenüber anderen Quellen hervorzuheben, *formale* Bildungsprozesse eingeschlossen. Damit richtet sich der Fokus vorrangig auf intendierte Lernprozesse: Dies entspricht auf dem Fokus des vorliegenden Buches.

Außerschulischer Lernort

Außerschulische Lernorte sind Orte außerhalb des Schulgebäudes, bei denen die unmittelbare originale Begegnung mit einem Lerngegenstand zum Kompetenzerwerb beiträgt. Es sind Orte, an denen spezifische Lernprozesse effektiver ablaufen als im Klassenzimmer.

18.3.1 Draußen-Lernen – nicht nur in Grundschule oder Förderschule

Messmer et al. (Ament 1901; Messmer et al. 2011) erläutern diese Begrifflichkeit: „Konstitutiv für diese Lernorte ist die Möglichkeit der unmittelbaren Begegnung mit dem Lerngegenstand und/oder Sachverhalt. Außerschulisches Lernen findet statt, wenn solche Begegnungen – bewusst oder unbewusst – in den Lernprozess integriert sind und zu einem Kompetenzerwerb beitragen."

Groß et al. (2011) verwendet für den von ihm untersuchten Lernort Schutzstation Niedersächsisches Wattenmeer den Begriff *informelles* Lernen, da die Intentionalität dieses didaktisch gestalteten Lernortes von Besucherinnen und Besuchern vielfach nicht wahrgenommen würde. Er weist unter Rückgriff auf Positionen von Overwien (Overwien 2005) jedoch auf die Unschärfe der Unterscheidung zwischen *formalem* Lernen (zielgerichtetem Lernen in einer Bildungseinrichtung), *nichtformalem* Lernen (zielgerichtetem Lernen außerhalb einer Bildungseinrichtung) sowie *informellem* Lernen (Lernen im Alltag und in der Freizeit) hin. Nach Overwien (2005) hat sich der Begriff des *informellen* Lernens eher für nichtstrukturierte Prozesse der Erwachsenenbildung im Arbeitsleben, in der Freizeit und der Familie durchgesetzt: „Lernprozesse, die informell, oft auch beiläufig sind, werden vielfach gar nicht als Lernen wahrgenommen." Zur Unschärfe des Begriffs *informell* im Kontext außerschulischer Lernorte vgl. auch Klaes (2008).

Von den theoretischen oder praktischen Befassungen mit außerschulischem Lernen in Deutschland erfolgten viele im Bereich der Grundschuldidaktik (z. B. Sauerborn und Brühne 2012; Baar und Schönknecht 2018; Brade und Krull 2016; Erhorn und Schwier 2016), deutlich weniger für weiterführende Schulen (z. B. Hethke et al. 2010; Gade und Au 2016). In Skandinavien (Bentsen 2012) oder Neuseeland sind bereits größere Schritte in Richtung Draußen-Lernen vollzogen; auch aus der Schweiz liegen fundierte Studien vor (Schumann et al. 2019; Messmer et al. 2011).

Sauerborn und Brühne (2012) bezeichnen außerschulisches Lernen als „originale Begegnung" mit Bildungsinhalten und räumlichen Umgebungen „im Unterricht außerhalb des Klassenzimmers". Auch hier wird das Aufsuchen dieser Räume außerhalb des Klassenraumes dem Lernen zugeordnet und nicht als Ausflug verstanden.

Dühlmeier (2014) unterscheidet zwischen *primären* Lernorten, den Schulen mit all ihren Räumlichkeiten einschließlich Schulumgebung und ggf. Schulgarten, sowie *sekundären* Lernorten, also außerschulischen Orten durch absichtsvolle Einbeziehung in den Unterricht. Innerhalb der sekundären Lernorte grenzt er die *Lernstandorte* ab, die adressatengerecht didaktisch aufbereitet wurden. Zu diesen Lernstandorten zählt er auch Zooschulen oder museumspädagogische Angebote (vgl. auch Harms 2018; Friedrich und Dühlmeier 2014; Meier 2009).

18.3.2 Wie kann man außerschulische Lernorte einteilen? Und muss man das überhaupt?

Es werden unterschiedliche Einteilungen außerschulischer Lernorte vorgeschlagen. Messmer et al. (2011) unterscheiden nach *Sachverhalten in originaler Begegnung, die in ursprüngliche Situationen eingebettet sind* (Nationalpark, Landwirtschaftsbetrieb, Bachlauf, Wald) und nach *Dingen, die nun in künstliche Situationen eingebettet wären* (sie nennen Museen oder historische Archive als Beispiele für dekontextualisierte Lernorte). Die Übergänge dürften m. E. fließend sein, denn ein Kunstobjekt ist im Museum im echten Kontext und ein Bachlauf kann im menschlichen Siedlungsraum als sehr wenig naturbelassen daherkommen.

Ein Beispiel für fließende Übergänge durch menschliche Gestaltungen bieten beispielsweise die Marschlandschaften an der Nordseeküste. Dies sind eigentlich flache vom Meer geschaffene Landstriche am Wattenmeer, sie wurden aber wesentlich von den Menschen geprägt. Meer- und Flusswasser werden mithilfe von Deichen und Schleusen zurückgehalten und durch die Marsch geleitet. Trotzdem – und eigentlich auch deshalb – sind diese flachen Marschlandschaften wichtige europäische Vogelschauplätze und stehen unter dem Status des Naturschutzes, des Nationalparks sowie des UNESCO-Weltnaturerbes. Die Marschlandschaften sind also zugleich Natur- und Kulturlandschaften.

Als weitere Einteilung außerschulischer Lernorte schlagen Messmer et al. (2011) den *Grad der methodisch-didaktischen Aufbereitung* vor, von fehlender Didaktisierung bis zu eigens für das Lernen geschaffenen Orten wie Science Centern oder Lehrpfaden. Aber auch hier gibt es Übergänge. Viele historische oder architektonische Attraktionspunkte in Städten oder landwirtschaftliche Flächen sind beispielsweise inzwischen mit Beschriftungen, QR-Codes oder Hinweisen versehen. So führt in der Altstadt von Hildesheim, einer Welterbestätte in Niedersachsen, ein deutlich erkennbarer Pfad vom Dom mit der „Tausendjährigen Rose" bis zum Marktplatz, den Fachwerkhäusern und der Michaeliskirche.

18.3.3 Welterbestätten als Empfehlung für Lernorte

Welterbestätten sind besonders empfehlenswerte Lernorte. In Deutschland gibt es 2020 beispielsweise 43 Kulturstätten und drei Naturstätten mit diesem Zertifikat, vom Aachener Dom bis zum klassischen Weimar oder zu dem Oberen Mittelrheintal, von dem ehemaligen Industriekomplex Zeche Zollverein in Essen bis zum grenzüberschreitenden Wattenmeer oder zu den Schlössern und Parks in Potsdam und Berlin. Bei Welterbestätten geht es um positive Zeichen, um Herausragendes und Schutzwürdiges.

Folgende Formulierung zu Welterbestätten ist einem Bildungsmaterial unseres Nachbarlandes Dänemark (Verdensarvssteder i Syddanmark 2020) entnommen, da das Wattenmeer ein grenzüberschreitendes Schutzgebiet darstellt:

» Welterbe-Stätten sind Orte in der Welt, die wichtig sind. Nicht nur für Sie und mich, sondern für uns alle – und nicht nur hier und jetzt, sondern auch in Zukunft.

» Es sind Orte, die einen Wert für die Menschheit haben. Orte, die unsere Welt prägen und uns etwas Einzigartiges bieten.

» Es sind Orte, die nicht nur uns selbst, sondern auch unsere Vergangenheit, unsere Zukunft und unsere Gegenwart verstehen und würdigen können. Orte, an denen die Natur und die Menschheit von ihren besten Seiten gesehen werden können. Orte, die es zu erleben gilt – wirklich und tief zu erleben.

Dazu sollte man sie aufsuchen. Die Zertifizierung von Orten als Welterbestätten, Nationalparks, Naturschutzgebiete oder von der UNESCO ausgezeichnete Lernorte ist also geradezu ein *Indikator für empfehlenswerte Lernorte* (▶ Kap. 14 und 15).

18.3.4 Einteilung von außerschulischen Lernorten als Ankerpunkt für Entscheidungen

Eigentlich ist die Einteilung außerschulischer Lernorte eine zweitrangige Frage. Es kommt vorrangig auf die didaktische Qualität des Lehrprozesses und weniger auf eine Kategorie des Lernortes an. Jedoch scheint diese Einteilung für einige Autorinnen und Autoren wichtig zu sein. Eine solche Strukturierung könnte für Einsteiger hilfreich sein, wenn man an Bekanntes anknüpfen kann. Auch kann eine solche Einteilung argumentativ dazu beitragen, bisher ungewohnte Formen des Lernens zu ortüblichen werden zu lassen. So wird beispielsweise beim Umgang mit Honigbienen im schulischen Kontext von Befürwortern argumentiert, dass die Imkerei eigentlich in jedem Ort „ortsüblich" werden sollte. Während man in Mannheim aus Sicherheitsbedenken das Aufstellen von Honigbienenvölkern im bewährten Lernort Luisenpark 2015 noch ablehnte, ist nun die Imkerei auch in der Großstadt (z. B. Frankfurt am Main, Berlin) durchaus realisierbar. Dieser Wandel kann durch Erwachsenenbildung gefördert werden, beispielsweise durch öffentlichkeitswirksame Schulgartenforen.

Aber auch Messmer et al. (2011) ist, genau wie uns, die didaktische Qualität der Lernprozesse ein wichtiges Kriterium. Denn all diese begrifflichen Facetten und Kategorien reichen noch nicht aus, um die Planung, Nutzung und Reflexion des Lernens an unterschiedlichen Lernorten zu bewältigen.

18

Groß et al. (2011) differenziert zudem zwischen den Begriffen *Lernort,* darin gestalteten *Lernumgebungen* sowie jeweiligen konkreten *Lernsituationen. Personalisierte Angebote* haben ihm zufolge im Nationalpark ein „erheblich höheres Vermittlungspotential" als nichtpersonalisierte Exponate in Ausstellungen (Groß 2011, S. 45).

In dem Buch von Brade und Krull (2016) sind die 45 Lernorte ganz unkonventionell geordnet, nämlich nach Alphabet. Das gibt diesem Buch etwas ganz Besonderes, eine vorurteilsfreie Zuwendung zur Vielfalt der Möglichkeiten mit klaren Bezügen zu Bildungsintentionen und Strukturen schulischen Lernens. Die Autoren bezeichnen das Verlassen des Schulhauses als „Brückenschlag" zwischen Unterricht und Alltagswelt.

18.3.5 Öffnung von Schule

Lernen an Orten draußen ist eine besondere Form der Öffnung von Schule, nicht nur räumlich, sondern vor allem im Lernstil.

Der besondere Aspekt der Öffnung liegt vor allem darin, sich Lernbedürfnissen der Schülerinnen und Schüler je nach gegebener authentischer Situation mutig zuzuwenden. Lehrende, die öfter draußen unterrichten, verfügen über Erfahrungen für die Bewältigung von *Spontaneität.* Dieser Mut zur Spontaneität ist möglich, weil klare Strukturierungen den Lehrenden wie den Lernenden Halt geben. Ist man beispielsweise mit Kindern draußen unterwegs, sind unerwartete Tierbegegnungen keine Störung, sondern eine Bereicherung. Da tauchen Eichhörnchen im Geäst der Bäume eines Stadtparks auf. Da finden sich wilde Gänse am Flussufer ein. Da tummeln sich Streifenwanzen auf den Wilden Möhren, dem Liebstöckel oder dem Giersch im Garten. Ganz so zufällig ist das dann gar nicht, wenn man die Vorlieben von Streifenwanzen für Doldenblütler kennt (▶ Kap. 10) oder die konkreten Lebensansprüche von Wirbeltieren (▶ Kap. 2).

Am aufwendigsten sind solche didaktischen Situationen vorbereitet, die wie zufällig und routiniert wirken und geradezu zwanglos und gelassen „bespielt" werden können. Hier steckt sehr viel Vorbereitung dahinter, die sich als Souveränität entäußert.

Jedoch besteht natürlich auch die Gefahr, bei der Fülle der Reize eines Draußen-Lernortes den roten Faden zu verlieren. So sind beispielsweise die Tiere dann spontan spannender als Pflanzen, deren Lebenserscheinungen zu beobachten möglicherweise das eigentliche Bildungsziel der Unterrichtseinheit war. Illustriert wird solcherlei auch durch spontane Ausrufe an der Stereolupe beim Draußen-Lernen im Garten: „Oh, da lebt ja was!!!" Über den eigentlich fokussierten Blütenkopf eines Korbblütengewächses krabbelte spontan eine Zikade oder Blattlaus, dabei leben doch die Pflanzen auch.

18.3.6 Fachdidaktik ist unverzichtbar – das Modell der PCK

Es hat Jahrzehnte gedauert, bis in universitären Kreisen, die an Lehrerinnen- und Lehrerbildung beteiligt sind, die Botschaft angekommen ist, dass für das Lehren nicht nur Fachwissen und allgemeine pädagogische Kenntnisse wichtig sind, sondern sogenanntes fachdidaktisches Wissen und Können. Katalysiert durch Publikationen von Shulman (1987), begann sich auch in der deutschen Bildungslandschaft die Erkenntnis durchzusetzen, dass Professionswissen neben dem Fachwissen fachdidaktisches Wissen erfordere (Pedagogical Content Knowledge, PCK). Obwohl um die Didaktik als Lehrkunst seit Jahrhunderten gerungen wird – von Comenius' *Didactica Magna und Orbis sensualium pictus* (Commenii 1658) über Johann Gotthilf Salzmann und Friedrich Junge (1885) bis zu Otto Schmeil (1916) – spiegeln Strukturen der

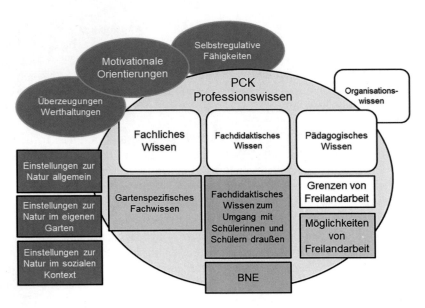

◻ Abb. 18.3 Modell des Professionswissens (PCK) zum Draußen-Lernen umfasst mehrere Faktoren (Jäkel et al. 2020b)

gymnasialen Lehrerbildung in unseren Bundesländern oft ein anderes Verständnis; man schaue nur einmal auf die geringe Zahl der Lehrstühle für Fachdidaktik, die Anteile der Fachdidaktik bei Bachelor-Studiengängen zum Lehramt oder die Gutachterstruktur der DFG.

Baumert und Kunter präsentierten (Baumert und Kunter 2006) und überarbeiteten (Kunter et al. 2011) ein Modell des Professionswissens, das neben Fachwissen (Content Knowledge, CK) und pädagogischem Wissen (PK) auch didaktisches Verständnis (PCK) umfasst sowie von Einstellungen, Motivationen und Selbstwirksamkeitsüberzeugungen der Lehrkräfte sowie ggf. Organisationswissen gerahmt wird. Nun interessiert uns hier nicht die Forschung zu PCK allgemein (Borowski et al. 2010), auch nicht die Forschung zu PCK bei biologischem Lernen (wozu eine erfreuliche Zahl präziser Forschungen vorliegt Großschedl 2013; Großschedl et al. 2015), sondern das naturbezogene Draußen-Lernen (◻ Abb. 18.3). Nach Arbeiten von Weusmann (2015) zu Kompetenzen beim Lehren im Schulgarten hat auch

die Arbeitsgruppe um den Ökogarten Heidelberg zu PCK und Outdoor Education geforscht und Lehrerbildung über Jahre begleitet (Jäkel et al. 2016, 2020; Jäkel et al. 2020a, b, c). Es wurde deutlich, dass Draußen-Unterrichten solide spezielle Ausbildungsmodule neben der normalen Didaktik und dem Fachwissen erfordert.

Auch Brovelli et al. (2011) weisen darauf hin, dass die professionelle Kompetenz von Lehrpersonen eine entscheidende Voraussetzung ist, um das Potenzial außerschulischer Lernorte lernförderlich ausschöpfen zu können. Wie diese in der Lehrpersonenbildung entfaltet werden können, zeigen jeweils Umsetzungsbeispiele aus dem naturwissenschaftlichen Studiengängen der Sekundarstufe I der PH Luzern im Fach Naturwissenschaften.

18.3.7 Besondere Herausforderungen des Draußen-Unterrichts

Worin bestehen denn nun die besonderen Herausforderungen des Draußen-Unterrichts? Das Draußen-Lernen ist eine

Situation mit mehr „Unbekannten" als im Klassenraum, dadurch aber zugleich spannender. Diese Komplexität kann überfordern. Fachliche Unsicherheit ist möglicherweise mit unvorhergesehenen Effekten gepaart. Auch das Verhalten der Kinder und Jugendlichen kann von dem Verhalten im gewohnten Umfeld abweichen. Was also ist zu tun, um die Komplexität zu reduzieren? Eine klare Organisationsstruktur, sehr gute Vorbereitung sowie eine gewisse Gelassenheit sind gute Voraussetzungen. Zugewandtheit sowie eine solide Besonnenheit kann man auch von verschiedenen Arbeitsgruppen in der Schweiz lernen.

Die Kunst des Draußen-Unterrichtens erwirbt man nicht ohne Anstrengungsbereitschaft, Investitionen und Misserfolge. Bedenkt man das Siebenschrittmodell von der Faszination zum Handeln, das Berck und Klee (1992) im Kontext der Genese von Aktivität im Naturschutz publizierten, entwickelt sich tatsächliche Handlungsaktivität erst in einem mehrschrittigen Prozess mit positiven Bekräftigungen und nach motivationalen „Schüben" durch eigenes Erleben. Zu dieser Mehrschrittigkeit gehört sicher auch der Umgang mit Misserfolgen. Die Faszination aber führt zu erneuten Begegnungen; das gilt auch für das Draußen-Lernen, selbst wenn die ersten Lehrproben so richtig „schiefgehen" können.

Draußen-Unterrichten im Garten und in der Natur erfordert neben den allgemeinen fachdidaktischen Kompetenzen sowie positiven pädagogischen Einstellungen eine besondere Kompetenz des Managements von Biotopen und Lernprozessen gleichermaßen (Jäkel et al. 2020c; Commenii 1658).

Wir sprechen nach intensiver Modellprüfung im Kontext der Ausbildung von Lehrkräften der Biologie bzw. des Sachunterrichts von einem besonderen Outdoor-PCK sowie einem separaten Faktor der BNE-Kompetenzen neben den allgemein bekannten Faktoren der PCK wie fachlichem, pädagogischem und fachdidaktischem Wissen (Jäkel et al. 2020b) (zu PCK und BNE vgl. auch Brandt et al. 2019). Brovelli et al. (2011) sprechen analog von professioneller Kompetenz von Lehrpersonen als einer entscheidenden Voraussetzung, um das Potenzial außerschulischer Lernorte lernförderlich ausschöpfen zu können. Zum Professionswissen gehören also pädagogisches Wissen, fachdidaktisches Wissen, Fachwissen und Überzeugungen bzw. motivationale Orientierungen (vgl. auch Baumert und Kunter 2006; Kunter et al. 2011).

Wenn denn Draußen-Unterrichten besonderes fachdidaktische Fähigkeiten erfordert, müsste dies in der Lehrerinnen- und Lehrerbildung auch trainiert werden. In dieser Forderung finden wir Unterstützung in Argumenten und Praxisbeispielen von Brovelli et al. (2011). Auch sie führen auf, welche spezifischen Kompetenzen für die Durchführung außerschulischer Lernanlässe erforderlich sind und wie diese in der Lehrpersonenbildung entfaltet werden können. Dabei sollten die positiven Beispiele nun endlich „Schule machen".

18.3.8 Mehrschrittige Prozesse bei der Ausbildung von Handlungskompetenz

In dem vorliegenden Buch geht es nicht nur um Wissen, Einstellungen (Heynold 2016) und Interessen, sondern wir wollen zur Tat schreiten im Sinne einer nachhaltigen Transformation der Gesellschaft gemäß Bildungsauftrag.

Janich (2007) liefert eine Definition für Handlung: „Unter „Handeln" (etwa im Gegensatz zu einem bloß natürlichen Verhalten unseres Körpers wie den Stoffwechselprozessen) verstehen wir die elementarste Sozialkompetenz unserer Mitmenschen." Sie können nach Janich (2007, S. 14) gelingen oder misslingen, sie können Zwecke also erreichen oder verfehlen, und wir sind für sie verantwortlich. „Handlungsketten des täglichen und wissenschaftlichen Lebens" werden eingeübt und gelernt (2007, S. 15).

Gehen wir zum Vergleich in eine dem Umwelthandeln benachbarte Domäne, zum Gesundheitshandeln. Ein Modell der reflexiven gesundheitsbezogenen Handlungsfähigkeit aus biologiedidaktischer Perspektive findet man bei Arnold et al. (2019). Dabei spielen die Selbstregulation, die Selbstwirksamkeitserwartung und die Handlungsergebniserwartungen sowie die persönliche Intention eine zentrale Rolle. Es wird zwischen der Motivationsphase, der Volitionsphase und der Ausführung unterschieden. Will ich also mein Ernährungsverhalten ändern, muss ich dies wirklich wollen. Bei dem Handlungsmodell nach Ohnmacht und Kossmann (2019) wird allerdings noch eine vierte Ebene eingezogen, und zwar die Ebene der *Gewöhnung*. Dieses Vier-Phasen-Modell der Verhaltensänderung nach besagt also, „dass Menschen vier Phasen durchlaufen, bevor ein neues Verhalten zur Gewohnheit wird […] Es kann aber sein, dass Rückfälle oder Hindernisse die Betroffenen wieder in eine vorangegangene Phase zurückfallen lassen."

Berck und Klee (1992) sprechen gar (▶ Abschn. 18.1.5) von einem Siebenschrittmodell von der Faszination zum Umwelthandeln im Kontext von Aktivität im Natur- und Artenschutz.

Wir wollen uns an das Draußen-Lernen *gewöhnen*.

18.3.9 Welche Rolle spielen Realien und Räume im gesamten Erkenntnisprozess?

Draußen-Unterricht zeigt neben spezifischen fachlichen Facetten auch interdisziplinäre Zugänge. Im Sinne von BNE ist dies sogar intendiert.

Vor interdisziplinärer Vernetzung sind auch Blicke auf fachliche Werte der Outdoor Education lohnenswert. Neben der Biologie spielt dabei auch die Geographie eine besondere Rolle.

Schließlich ist Fürsprache von Kolleginnen und Kollegen anderer Fächer nötig und hilfreich, um Schulleitungen ggf. vom Draußen-Lernen zu überzeugen.

Während Hemmer et al. (2020) den Realraum als zentralen „Ausgangs- und Endpunkt geographischer Erkenntnisgewinnung und Handlung" bezeichnen, werden derzeit immer mehr Angebote unterbreitet, um digitale Geomedien unterrichtlich zu nutzen (Lude et al. 2012), und das nicht nur im Geographieunterricht.

Sicher müssen sich originale und digitale Zugangsweisen nicht ausschließen, sondern können sich gegenseitig befruchten. Schaal et al. (2012) konnten nachweisen, dass sich mobile digitale Endgeräte beim Biologielernen im Feld bewähren, wenn man sich mit ihren Möglichkeiten vorher vertraut gemacht hat, was allerdings auch Lernzeit kostet.

Hergesell et al. (2014) konnten unter Nutzung von GPS (◼ Abb. 18.4) und GIS zeigen, dass auch solche digitalen Informationssysteme der Realbegegnung und dem Lernen von Naturschutz förderlich sein können. Allerdings steigern sie die Interessiertheit bei Schülerinnen und Schülern der Sekundarstufe in der Regel nicht stärker als andere handlungsaktive Angebote (Hergesell et al. 2014).

Die durchaus faszinierenden Möglichkeiten von Applikationen zur Pflanzenbestimmung erfordern noch genauere fachdidaktische Untersuchungen. Das Ansprechen von Pflanzen gelingt in der Regel sehr gut und schnell mit Applikationen wie *Flora incognita*. Werden dabei aber auch die Kompetenzen der Orientierung in der biologischen Vielfalt gefördert? Werden systematische Wissensbestände als Ankerpunkte für bisher Unbekanntes gesetzt?

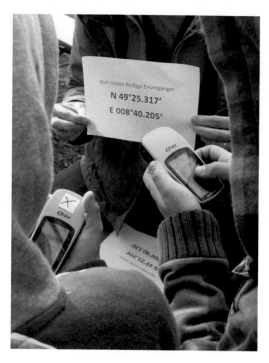

Abb. 18.4 Spurensuche mit GPS

Ob digitale oder originale Zugänge genutzt werden, hängt auch von den Interessen und Gewohnheiten der Beteiligten ab. Auf der Tagung zu außerschulischen Lernorten in Münster 2019 berichtete eine Mitarbeiterin des faszinierenden Städel-Museums in Frankfurt am Main über ihre Gestaltungskriterien musealer Angebote (▶ Kap. 14). Das zentrale Element der Darstellungen von Chantal Eschenfelder zum Lernort Museum (Jungwirth et al. 2020) ist die Grundannahme individueller Bedürfnisse eines *heterogenen Publikums*. Sie plädiert für digitale Lernorte als Erweiterung – nicht als Ersatz – zur Unterstützung didaktischer Ziele wie beispielsweise dem Offenlegen künstlerischer Bildstrategien zur Förderung der „visual literacy". Solche differenzierten Herangehensweisen sind sicher aufwendig, haben aber nachweislich eine beeindruckende Faszination für unterschiedliche Zielgruppen.

Nach Hemmer et al. (2020) fördern Schülerexkursionen mit dem Ziel der „geographischen Handlungsfähigkeit" im Kontext des Geographieunterrichts das *Raumverständnis*. Es erfolgen Analysen von Raumstrukturen und Mensch-Umwelt-Beziehungen. Unterschiedliche Raumwahrnehmungen werden möglich. Sie fördern die räumliche Orientierungsfähigkeit in Realräumen, die Faszination, das Interesse (▶ Abschn. 18.1) und die Entdeckerfreude für geographische Phänomene.

Bei der Raumwahrnehmung geht es nicht um Flächen, sondern um *Räume*. Auch die Schulgartenbewegung orientiert darauf, Schulgärten nicht als Flächen auszubauen, sondern Räume zu gestalten, also die dritte Dimension zu nutzen und auch in die Höhe zu gehen. Gartenräume sollten durch erkennbare Strukturen und zugleich Verstecke und Geheimisse gekennzeichnet sein.

Stadträume und Gartenräume gibt es vor der Haustür. Aber wie sieht es mit Landschaften aus, die fast ausgerottet sind, wie beispielsweise Mooren, oder mit Meeresküsten?

Es gibt umfangreiche digitale Angebote, z. B. die „Expedition Moor" von Ulrich Michel und Kolleginnen, um Moore insbesondere in Norddeutschland digital erfahrbar zu machen. Die Pandemie 2020 führte zur Entwicklung von Angeboten, um sogar das schleswig-holsteinische Wattenmeer mit seinen Mollusken, Vögeln, Strategien des Naturschutzes und anderen vielfältigen Reizen digital gestützt zu erschließen. Hier fehlen natürlich (unverschuldet durch die Akteure) der herbe Wind der Nordsee im Gesicht, das Rufen von Austernfischern und Rotschenkeln, das Anhaften von Schlickwatt an den nackten Füßen bis über die Waden, der Duft von Strandwermut und blühendem Hornklee, das Durchfrieren bei Regen oder der Geschmack von Queller und Pazifischer Auster. Sofern solche digitalen Angebote Lust machen auf spätere Originalbegegnungen, sind sie geeignete Aushilfen.

18.3.10 Ist Draußen-Lernen in der Biologie ein Privileg der Ökologie?

Das Buch *Biologie im Freien* von Kuhn et al. (1986) war eine Pionierleistung und ist Klassiker der beispielhaften biologischen Draußen-Lernaktivitäten.

Im Hinblick auf BNE geht es nicht nur um die ökologische, sondern auch um die ökonomische und sozial-kulturelle Dimension.

Groß (2007) und Clausen (2015) verweisen auf eine Vielseitigkeit und einen Facettenreichtum außerschulischer Lernmöglichkeiten, die in außerschulische Umweltbildungsmaßnahmen einfließen können. So sei eine eindeutige Zuordnung der unterschiedlichen Lernorte in die traditionellen Bereiche kaum noch zulässig (Clausen 2015).

Ist das Draußen-Lernen ein Zusatzangebot zum Unterricht? Die Intention des gemeinsamen Aufsuchens außerschulischer Lernorte durch Lehrkräfte mit Schülerinnen und Schülern ist ein Lernprozess zur Umsetzung von Bildungszielen gemäß Bildungs- bzw. Lehrplan. Hier stimmen naturwissenschaftlich orientierte fachdidaktische Positionen mit geschichtsdidaktischen (Schmid 2015; Hemmer et al. 2020) überein. Einige der von Hemmer aufgegriffenen Positionen entstammen wörtlichen Äußerungen in seinem Plenarvortrag auf einer bundesweiten Tagung zu außerschulischen Lernorten (Jungwirth et al. 2020) im Jahr 2019 an der Universität Münster, sind aber natürlich im Tagungsband in zum Teil anderer Wortwahl vorfindlich (Hemmer et al. 2020).

In der Schule ist es sicher von Vorteil, wenn aus mehreren Schulfächern das Draußen-Lernen als selbstverständlicher Bestandteil der Lernkultur vertreten wird. Daher ist es hilfreich zu wissen, dass auch die geschichtsdidaktische Literatur beispielsweise nach einer Recherche von Schmid (2015) außerschulische Lernorte vorschlägt, vor allem historische Orte wie Bauwerke, Denkmäler oder Museen und Archive.

Aber auch hier werden das Hingehen, der Umgang, das Erfahren sowie das Begreifen von Sachquellen als essenziell betont. Unter Rückgriff auf Gautschi (2009) erhofft man sich die Anregung der Fantasie der Lernenden, Effekte wie Verblüffung und Überraschung, also Steigerungen der Motivation zur Auseinandersetzung (vgl. auch Karpa et al. 2015 und Pandel 2012).

Schmid (2015) diskutiert bestehende Vorbehalte gegen das Verlassen des Schulraumes beim Geschichtsunterricht und erwähnt administrative Aufwände, organisatorische Mühen, unvorhersehbare Zwischenfälle etc. Dazu liegt eine Erhebung von Weusmann (2015) vor, die ebenso wie Studien von Jäkel et al. (2016) zeigen, dass diese Bedenken bei handlungsaktiven Lehrenden mit Performance beim außerschulischen Lehren gering sind.

18.3.11 Zeit und Raum – Zusammenhänge

Ziel der Auseinandersetzungen mit Räumen, Quellen oder Naturobjekten ist in allen Fällen das Erkennen von Zusammenhängen. Das klingt trivial, ist es aber nicht. Wir balancieren zwischen Vereinfachungen und Verwirrungen durch eine hohe Komplexität der Realität.

Wie sind Klimaschwankungen zu interpretieren? Sind sie natürlichen Ursprungs oder anthropogen beeinflusst? Gab es innerhalb der letzten 1000 Jahre eigentlich auch „kleine Warmzeiten", oder sind diese Wechsel der Warm- und Kaltzeiten nur typisch für das Pleistozän, das vor 12.000 Jahren endete? Wie sahen Wälder in Mitteleuropa zur Römerzeit aus? Waren die Empfehlungen von Hans Carl von Carlowitz im Jahre 1713 zum Pflanzen von Fichten im Tiefland wirklich nachhaltig? Die einzige Konstante in der Natur ist doch die Veränderung (Jäkel et al. 2007). Wie kann man dann den Einfluss des Menschen kompetent beurteilen?

18

Was meint man mit „Geschichte" (Mayer et al. 2011)? Erdgeschichte oder Menschheitsgeschichte? Dies kann ja von Schulfach zu Schulfach verschieden sein. Klärung ist nötig, außerschulische Lernorte bieten dafür exemplarisch Anlass.

Wie kann es beispielsweise zum Auffinden der fossilen Überreste von Seekühen im „Mainzer Becken" oder zahlreichen Elefanten in Mitteldeutschland gekommen sein? Welche Zeitabläufe und räumlichen Veränderungen verbergen sich dahinter? Reichte die Nordsee wirklich einmal bis in die Mainzer Region? Haben Menschen jemals Berührungen mit Ichthyosauriern und Ammoniten *(nein)* oder lebenden Mammuts und Steppenelefanten *(ja)* haben können?

In unterschiedlichen Fächern spielen beim außerschulischen Lernen *Zeiterfahrungen* eine besondere Rolle. Die Zeiterfahrungen geschichtlichen Lernens (vgl. Kompetenzmodell geschichtlichen Lernens nach Gautschi 2009) umfassen Zeitdimensionen *menschlichen* Handelns, also erdgeschichtlich kurze Zeitabschnitte. Naturgeschichtliche Zusammenhänge reichen in der Regel weiter zurück und umfassen in evolutiver Sicht unvorstellbar lange erdgeschichtliche Zeiträume. Ob Geschichte oder Naturwissenschaft: *Zusammenhänge* sind in den unterschiedlichen Domänen jedoch stets besonders bedeutsam für Lernen und Verstehen. Das Aufsuchen originaler Standorte – von der Grube Messel mit 49 Mio. Jahre alten Funden des Eozäns bis zur Zeche Zollverein als Lernort jüngerer Industriegeschichte mit Abbau von fossilen Energieträgern mit einem Alter von etwa 360 Mio. Jahren oder einer ehemaligen Römersiedlung am Neckar mit etwa 2000 Jahre Eichenpfählen der Neckarbrücke – außerschulische Lernorte sind hier unersetzlich (▶ Kap. 14).

Zwischen geschichtlichen und naturgeschichtlichen Zeitabläufen gibt es also stets auch Zusammenhänge, denn der Mensch nutzt die Natur.

Ein Steinbruch zum Abbau von marinen Kalkablagerungen der Jura-Zeit (UNESCO Global Geopark) mit einem Alter von fast 200 Mio. Jahren zur heutigen Herstellung von „Heidelberger Zement" kann also beispielsweise ein Lernort für Evolution, für Geographie *oder* ein Lernort für Geschichte und Technik *oder* ein Lernort für Naturschutz an Sekundärstandorten sein. Die jeweiligen Ziele sind trotz bestehender Zusammenhänge zu präzisieren, um sich in der Komplexität nicht zu verlieren und Strukturierungen als Ankerpunkte zu setzen.

Auch in heutiger Zeit geht es bei der Nutzung der Natur durch den Menschen um Zusammenhänge von Zeit und Raum, wie bei der Produktion von Nahrungs- und Genussmitteln. Wird beispielsweise ein Assam-Tee an den Hängen des Himalaya im Nordosten Indiens angebaut, muss er verarbeitet und transportiert werden. Wie kann das bei diesen geographischen Distanzen möglichst ressourcenschonend geschehen? Fair gehandelter Tee kostet im Einkauf einer „Teekampagne" etwa 19 € pro Kilogramm in Bio-Qualität, die Frachtkosten per Schiff liegen bei 60 Cent, Steuern und Versicherungen kosten 1,30 €, die Qualitätskontrollen 1 €, das Abfüllen 1,50 €, die Zertifizierungen als bio und fair gehandeltes Produkt 80 Cent, die Bürokosten liegen bei 1,50 Cent, die Öffentlichkeitsarbeit bei 2 €, die Lohnkosten für Büro und Vertrieb bei 4 € und nötige Rücklagen bei 2 €. Wie entsteht also ein fairer Preis für Lebensmittel?

Wie sieht es mit der regionalen Produktion von Lebensmitteln aus? Nach biologischen Standards angebaute Lebensmittel erfordern mehr Arbeitsaufwand bei der Pflege des Bodens und der Kulturen als integriert oder konventionell angebaute Lebensmittel. Das kann man durch Besuche auf Bauernhöfen vergleichen. Zusammenhänge zwischen Produktionsbedingungen, Vermarktung und Preis werden deutlich und helfen bei der Ausbildung von Bewertungskompetenz (Spörhase 2013). Zur Förderung des Erkennens solcher Zusammenhänge entwickelte das Team Ökogarten das Lernfor-

◨ Abb. 18.5 Eine Holländerwindmühle wurde zum Lernort Museum

mat „Feldspaziergang". Über viele Jahre bewährte Formate für landwirtschaftliche Erkundungen mit Schulklassen sind auch sogenannte „offene Bauernhöfe". Zusammenhänge zwischen dem Anbau der Kulturen, ihrer Verarbeitung in Mühle (◨ Abb. 18.5), Bäckerei oder Brauerei (▶ Kap. 8) sowie dem (Super-)Markt können durch außerschulisches Lernen verständlich werden.

18.3.12 Klare Ziele bei originaler Begegnung

Wenn also Lernorte fachspezifisch genutzt werden sollen (Baar hatte außerschulische

Lernorte ja als Orte außerhalb des Schulgeländes bezeichnet, die im Rahmen des Unterrichts aufgesucht werden, um intentional Bildungsziele zu verfolgen (Baar und Schönknecht 2018; Jungwirth et al. 2020), sind je nach Fachrichtung die angezielten Kompetenzen des Nutzens außerschulischer Lernorte zu präzisieren.

Sind die Begriffe „Sachkompetenz", „personale Kompetenz", „soziale Kompetenz" und „Methodenkompetenz" wirklich geeignet, um auf Lernprozesse zu orientieren? Es sind ja zunächst nur „Worthülsen". Kompetenzerwerb erfolgt nicht unabhängig von Inhalten. Beim historischen Lernen unterteilt Gautschi (2009) fachspezifisch in Wahrnehmungs-, Erschließungs-, Interpretations- und Orientierungskompetenz. Beim naturwissenschaftlichen Lernen wiederum hat man sich landesweit auf die Kompetenzbereiche Fachwissen, Bewertungskompetenz, Erkenntnismethoden, Kommunikation geeinigt und nutzt sie zur Strukturierung von Bildungsplänen.

Bereits Uhlig et al. (1962) hatten in ihrer Biologiedidaktik auf die originale Begegnung hingewiesen. Sie sprachen von Lebewesen im echten Wirklichkeitszusammenhang und Lebewesen im nachgeahmten Wirklichkeitszusammenhang (Zoo, Gewächshaus, botanischer Garten, Terrarium). Sie ordneten dieser originalen Repräsentation der Lerngegenstände in der Skala der Originalität den höchsten Stellenwert zu. Auf die besondere Rolle der Authentizität und originalen Begegnung verweist auch Wilhelm (2007).

Ulmer Neurobiologen um Kiefer et al. (2008) haben mithilfe von Computertomographie erforscht, wie Begriffe gelernt werden und welche Rolle sinnliche Wahrnehmungen dabei spielen. „Wenn diese Kopplung mit konkreter Sinneswahrnehmung für einen Begriff nicht vorhanden ist, nie gelernt wurde, bleibt dessen Bedeutung vage." Der Begriff „Watt" kann eben erst nach dem eigenen Erleben mit Sinn erfüllt werden. Der Geschmack von Schinkenwurzel

18

(Rapontika = Wurzel der Nachtkerze *Oenothera*) oder der Geruch von Krapp (► Kap. 12) kann nicht beschrieben werden, er muss erlebt werden. Kiefer et al. (2008) illustrierten diese Erkenntnisse der Hirnforschung für das Lernen an den Beispielen von Zitrone oder Telefon.

18.3.13 Schrittfolgen zur Vorbereitung von Lerngängen

Zu jedem Besuch an einem außerschulischen Lernort gehören eine gute Vor- und Nachbereitung. Manche Didaktiker nennen dies einen Dreischritt. So trivial diese Forderung auch scheint, so oft wird dagegen verstoßen. Diese notwendige Vor- und Nachbereitung ist auch der Grund, warum wir den Begriff „Ausflug" unpassend finden.

Hemmer et al. (2020) benennen folgende Schritte der Vorbereitung und Ergebnissicherung:
- Ziele festlegen
- Gebiet aussuchen
- Sich selbst informieren
- Vorwissen der Lernenden analysieren
- Über Partizipationsmöglichkeiten nachdenken
- Einzelstandorte ausfindig machen
- Leitfragen und Methoden überlegen
- weitere Medien erwägen
- Sicherung des Erkannten planen
- Kompetenzdiagnostik überlegen

Diese sorgfältige Liste ist natürlich sehr hilfreich. Andererseits drängen zu umfangreiche Schrittfolgen der Vorbereitung von Lerngängen die Befürchtung auf, die Anforderungen könnten im Vergleich zum Unterricht im Klassenraum zu hoch sein. Und genau diese Befürchtungen wollen wir ja durch zeiteffektive Strategien reduzieren (► Kap. 16 und 11).

Dühlmeier (2014) begründet, dass das Aufsuchen eines außerschulischen Lernortes möglichst in der Mitte einer Unterrichtseinheit anzusetzen wäre, zwischen einer Vor- und einer Nachbereitungsphase. Er führt als Argumente an, auf diese Weise Fachleistungen gezielt zu fördern und alltägliche Anwendungsbezüge durch systematische Instruktion flankieren zu können.

Ähnliche Forderungen finden wir bei Stern et al. (2002) in der starken Empfehlung für absichtsvolle Wechsel zwischen Offenheit und Strukturierung im naturwissenschaftlichen Unterricht. Sie können diese Forderung durch solide Forschungsdaten über anspruchsvolles Lernen in der Grundschule stützen, zum Beispiel zum Thema Schwimmen und Sinken, zu Dichte und Auftrieb.

Der didaktische Dreischritt (2014, S. 34) beim Besuch eines Lernortes umfasst also Vorbereitung, Durchführung und Auswertung. Dabei kann es aber nicht nur um die organisatorische Vorbereitung oder die Beschaffung von Lernmaterialien gehen, sondern doch auch um eine inhaltliche und methodische Vorbereitung unter Einbeziehung der Lernenden selbst. Auf die Notwendigkeit einer unterrichtlichen Vorbereitungsphase und einer reflektierenden Nachbereitung des am Lernort Gelernten beziehen sich auch Erhorn und Schwier (2016, S. 8) sowie Sauerborn und Brühne (2012, S. 5 f., S. 92 f.) oder Klaes (2008).

18.4 Didaktik und BNE – Wir üben das Handeln

18.4.1 Umweltbildung oder BNE? Alter Wein in neuen Schläuchen?

Der Begriff „Umweltbildung" ist deutlich länger im Gebrauch als der Begriff der Bildung für nachhaltige Entwicklung (BNE).

Diese beiden Begriffe unterscheiden sich jedoch nicht nur in der bisherigen Dauer ihres Gebrauchs. Umweltbildung orientiert auf eigenständige Ziele der Gestaltung von Beziehungen zwischen Menschen und Umwelt. Sie ist von Wertschätzung gegenüber den natürlichen Ressourcen geprägt, insbesondere den Lebewesen.

Mit dem ausgehenden 20. Jahrhundert ging eine Inflation von Begriffen im Kontext von Bildung einher, die sich auf Mensch-Umwelt-Beziehungen orientierten. Da gab es ökologisches Lernen, Naturpädagogik, Naturerlebnispädagogik, Umweltbildung, das Pflegerische im Umgang mit Natur u. v. a. Diesem Wirrwarr hat die Orientierung auf BNE zwar ein Ende bereitet, nun aber einen neuen Prozess der Zielorientierung ausgelöst. Schon 1999 verweisen De Haan und Harenberg (1999) auf eine BNE als Bildungsinnovation.

Outdoor Education, Draußen-Lernen, Draußen-Unterricht, *Friluftsliv, Udeskole* sind neue Schlagwörter in der europäischen Bildungslandschaft. Eulefeld benutzte in der Regel den Begriff „Umwelterziehung". Zum ökologischen Lernen findet man Hinweise bei Bolscho und Seybold (1996). Mit Gruppenerfahrungen in der Natur und sozialen Aspekten befasst sich die Erlebnispädagogik nach Cornell (1991). Er entwickelte das sogenannte *Flow-Learning,* um Lehrkräften, Eltern oder Naturführern Möglichkeiten aufzuzeigen, um sich „auf die Stimmung einer Gruppe einzulassen und sie von dort zu einer angeregten, freudigen Wertschätzung der natürlichen Umwelt zu führen" (Junge 1885, S. 11). Dabei werden die Stufen: „Begeisterung wecken", „konzentriertes Wahrnehmen", „unmittelbare Erfahrung" sowie Teilhabe Anderer an eigenen Erfahrungen durchlaufen (Junge 1885, S. 18).

Outdoor Education

„Often outdoor education is characterised by teachers making use of the local environment when teaching specific subjects and curriculum areas. Teaching and learning activities are often cross-disciplinary. It is also characterised by compulsory educational activities outside the buildings of the school on a regular basis and takes place in both natural and cultural settings, e.g. forests, parks, local communities, factories and farms" (Bentsen 2012).

Nach Lude (z. B. Lude et al. 2012) weisen Umweltbildung und BNE zwar Überschneidungen auf, sind aber nicht deckungsgleich. Umweltbildung erhebt den Anspruch auf Erhaltung von Ressourcen der natürlichen Umwelt. Soziale Aspekte und gar ökonomische Erwägungen sind zunächst nachrangig.

Jedoch wird von engagierten Vertreterinnen und Vertretern der BNE bisweilen die Behauptung aufgestellt, Umweltbildung ohne das Leitbild nachhaltige Entwicklung sei inzwischen überholt. Dem ist nicht zuzustimmen.

Rode et al. diskutierten noch 2001 (Rode et al. 2001), dass es nicht das Ziel schulischer Umweltbildung sein könne, das Handeln der Lernenden in messbarer Weise zu beeinflussen. Vielmehr hielt man für wesentlich, Voraussetzungen zu „vermitteln, die gegeben sein müssen, damit sich Schüler umweltbewusst verhalten".

Auch von pädagogischer Seite wurde an dieser Orientierung auf das tatsächliche Verhalten die Kritik geübt, dass dies dem Ideal einer Erziehung zur Mündigkeit widerspräche und die Bedingungen menschlichen Verhaltens zu stark vereinfache (Bilharz 2000; Bilharz und Gräsel 2006).

In dem gehaltvollen Buch von Rode et al. (2001) wird aber unter Rückgriff auf Vorgaben der Kultusministerkonferenz der deutschen Bundesländer (KMK) von 1992 sehr wohl auf Handlungsmöglichkeiten orientiert: „Ein zentrales Element ist die Handlungsorientierung. Schülerinnen und

Schüler sollen durch eigene Tätigkeit in beispielhaften Fällen das Wissen und die Fertigkeiten erlangen, in ökologischen Zusammenhängen zu denken und zu handeln. Dabei sollen ihnen die eigenen Handlungsmöglichkeiten nahegebracht und ihnen Gelegenheit zu deren Erprobung gegeben werden" (Rode et al. 2001, S. 10); vgl. auch (Pfligersdorfer und Unterbruner 1994).

Ein weiterer Ansatz in der Umweltbildung zu Beginn des Jahrtausends, der die Entwicklung von Kompetenz in den Vordergrund stellte, war das Konzept einer sozial-ökologischen Bildung (Kyburz-Graber et al. 1997). Sie verfolgte den Anspruch, Umweltprobleme nicht nur individuell, sondern auch gesellschaftlich zu betrachten.

18.4.2 Gestaltungskompetenz als Bildungsziel

Der Begriff der Gestaltungskompetenz wurde jedoch schon 1999 von de Haan und Harenberg (1999) als zentrales Lernziel im Rahmen ihres Ansatzes ins Gespräch gebracht. Die verschiedenen Aspekte, die sie unter Gestaltungskompetenz fassten (z. B. antizipatorisches Denken, komplexes und interdisziplinäres Wissen), verdeutlichen die Vielgestaltigkeit der Anforderungen einer BNE. Sie spiegeln sich nun in den sogenannten Teilkompetenzen der BNE (Haan und Gerhold 2008).

Nach Rost et al. (Rost 2006; Rost et al. 2003) ist Gestaltungskompetenz „die Fähigkeit und Bereitschaft, in einem komplexen System mit vielen Handlungsmöglichkeiten Maßnahmen zu benennen und auszuwählen, die geeignet sind, das System in nachhaltiger Richtung zu entwickeln". Dies scheint eine sehr tragfähige Begriffsfassung zu sein.

Lange Diskussionen zwischen Umweltschützern und Didaktikern über die Handlungsorientierung von Bildung sowie das Verhältnis von Einstellungen und Verhalten schlossen sich an die Implementierung der BNE in Ergänzung der Umweltbildung an. Die **Intention** als ernsthafte Handlungsabsicht wurde als Bindeglied zwischen Einstellungen und Verhalten implementiert.

Wir gehen heute davon aus, dass vernünftige Handlungsweisen auch geübt werden und nicht gleich beim ersten Einsatz gelingen müssen und zum Aufbau von Gewohnheiten (mit Bedürfnischarakter) beitragen können.

18.4.3 BNE in gesellschaftlichem Rahmen

Normative Setzung sind eine wichtige Seite der BNE. Ein anderer Aspekt ist der Blick auf die gesellschaftliche Realität.

Selten wird in biologischen Zeitschriften im Hinblick auf Nachhaltigkeit eine deutliche Sprache gefunden. „Während einige Ökonomen „für Kreislaufwirtschaft und Nullwachstum plädieren, finden die meisten die Prognosen des Club of Rome heillos überzogen und führen vor allem den wissenschaftlich-technischen Wandel ins Feld" (Springer 2020). „Es muss gelingen, das Wachstum der Wirtschaft von dem der Umweltbelastung abzukoppeln." Auch der Sachverständigenrat der Bundesregierung für Umweltfragen kam in der Dekade der nachhaltigen Entwicklung (2005 bis 2014) zu ähnlichen Einschätzungen.

Der genauere Blick zeigt aber: „Obgleich die *einzelne* Ware immer umweltfreundlicher hergestellt wird, schädigt das *gesamte Wirtschaftswachstum* die Umwelt zunehmend." „Relative Entkopplung – sinkende Umweltbelastung pro Produkteinheit – bringt ökologisch gesehen gar nichts, wenn der wirtschaftliche Output in Summe stärker wächst, als der Umweltschaden pro Wareneinheit abnimmt" (Springer 2020). Auf die Rebound-Effekte hat schon Ekardt (2016) hingewiesen.

Beispielsweise werden Energiesparlampen seltener ausgeschaltet als Glühlampen, zumal manche ja auch länger brauchen, bis sie überhaupt hell werden. Da werden konsequent Altpapiersammlungen durchgeführt, der absolute Papierverbrauch steigt aber beispielsweise wegen der Bestellflut im Internethandel, insbesondere in Zeiten von Pandemien. Da werden effektivere Elektrogeräte hergestellt, aber mehr Geräte als zuvor angeschafft. Interkontinentalflüge werden auch von Personen unternommen, die sonst mit dem Fahrrad fahren, um den Kohlendioxidausstoß zu reduzieren. Teure Neubauwohnungen wie in der Bahnstadt Heidelberg sind bestens isoliert, verwenden aber zusätzliche Energie für Tiefgaragen, automatische Garagentore, Fahrstühle, Lüftungen, Regler etc. Denn Hauptkriterium zur Erreichung des Passivhausstandards für Wohn- und Nichtwohngebäude ist laut Energiebericht der Stadt für diesen Stadtteil die Einhaltung des Primärenergiekennwerts von 95 kWh/m^2 pro Jahr. Die Effizienz wird also pro Quadratmeter errechnet – und die Wohnungen sind großzügig geschnitten. Und auch die Ausstattung der Haushalte mit Geräten der Unterhaltungselektronik und Informations- und Kommunikationstechnik ist nach dem Energiebericht der Stadt in den letzten Jahren ständig gewachsen, der Stromverbrauch in diesem Segment hat also trotz effizienterer Geräte zugenommen.

Seit 1990 hat der CO_2-Ausstoß der Weltwirtschaft absolut um 60 % zugenommen; allein für 2018 wird die Steigerung auf 2,7 % geschätzt" (Springer 2020). An diesem Trend ändern auch wirtschaftliche Einbrüche wie die Finanzkrise oder die Minimierung des Flugverkehrs im Zuge der Corona-Krise noch nichts. Auch Springer (2020) mahnt eine „Trendumkehr" an. „In Frage stehen die absoluten Wachstumszahlen, an denen das gewohnte Wirtschaften seinen Erfolg misst."

Die in der BNE geforderte Transformation der Gesellschaft ist also eine *enorme* Herausforderung. Deshalb sind die Räume innerhalb des eigenen Wohnortes, die „Stadträume", also Teil interdisziplinärer Erkundungen an außerschulischen Orten (vgl. auch Hemmer und Miener 2013).

18.4.4 Ziele der BNE

Nach De Haan (2004) steht im Zentrum des Programms „Bildung für eine nachhaltige Entwicklung" die Vermittlung von Gestaltungskompetenz (Haan und Gerhold 2008).

De Haan (2004) räumt eine Unklarheit der Ziele der BNE ein: „Soll in erster Linie die Biodiversität erhalten, der Klimawandel gestoppt und der Ressourcenverbrauch reduziert werden, oder soll in erster Linie auf den Ausgleich zwischen armen und reichen Ländern geachtet werden? Oder kommt es primär auf die ökonomische Entwicklung an, weil mit ihr erst die Bedingungen für Wohlfahrt geschaffen werden? Die wissenschaftlichen wie politischen Differenzen in diesen Fragen sind beachtlich?" Schon 2004 erwähnt er eine erforderliche „umfassende und weitreichende Transformation" der Gesellschaft, ein Begriff, der zehn Jahre später in die Programmatik der BNE an prominenter Stelle aufgenommen wurde.

» Bildung für eine nachhaltige Entwicklung konkretisiert sich in einem Bündel von Teilkompetenzen, die unter dem Oberbegriff „Gestaltungskompetenz" zusammengefügt sind. Mit Gestaltungskompetenz wird eine spezifische Problemlösungs- und Handlungsfähigkeit bezeichnet. Wer über sie verfügt, kann die Zukunft der Gesellschaft, ihren sozialen, ökonomischen, technischen und ökologischen Wandel in aktiver Teilhabe im Sinne nachhaltiger Entwicklung modifizieren und modellieren. Gestaltungskompetenz zu besitzen bedeutet, über Fähigkeiten, Fertigkeiten und Wissensbestände zu verfügen, die Veränderungen im Bereich ökonomischen, ökologischen und sozialen Handelns

18

möglich machen, ohne dass diese Veränderungen immer nur eine Reaktion auf vorher schon erzeugte Problemlagen sind (De Haan 2004, S. 8).

Damit ist „Bildung für eine nachhaltige Entwicklung explizit als politische Bildung zu verstehen. Es handelt sich um ein Verständnis von politischer Bildung, das ein spezifisches Demokratieverständnis gegenüber anderen favorisiert."

Nach Fietkau (1984) galten für verantwortliches Handeln gegenüber der Natur fünf – heute noch aktuelle – Voraussetzungen:

1. Wissen über ökologische Zusammenhänge
2. Ökologische Wertvorstellungen
3. Infrastrukturelle Verhaltensangebote
4. Handlungsanreize
5. Positive Konsequenzen bei umweltverträglichem Verhalten

Der Umweltbildung werden besondere Funktionen beim Verstehen und Erkennen von Komplexität zuerkannt (Knoblich 2020b; Probst 2000; Bolscho und Seybold 1996).

18.4.5 Kompetenzen

> **Kompetenzen**
>
> Unter Kompetenzen werden nach Weinert allgemein „die bei Individuen verfügbaren oder durch sie erlernbaren kognitiven Fähigkeiten und Fertigkeiten" verstanden, „um bestimmte Probleme zu lösen, sowie die damit verbundenen motivationalen, volitionalen und sozialen Bereitschaften und Fähigkeiten, um die Problemlösungen in variablen Situationen erfolgreich und verantwortungsvoll nutzen zu können" (Weitzel und Schaal 2018).

Der Begriff der Kompetenz spielt bei der BNE und bei der Umweltbildung eine wichtige Rolle und ist leitend für aktuelle Bildungspläne. Da ist von Gestaltungskompetenz, Handlungskompetenz, Kompetenz des Fachwissens, Kompetenz des Erkenntnisgewinns, Bewertungskompetenz, Kommunikationskompetenz etc. die Rede.

Die Orientierung auf projektbezogenes Lernen geht gelegentlich von der Annahme aus, das jeweils nötige Fachwissen und die erforderlichen Kompetenzen des Erkenntnisgewinns könnten in der Situation des Projektes gezielt und selektiv erworben werden. Dagegen betonen Didaktiker wie Bayrhuber (Bayrhuber et al. 2007a, b), dass Fachwissen strukturiert aufgebaut und entwickelt werden sollte. So könnten Verankerungen des umfangreichen Erkenntnisbestandes der Fachwissenschaften an grundlegenden Denkstrukturen ermöglicht werden. Wir erinnern uns an Wagenscheins „Brückenpfeiler". Horst Bayrhuber als langjähriger führender Kopf der Biologiedidaktik in Deutschland definiert Fachwissen daher als Kompetenz. *Fachwissen als Kompetenz bedeutet demnach den Erwerb von aufeinander aufbauenden Wissensstrukturen, die – umfangreich vernetzt – in unterschiedlichen Situationen zur Lösung fachspezifischer Probleme angewandt werden können.* In Deutschland hat man sich auf die biologischen Basiskonzepte *System, Struktur und Funktion* sowie *Entwicklung* bezüglich biologischer Schulbildung geeinigt. In den Didaktiken der Naturwissenschaften wurden vier Kompetenzbereiche strukturiert: *Kompetenzen des Fachwissens, Bewertungskompetenz, Kommunikationskompetenz* und *Kompetenzen des Erkenntnisgewinns.*

Sachkompetenz, Methodenkompetenz und Sozial- oder Selbstkompetenz sind zunächst Floskeln, die m. E. nicht förderlich sind, um Bildungsziele konkret zu fassen. Hoher Abstraktionsgrad sowie Beliebigkeit stellen hier Risiken dar. Es sollte gelingen, spezifische Kompetenzen herauszuarbeiten. Überprüfbare Ziele sollten so formuliert werden, dass die Ergebnisse auch reflektiert werden können.

Unter ökologischer Kompetenz wird verstanden, kognitive Voraussetzungen für ein Handeln zu schaffen, das auf Erhaltung der natürlichen Lebensgrundlagen zielt (Bilharz und Gräsel 2006). Dazu zählt das Verständnis von Umweltschutz als Kollektivgut (Knoblich 2020a).

18.4.6 Planetare Belastungsgrenzen – Prioritäre Handlungsfelder

Es wird immer offensichtlicher, dass unsere Ökosysteme nicht beliebig belastbar sind. In umfangreichen vergleichenden Studien (Steffen et al. 2015; Rockström et al. 2009) wurden die planetaren Belastungsgrenzen ermittelt. Der Schwund an Arten und Lebensräumen, also biologischer Vielfalt, hat mittlerweile bedrohliche Ausmaße angenommen und den sicheren „Handlungsspielraum" der Menschheit, sogenannte „planetare Grenzen" überschritten. Die Klimaveränderungen sind dabei gar nicht der gravierendste Aspekt, sondern biogeochemische Stoffflüsse insbesondere von Stickstoff und Phosphor, vor allem aber die genetische Vielfalt und der Landnutzungswandel, also Faktoren und Elemente der biologischen Vielfalt.

Die komplexen umweltbezogenen Probleme werden in der Wirtschaft, der Politik oder der gesellschaftlichen Öffentlichkeit oft kontrovers diskutiert. Daher hat schulische Bildung im Kontext der BNE nach Spörhase und Ruppert (2014) auch Bewertungskompetenz zu vermitteln, das Erkennen und Abwägen unterschiedlicher Werte in Entscheidungssituationen. Die Autoren betonen die Rolle der Lehrkraft bei der Aufbereitung geeigneter Situationen zur Schulung von Bewertungskompetenz und schlagen Themen der nachhaltigen Entwicklung als dafür geeignet vor.

Es werden die Schritte Auswahl der Problemsituation, Präsentation der Problemsituation, Informationssuche und Verarbeitung sowie Bewertung und Entscheidung durchlaufen, bevor es zu einer Reflexion kommt. Dabei ist es wichtig, Bewertungskriterien zu benennen und zu gewichten.

Zentrales Ziel der Ausbildung von Bewertungskompetenz ist das vom Lernenden selbst ausgehende Erkennen und Abwägen unterschiedlicher Werte in Entscheidungssituationen und damit das aktive Beeinflussen des Entscheidungsprozesses (Rost 2002a).

> **Bewertungskompetenz**
>
> Bewertungskompetenz beschreibt die „Fähigkeit, Problem- und Entscheidungssituationen moderner Naturwissenschaften zu bearbeiten [...]" (Spörhase und Ruppert 2014, S. 243). Es sollen hierzu verschiedene Entscheidungsmöglichkeiten und Handlungsoptionen miteinander systematisch verglichen werden, um zu begründeten Entscheidungen zu gelangen.

Reitschert und Hößle (2014, S. 240) nennen als Beispiele zum Üben des ethischen Bewertens Themenfelder wie pränatale Diagnostik, embryonale Stammzellforschung, grüne Gentechnik oder Haus- und Nutztierhaltung". Beispielsweise im Falle grüner Gentechnik wären Aspekte der wirtschaftlichen Bedingungen von lokalen Lebensmittelproduzenten in den Anbauländern gentechnisch veränderter Nutzpflanzen (wie Soja und Baumwolle), die vielfältigen Folgen der genetischen Verarmung global bedeutsamer Kulturpflanzen (z. B. von Reis), patentrechtliche Fragen der Saatgutgewinnung, Handelsverträge und Preise im Kontext landwirtschaftlicher Produktion (von Milch und Fleisch bis zu Kaffee und Kakao) im Fokus.

Reitschert und Hößle (2014) geben den Hinweis, dass zentrale ethische Positionen Gegenstand unterrichtlicher Erarbeitungen und Auseinandersetzungen mit Dilemmata sein sollten (vgl. auch Spörhase 2013). Auf solche Dilemmata hat auch Springer (2020) hingewiesen.

Solche naturwissenschaftlich relevanten Probleme sind in sich und auch gesellschaftlich komplex (Bögeholz 2006; Eggert und Bögeholz 2006; Eggert et al. 2014; Probst 2000). Daher sollen den Lernenden Methoden des systematischen Bewertens und Entscheidens komplexer Probleme Unterstützung bieten und im Unterricht erlernt werden. Während bei wenigen Optionen ein Abwägen der verschiedenen Bewertungskriterien möglich scheint (Bögeholz (2006) nennt dies kompensatorisch), können bei vielen Optionen Aspekte leichter übersehen werden. Nichtkompensatorische Entscheidungsstrategien können dazu führen, dass die zuerst als akzeptabel gesehene Variante gewählt wird, dass nur nach dem wichtigsten Kriterium entschieden wird und andere ausgeblendet werden. Das Göttinger Modell der Bewertungskompetenz geht davon aus, dass die Anwendung systematischer Herangehensweisen Vorteile gegenüber intuitiven Entscheidungen bieten kann.

Um sich zwischen verschiedenen Handlungsoptionen (auch im Sinne von Nachhaltigkeit) entscheiden zu können, muss man solche Handlungsoptionen zunächst auch einmal kennenlernen. Der Garten als Erfahrungsraum sowie Erkundungen an außerschulischen Lernorten können zum Kennenlernen solcher Handlungsoptionen beitragen.

Die Darstellungen zur Genese der Nachhaltigkeit als gesellschaftliche Herausforderung der Zukunftsgestaltung sind durchaus zahlreich und fundiert (Hutter et al. 2018). Sie tangieren in der Regel die Verwendung des Wortes „Nachhaltigkeit" im Sinne einer ressourcen- und zukunftsbewussten Forstwirtschaft in der *Silvicultura oeconomica* durch Hans Carl von Carlowitz im Jahre 1713, den aufrüttelnden Brundtland-Bericht 1987 oder die Beschlüsse der UN-Konferenz von Rio de Janeiro 1992 –

für Deutschland unterschrieben vom damaligen Bundeskanzler Helmut Kohl und nachfolgend Beschlussgrundlage für mehrere Bundestagsbeschlüsse und Bund-Länder-Programme sowie Bildungsplaninhalte der deutschen Bundesländer. Nach Ablauf der Weltdekade „Bildung für nachhaltige Entwicklung" in den Jahren 2005 bis 2014, deren Erfolge durchaus kritisch gesehen werden dürfen, wurde verstärkt auf die notwenige Transformation der Gesellschaft und die Erfüllung der international ausgehandelten 17 Ziele der Nachhaltigkeit (Sustainability Development Goals) orientiert, eine Aufgabe mit der ambitionierten Zielmarke 2030.

Bei Kompetenzen zur BNE müsste es dann also um die Befähigung gehen, Probleme nichtnachhaltiger Entwicklungen verstehen und lösen zu können. Das ist eine sehr große Herausforderung, beinahe utopisch in ihrem Anspruch der komplexen Problemlösung. Ein Schulgarten oder das Schulumfeld kann als „Schonraum" verstanden und genutzt werden, diese Kompetenz zum Gestalten im Konkreten auszuleben. Aber selbst das ist eine enorme Herausforderung.

18.4.7 Kriterien guter BNE sind zugleich Kriterien guten Unterrichts

Kriterien für Qualitätsentwicklung in der außerschulischen Bildung sind folgende:

- Ein pädagogisches Konzept sollte vorhanden sein.
- BNE zeigt sich als Querschnittsthema.
- Es werden konkrete Kompetenzen im Sinne von BNE angezielt.
- Es werden relevante Handlungsfelder der Nachhaltigkeit ausgewählt.
- Eine Perspektivenvielfalt ist erkennbar.
- Zum Kompetenzerwerb wird auf Methodenvielfalt zurückgegriffen
- Vor- und Nachbereitung sind essenziell.

— Möglichkeiten der Fortbildungen für Multiplikatorinnen und Multiplikatoren werden genutzt.

18.5 Stationenarbeit und der Gebrauch von Sprache

18.5.1 Stationenarbeit und der Grad der Öffnung von Unterricht

Bei dem Bemühen um Öffnung von Unterricht, sei es inhaltlich, organisatorisch oder räumlich, kommt häufig sogenannte Stationenarbeit zum Einsatz. Die in der Schulpraxis allgemein weit verbreitete Stationenarbeit schwankt je nach Gebrauch zwischen Starre und Offenheit, zwischen Materialflut und Intensität.

Stationenarbeit wird als eine Form der Öffnung von Unterricht für individuelle Gestaltungen von Lernwegen und Lernzielen propagiert. Essenziell ist eine umsichtige, strukturierte Vorbereitung; dies wird oft unterschätzt.

Andererseits besteht die Gefahr, vor überbordender Materialfülle die Interessen und Wünsche der Lernenden zu übersehen. Ganz wichtig scheint uns vor dem „Eintauchen" in eine Stationenarbeit, die gemeinsamen Lernziele auszuhandeln und zu kommunizieren und Lernwege zu umreißen. Stationenarbeit darf keine Flucht vor der mündlichen Kommunikation mit den Lernenden sein.

Gute Vorbereitung bezieht sich vor allem auf das Lernmaterial. Arbeitsblätter sind nur dann als gelungen anzusehen, wenn die Fülle der Möglichkeiten auf wesentliche Elemente verdichtet werden konnte. Das Ergebnis solcher Verdichtungen sind dann keine „Lückentexte". Arbeitsblätter brauchen wohlüberlegte Formulierungen, die ein Entäußern eigener Denkleistungen und Verbalisierungen

zulassen, ohne das Wesentliche zu verfehlen. Schließlich wollen wir Kommunikationskompetenz entwickeln! Das Ergebnis der Stationenarbeit sollte m. E. eine Abstraktion von der konkreten Situation ermöglichen.

18.5.2 Sprachsensibler Unterricht draußen

Im Bereich der Deutschdidaktik bzw. des sprachsensiblen Fachunterrichts wurde ein sogenannter Protokoll-Checker entwickelt. Es hilft Lernenden bei der wissenschaftlichen Formulierung von Protokollen im naturwissenschaftlichen Unterricht. Dabei wird nicht die Einzelformulierung kritisiert, sondern der Lernende zur Prüfung seiner eigenen Texte nach bestimmten Kriterien veranlasst.

Auf dem Protokoll-Checker findet man dann Formulierungen wie die folgenden:

— „Stell Dir vor, jemand anderes möchte mit Hilfe Deines Protokolls das Experiment durchführen. Wird ihm das mit Hilfe dieses Protokolls gelingen? Bei der Beobachtung und der Durchführung ist es wichtig, dass Du Handlungen und Beobachtungen in einen richtigen zeitlichen Ablauf bringst."

— „Experimente sind nicht an Zeit gebunden und können immer wieder durchgeführt werden. Deswegen sollten Protokolle in der Präsensform (Gegenwart) formuliert werden. Formuliere Protokolle im Passiv oder in der unpersönlichen Ausdrucksform mit ‚man'. Es wird Dir dann auch leichter fallen, die Präsensform zu verwenden."

Diese Herausforderung gilt auch für außerschulisches Lernen am Lernort Labor. Ein Beispiel: Ein Teilnehmer kommt verspätet zu der Lerngruppe am Lernort Garten. Die Anwesenden werden gebeten, bisher Erlerntes zusammenzufassen, um den

Neuankömmling zu informieren. Manchen Teilnehmenden gelingt dies, z. B. mit dem Satz „Rotkohlsaft verfärbt sich bei Zugabe von Säuren rot und ist im neutralen Bereich violett oder blau". Andere verharren auf der Ebene des konkret Situationalen und erzählen lang und breit, dass der Kohl mit einem Küchenmesser in mittelgroße Stücke geschnitten wurde, dass ein rotes Schneidbrett verwendet wurde, dass ein Wassergefäß versehentlich umgestoßen wurde, und zwar durch Person xy, dass der Aufguss des Kohls sicherheitshalber auf sechs Gefäße verteilt wurde etc.

Abstraktion von der konkreten Situation zu einer verallgemeinerbaren Erkenntnis gelingt in der Lerngruppe nur durch Kommunikation und Üben. Auch dafür muss am außerschulischen Lernort Zeit eingeräumt werden (Jäkel und Schwardt 2009).

Zu jeder Station gehören natürlich in der Planung
— die Ziele des Lernprozesses,
— ein präziser Standort im Outdoor-Bereich (sehr wichtig!),
— Aufträge, die das vorfindliche Naturmaterial nutzen,
— ggf. zusätzliche Informationen, die zur Erschließung der wilden Tiere und Pflanzen hilfreich sind,
— Quellenangaben für die eigene pädagogische Handakte.

Elemente von Lernstationen sind bei Schmid (2015) sinnvoll formuliert. Insbesondere die Aufgabe muss von hoher Qualität sein (Büchter und Leuders 2006). Was ist eine gute Aufgabe? Das kommt drauf an! Sie sollte notwenige Informationen liefern, die Lösung einer Frage oder eines Problems aber nicht vorwegnehmen. Die Lösung sollte gemäß der Theorie des bekannten Entwicklungspsychologen Lev Vygotsky in der „Zone der nächsten Entwicklung" liegen.

Die Aufgabe sollte Anreizcharakter haben und zur Bearbeitung einladen. Tierrät-

sel beispielsweise wurden von Lernenden der Orientierungsstufe am Lernort Garten mit größtem Vergnügen bearbeitet.

18.6 Qualität von Lernen

18.6.1 Allgemeine Bedingungen guten Unterrichts

Immer wieder suchen Lehrkräfte den Rat von Physiologen bzw. Neurobiologen. Der Hirnforscher Gerhard Roth fokussierte in einer Fortbildung für Lehrkräfte 2019 auf Faktoren für „hirngerechtes" Lernen, die mit der Persönlichkeit der Lehrkraft sowie der Persönlichkeit der Lernenden und der Struktur des Unterrichts assoziiert seien. Zur Bedeutung der Lehrerpersönlichkeit gehören nach Roth (2015):
— Glaubwürdigkeit und Vertrauenswürdigkeit
— Fachliche Kompetenz
— Feinfühligkeit (auch in Mimik, Gestik und Körperhaltung, die nur schwer trainierbar seien)
— Kritikfähigkeit
— Motivationsfähigkeit für den Aneignungsprozess der Lernenden
— Aufmerksamkeit für die Lernenden
— Strukturierung des Unterrichts

Für die Schülerpersönlichkeit sind bedeutsam:
— Zielorientierung und Selbstmotivation
— Anstrengungsbereitschaft
— Ausdauer und Fleiß
— Aktive Formen der Aneignung von Inhalten

„Hirngerechter" Unterricht erfordert die Berücksichtigung folgender Strukturen:
— Allgemeine Motivation der Lernenden
— Aufmerksamkeit und Konzentration
— Berücksichtigung des Arbeitsgedächtnisses

- Anschlussfähigkeit der Lerninhalte an die Lebenswelt der Lernenden und an das vorhandene Wissen
- Wiederholung in zunehmenden zeitlichen Abständen
- Methoden-Mix

Gelernt wird, wenn etwas anders oder besser ist als erwartet, solche Grundzusammenhänge wurden auch von Manfred Spitzer vielfach begründet. Aber eine außengesteuerte Aufmerksamkeit sei auch anfällig für auffällige Reize wie Farbe, Geräusche, Bewegungen, meint Roth (2015). Die scheint an jeder Kasse im Supermarkt zu funktionieren, über die ein Fernsehbildschirm mit bewegten Bildern der Werbung montiert wurde.

Wichtig wäre es, die Aufmerksamkeit auf Ereignisse der Umwelt oder des Körpers zu richten, denen das Gehirn eine Bedeutung beimisst. Der Zusammenhang, der aus dem Alltag als trivial erscheint, dass bei Aufmerksamkeit die Informationen detailreicher verarbeitet werden und dass bei konzentriertem Arbeiten auch die Aufmerksamkeit höher ist, das bestätigen natürlich auch die Neurobiologen. Umso wichtiger wäre es, Störungen des Unterrichts durch Banalitäten zu vermindern, im Klassenzimmer oder draußen (vgl. *Cognitive load Theory* von Chandler und Sweller (1991)). Organisatorische Ansagen in anderen Kontexten oder Ablenkungen sollten vermieden werden. Eine gute Lehrkraft sollte auch nach dem von Hattie erstellten Ranking wichtiger Kriterien für gelingenden Unterricht keine Zeit mit unwichtigen Dingen verschwenden. Sie sollte rasch erkennen, wann auf eine Störung mit Strenge und wann mit Humor reagiert werden kann. Insbesondere für außerschulisches Lernen ist dies m. E. ein wichtiges Kriterium.

Wiederholung wird als besonders wichtig für den Lernprozess erachtet, in unterschiedlichen Zusammenhängen, Vermittlungs- und Aneignungsformen. Wenn also eine Pflanzenfamilie wie die Lippenblütler mit realen Zweigen im Garten erfasst wurde (Minze, Salbei, Melisse), Tee verkostet wurde und die Laubblätter mit Lupen untersucht wurden, erfordert die Sicherung und Wiederholung nun auch andere Formate und Medien – von Wortkarten über Schemazeichnungen oder Teebeutelverpackungen bis zu Schulbuchseiten.

Die besten Lernerfolge werden durch *Methodenvielfalt* erreicht. Hier sind sich viele Autorinnen und Autoren einig. Zum Beispiel forschte Katja Jahnke (2011) zum Einsatz von Ökomobilen in der BNE und in der Umweltbildung und legt empirische Belege für diese Erkenntnis vor.

18.6.2 Methoden und Sozialformen

Methoden sollten dabei von Sozialformen klar unterschieden werden. Während Frontalunterricht, Gruppenarbeit oder Partner- und Einzelarbeit als *Sozialformen* zu benennen sind, können Zuhören, eigenes Erkunden oder Mikroskopieren *Methoden* darstellen. Ob eine Schülerin still für sich einen von der Lehrkraft formulierten Text liest und dazu eine Frage beantwortet oder ob eine Schülerin eine Fragestellung durch selbstständiges mikroskopisches Betrachten löst, sind ja ganz verschiedene methodische Vorgehensweisen, trotz gleicher Sozialform Einzelarbeit. Ähnlich ist es beim Frontalunterricht. Folgen die Lernenden gespannt einer Darstellung der Lehrkraft, beispielsweise über die Wirkung von Sexualhormonen, und diskutieren mit ihr darüber oder tönt ein nichtmotivierter Vortrag über morphologische Merkmale eines Regenwurms oder eines Gemüses im Lernort Garten über die Köpfe der Lernenden hinweg, sind das methodische Unterschiede bei gleicher Sozialform. Wir plädieren also für eine Unterscheidung von Sozialformen nach Meyer

(2004) und Methoden gemäß Gropengießer et al. (2018) bzw. nach Uhlig et al. (1962).

Uhlig et al. (1962) unterscheiden zwischen den drei *methodischen Großformen:* der Rezeption von Darbietungen, der angeleiteten oder der selbstständig produktiven Erkenntnistätigkeit. Moderne Bildungspläne sprechen von Kompetenzen des Erkenntnisgewinns, in manchen Lehrbüchern zur Fachdidaktik ist von Arbeitsformen die Rede.

Also Plenum, Gruppenarbeit oder Einzelarbeit sind *Sozialformen,* mit denen ganz unterschiedliche Methoden am Lernort zum Einsatz kommen können: Beobachten, Untersuchen, Experimentieren, Bestimmen, Modellieren u. v. a.

Aber je nachdem, welche theoretischen Positionen der Fachdidaktik man selbst heranzieht, es ist in jedem Fall hilfreich zu formulieren, was man mit den jeweils gewählten Wörtern meint. So stellt Janisch (2007, S. 14) fest: „Es fehlt an Bestimmungen und Verständnis, was mit Wörtern wie Mensch, Handlung, Zweck, Kultur, Wissenschaft, Geschichte usw. gemeint ist." Er fordert ein „begrifflich geklärtes Verständnis der Wissenschaften, das Geltung beansprucht und diesen Anspruch durch Begründungen einlöst". Betrachtet man Fachdidaktik als Wissenschaft – und dies tun wir hier –, gilt dieser Anspruch nach begrifflicher Klarheit auch an dieser Stelle.

18.6.3 Prüfung allgemeiner Merkmale guten Unterrichts für das Draußen-Lernen

Für das Lernen an außerschulischen Lernorten sind, wenn es denn intentional erfolgt, die Kriterien normalen guten Unterrichts geeignete Messlatten.

Daher werden nachfolgend bewährte Kriterien guten Unterrichts aus mehreren Quellen vorgestellt und unter der Brille der Eignung für das Draußen-Lernen hinterfragt. Diese Qualitätskriterien nach Becker (2001), Helmke (2005), Meyer (o. J.), Wilhelm (2007) oder Münch (2012) und Roth (2015) sind so gehaltvoll, dass ein genauer Blick lohnt.

Die oft zitierten Merkmale guten Unterrichts nach Hilbert Meyer (o. J.) übersetzen wir hier anhand eines Beispiels zu Tieren im Teich des Schulgartens:

- *Klare Strukturierung:* Nach einer Begrüßung wollen wir zwei verschiedene Stationen zu Tieren im Wasser durchlaufen, dann nach 40 min eine Pause machen, eine weitere Station absolvieren und die Fundstücke zusammen besprechen und aufräumen.
- *Echte Lernzeit:* Die Bildung von Lerngruppen sollte zügig erfolgen und das Material bereitliegen.
- *Lernförderliches Klima:* Die Freude am Vorhaben strahlt auf die Kinder aus. Das Auffinden von Tieren und der geschickte Umgang damit werden positiv kommentiert.
- *Inhaltliche Klarheit:* „Wir wollen pro Lernstation mindestens fünf wirbellose Tiere identifizieren und sie nach der Beobachtung mit der Lupe wieder zurücksetzen."
- *Sinnstiftendes Kommunizieren:* „Wie kann man die gefundenen Tiere benennen und in Nahrungsketten ordnen?"
- *Methodenvielfalt:* Kinder dürfen nach kurzer Erklärung der Benutzung des Keschers die Tiere selbst entdecken und erkennen; das anschließende Präsentieren wird von der Lehrkraft geschickt moderiert.
- *Individuelles Fördern:* Kommen alle mit der Lupe klar? Gibt es Abneigungen gegen bestimmte Tiere? Braucht jemand Unterstützung beim Formulieren?
- *Intelligentes Üben:* Dies reicht von Wortkarten mit Tiernamen bis zu einer Collage oder einer Zeichnung.
- *Transparente Leistungserwartungen:* Für Kooperation, Kommunikation und

Präsentation beispielsweise erarbeitet jedes Kind die Daten, um dann das Forscherblatt auszufüllen.

- *Vorbereitete Umgebung:* Lupen stehen standsicher, Lernkarten liegen wasserfest bereit, Kescher sind gerichtet, und eine Voruntersuchung war gehaltvoll.

Merkmale guten Unterrichts findet man hervorragend strukturiert bei Weitzel und Schaal (2018, S. 15). Übersetzen wir dies als zweites Beispiel in einen Lerngang auf eine Gartenschau:

Guter Biologieunterricht ist nach Weitzel und Schaal (2018) durch Folgendes gekennzeichnet:

- *Aufbau von Kompetenzen durch handelnden Umgang mit Fachwissen in variablen Situationen:* Wir besuchen die eine Honigbienenstation, um echte Honigbienen auch digital zu „überwachen"; anschließend werden an anderer Station Wildkräuter zu Kostproben verarbeitet.
- *Anknüpfung an das Vorwissen:* Eine Schülerin hat in der Schule über die Tätigkeit ihres Großvaters als Imker berichtet, die Honigbiene als Insekt ist bekannt, außerdem kennen die Kinder ihren Schulgarten.
- *Sinnstiftendes Kommunizieren:* Gut vorbereitete Lernbegleiter lassen sich auf die Fragen der Kinder ein, paraphrasieren ggf. deren Äußerungen, ohne den roten Faden zu verlieren.
- *Gut gewählte Unterrichtskontexte aus dem Erfahrungsraum der Lernenden:* Das reicht von Obst bis Kräuterquark.
- *Qualitativ hochwertige Aufgaben:* Messwerte erfassen, den Stock unter Anleitung öffnen, eine Kostprobe zubereiten und dabei die Grundregeln der Hygiene und Ästhetik einhalten ...
- *Variabilität eingesetzter Methoden:* Erkunden, Kommunizieren, Dokumentieren ...
- *Sparsame und überlegte Verwendung von Fachbegriffsnamen:* Ganz konkret also Honigbiene, Arbeiterin, Drohne,

Bienenstock, Waben, Schwänzeltanz ..., Liebstöckel, Melisse, glatte Petersilie ...
- *Vielfältige fachgemäße Denk- und Arbeitsweisen:* Die Lernenden sollten auf Zusammenhänge schließen, Messwerte zur Temperatur des Bienenstockes interpretieren ...
- *Gründliche didaktische „Konstruktion":* In diesem Fall mit Unterstützung der Lehrkräfte des Bunten Klassenzimmers.
- *Ausreichende Übungsphasen:* Zum Beispiel sollte das Verstehen der Strukturen des Bienenstocks aus verschiedenen Perspektiven möglich sein.
- *Ein für Nachdenken und Verständnis erforderliches Lerntempo:* Nötig sind auch Pausen und Auflockerungen.

Ähnliche Merkmale gelingenden Unterrichts findet man bei Becker (2007).

Unter dem Motto „Stumpfsinn ist der Feind des Lernens" erläutert Münch (2012) einige Merkmale guten Unterrichts, von denen man die meisten für selbstverständlich halten könnte. Ob sie in der Schulpraxis umgesetzt werden, ist eine ganz andere Frage. Solche Kriterien sind:

- Neugierde muss geweckt sein.
- Die Motivationssysteme müssen aktiviert sein: Dem Gehirn wird signalisiert, dass sich eine weitere Beschäftigung lohnt.

Überraschend dagegen sind folgende Kriterien:

- Die Auseinandersetzung mit dem neuen Stoff sollte zu Beginn der Unterrichtsstunde erfolgen.
- Bereits beim Aneignen neuen Wissens sind anspruchsvolle Aufgaben zu erfüllen.
- In der ersten Phase des Wissenserwerbs von neuen Sachverhalten sollte jegliche Form der Ablenkung und Störung vermieden werden.

Dagegen könnte man argumentieren, dass doch erst die organisatorischen Fragen geklärt sein müssen, damit das „kognitive Rauschen", ein mündlicher Ausspruch von Lindemann-Matthies auf einer Fachdidaktiktagung des VBio, minimiert werden kann. Dies scheint insbesondere an außerschulischen Lernorten wichtig. Also gilt es, hier die richtige Balance zu finden zwischen zügiger Klärung organisatorischer Fragen und zielgenauer Hinwendung zum Lerngegenstand.

Auch Münch (2012) verweist auf die Bedeutung von Wiederholungen und guten Aufgaben (siehe oben). Aber die nachfolgende Forderung überrascht vielleicht: Lob dosiert einsetzen, um Frust für andere zu vermeiden!

Häufig ist am außerschulischen Lernort für alle Kinder schon eine Urkunde vorbereitet, wie wunderbar sie sich als Experten für Käfer, Regenwürmer oder Gewürze qualifiziert hätten. Wenn es dies sowieso gibt, ohne eine Anforderung zu bewältigen, verpufft das vermeintliche Lob.

18.6.4 Kriterien für Outdoor Education

Als Quintessenz dieser Kriterien bleiben u. a. für Outdoor Education die folgenden hervorzuheben:

- Auswahl und Formulierung geeigneter Ziele
- Rechtzeitige und solide organisatorische Vorbereitung
- Einbeziehung der Lernenden in die inhaltliche Vorbereitung
- Mehrmaliges Aufgreifen des Gelernten und Kommunikation darüber
- Wechsel zwischen Strukturierung und Offenheit
- Wechsel zwischen Kommunikation und eigenem Entdecken, zwischen Informationsaufnahme, Dokumentation und Präsentation
- Anspruchsvolle Aufgaben

Indikatoren für die Umsetzung bzw. Anbahnung von Kompetenzen an

außerschulischen Lernorten findet man auch bei Schmid (2015) oder Gautschi (2009). Zehn Kriterien guter Bildung draußen erläutern auch Messmer et al. (2011) im Detail. Die langen Listen sollten uns nicht als zu hohe Messlatten vom Draußen-Unterricht abhalten. Vielmehr können wir Draußen-Unterricht als einen Prozess verstehen, der über die Berufsjahre hinweg Entwicklungspotenziale aufweist. Als Erfahrung aus mehreren Jahrzehnten der Lehrerinnen- und Lehrerbildung wissen wir, dass bei den ersten Versuchen diese theoretischen Setzungen nicht alle gleichzeitig in die Tat umgesetzt werden. Man braucht rekurrierende Treatment oder anders formuliert: „Übung macht den Meister".

Für Hattie (Terhardt 2014) darf eine Lehrkraft nicht nur eine Lernbegleitung sein, nicht nur Lernumgebungen gestalten. Vielmehr sollte die Lehrkraft ihre Aufgabe in der Aktivierung der einzelnen Schülerinnen und Schüler einer Klasse sehen. Es wird als wichtig angesehen, dass die Schülerinnen und Schüler verstehen, was die Lehrkraft von ihnen möchte. Beide Erfolgsbedingungen für einen gelungenen Unterricht werden im Alltagsstress m. E. häufig unterschätzt.

Nach Helmke (2005), der sich mit Unterrichtsqualität genau befasst hat, können Schülerinnen und Schüler sowohl den Unterricht als auch ihr eigenes Können meist treffend beurteilen.

18.7 Die Exkursion als Hochkultur des Outdoor-Lernprozesses

Exkursionen sind nicht nur Teil schulischer Lernprozesse, sondern auch universitärer Qualifizierung oder gar der Einbeziehung von Bürgerinnen und Bürgern in naturschutzfachliche Erhebungen, sogenannte *Citizen Science*. Gelegentlich wird für Studienfahrten oder Exkursionen auch der Terminus *Field Trip* benutzt.

Klein (2007) bezeichnet Exkursionen als „praxisorientiertes Stilmittel" und weist mit Nachdruck auf die fächerübergreifende Bedeutung von Exkursionen hin. Sie gelten als „besonders instruktiv, weil sie aufgrund der direkten Begegnung mit der realen Situation eine hohe Anschaulichkeit mit konkreten Problemfragen und Strategien zu deren Lösung verbinden" (Klein 2007, S. 5). Andererseits sind stark auf Instruktionen orientierte Lernsettings durchaus auch in der Diskussion. Jedoch ist m. E. zutreffend, dass „die enge Verbindung von Lebensweltbezug, Aktualität und Anschaulichkeit" (Klein 2007, S. 5) zu einer gesteigerten Aufmerksamkeit und Lernmotivation bei Schülerinnen und Schülern ebenso wie bei Studierenden führe. Dies dürfte aber wesentlich vom Stil der Exkursion selbst abhängen. Stellt man sich eine universitäre Exkursion vor, bei der eine große Gruppe Studierender eifrig schreibend versucht, die zahlreichen gemurmelten wissenschaftlichen Artnamen aufzufassen, die ein vorneweg schreitender Exkursionsleiter im Felde aufführt, ist die Begeisterung möglicherweise eher gedämpft. Klein (2007) spricht „von schnell und routiniert vorgetragen" – das bringt die Problematik von Darbietung und Rezeption auf den Punkt. Manche Exkursionen aus Studienzeiten sind Absolventen ggf. sogar noch nach Jahren als äußerst stupide in Erinnerung. Dies gilt insbesondere bei rein rezeptiver Tätigkeit der Teilnehmenden.

Deutlich interaktiver und zukunftsweisender als reine Darbietungen, obwohl bereits von 1984, ist das Konzept von Beck (1984). Er plädiert für „Unterrichtsgänge mit angeleiteter Selbstbetätigung" (Beck 1984, S. 33). Darunter versteht er beispielsweise Nistkastenkontrolle, Biotoppflege, Schulgärtnern, Malen und Zeichnen, Präsentieren, vor allem aber tatsächliche Arbeit im Gelände (Beck 1984, S. 233). Dies bedeute die höchstmögliche, „dem jeweiligen Jahresverlauf angepasste Aktivierung aller Sinne" und diene dem Aufbau

„erinnerungsstarker Beziehungen" (Beck 1984, S. 33).

Nach Untersuchungen von Wissen und Einstellungen (PCK) nach Großexkursionen konnten wir zeigen, dass Studienfahrten hocheffektive Studienformate darstellen, aber auch in der Regel von bereits gut vorgebildeten und motivierten angehenden Lehrkräften gewählt werden (Jäkel et al. 2020a).

18.8 Was ist modernes Artenwissen?

18.8.1 Kompetenzstufen des Artenwissens

Für biologisches Lernen draußen ist neben der Erhebung von physikalisch-chemischen Daten oder physiologischen Messungen der Umgang mit konkreten Organsimen essenziell.

Betrachtet man Artenwissen nur auf nominellem Niveau, würde es ausreichen, Namen und wesentliche Kennmerkmale von Pflanzen, Tieren, Pilzen und anderen Organismen benennen zu können. So wäre es beispielsweise erfreulich, die Gefleckte Taubnessel von einer Brennnessel unterscheiden zu können, eine Feuerwanze von einem Marienkäfer oder einen Steinpilz von einem Grünen Knollenblätterpilz.

Betrachtet man Artenwissen auf funktionalem Niveau, sollten naturwissenschaftliche Grundlagen und Zusammenhänge verstanden sein. So können beispielsweise eine Schafgarbe als Korbblütengewächs und eine Wilde Möhre mit ihrer Doppeldolde als Doldenblütler sicher unterschieden werden.

Versteht man die Abhängigkeit des Vorkommens bestimmter Organismen von biotischen und abiotischen Umweltfaktoren, also von Standortfaktoren in Beziehung zu konkreten Lebensansprüchen, kann man von Artenwissen auf der Niveaustufe funktionaler naturwissenschaftlicher Grundbildung sprechen. So wird das Vorkommen geschützter Arten von Pflanzen und Tieren auf Halbtrockenrasen mit Kalk und wenig gebundenem Stickstoff ebenso verstanden wie die Düngewirkung von Schmetterlingsblütlern oder die speziellen Anpassungen der Miesmuschel an die Gezeiten des Meeres durch Bildung von Byssusfäden als Halteorgane.

Viele Bildungsprozesse könnten als erfolgreich bezeichnet werden, wenn dieses Wissen erlangt würde. Letztlich ist der Anspruch an aktives Artenwissen aber höher. Hier verweisen wir auf Formulierungen von Hutter und Blessing (2010). Sie definieren modernes Artenwissen als spezifische Kompetenz zur nachhaltigen Gestaltung der Lebensbedingungen von Arten in der Umwelt.

Modernes Artenwissen

Modernes Artenwissen als Kompetenz umfasst Fähigkeiten und Bereitschaften, das vorhandene Wissen zur Gestaltung der Lebensbedingungen von Organismen umzusetzen. Artenwissen ist also letztlich die Fähigkeit zur Gestaltung von Biotopen.

18.8.2 Biotopmanagement

Biotope sind nicht einfach immer nur Teiche und künstliche Feuchtbiotope, sondern vielfältige Lebensräume. In Deutschland werden über 800 Biotoptypen unterschieden, von Fels- und Steilküsten über Niedermoore bis zu unterschiedlichen Äckern und Ackerbrachen (Finck et al. 2017).

Schulische Bildung sollte zumindest exemplarisch ermöglichen, diese Kompetenzstufe zu erreichen. Wir können hier von konzeptuell-prozeduralem Kompetenzniveau sprechen.

18.8.3 Passt der Begriff „Artenwissen"?

Häufig wird am Begriff „Artenwissen" Kritik geübt. Dies bezieht sich nicht allein auf den Anspruch des Artenwissens als Kompetenz der Biotopgestaltung.

Wissen über Organismen erreicht durchaus nicht immer die Präzision einer Art, manchmal gelingt nur die Identifikation einer Gattung oder noch höherer Taxa. So sind viele Käfer oder selbst Weidengewächse und Habichtskräuter, Flechten oder Doldenblütler nicht ohne größere Mühe bis zur Art bestimmbar. Andererseits ist es völlig ungenügend, wenn selbst Schulabsolventinnen und -absolventen auf der Frage nach bekannten Tier- und Pflanzenarten auf dem Level einer Lebensform verharren und mit „Bäume, Sträucher, Gras" antworten (Jäkel 2014).

Der Begriff der Formenkunde (Mayer 1995) versuchte diesem Dilemma der Präzisierung der Art zu begegnen, hat sich aber nicht breit durchgesetzt. Andere Termini sind „taxonomisches Wissen" oder „organismische Kenntnisse".

Wie man konkrete Kompetenzen im Umgang mit Organismenarten benennt, scheint jedoch weniger wichtig zu sein, als diese durch Bildung zu verbessern (Starzer-Eidenberger 2020; Mayer 1995).

18.8.4 Klüger nach PISA-Schock?

Von manchen Bildungswissenschaftlern wurde kritisiert, dass das nationale Bildungssystem nicht bereits die Erkenntnisse der TIMSS-Studie (TIMSS = *Trends in International Mathematics and Science Study*) Baumert und Lehmann 1997) Baumert et al. 1998) zum Anlass für deutliche Transformationen genommen habe, sondern erst die PISA-Studie (PISA = *Programme for International Student Assessment* ab 2000) zu einer Zäsur führte. Anderseits zeigen aber die be-

Tab. 18.1 Niveaustufen von Artenwissen unter Berücksichtigung von Bybee (1997), Hutter und Blessing (2010) sowie Weinert (2001)

Stufe	Vier Stufen von Scientific Literacy (Weinert und Weinert 2001) Bybee 1997)	Artenwissen als Kompetenz Hutter und Blessing 2010)	Kompetenzziele auf dem Weg zur Gestaltungskompetenz
1	Fakten, Formeln, Termini sind bekannt. Das Verstehen einer bestimmten Situation ist auf das Niveau naiver alltäglicher Theorien beschränkt	Nominelle naturwissenschaftliche Grundbildung, z. B. einzelne Arten kennen	Begriffliche Unterscheidung von „Tanne" als Synonym für Nadelbäume und Weißtanne als Art, von Gemeinem Löwenzahn und Wiesenpippau oder „Butterblume" und Scharfem Hahnenfuß
2	Das naturwissenschaftliche Vokabular kann verwendet werden, beschränkt auf bestimmte Zwecke	Funktionale naturwissenschaftliche Grundbildung, z. B. davon wissen, dass Insekten allgemein Blüten bestäuben	Verständnis des Unterschieds von Pollen und Samen, der Unterschiede der Bestäubung zwischen Salbei, Aronstab und Schafgarbe, morphologisch basiertes Verständnis der Individualentwicklung von Blütenpflanzen
3	Verstehen und Anwenden von Begriffen bzw. Vorstellungen und Prozessen, naturwissenschaftliche Untersuchungsmethoden und Arbeitsweisen können angewandt werden	Funktionale Grundbildung unter Verwendung von naturwissenschaftlichem Wissen, z. B. verschiedene Lebensraumansprüche kennen	Lebensraumansprüche von Bibern, Weiden oder Doldenblütlern und Laichkräutern am Fluss prüfen und erfahren
4/5	Verstehen von Geschichte, Natur und Bedeutung der Naturwissenschaften im gesellschaftlichen Raum, Handeln im gesellschaftlichen Rahmen	Konzeptuelle und prozedurale naturwissenschaftliche Grundbildung, z. B. Managementplan für ein bestimmtes Biotop erstellen und umsetzen	Didaktische Kompetenzen zum Motivieren, Bilden und Mobilisieren von Schulkindern oder Laien entwickeln, Gestaltungen von Lernorten wie Schulgarten oder Schulumfeld realisieren

18

reits auf Kompetenzen orientierten Bildungspläne von 2004 beispielsweise in Baden-Württemberg, dass nach den ersten vergleichenden Bildungsstudien sehr wohl ein Umdenken begonnen hatte. Mit den Bildungsplänen von 2016 wurde dieser Trendwechsel verstetigt.

◨ Tab. 18.1 „übersetzt" die allgemeinen Kompetenzstufen naturwissenschaftlicher Grundbildung in die Domäne des Artenwissens nach (Blessing und Hutter 2004) und operationalisiert sie exemplarisch an botanischen Beispielen.

❓ Fragen

— Welche Ziele verfolgt die Umweltbildung?
— Auf welche Säulen stützt sich das Konzept der BNE?
— Wie kann man Nachhaltigkeit definieren?
— Was bedeutet Gestaltungskompetenz im Sinne von BNE?
— Warum gehen positive Einstellungen zur Natur nicht automatisch mit vernünftigem Handeln einher?
— Warum ist die Motivation der Lernenden eine Hauptbedingung gelingenden Draußen-Unterrichts?
— Warum sollten Lerngänge vor- und nachbereitet werden?
— Wodurch unterscheiden sich die Begriffsfassungen von „Geschichte" zwischen unterschiedlichen Schulfächern?

18.9 Ausklang

Hemmnisse gegen die Nutzung von außerschulischen Lernorten zur Umsetzung von Bildungszielen haben in dem Buch nur eine kleine Rolle gespielt, denn wir wollen zum Rausgehen ermutigen und die Vorteile des Draußen-Lernens durch Beispiele verdeutlichen.

Manche Lernorte, für die es gute separate Literatur gibt, wurden in diesem Buch nur am Rande erwähnt, wie beispielsweise zoologische Gärten oder der Forst/Wald. Andere waren stärker im Fokus, wie Schulgärten, Museen oder historische Orte und Nationalparks.

Baar bezeichnete auf der Tagung zu außerschulischen Lernorten in Münster 2019 diese als Lernorte außerhalb des Schulgeländes, die im Rahmen des Unterrichts aufgesucht werden, um intentional mit dem schulischen Bildungs- und Erziehungsauftrag verbundene Ziele zu verfolgen. Die vielen Beispiele in den vorderen Kapiteln des Buches sollen illustrieren, dass die von (Baar und Schönknecht 2018) genutzten Argumente wie Lebensweltbezug, Anschaulichkeit und Motivationssteigerung geeignete Begründungen für das Draußen-Lernen darstellen.

Nun liegt es an den Leserinnen und Lesern, mit den Lernenden tatsächlich zum Lernen in der Unterrichtszeit das Schulhaus zu verlassen, sofern sie das nicht sowieso schon tun.

An welchen Kriterien man den Unterricht am außerschulischen Lernort beurteilen könnte, dafür gibt es in der Literatur zahlreiche Hinweise, auch hier im Buch. Als vielleicht wichtigstes Kriterium kann gelten: Sie als Lehrkraft schaffen es, Ihre eigene Vorfreude auf den Besuch des Lernortes mit den Schülerinnen und Schülern zu teilen und gemeinsam Eindrücke mitzubringen, die eine weitere Beschäftigung lohnen.

Literatur

Ament, W. (1901). *Die Pflanzenkenntnis beim Kinder und bei Völkern.* Berlin: Reuther & Reichard.

Arnold, J., Dannemann, S., Gropengießer, I., Heuckmann, B., Kahl, L., Schaal, S., Schaal, S., Schlüter, K., Schwanewedel, J., Simon, U., & Spörhase, U. (2019). Ein Modell der reflexiven gesundheitsbezogenen Handlungsfähigkeit aus biologiedidaktischer Perspektive. *BiuZ, 4*(49), 243–244.

Baar, R., & Schönknecht, G. (2018). *Außerschulische Lernorte: Didaktische und methodische Grundlagen.* Weinheim: Beltz.

Baumert, J., & Kunter, M. (2006). Stichwort: Professionelle Kompetenz von Lehrkräften. *Zeitschrift für Erziehungswissenschaft, 9*(4), 469–520.

Baumert, J., & Lehmann, R. (1997). *TIMSS – Mathematisch-naturwissenschaftlicher Unterricht im internationalen Vergleich: Deskriptive Befunde.* Opladen: Leske + Budrich

Baumert, J., Bos, W., et al. (1998). *TIMSS/II Schülerleistungen in Mathematik und den Naturwissenschaften am Ende der Sekundarstufe II im internationalen Vergleich.* Berlin: Max-Planck-Institut für Bildungsforschung.

Bayrhuber, H., Bögeholz, S., Eggert, S., et al. (2007a). Biologie im Kontext – Erste Forschungsergebnisse. *MNU, 60*(5), 304–313.

Bayrhuber, H., Bögeholz, S., Elster, D., et al. (2007b). Biologie im Kontext. *MNU, 60*(5), 282–286.

Beck, H. (1984). *Umwelterziehung im Freiland.* Köln: Aulis.

Becker, G. E. (2001). *Unterricht planen.* Weinheim: Beltz.

Berck, K.-H., & Klee, R. (1992). *Interesse an Tier- und Pflanzenarten und Handeln im Natur- und Umweltschutz.* Frankfurt a. M.: Lang.

Bentsen, P. (2012). *The concept of udeskole in Danish schools.* University of Copenhagen, Denmark.

Bilharz, M. (2000). *„Gute Taten" statt vieler Worte? Über den pädagogischen Stellenwert ökologischen Handelns.* Hamburg: Krämer.

Bilharz, M., & Gräsel, C. (2006). Gewusst wie: Strategisches Umwelthandeln als Ansatz zur Förderung ökologischer Kompetenz in Schule und Weiterbildung. *Bildungsforschung, 3*(1):32. ▶ https://www.nibis.de/uploads/2medfach/Umwelthandeln.pdf. Zugegriffen: 11. Febr. 2020.

Blessing, K., & Hutter, C. P. (2004). Umweltbildung und nachhaltige Entwicklung. *Naturwiss Rdsch, 57*(12), 670–673.

Blöbaum, A., & Matthies, E. (2014). Motivationale Barrieren für das Engagement von Bürgerinnen und Bürgern in formellen Beteiligungsverfahren. *Natur und Landschaft, 89*(6), 259–263.

BMU & BfN (Hrsg.) (2018). *Naturbewusstsein 2017. Bevölkerungsumfrage zu Natur und biologischer Vielfalt.* Berlin: BfN.

BMU & BfU (Hrsg.). (2020). *Naturbewusstsein 2019. Bevölkerungsumfrage zu Natur und biologischer Vielfalt.* Berlin: BfU.

Bögeholz, S. (2006). Explizit Bewerten und Urteilen – Beispielkontext Streuobstwiese. *PdN – Biologie in der Schule, 55*(1), 17–24.

Bolscho, D., & Seybold, H. (1996). *Umweltbildung und ökologisches Lernen: Ein Praxisbuch.* Cornelson: Scriptor.

Borowski, A., Neuhaus, B., Teppner, O., et al. (2010). Professionswissen von Lehrkräften in den Naturwissenschaften (ProwiN) – Kurzdarstellung des BMBF-Projekts. *ZfDN, 16,* 341–349.

Brade, J., & Krull, D. (Hrsg.). (2016). *45 Lernorte in Theorie und Praxis.* Baltmannsweiler: Schneider.

Brandt, J.-O., Bürgner, L., Barth, M., & Redman, A. (2019). Becoming a competent teacher in education for sustainable development: Learning outcomes and process is in teacher education. *International Journal of Sustainability in Higher Education, 20*(4), 630–653.

Brovelli, D., von Niederhäusern, R., & Wilhelm, M. (2011). Außerschulische Lernorte in der Lehrpersonenbildung – Theorie, Empirie und Umsetzung an der PHZ Luzern. *Beiträge zur Lehrerbildung, 29*(3), 342–352.

Büchter, A., & Leuders, T. (2006). Was ist eine gute Aufgabe? *PdN – ChiS* 8/55 (2006), 9–15.

Bybee, R. (1997). *Achieving scientific literacy.* Portsmouth: Heinemann.

Chandler, P., & Sweller, J. (1991). Cognitive load theory and the format of instruction. *Cognition and Instruction, 8*(4), 293–332.

Clausen, S. (2015). *Systemdenken in der außerschulischen Umweltbildung.* Münster: Waxmann.

Commenii, J. A. (1658). *Orbis sensualium pictus. Noribergae: Michaelis Endteri* (4. Aufl.). Dortmund: Harenberg Edition (Reprint: Comenius, J. A. (1991). Orbis sensualium pictus).

Cornell, J. (1991). *Mit Freude die Natur erleben.* Mühlheim an der Ruhr: Verlag an der Ruhr.

Csikszentmihalyi, M., & Schiefele, U. (1993). Die Qualität des Erlebens und der Prozeß des Lernens. *Zeitschrift für Pädagogik, 39*(2), 207–221.

Deci, E. L., & Ryan, R. M. (1993). Die Selbstbestimmungstheorie der Motivation und ihre Bedeutung für die Pädagogik. *Zeitschrift für Pädagogik, 39*(2), 223–238.

De Haan, G. (2004). „Politische Bildung für nachhaltige Entwicklung." *Aus Politik und Zeitgeschichte, 31,* 7–8, 39–46.

De Haan, G., & Gerhold, L. (2008). Bildung für nachhaltige Entwicklung – Bildung für die Zukunft. Einführung in das Schwerpunktthema. *Umweltpsychologie, 12,* 4–8.

De Haan, G., & Harenberg, D. (1999). *Bildung für eine nachhaltige Entwicklung, Projektgruppe: Innovation im Bildungswesen.* Berlin: FU (BLK-Reihe: Materialien zur Bildungsplanung und Forschungsförderung, Heft 72).

Dühlmeier, B. (Hrsg.). (2014). *Mehr außerschulische Lernorte in der Grundschule* (3. Aufl.). Hohengehren: Schneider.

Eggert, S., & Bögeholz, S. (2006). Göttinger Modell der Bewertungskompetenz – Teilkompetenz „Bewerten, Entscheiden und Reflektieren" für Gestaltungsaufgaben nachhaltiger Entwicklung. *Zeitschrift für Didaktik der Naturwissenschaften, 12*, 177–197.

Eggert, S., Barfod-Werner, I., & Bögeholz, S. (2014). Aufgaben zur Förderung der Bewertungskompetenz. In U. Spörhase & W. Ruppert (Hrsg.), *Biologie Methodik* (S. 243–247). Berlin: Cornelsen Scriptor.

Elster, D. (2007). Zum Interesse Jugendlicher an naturwissenschaftlichen Inhalten und Kontexten – Ergebnisse der ROSE- Erhebung. Vortr. auf der Intern. Tagung der Fachgruppe Biologiedidaktik im VBIO Ausbildung und Professionalisierung von Lehrkräften in Essen, 16.09. bis 20.09.2007.

Ekardt, F. (2016). *Theorie der Nachhaltigkeit* (2. Aufl.). Baden-Baden: Nomos.

Engeln, K. (2004). *Schülerlabors: Authentische, aktivierende Lernumgebungen als Möglichkeit, Interesse an Naturwissenschaften und Technik zu wecken.* Studien zum Physiklernen (Bd. 36). Berlin: Logos.

Erhorn, J., & Schwier, J. (Hrsg.). (2016). *Pädagogik außerschulischer Lernorte.* Bielefeld: Transcript.

Fietkau, H.-J. (1984). *Bedingungen ökologischen Handeln. Gesellschaftliche Aufgaben der Umweltpsychologie.* Weinheim: Beltz.

Finck, P., Heinze, S., Riecken, U., Raths, U., & Ssymank, A. (2017). *Rote Liste der gefährdeten Biotoptypen Deutschlands. Dritte fortgeschriebene Fassung.* Naturschutz und Biologische Vielfalt 156. Bundesamt für Naturschutz: Selbstverlag.

Fischer, E. P. (2003). *Die andere Bildung: Was man von den Naturwissenschaften wissen sollte.* Berlin: Ullstein.

Friedrich, M. (2014). „Keine Angst vor großen Tieren" – Ein Besuch im Zoo. In B. Dühlmeier (Hrsg.), *Mehr außerschulische Lernorte in der Grundschule. Neun Beispiele für fächerübergreifenden Sachunterricht* (S. 70–86). Hohengehren: Schneider.

Gade, U., & von Au, J. (Hrsg.). (2016). *Raus aus dem Klassenzimmer. Outdoor Education als Unterrichtskonzept.* Weinheim: Beltz.

Gautschi, P. (2009). *Guter Geschichtsunterricht. Grundlagen. Erkenntnisse. Hinweise.* Schwalbach/Ts.: Wochenschau.

Gerber, K. (2014). *Umweltbewussten Umgang mit Siedlungsabfällen fördern: Eine Interventionsstudie zur Veränderung von Verhaltensgewohnheiten.* Dissertationsschrift, Heidelberg: PH Heidelberg.

Giest, H., Kaiser, A., & Schomaker, C. (Hrsg.). (2011). *Sachunterricht – Auf dem Weg zur Inklusion.* Bad Heilbrunn: Klinkhardt.

Gropengießer, H., Harms, U., & Kattmann, U. (Hrsg.). (2018). *Fachdidaktik Biologie* (11. Aufl.). Seelze: Aulis.

Groß, J. (2007). *Biologie verstehen: Wirkungen außerschulischer Lernorte.* Dissertation, Universität Oldenburg.

Groß, J. (2011). Orte zum Lernen – Ein kritischer Blick auf außerschulische Lehr-/Lernprozesse. In K. Messmer, R. von Niederhäusern, A. Rempfler, & M. Wilhelm (Hrsg.), *Außerschulische Lernorte – Positionen aus Geographie, Geschichte und Naturwissenschaften* (S. 25–49). Münster: LIT.

Großschedl, J. (2013). Universitäre Biologielehrerausbildung auf dem Prüfstand. *BiuZ, 3*(43), 147–149.

Großschedl, J., Harms, U., Kleickmann, T., & Glowinski, I. (2015). Preservice biology teachers' professional knowledge: Structure and learning opportunities. *Journal of Science Teacher Education, 26*, 291–318.

Harms, U. (2018). Botanischer Garten, Zoo und Naturkundemuseum. In H. Gropengießer, U. Harms, & U. Kattmann (Hrsg.), *Fachdidaktik Biologie* (11. Aufl., S. 441–448), Seelze: Aulis.

Helmke, A. (2005). *Unterrichtsqualität – Erfassen, bewerten, verbessern.* Seelze: Kallmeyer.

Hemmer, M., & Miener, K. (2013). Schülerexkursionen konzipieren und durchführen lernen. Förderung exkursionsdidaktischer Kompetenzen in der Geographielehrerbildung an der Universität Münster. In K. Neeb et al. (Hrsg.), *Hochschullehre in der Geographiedidaktik* (S. 130–137). Gießen: Shaker.

Hemmer, M., Bette J., Meurel, M., Miener, K., & Schubert, J. C. (2020). Für welche Arbeitsweisen interessieren sich Schülerinnen und Schüler auf geographischen Exkursionen? In: H. Jungwirth, N. Harsch, Y. Korflür, & M. Stein (Hrsg.), *Forschen. Lernen. Lehren an öffentlichen Orten – The Wider View. Eine Tagung des Zentrums für Lehrerbildung der Westfälischen Wilhelms-Universität Münster vom 16. bis 19.09.2019* (S. 317–318). Münster: WTM-Verlag.

Hergesell, D., Jäkel. L., et al. (2014). Helfen moderne Geomedien (GPS, GIS), die Interessiertheit Jugendlicher für Naturbegegnung und Umweltschutz zu steigern? In M. Müller, I. Hemmer, & M. Trappe (Hrsg.), *Nachhaltigkeit neu denken Rio+X: Impulse für Bildung und Wissenschaft* (S. 243–249). München: Oecom.

Hesse, M. (2000). Erinnerungen n die Schulzeit – Ein Rückblick auf den erlebten Biologieunterricht junger Erwachsener. *ZfDN, 6*, 187–201.

Hesse, M., & Lumer, J. (2000). Was blieb von der Schule? Basiskenntnisse aus dem Biologieunterricht bei Erwachsenen. *IDB Münster, 9*, 27–40.

Hethke, M., Menzel, S., & Overwien, B. (2010). Das Potenzial von botanischen Gärten als Lernorte zum Globalen lernen. *Zeitschrift für internationale Bildungsforschung und Entwicklungspädagogik, 33*(2), 16–20.

Heynold, B. (2016). *Outdoor Education als Produkt handlungsleitender Überzeugungen von Lehrpersonen.* Münster: Verlagshaus Monsenstein und Vannerdat.

Hofmann, L., Häußler, P., & Lehrke, M. (1998). *Die IPN-Interessenstudie Physik.* Kiel: IPN.

Holstermann, N., & Bögeholz, S. (2007). Interesse von Jungen und Mädchen an naturwissenschaftlichen Themen am Ende der Sekundarstufe I. *ZfDN, 13*, 71–86.

Hummel, E., Glück, M., Jürgens, R., Weishaar, J., & Randler, C. (2012). Interesse, Wohlbefinden und Langeweile im naturwissenschaftlichen Unterricht mit lebenden Organismen. *ZfDN, 18*, 99–116.

Hutter, K.-P., & Blessing, K. (Hrsg.). (2010). *Artenwissen als Basis für Handlungskompetenz zur Erhaltung der Biodiversität. Beiträge der Akademie für Natur- und Umweltschutz Baden-Württemberg 49.* Stuttgart: Wissenschaftliche Verlagsgesellschaft.

Hutter, C.-P., Blessing, K, & Köthe, R. (2018). *Grundkurs Nachhaltigkeit* (2. Aufl.). München: Oekom.

Jäkel, L. (2005). Alltagspflanzen im Fokus. Botanisches Lernen in Zusammenhängen – Eine didaktische Herausforderung. *Praxis der Naturwissenschaften – Biologie in der Schule, 54*(3), 15–22.

Jäkel, L. (2014). Interest and learning in botanics, as influenced by teaching contexts. In C.P. Constantinou, N. Papadouris, & Hadjigeorgius (Hrsg.), *E-Book Proceedings of the ESERA 2013 Conference* (Part 13, S. 12). Nicosia: ESERA.

Jäkel, L. (2020). On the processes of professionalization and assessment of PCK in outdoor teaching and microscopy. *Application-Oriented Higher Education Research, 5*(1), 49–58.

Jäkel, L., & Schaer, A. (2004). Sind Namen nur Schall und Rauch? Wie sicher sind Pflanzenkenntnisse von Schülerinnen und Schülern? *IDB Münster, 13*, 1–24.

Jäkel, L., & Schwardt, I. (2009) *Unterrichtsqualität und Kompetenzentwicklung am außerschulischen Lernort Garten. Vortr. auf der Intern. Tagung der Fachgruppe Biologiedidaktik im VBIO.* Kiel: VBio.

Jäkel, L., Rohrmann, S., Schallies, M., & Welzel, M. (2007). *Der Wert der naturwissenschaftlichen Bildung. Schriftenreihe der PH Heidelberg 48.* Heidelberg: Mattes.

Jäkel, L., Frieß, S., & Kiehne, U. (2016).The effect of school garden activities on pre-service student teachers' attitudes to teaching biology outside the classroom. Poster presentation ESERA Conference Karlstad September 2016.

Jäkel, L. et al. (2019). Heimische Vielfalt kennen, schützen, erhalten – Outdoor Teaching – Kompetenzen fördern und messen. In S. Schumann, P. Favre, & A. Mollenkopf (Hrsg.), *Green, Outdoor and Environmental Education" in Forschung und Praxis* (S. 109–141) Düren: Shaker.

Jäkel, L., Kiehne, U., & Frieß, S. (2020). Draußen Lernen in Garten und Natur – Entwicklung naturwissenschaftlicher Lehrkompetenzen mit BNE. In M. Jungwirth, N. Harsch, Y. Korflür, & M. Stein, (Hrsg.), *Forschen. Lernen. Lehren an öffentlichen Orten – The Wider View. Eine Tagung des Zentrums für Lehrerbildung der Westfälischen Wilhelms-Universität Münster vom 16. bis 19.09.2019.* Münster: WTM.

Jäkel, L., Kiehne, U., Frieß, S., Hergesell, D., & Tempel, B. (2020). Processes of Professionalization: Outdoor Teaching and Assessment of PCK. In Puig, B., Blanco, P., Quilez, M., & Grace, M. (Hrsg.), *Biology Education Research. Contemporary topics and directions. A selection of papers presented at the XIIth conference of European Researchers in Didactics of Biology (ERIDOB).* Servicio de Publicaciones. Universidad de Zaragoza, 239–248.

Jäkel, L., Frieß, S., & Kiehne, U. (Hrsg.). (2020). *Biologische Vielfalt erleben, wertschätzen, nachhaltig nutzen, durch Bildung stärken.* Düren: Shaker.

Jahnke, K. (2011). *Mobile Umweltbildung in Deutschland. Analyse und Wirkung angewandter pädagogischer Konzepte im Kontext der Bildung für nachhaltige Entwicklung.* Hamburg: Kovač.

Janich, P. (2007). Wozu Naturwissenschaften? Eine philosophische Aufklärung über Kultur. In L. Jäkel, S. Rohrmann, M. Schallies, & M. Welzel (Hrsg.), *Der Wert der naturwissenschaftlichen Bildung. Schriftenreihe der Pädagogischen Hochschule* (S. 10 ff.). Heidelberg: Mattes.

Junge, F. (1885). *Der Dorfteich als Lebensgemeinschaft.* Berlin: Pädagogisches Zentrum Berlin (Reprint: Junge, F. (1985). *Der Dorfteich als Lebensgemeinschaft).*

Jungwirth, M., Harsch, N., Korflür, Y., & Stein, M. (Hrsg.). (2020). *Forschen. Lernen. Lehren an öffentlichen Orten – The Wider View. Eine Tagung des ZfL der Universität Münster vom 16. bis 19.09.2019. Schriften zur allgemeinen Hochschuldidaktik,* (Bd. 5). Münster: WTM.

Karpa, D., Overwien, B., & Plessow, O. (Hrsg.) (2015). *Außerschulische Lernorte in der politischen und historischen Bildung. Reihe Erfahrungsorientierter Politikunterricht* (Bd. 8). Kassel: Prolog.

18

Kessels, U. (2002). *Undoing Gender in der Schule*. Groningen: Juventa.

Kiefer, M. et al. (2008). The sound of concepts: four markers for a link between auditory and conceptual brain systems. *Journal of Neuroscience, 28*(47), 12224–12230.

Klaes, E. (2008). *Außerschulische Lernorte im naturwissenschaftlichen Unterricht – Die Perspektive der Lehrkraft. Studien zum Physik- und Chemielernen* (Bd. 86). Berlin: Kassel: Prolog.

Klafki, W. (1992). Allgemeinbildung in der Grundschule und der Bildungsauftrag des Sachunterrichtes. In: R. Lauterbach et al. (Hrsg.), *Brennpunkte des Sachunterrichts. Probleme und Perspektiven des Sachunterrichts 3* (S. 11–31). Kiel: IPN und GDSU.

Klafki, W. (1996). *Neue Studien zur Bildungstheorie und Didaktik. Zeitgemäße Allgemeinbildung und kritisch-konstruktive Didaktik* (4. Aufl.). Weinheim: Beltz.

Klein, M. (2007). *Exkursionsdidaktik. Eine Arbeitshilfe für Lehrer, Studenten und Dozenten*. Hohengehren: Schneider.

Klingenberg, K., & Brönnecke, J. (2011). Was blieb von der Schule – Revisited: Biologische Basiskenntnisse Erwachsener. *Tagung des VBio in Bayreuth, 2011,* 134 ff.

Knoblich, L. (2020). *Mit Biotracks zur Biodiversität. Die Natur als Lernort durch Exkursionen erfahren*. Wiesbaden: Springer Spektrum.

Knoblich, L. (2020). Kompetenzorientierte Umweltbildung – Ergebnisse einer empirischen Studie zu Umwelteinstellungen, Umweltwissen und Umwelthandeln von Schülerinnen und Schülern. In S. Kapellari, A. Möller, & P. Schmiemann (Hrsg.), *Forschungsband in der Reihe „Lehr und Lernforschung in der Biologiedidaktik" Band 9*, FdDB-Tagung Wien September 2019.

Kögel, A., Regel, M., Gehlhaar, K.-H., & Klepel, G. (2000). Biologieinteressen der Schüler. Erste Ergebnisse einer Interviewstudie. In H. Bayrhuber & U. Unterbruner (Hrsg.), *Lernen und Lehren im Biologieunterricht* (S. 32–45). Innsbruck: Studienverlag.

Krapp, A. (1998). Entwicklung und Förderung von Interessen im Unterricht. *Psychologie in Erziehung und Unterricht 44,* 185–201.

Krapp, A.; Prenzel, M. (1992). *Interesse. Lernen. Leistung*. Münster: Aschendorff.

Krosnick, J. A., & Petty, R. E. (Hrsg.). (1995). *Attitude strength – Antecedents and consequences*. Hillsdale: Erlbaum.

Kuckartz, U. (2012). *Qualitative Inhaltsanalyse. Methoden, Praxis, Computerunterstützung*. Weinheim: Beltz.

Kuhn, K., Probst, W., & Schilke, K. (1986). *Biologie im Freien*. Stuttgart: Metzler.

Kunter, M., Baumert, J., Blum, W., Klusmann, U., Krauss, S., & Neubrand, M. (Hrsg.). (2011). *Professionelle Kompetenz von Lehrkräften – Ergebnisse des Forschungsprogramms COACTIV*. Münster: Waxmann.

Kyburz-Graber, R., Rigendinger, L., Hirsch-Hadorn, G. et al. (1997). *Sozio-ökologische Umweltbildung*. Krämer.

Langeheine, R., & Lehmann, J. (1986). *Die Bedeutung der Erziehung für das Umweltbewusstsein*. Kiel: IPN.

Lindemann-Matthies, P. (2002). Wahrnehmung biologischer Vielfalt im Siedlungsraum durch Schweizer Kinder. In R. Klee & H. Bayrhuber (Hrsg.), *Lehr- und Lernforschung in der Biologiedidaktik* (Bd. 1, S. 117–130). Innsbruck: Studienverlag.

Lindemann-Matthies, P. (2005). 'Loveable' mammals and 'lifeless' plants: How children's interest in common local organisms can be enhanced through observation of nature. *International Journal of Science Education, 27,* 655–677.

Löwe, B. (1987). Interessenverfall im Biologieunterricht. *Unterricht Biologie, 11,* 62–65.

Löwe, B. (1992). *Biologieunterricht und Schülerinteresse an Biologie*. Weinheim: Dt. Studienverlag.

Louv, R. (2011). *Das letzte Kind im Wald?* Weinheim: Beltz.

Lude, A., Schaal, S., Bullinger, M., & Bleck, S. (Hrsg.) (2012). *Mobiles, ortsbezogenes Lernen in der Umweltbildung und Bildung für nachhaltige Entwicklung: der erfolgreiche Einsatz von Smartphone und Co. in Bildungsangeboten in der Natur*. Baltmannsweiler: Schneider Hohengehren

Matthies, E., & Schahn, J. (2004). Umweltverhalten aus differentieller Perspektive: Diagnostik, Erklärung und Veränderung individuellen Umweltverhaltens. Theorien und Anwendungsfelder der Differentiellen Psychologie. In K. Pawlik (Hrsg.), *Enzyklopädie zur Differentiellen Psychologie, Themenbereich C: Theorie und Forschung, Serie VIII: Differentielle Psychologie und Persönlichkeitsforschung* (Bd. 5, S. 685–740). Göttingen: Hogrefe.

Mayer, J. (Hrsg.). (1995). *Vielfalt begreifen. Wege zur Formenkunde*. Kiel: IPN.

Mayer, U., Pandel, H.-J., & Schneider, G. (Hrsg.) (2011). *Handbuch Methoden im Geschichtsunterricht*. Schwalbach im Taunus: Wochenschau Verlag.

Meyer, H. (2004). *Was ist guter Unterricht?* Berlin: Cornelsen-Scriptor.

Meyer, H. (o. J.). *Beobachtungsbogen für Unterricht und Lernprozesse, Qualitätsanalyse NRW*. ▶ http://www.zhb.tu-dortmund.de.

Meier, J. (2009). *Handbuch Zoo*. Bern: Haupt.

Messmer, K., von Niederhäusern, R., Rempfler, A., & Wilhelm, M. (Hrsg.). (2011). *Außerschulische Lernorte – Positionen aus Geographie, Geschichte* und Naturwissenschaften. *Fachstelle für Didaktik außerschulischer Lernorte PHZ Luzern* (Bd. 1). Münster: LIT.

Möller, K. (2007). Kindgemäße Lernformen im naturwissenschaftlichen Lernbereich des Sachunterrichts in der Grundschule. In L. Jäkel, S. Rohrmann, M. Schallies, & M. Welzel (Hrsg.), *Der Wert der naturwissenschaftlichen Bildung. Schriftenreihe der Pädagogischen Hochschule Heidelberg 48.* Heidelberg: Mattes.

Münch, E. (2012). Erkenntnisse der Hirnforschung für das Lernen. *SchVwBW 5.*

Offen, S. (2014). Heterogenität, Inklusion und Sachunterricht: Beiträge der Hochschulbildung? ► www.widerstreit-sachunterricht.de/Ausgabe Nr. 20/April 2014.

Ohnmacht, T., & Kossmann, K. (2019). *Nachhaltigkeit: Vom Gedanken zur Tat.* Universität Luzern: das Magazin.

Overwien, B. (2005). Stichwort: Informelles Lernen. *Zeitschrift für Erziehungswissenschaft, 4,* 337–353.

Pandel, H.-J. (2012). *Quelleninterpretation. Die schriftliche Quelle im Geschichtsunterricht* (4. Aufl.). Schwalbach/Ts: Wochenschau.

Pfligersdorfer, G., & Unterbruner, U. (1994). *Umwelterziehung auf dem Prüfstand.* Salzburg: Studienverlag.

Preisendörfer, P., & Diekmann, A. (2001). *Umweltsoziologie. Eine Einführung.* Reinbek: Rowolth.

Preisendörfer, P., & Diekmann, A. (1998). Umweltbewußtsein und Umweltverhalten in Low- und High-Cost-Situationen. Eine empirische Überprüfung der Low-Cost-Hypothese. *Zeitschrift für Soziologie, 27*(6), 438–453.

Probst, W. (2000). Hängt alles mit allem zusammen? Chancen und Risiken biologischer Bildung. *Biologie in der Schule, 49,* 1–5.

Pütz, N. (2012). Botanik in der Sekundarstufe I – Kann ein ungeliebter Themenbereich durch Schulgartenarbeit aufgewertet werden? In N. Pütz & S. Wittkowske (Hrsg.), *Schulgarten und Freilandarbeit* (S. 53–64). Julis Klinkhardt: Bad Heilbrunn.

Pütz, N., & Wittkowske, S. (Hrsg.). (2012). *Schulgarten und Freilandarbeit. Lernen, Studieren und Forschen* (S. 53–64). Bad Heilbrunn: Klinkhardt.

Rädiker, S., & Kuckartz, U. (2012). Das Bewusstsein über biologische Vielfalt in Deutschland: Wissen, Einstellungen und Verhalten. *Natur und Landschaft, 87*(3), 109–113.

Reitschert, K., & Hößle, C. (2014). Ethisches Bewerten im Biologieunterricht. In U. Spörhase & W. Ruppert (Hrsg.), *Biologie Methodik* (S. 239–242). Berlin: Cornelsen Scriptor.

Rheinberg, F., Vollmeyer, R., & Engeser, S. (2003). Die Erfassung des Flow-Erlebens. In J. Stiensmeier-Pelster & F. Rheinberg (Hrsg.), *Diagnostik von Motivation und Selbstkonzept (Tests und Trends N.F. 2)* (S. 261–279). Göttingen: Hogrefe.

Rheinberg, F. (2006). *Motivation. Grundriss der Psychologie* (Bd. 6). Stuttgart: Kohlhammer.

Rockström, J. et al. (2009). Planetary boundaries: Exploring the safe operating space for humanity. *Ecology and Society* 14 (2). ► https://www.ecologyandsociety.org/vol14/iss2/art32/. Zugegriffen: 5. Aug. 2016.

Rost, J. (2002a). Umweltbildung – Bildung für eine nachhaltige Entwicklung: Was macht den Unterschied? *Zeitschrift für Internationale Bildungsforschung und Entwicklungspädagogik, 25*(1), 7–12.

Rost, J. (2002b). Umweltbildung – Bildung für nachhaltige Entwicklung. Was macht den Unterschied? *Zeitschrift für intern. Bildungsforschung und Entwicklungspädagogik, 25*(1), 7–12.

Rost, J. (2006). Kompetenzstrukturen und Kompetenzmessung. *Praxis der Naturwissenschaften – Chemie in der Schule, 8,* 5–8.

Rode, H., Bolscho, D., Dempsey, R., & Rost, J. (2001). *Umwelterziehung in der Schule.* Opladen: Leske + Budrich.

Rost, J., Lauströer, A., & Rack, N. (2003). Kompetenzmodelle einer Bildung für Nachhaltigkeit. *Praxis der Naturwissenschaften – Chemie in der Schule, 8,* 10–15.

Roth, G. (2015). *Bildung braucht Persönlichkeit. Wie Lernen gelingt.* Stuttgart: Klett-Cotta.

Sauerborn, P., & Brühne, T. (2012). *Didaktik des außerschulischen Lernens.* Baltmannweiler: Schneider.

Schaal, S., Grübmeyer, S., & Matt, M. (2012). Outdoors and online-inquiry with mobile devices in pre-service science teacher education. *World Journal on Educational Technology, 4*(2), 113–125.

Schahn, J. (2010). Abfall. In V. Linneweber, E.-D. Lantermann, & E. Kals (Hrsg.), *Spezifische Umwelten und umweltbezogenes Handeln. Enzyklopädie der Psychologie, Themenbereich C: Theorie und Forschung, Serie IX, Umweltpsychologie* (Bd. 2, S. 523–547). Göttingen: Hogrefe.

Schahn, J., & Giesinger, T. (Hrsg.). (1993). *Psychologie für den Umweltschutz.* Weinheim: Beltz/Psychologie Verlags Union.

Schiefele, U. (1996). *Motivation und Lernen mit Texten.* Göttingen: Hogrefe.

Schiefele, U. (2008). Lernmotivation und Interesse. In M. Hasselhorn & W. Schneider (Hrsg.), *Handbuch der Pädagogischen Psychologie* (S. 38–49). Göttingen: Hogrefe.

Schiefele, U., Krapp, A., & Schreyer, I. (1993). Metaanalyse des Zusammenhangs von Interesse und schulischer Leistung. *Zeitschrift für Entwicklungspsychologie u. Pädagogische Psychologie, 25,* 120–148.

18

Schmeil, O. (1916). *Leitfaden der Botanik*. Leipzig: Quelle & Meyer.

Schmeil, O. (1925). *Lehrbuch der Botanik* (46. Verbesserte Aufl.). Leipzig: Quelle & Meyer.

Schmid, M. (2015). Historisches Lernen vor Ort: Theorie und Einblick in eine kompetenzorientierte Materialsammlung. In D. Karpa, B. Overwien, & O. Plessow (Hrsg.), *Außerschulische Lernorte in der politischen und historischen Bildung.*. (Reihe Erfahrungsorientierter Politikunterricht; Bd. 8, S. 162–172). Prolog.

Schumann, S., Favre, P., & Mollenkopf, A. (Hrsg.). (2019). *„Green, Outdoor and Environmental Education" in Forschung und Praxis*. Shaker: Düren.

Schwanitz, D. (2002). *Bildung – Alles was man wissen muss*. München: Goldmann.

Shulman, L. (1987). Knowledge and teaching: foundations of the new reform. *Harvard Educational Review, 57*, 1–22.

SINUS (2016). ▶ https://www.sinusakademie.de/fileadmin/user_files/Wie_ticken_Jugendliche_2016/Presse/Öffentlicher_Foliensatz_u18_2016.pdf. Zugegriffen: 30. Dec. 2018.

Spörhase, U. (Hrsg.). (2013). *Biologie Didaktik. Praxishandbuch für die Sekundarstufe I und II* (6. Aufl.). Berlin: Cornelsen.

Spörhase, U., & Ruppert, W. (Hrsg.). (2014). *Biologie Methodik* (2. Aufl.). Berlin: Cornelsen.

Springer, M. (2020). Ewiges Wachstum. *Spektrum der Wissenschaft, 3*(20), 29.

Steffen, W., Richardson, K., Rockström, J., Cornell, S. E., Fetzer, I., Bennett, E. M., Biggs, R., et al. (2015). Planetary boundaries: Guiding human development on a changing planet. *Science, 347*(6223), 1259855.

Stern, E., Möller, K., Hardy, I., & Jonen, A. (2002). Warum schwimmt ein Baumstamm. *Physik Journal, 1*(3), 63–67.

Starzer-Eidenberger, G. (2020). *Hilft der Fokus auf Begriffsbildung beim Erwerb pflanzlicher Artenkenntnis?* Dissertation. Universität Salzburg.

Terhardt, E. (Hrsg.). (2014). *Die Hattie-Studie in der Diskussion. Probleme sichtbar machen*. Seelze: Klett/Kallmeyer.

Todt, E. (1990). Entwicklung des Interesses. In H. Hetzer (Hrsg.), *Angewandte Entwicklungspsychologie des Kindes- und Jugendalters* (S. 213–264). Heidelberg: Quelle & Meyer.

Uhlig, A., Baer, H.-W., Dietrich, G., Fischer, H., Günther, J., Hopf, P., & Loschan, R. (Hrsg.). (1962). *Didaktik der Biologie*. Berlin: Deutscher Verlag der Wissenschaften.

Unterbruner, U. (2012). *Geschichten aus der Zukunft. Wie Jugendliche sich Natur, Technik und Menschen in 20 Jahren vorstellen*. München: Oekom.

Upmeier zu Belzen A. & Christen, F. (2004). Einstellungsausprägungen von Schülern der Sekundarstufe I zu Schule und Biologieunterricht. *ZfDN, 10*, 221–232.

Verdensarvssteder i Syddanmark (2020). *Den Syddanske Verdensarv*. Esbjerg.

Vogt, H., & Upmeier zu Belzen, A., Schröer, T. & Hoek, I. (1999). Unterrichtliche Aspekte im Fach Biologie, durch die Unterricht aus Schülersicht als interessant erachtet wird. *Zeitschrift für Didaktik der Naturwissenschaften, 5*(3), 75–85.

Wagenschein, M. (1965). *Ursprüngliches Verstehen und exaktes Denken*. Stuttgart: Klett.

Wagenschein, M. (2013). *Verstehen lehren. Genetisch – Sokratisch – Exemplarisch*. Weinheim: Beltz Taschenbuch

Wandersee, J. (2001). Toward a theory of plant blindness. *Plant Science Bulletin, 47*(1), 2–12.

Wandersee, J. H., & Schussler, E. E. (1999). Preventing plant blindness. *The American Biology Teacher, 61*, 84–86.

Weinert, F. E. (2001). Vergleichende Leistungsmessung in Schulen – Eine umstrittene Selbstverständlichkeit. In F. E. Weinert (Hrsg.), *Leistungsmessungen in Schulen* (2. Aufl., S. 17–32). Weinheim: Beltz.

Weitzel, H., & Schaal, S. (Hrsg.). (2018). *Biologie unterrichten: planen, durchführen, reflektieren* (4. Aufl.). Berlin: Cornelsen.

Weusmann, B. (2015). *Biologie- und Sachunterricht im Freiland: Überzeugungen zu einer wenig genutzten Unterrichtsform*. Baltmannsweiler: Schneider.

Wilde, M., Bätz, K., Kovaleva, A., & Urhahne, D. (2009). Testing a short scale of intrinsic motivation. *Zeitschrift der Naturwissenschaften, 15*, 31–45.

Wilhelm, M. (2007). Was ist guter Naturwissenschafts-Unterricht? *Chimica didactica, 98*(33), 67–86.

Printed in the United States
by Baker & Taylor Publisher Services